U0159604

“十二五”普通高等教育本科国家级规划教材

自动控制原理（第四版）

薛安克　彭冬亮　陈雪亭　编著

西安电子科技大学出版社

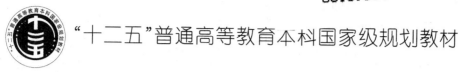

内容简介

本书从理论和工程应用相结合的角度，比较全面和系统地阐述了控制理论(包括经典控制理论和现代控制理论)的基本内容。书中内容侧重介绍一些基本概念、基本理论和基本分析方法，尽量降低理论方面的难度，并注意强化读者的工程意识，提高其工程实践能力。本书的主要特色是在保持理论完整性和系统性的前提下，从仿真实现的角度，采用目前流行的控制系统分析和综合的软件包——MATLAB完成了相关内容的论述。

全书共分为12章，主要内容有：绪论、线性系统的数学描述、线性系统的时域分析法、线性系统的根轨迹法、频率响应法、线性系统的校正方法、线性离散系统分析与设计、非线性控制系统分析、线性系统的状态空间描述与分析、线性反馈系统的时间域综合和李亚普诺夫稳定性分析，最后给出了一些控制系统设计实例分析，以提高本书的实用性。书中结合相关的理论，以例题的方式介绍了MATLAB在控制系统分析和设计中的应用。同时，对每一章的内容进行了小结，并提供了一定数量的典型例题和习题，便于读者学习和巩固所学知识。

本书可作为本科自动化及相关专业“自动控制理论”课程的教材，也可供从事自动化工作的科技人员作参考。

图书在版编目(CIP)数据

自动控制原理 / 薛安克，彭冬亮，陈雪亭编著. —4版. —西安：西安电子科技大学出版社，2022.2(2022.9重印)
ISBN 978-7-5606-6360-9

Ⅰ.①自… Ⅱ.①薛… ②彭… ③陈… Ⅲ.①自动控制理论—高等学校—教材
Ⅳ.①TP13

中国版本图书馆CIP数据核字(2022)第002061号

策　　划　马乐惠
责任编辑　张　玮
出版发行　西安电子科技大学出版社(西安市太白南路2号)
电　　话　(029)88202421　88201467　　邮　　编　710071
网　　址　www.xduph.com　　电子邮箱　xdupfxb001@163.com
经　　销　新华书店
印刷单位　陕西天意印务有限责任公司
版　　次　2022年2月第4版　2022年9月第2次印刷
开　　本　787毫米×1092毫米　1/16　印张　18.5
字　　数　438千字
印　　数　3001～7000册
定　　价　46.00元
ISBN 978-7-5606-6360-9/TP
XDUP 6662004-2

第四版前言

本书是西安电子科技大学出版社推出的“面向21世纪高等学校系列教材”之一，分别于2008年和2012年入选普通高等教育“十一五”和“十二五”国家级规划教材。本书主要内容由经典控制理论、现代控制理论和控制系统设计实例分析三部分组成，共40余万字。

本书前三版共销售了近50 000册，在一些工科高等院校中得到了较广泛的应用。自2007年第二版发行以来，很多学校的老师和同学对本书提出了许多宝贵意见，并对原书中在编写、印刷和内容等方面存在的问题，做出了中肯的批评和认真的指正，在此编者对关注本教材建设的教师和学生表示衷心的感谢。

按照读者的意见和近几年课堂教学的经验，本次修订对全书做了充分的改正和修改；在第四章中补充了广义根轨迹等内容，第七章中增加了采样拉氏变换性质等内容，并修改了书中的部分例题和习题。

在本次修订工作中，彭冬亮教授负责修订内容的组织，薛安克教授审稿。另外，郭云飞副教授、朱亚萍教授、赵晓东教授和陈云教授等多位老师也为本书的修订工作提出了宝贵意见，在此表示感谢。

作　者

2021年11月于杭州

第一版前言

随着工业生产和科学技术的发展，自动控制技术已广泛应用于制造业、农业、交通、航空航天和国防等诸多领域。“自动控制原理”课程是专门研究有关自动控制系统的基本概念、基本原理和基本方法的一门课程，也是工科院校自动控制或自动化专业及其相关专业学生必修的技术基础课之一。

本书面向高等院校相关专业的学生，系统而有重点地论述了控制理论的基本内容。主要内容包括：线性系统的数学模型及其建立方法、线性系统的时域分析和频域分析、根轨迹法、线性系统校正、数字控制系统、非线性控制系统、控制系统的可控性和可观性、极点配置和状态观测器设计、最优控制，以及控制系统设计。这些研究内容是被国内外公认的关于自动控制理论的基本内容。在本书的论述过程中，结合有关内容和例题介绍了 MATLAB 语言在控制系统分析和设计中的应用，这是本书的特色之一。另外，与其他同类著作相比，本书降低了理论难度，尽量避免比较复杂、繁琐的证明和推导，重点在于强化读者的工程意识和提高其工程实践能力。

全书共分为 12 章，基本上按照经典控制理论、现代控制理论和控制系统设计的顺序组织。全书由薛安克教授主编、主审，其中第一、二、三、四章和第九、十、十一、十二章由彭冬亮编写，第五、六、七、八章由陈雪亭编写。另外，林岳松和柴利老师为本书的编写提供了有关素材并提出了宝贵的意见和建议，在此表示衷心的感谢。

由于编者水平有限，书中难免存在错误和不妥之处，恳请广大读者不吝指正。

编　者

2004 年 3 月

目　录

第一章　绪　　论

随着生产和科学技术的发展，自动控制技术在国民经济和国防建设中所起的作用越来越大。从最初的机械转速、位置的控制到工业过程中温度、压力、流量的控制，从远洋巨轮到深水潜艇的控制，从飞机自动驾驶、神舟飞船的返回控制到“勇气”号、“机遇”号的火星登陆控制，到神舟飞船与天和核心舱的自主交会对接，以及“嫦娥”登月、“玉兔”月球漫步、“蛟龙”入海和“天问”火星探测等，自动控制技术的应用几乎无所不在。从电气、机械、航空航天、化工到经济管理、生物工程，自动控制理论和技术已经介入到许多学科，渗透到各个工程领域。所以许多工程技术人员和科学工作者都希望具备一定的自动控制方面的知识，根据自身需要设计自动控制系统。

自动控制原理是研究自动控制共同规律的技术科学，主要讲述自动控制的基本理论与控制系统的分析和设计方法等内容。根据自动控制技术发展的不同阶段，自动控制原理可分为经典控制理论和现代控制理论两大部分。经典控制理论的内容主要以传递函数为基础，以频率法和根轨迹法为核心，研究单输入单输出类自动控制系统的分析和设计问题。这些理论研究较早，现在已经成熟，并且在工程实践中得到了广泛的应用。现代控制理论是 20 世纪 60 年代在经典控制理论的基础上，随着科学技术的发展和工程实践的需要而迅速发展起来的。现代控制理论的内容主要以状态空间法为基础，研究多输入多输出、变参数、非线性、高精度、高效能等控制系统的分析和设计问题。最优控制、最佳滤波、系统辨识、自适应控制等理论都是这一领域研究的主要课题。随着控制问题的日益复杂和控制要求的提高，以及计算机技术和现代应用数学研究的迅速发展，后现代控制理论正在形成，鲁棒控制、非线性控制、智能控制、大系统理论、先进控制、生物控制和量子控制等是当前控制理论研究的前沿课题。

1.1　自动控制系统简介

自动控制是指在没有人直接参与的情况下，利用外加的设备或装置(称控制装置或控制器)，使机器、设备或生产过程(统称被控对象)的某个工作状态或参数(即被控量)自动地按照预定的规律运行。系统是指按照某些规律结合在一起的物体(元部件)的组合，它们相互作用、相互依存，并能完成一定的任务。能够实现自动控制的系统就可称为自动控制系统，一般由控制装置和被控对象组成。可以通过一个实例来说明有关自动控制与自动控制系统的基本概念。

【例 1-1】 室温控制系统。

图 1-1 表示采用空调器的室内温度控制系统的元件框图。图中方块表示元部件，方框之间的有向线段代表信号(或变量)及其传递方向。室内温度是要被控制的物理量，它由

空调器直接控制。电位器的输入电压 r 代表设定的室内温度。实际温度 c 由热敏电阻组成的温度传感器检测并转换成电压 y。电子放大器的输出电压 e 代表设定温度与实际温度之差。当这个温度差大于某个规定值时，空调器开始运行，缩小室内温度与设定温度之间的差值。一旦室内温度达到设定值后，放大器输出电压 e 使空调断电而停止运行。于是室内温度就被控制在设定值的附近。

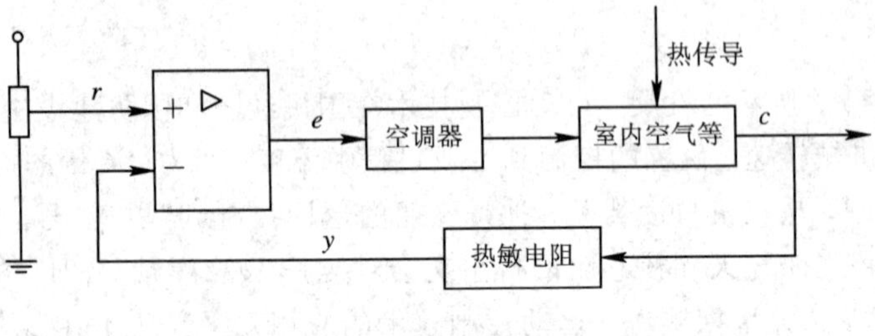

图 1-1　室温控制系统元部件框图

在自动化领域，被控制的装置、物理系统或过程称为被控对象。这个"过程"的含义是广泛的，它包括化学反应过程、核反应过程、热传导过程、工业生产调度过程等。另外，控制对象还可以属于生物领域、社会经济领域等其他领域。对控制对象产生控制作用的装置称为控制器，有时也称为控制元件、调节器等。在控制系统中被控制的物理量是被控变量。直接改变被控变量的元件称为执行元件。能够将一种物理量检测出来并转化成另一种容易处理和使用的物理量的装置称为传感器或测量元件。在图 1-1 中，室内的空气就是被控对象，室内温度是被控变量，空调器是执行元件，放大器是控制器，热敏电阻属于传感器或测量元件。按照各元件的不同功能可以将图 1-1 抽象为如图 1-2 所示的功能框图。

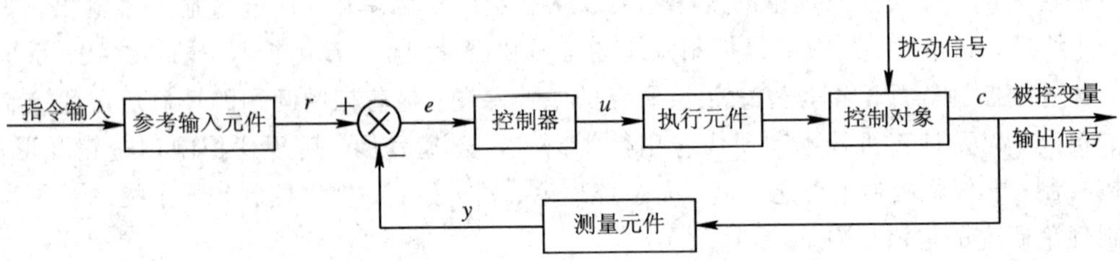

图 1-2　室温控制系统功能框图

为了论述方便，以下给出一些关于变量的常用术语。

由外部加到系统中的变量称为输入信号，它不受系统中其他变量的影响和控制。由系统或元件产生的变量称为输出信号，其中最受关注的输出信号又称为被控变量。由某一个输入信号产生的输出信号又称为该输入信号的响应。控制器的输出信号称为控制变量，它作用在控制对象(执行元件、功率放大器)上，影响和改变被控变量。反馈信号是被控变量经传感器等元件变换并返回到输入端的信号，一般与被控变量成正比。给定值又称为指令输入信号，它与被控变量是同一物理单位，用来表示被控变量的设定值。代表指令输入信号与反馈信号进行比较的基准信号称为参考输入信号。参考输入信号与反馈信号之差称为偏差信号。扰动信号是加于系统上的不希望的外来信号，它对被控变量产生不利的影响。将指令输入信号变成参考输入信号的元件可称为参考输入元件。

在图 1－1 和图 1－2 表示的室温控制系统中，室内温度的设定值就是给定值，或称为指令输入。室内的实际温度 c 就是被控变量，也是系统的输出信号。电位器的输出电压 r 是参考输入信号，热敏电阻(即温度传感器的输出信号)y 是反馈信号，$e=r-y$ 称为偏差信号。放大器(控制器)的输出信号(即加到空调器上的信号)e 是控制变量。电位器是参考输入元件，它将设定的温度转换为电压。周围环境温度的变化及房间散热条件的变化等都属于扰动信号。

1.2　自动控制系统分类

对控制系统进行分类，从不同观点出发可以有不同的分类方法，常见的分类情况有以下几种。

1.2.1　开环控制和闭环控制

按照控制方式和策略，系统可分为开环控制系统和闭环控制系统两大类。

开环控制系统是一种最简单的控制系统，在控制器和控制对象间只有正向控制作用，系统的输出量不会对控制器产生任何影响，如图 1－3 所示。在该类控制系统中，对于每一个输入量，就有一个与之对应的工作状态和输出量，系统的精度仅取决于元器件的精度和执行机构的调整精度。这类系统结构简单、成本低、容易控制，但控制精度低。如果在控制器或控制对象上存在干扰，或者由于控制元器件老化，控制对象结构或参数因工作环境而发生变化，就会导致开环控制系统的输出不稳定，使输出值偏离预期值。因此，开环控制系统一般适合于干扰不强或可预测的、控制精度要求不高的场合。

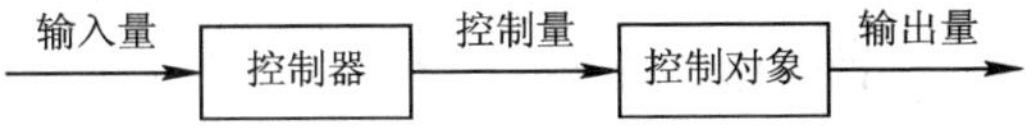

图 1－3　开环控制系统

另外，如果系统的给定输入与被控量之间的关系固定，且其内部参数或外来扰动的变化都比较小，或这些扰动因素可以事先确定并能给予补偿，则采用开环控制也能取得较为满意的控制效果。

闭环控制系统指的是系统输出量对控制作用有直接影响的一类控制系统。在闭环控制系统中，需要对系统输出不断地进行测量、变换并反馈到系统的控制端与参考输入信号进行比较，产生偏差信号，实现按偏差控制。因此闭环控制又称为反馈控制，其控制结构如图 1－4 所示。在这样的结构下，系统的控制器和控制对象共同构成了前向通道，而反馈装置构成了系统的反馈通道。

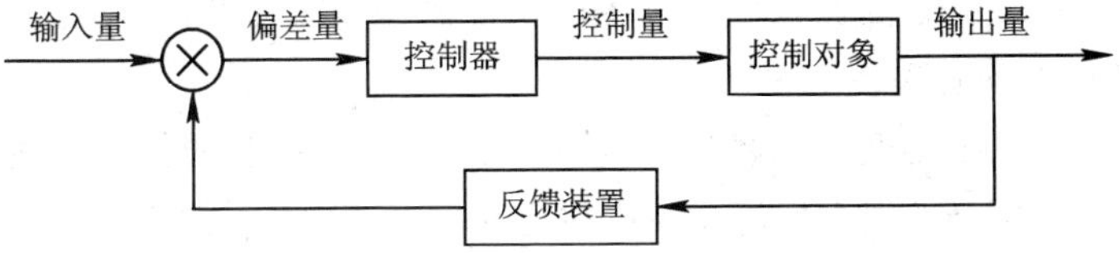

图 1－4　闭环控制系统

在控制系统中，反馈的概念非常重要。在图1-4中，如果将反馈环节取得的实际输出信号加以处理，并在输入信号中减去这个反馈量，再将结果输入到控制器中去控制被控对象，这样的反馈称为负反馈；反之，若由输入量与反馈量相加作为控制器的输入，则称为正反馈。在一个实际的控制系统中，具有正反馈形式的系统一般是不能改进系统性能的，而且容易使系统性能变坏，因此不被采用；而具有负反馈形式的系统，它通过自动修正偏离量，使系统输出趋于给定值，并能抑制系统回路中存在的内扰和外扰的影响，最终达到自动控制的目的。通常而言，反馈控制就是指负反馈控制。

与开环控制系统相比，闭环控制系统的最大特点是检测偏差、纠正偏差。从系统结构上看，闭环系统具有反向通道，即反馈；从功能上看，闭环系统具有如下特点：

(1) 由于增加了反馈通道，系统的控制精度得到了提高，若采用开环控制，要达到同样的精度，则需要高精度的控制器，从而大大增加了成本。

(2) 由于存在系统的反馈，可以较好地抑制系统各环节中可能存在的扰动和由于器件的老化而引起的结构和参数的不确定性。

(3) 反馈环节的存在可以较好地改善系统的动态性能。

虽然在实际系统中，反馈控制系统的形式是多样的，但一般均可化为图1-4的形式。

1.2.2 线性控制系统和非线性控制系统

按照系统是否满足叠加原理，系统可分为线性系统和非线性系统两类。

在线性控制系统中，组成控制系统的元件都具有线性特性。这种系统的输入/输出关系一般可以用微分方程、差分方程或传递函数等来描述，也可以用状态空间表达式来表示。线性系统的主要特点是具有齐次性和适用叠加原理。如果线性系统中的参数不随时间变化，则称为线性定常系统；否则称为线性时变系统。本书主要讨论线性定常系统。

在控制系统中，若至少有一个元件具有非线性特性，则称该系统为非线性控制系统。非线性系统一般不具有齐次性，也不适用叠加原理，而且它的输出响应和稳定性与输入信号和初始状态有很大关系。非线性系统也有时变系统和定常系统之分。

严格地讲，绝对线性的控制系统(或元件)是不存在的，因为所有的物理系统和元件在不同程度上都具有非线性特性。但为了简化系统的分析和设计，在一定的条件下，可以用分析线性系统的理论和方法对它进行研究。

1.2.3 定值控制系统、伺服系统和程序控制系统

按照输入信号分类，控制系统可分为定值控制系统、伺服系统和程序控制系统。

定值控制系统的输入信号是恒值，要求被控变量保持相对应的数值不变。室温控制系统、直流电机转速控制系统、发电厂的电压频率控制系统、高精度稳压电源装置中的电压控制系统等都是典型的定值控制系统。

伺服系统的输入信号是变化规律未知的任意时间函数，系统的任务是使被控变量按照同样规律变化并与输入信号的误差保持在规定的范围内。导弹发射架控制系统、雷达天线控制系统等都是典型的伺服控制系统。当被控量为位置或角度时，伺服系统又称为随动系统。

程序控制系统中的输入信号是按已知的规律(事先规定的程序)变化的，要求被控变量

也按相应的规律随输入信号变化，误差不超过规定值。热处理炉的温控系统、机床的数控加工系统和仿形控制系统等都是典型的程序控制系统。

1.2.4 连续控制系统和离散控制系统

控制系统中各部分的信号若都是时间 t 的连续函数，则称这类系统为连续控制系统。在控制系统各部分的信号中只要有一个是时间 t 的离散信号，则称这类系统为离散控制系统。离散模型是计算机控制的最主要模型。

应当指出的是，上述的分类方法只是常见的分类方法，此外还有其他的分类方法。比如集总参数系统和分布参数系统、确定性系统和不确定性系统、单输入/单输出系统和多输入/多输出系统、时变和非时变系统、有静差和无静差系统等等。

1.3 自动控制理论的发展历史

自动控制是一门年轻学科，从 1945 年开始形成。这以前，是自动控制理论的胚胎与萌芽时期。在这一时期，我国具有杰出的成就。中国是世界文明最早的发达国家之一。天文学等有关领域的需要产生了自动装置。三千年前发明了自动计时的“铜壶滴漏”装置；公元前 2 世纪发明了用来模拟天体运动和研究天体运动规律的“浑天仪”；2100 年前研制出指南车；公元 132 年产生了世界上第一架自动测量地震的“地动仪”；公元 3 世纪发明了自动记录里数的“记里鼓车”。

工业生产和军事技术的需要，促进了经典自动控制理论和技术的产生和发展。18 世纪欧洲产业革命后，由于生产力的发展，蒸汽机被广泛用作原动力。为使工作更完善(解决不易控制问题)，1765 年俄国机械师波尔祖诺夫发明了蒸汽机锅炉水位调节器，1784 年英国人瓦特发明了蒸汽机离心式调速器。在蒸汽机控制中，人们总希望转速恒定，因此判定稳定、设计稳定可靠的调节器成为重要课题。1877 年劳斯(Routh)和赫尔维茨(Hurwitz)提出判定系统稳定的判据。19 世纪前半期，生产中开始利用发电机和电动机，这促进了水利发展，出现了水电站遥控、简单程序控制、电压和电流的自动调整等技术。19 世纪末到 20 世纪前半叶，由于内燃机的应用，促进了船舶、汽车、飞机制造业及石油工业的发展，同时对自动化又提出了新的要求，由此相应产生了伺服控制、过程控制等技术。二次世界大战中，为了生产和设计飞机、雷达和火炮上的各种伺服机构，需要把过去的自动调节技术和反馈放大器技术进行总结，于是搭起了经典控制理论的框架，战后这些理论被公开，并用于一般工业生产控制中。

经典控制理论期(20 世纪 40～60 年代) 1945 年美国人波德(Bode)的《网络分析和反馈放大器设计》一文，奠定了经典控制理论基础，在西方国家开始形成了自动控制学科；1947 年美国出版了第一本自动控制教材《伺服机件原理》；1948 年美国麻省理工学院出版了另一本《伺服机件原理》教材，建立了现在广泛使用的频率法。20 世纪 50 年代是经典控制理论发展和成熟的时期。经典控制理论的主要内容为频率法(拉氏变换及 Z 变换)、根轨迹法、相平面法、描述函数法、稳定性的代数判据和几何判据、校正网络等，这些理论基本解决了单输入单输出自动控制系统的有关问题。

现代控制理论期(20世纪60年代中期成熟) 空间技术的需要和电子计算机的应用，推动了现代控制理论和技术的产生与发展。20世纪50年代末60年代初，空间技术的发展迫切要求对多输入/多输出、高精度、参数时变系统进行分析与设计，这是经典控制理论无法有效解决的问题，于是出现了新的自动控制理论，称为“现代控制理论”。1960年卡尔曼(Kalman)发表了《控制系统的一般理论》一文，1961年又与Bush发表了《线性过滤和预测问题的新结果》。西方国家公认卡尔曼奠定了现代控制理论的基础。他的工作是控制论创始人维纳(Wiener)工作的发展，主要引进了数学计算方法中的“校正”概念。现代控制理论的主要内容为：状态空间法、系统辨识、最佳估计、最优控制和自适应控制。

后现代控制理论 这一理论是20世纪70年代后，控制理论向广度和深度发展的结果。特别是进入21世纪以来，以网络、通信、人机交互为代表的信息自动化集成的理论与技术蓬勃发展，进一步推动了控制理论的发展。针对复杂控制对象的大系统理论、模拟人思维活动的智能控制理论，以及其他的先进控制理论是后现代控制理论的重要组成部分。大系统是指规模庞大、结构复杂、变量众多的信息与控制系统，它涉及生产过程、交通运输、计划管理、环境保护、空间技术等多方面的控制和信息处理问题。而智能控制系统是具有某些仿人智能的工程控制与信息处理系统，其中最典型的例子就是智能机器人和生物控制。

1.4 工程控制问题的基本要求

为实现自动控制，必须对控制系统提出一定的要求。对于一个闭环控制系统而言，当输入量和扰动量均不变时，系统输出量也恒定不变，这种状态称为平衡态或静态、稳态。通常系统在稳态时的输出量是我们所关心的，当输入量或扰动量发生变化时，反馈量将与输入量产生偏差，通过控制器的作用，从而使输出量最终稳定，即达到一个新的平衡状态。但由于系统中各环节总存在惯性，系统从一个平衡点到另一个平衡点无法瞬间完成，即存在一个过渡过程，该过程称为动态过程或暂态过程。根据系统稳态输出和暂态过程的特性，对闭环控制系统的基本要求可以归纳为三个方面：稳定性、准确性(稳态精度)、快速和平稳性(动态性能)。

1. 稳定性

稳定性是保证控制系统正常工作的先决条件，是控制系统的重要特性。所谓稳定性是指控制系统偏离平衡状态后，自动恢复到平衡状态的能力。在扰动信号的干扰、系统内部参数发生变化和环境条件改变的情况下，系统状态偏离了平衡状态。如果在随后所有时间内，系统的输出响应能够最终回到原先的平衡状态，则系统是稳定的；反之，如果系统的输出响应逐渐增加趋于无穷，或者进入振荡状态，则系统是不稳定的。不稳定的系统是不能工作的。

2. 准确性

准确性就是要求被控量和设定值之间的误差达到所要求的精度范围。准确性反映了系统的稳态精度，通常控制系统的稳态精度可以用稳态误差来表示。根据输入点的不同，一般可以分为参考输入稳态误差和扰动输入稳态误差。对于随动系统或其他有控制轨迹要求的系统，还应当考虑动态误差。误差越小，控制精度或准确性就越高。

3. 快速和平稳性

为了很好完成控制任务，控制系统不仅要稳定并具有较高的精度，还必须对过渡过程的形式和快慢提出要求，这个要求一般称为系统的动态性能。通常情况下，当系统由一个平衡态过渡到另一个平衡态时都希望过渡过程既快速又平稳。因此，在控制系统设计时，对控制系统的过渡过程时间(即快速性)和最大振荡幅度(即超调量)都有一定的要求。

小 结

本章主要讨论了四个方面的内容：自动控制系统的有关基本概念，自动控制系统的不同分类方法，自动控制理论的发展历史和工程控制问题的基本要求。对所涉及的有关概念和思想没有进行深入的展开，我们将在后面的章节中具体阐述。通过对本章内容的学习，读者会对自动控制理论有一个初步的了解，便于后面章节的学习。

习 题

1-1 什么是开环控制系统？什么是闭环控制系统？试比较开环控制系统和闭环控制系统的区别及其优缺点。

1-2 试列举几个日常生活中开环控制和闭环控制的实际例子，画出它们的示意图并说明其工作原理。

1-3 图1-5是一个自动液位控制系统。在任意情况下希望液面高度维持不变，试说明其工作原理，并画出系统的功能框图。

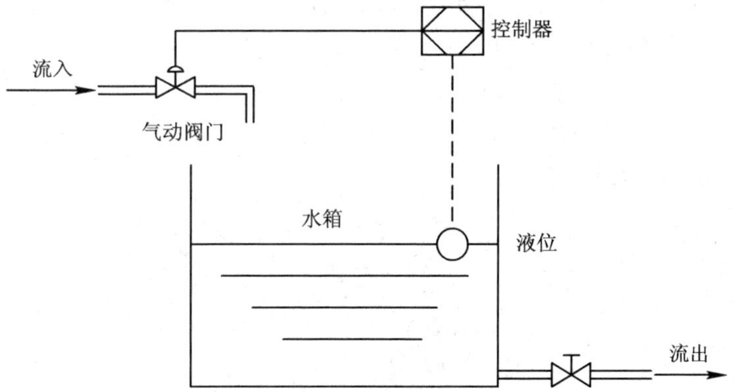

图 1-5 自动液位控制系统

1-4 图1-6是仓库大门自动控制系统原理图。试说明系统自动控制大门开闭的工作原理，指出系统的被控对象和被控制量以及各部件的作用，并画出系统的功能框图。

1-5 图1-7是电炉温度控制系统原理图。试分析系统保持电炉温度恒定的工作过程，指出系统的被控对象和被控制量以及各部件的作用，并画出系统的功能框图。

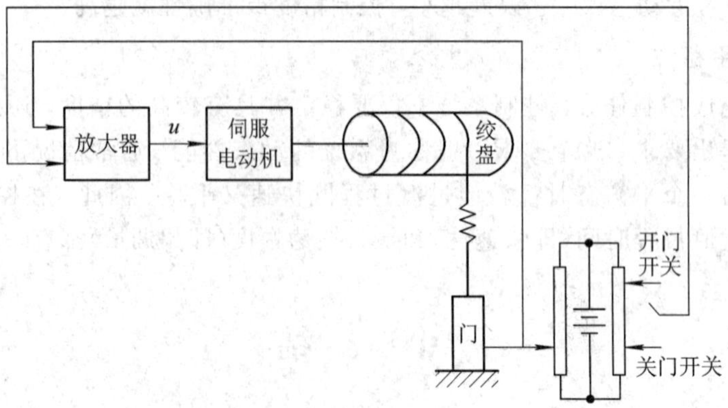

图 1-6　仓库大门自动控制系统

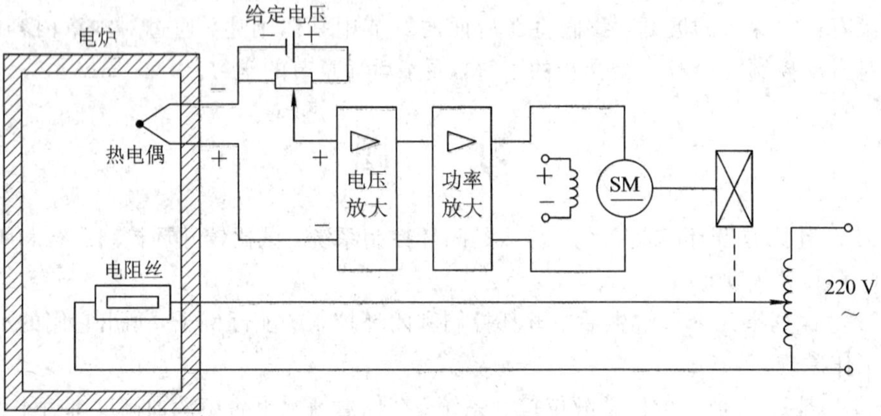

图 1-7　电炉温度控制系统

1-6　以下各式是描述系统的微分方程，其中 $r(t)$ 和 $c(t)$ 分别为系统的输入和输出。试判断哪些是线性定常或时变系统，哪些是非线性系统。

(1) $c(t)=7+r^2(t)+t\cdot r(t)$

(2) $c(t)=r(t)\sin\omega t+3$

(3) $\dfrac{d^3c(t)}{dt^3}+3\dfrac{d^2c(t)}{dt^2}+6\dfrac{dc(t)}{dt}+8c(t)=r(t)$

(4) $c(t)=2r(t)+3\dfrac{dr(t)}{dt}+4\int_{-\infty}^{t}r(\tau)\,d\tau$

(5) $t\cdot\dfrac{dc(t)}{dt}+c(t)=r(t)+3\dfrac{dr(t)}{dt}$

(6) $c(t)=\begin{cases}0 & t<3\\ r(t) & t\geqslant 3\end{cases}$

第二章 线性系统的数学描述

分析和设计控制系统，首先要建立它的数学模型。数学模型就是用数学的方法和形式来表示和描述系统中各变量间的关系。经典控制理论和现代控制理论都以数学模型为基础。数学模型的建立和简化是定量分析和设计控制系统的基础，也是目前许多学科向纵深发展需要解决的问题。

如果系统中各变量随时间变化缓慢，以至于它们对时间的变化率(导数)可以忽略不计时，这些变量之间的关系称为静态关系或静态特性。静态特性的数学表达式中不含有变量对时间的导数。如果系统中变量对时间的变化率不可忽略，这时各变量之间的关系称为动态关系或动态特性，系统称为动态系统，相应的数学模型称为动态模型。控制系统中的数学模型绝大部分都指的是动态系统的数学模型。

数学模型可以有许多不同的形式，较常见的有三种：一种是把系统的输入量和输出量之间的关系用数学方式表达出来，称之为输入输出描述或外部描述，例如微分方程式、传递函数和差分方程；第二种不仅可以描述系统输入、输出之间的关系，而且还可以描述系统的内部特性，称之为状态空间描述或内部描述，它特别适用于多输入、多输出系统，也适用于时变系统、非线性系统和随机控制系统(第九章将做详细介绍)；第三种方式是用比较直观的结构图(方块图)和信号流图模型进行描述。同一系统的数学模型可以表示为不同的形式，需要根据不同的使用目的和研究问题的方便程度对这些模型进行取舍，以利于对控制系统进行有效的分析。

许多表面上完全不同的系统(如机械系统、电气系统、液压系统和经济学系统)有时却可能具有完全相同的数学模型，从这个意义上讲，数学模型表达了这些系统的共性，所以只要研究透了一种数学模型，也就能完全了解具有这种数学模型形式的各式各样系统的本质特征。因此数学模型建立以后，研究系统主要是以数学模型为基础，分析并综合系统的各项性能，而不再涉及实际系统的物理性质和具体特点。

本章将讨论线性定常且集总参数系统的数学模型，从系统的时域数学模型——微分方程入手，重点研究动态系统的复域数学模型——传递函数以及系统结构图(方块图)，对信号流图仅作简要介绍。

2.1 线性系统的时域数学模型

控制系统中的输出量和输入量通常都是时间 t 的函数。很多常见的元件或系统的输出量和输入量之间的关系都可以用一个微分方程表示，方程中含有输出量、输入量及它们各自对时间的导数或积分。这种微分方程又称为动态方程或运动方程。微分方程的阶数一般是指方程中最高导数项的阶数，又称为系统的阶数。

对于单输入、单输出线性定常系统，采用下列微分方程来描述：

$$
\begin{aligned}
&c^{(n)}(t)+a_1c^{(n-1)}(t)+a_2c^{(n-2)}(t)+\cdots+a_{n-1}\dot{c}(t)+a_nc(t)\\
&=b_0r^{(m)}(t)+b_1r^{(m-1)}(t)+b_2r^{(m-2)}(t)+\cdots+b_{m-1}\dot{r}(t)+b_mr(t)
\end{aligned}
\tag{2.1}
$$

式中，$r(t)$和$c(t)$分别是系统的输入信号和输出信号；$c^{(n)}(t)$为$c(t)$对时间t的n阶导数；$a_i(i=1, 2, \cdots, n)$和$b_j(j=0, 1, \cdots, m)$是由系统的结构参数决定的系数，$n\geqslant m$。

一般情况下，列写控制系统运动方程的步骤是，首先分析系统的工作原理及其各变量之间的关系，找出系统的输入量和输出量；其次根据系统运动特性的基本定律，一般从系统的输入端开始依次写出各元件的运动方程，在列写元件运动方程时，需要考虑相接元件间的相互作用；最后由组成系统各元件的运动方程中，消去中间变量，求取只含有系统输入和输出变量及其各阶导数的方程，并将其化为标准形式。所谓标准形式是指在系统运动方程中将输入变量及其导数置于等号的右边，将输出变量及其导数置于等号左边，等号两边的导数项均按降幂排列，并且将系数规划为反映系统动态特性的参数，如时间常数、阻尼系数等。

下面我们分别以电气系统和机械系统为例，说明如何列写系统或元件的微分方程式。这里所举的例子都属于简单系统，实际系统往往是很复杂的，我们将在以后各节逐渐介绍如何建立复杂系统的数学模型。

2.1.1 电气系统

电气系统中最常见的装置是由电阻、电容、运算放大器等元件组成的电路，又称电气网络。我们将电阻、电感和电容等本身不含有电源的器件称为无源器件，而将运算放大器这样本身包含电源的器件称为有源器件。仅由无源器件构成的电气网络称为无源网络；如果电气网络中含有有源器件或电源，就称之为有源网络。

【例 2-1】 图 2-1 是由电阻 R、电感 L 和电容 C 组成的无源网络，试列写以 $u_i(t)$ 为输入量，以 $u_o(t)$为输出量的网络微分方程。

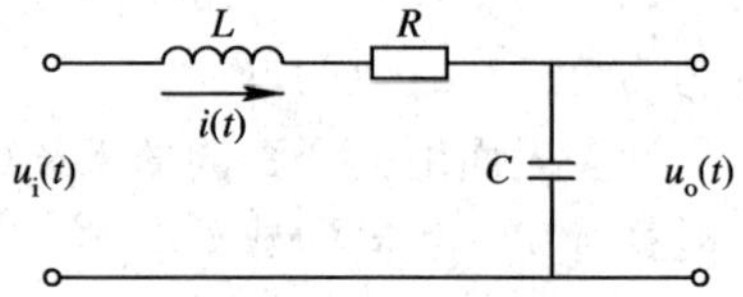

图 2-1 RLC 无源网络

解 设回路电流为 $i(t)$，由基尔霍夫电压定律可写出回路方程为

$$L\frac{\mathrm{d}i(t)}{\mathrm{d}t}+\frac{1}{C}\int i(t)\,\mathrm{d}t+Ri(t)=u_i(t)$$

$$u_o(t)=\frac{1}{C}\int i(t)\,\mathrm{d}t$$

消去中间变量 $i(t)$，可得描述该无源网络输入输出关系的微分方程

$$LC\frac{\mathrm{d}^2u_o(t)}{\mathrm{d}t^2}+RC\frac{\mathrm{d}u_o(t)}{\mathrm{d}t}+u_o(t)=u_i(t) \tag{2.2}$$

上式也可以写为

$$T_1T_2\frac{\mathrm{d}^2u_o(t)}{\mathrm{d}t^2}+T_2\frac{\mathrm{d}u_o(t)}{\mathrm{d}t}+u_o(t)=u_i(t) \tag{2.3}$$

其中，$T_1=L/R$，$T_2=RC$。方程(2.2)和(2.3)就是所求的微分方程。这是一个典型的二阶线性常系数微分方程，对应的系统称为二阶线性定常系统。

【例 2-2】 图 2-2 是一个由理想运算放大器组成的电容负反馈电路，电压 $u_i(t)$ 和 $u_o(t)$ 分别表示输入量和输出量，试确定这个电路的微分方程式。

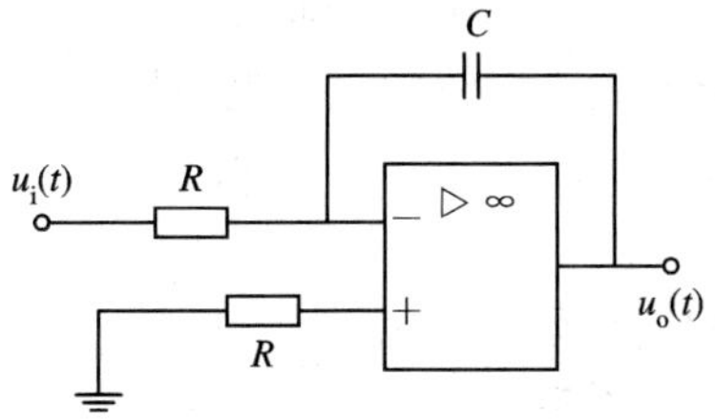

图 2-2　电容负反馈电路

解　理想运算放大器正、反相输入端电位相同，且输入电流为零。根据基尔霍夫电流定律有

$$\frac{u_i(t)}{R}+C\frac{\mathrm{d}u_o(t)}{\mathrm{d}t}=0$$

整理后得

$$RC\frac{\mathrm{d}u_o(t)}{\mathrm{d}t}=-u_i(t) \tag{2.4}$$

或为

$$T\frac{\mathrm{d}u_o(t)}{\mathrm{d}t}=-u_i(t) \tag{2.5}$$

其中，$T=RC$ 为时间常数。方程(2.4)和(2.5)就是该系统的微分方程，这是一个一阶系统。

2.1.2　机械系统

机械系统指的是存在机械运动的装置，它们遵循物理学中的力学定律。

【例 2-3】 图 2-3 表示一个含有弹簧、运动部件、阻尼器的机械位移装置。其中 k 是弹簧系数，m 是运动部件质量，μ 是阻尼器的阻尼系数；外力 $f(t)$ 是系统的输入量，位移 $y(t)$ 是系统的输出量。试确定系统的微分方程。

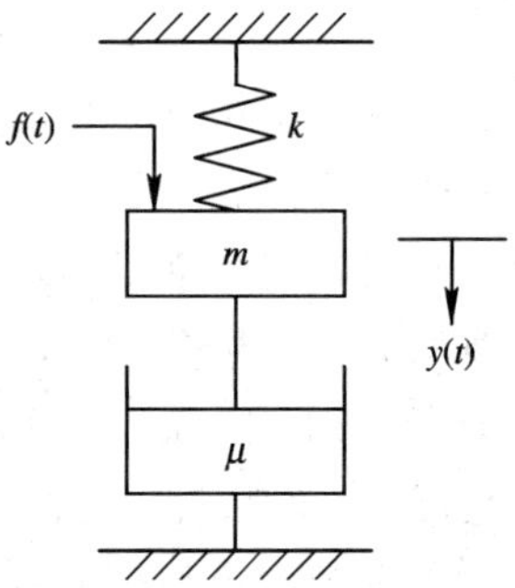

图 2-3　机械阻尼器示意图

解　根据牛顿运动定律，运动部件在外力作用下克服弹簧拉力 $ky(t)$、阻尼器的阻力 $\mu\frac{\mathrm{d}y(t)}{\mathrm{d}t}$，将产生加速度力 $m\frac{\mathrm{d}^2y(t)}{\mathrm{d}t^2}$，所以系统的运动方程为

$$m\frac{\mathrm{d}^2y(t)}{\mathrm{d}t^2}+\mu\frac{\mathrm{d}y(t)}{\mathrm{d}t}+ky(t)=f(t) \tag{2.6}$$

或写成

$$\frac{m}{\mu}\frac{\mu}{k}\frac{\mathrm{d}^2y(t)}{\mathrm{d}t^2}+\frac{\mu}{k}\frac{\mathrm{d}y(t)}{\mathrm{d}t}+y(t)=\frac{1}{k}f(t) \tag{2.7}$$

这也是一个二阶线性常微分方程。比较表达式(2.7)和(2.3)可以发现，两个不同的物

理系统具有相同形式的运动方程，即具有相同的数学模型。

【例 2-4】 图 2-4 表示一个单摆系统，输入量为零(不加外力)，输出量为摆幅 $\theta(t)$。摆锤的质量为 M，摆杆长度为 l，阻尼系数为 μ，重力加速度为 g。试建立系统的运动方程。

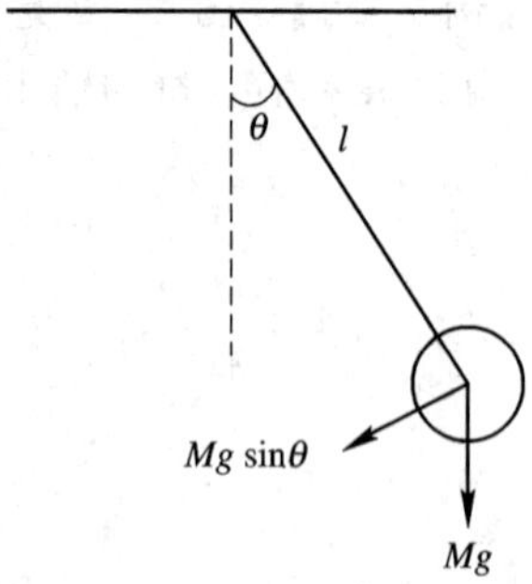

图 2-4 单摆运动示意图

解 对于图 2-4 所示的单摆系统，根据牛顿运动定律可以直接推出如下系统运动方程：

$$Ml\,\frac{d^2\theta}{dt^2}+\mu l\,\frac{d\theta}{dt}=Mg\,\sin\theta \tag{2.8}$$

显然方程(2.8)是一个二阶的非线性微分方程(因为含有 $\sin\theta$)，但是在摆幅较小的情况下，单摆运动方程可以认为是线性的，对应的微分方程为

$$Ml\,\frac{d^2\theta}{dt^2}+\mu l\,\frac{d\theta}{dt}-Mg\theta=0 \tag{2.9}$$

在工程实际中，大多数系统是非线性的。比如，弹簧的刚度与其形变有关系，因此弹簧系数 k 实际上是其位移的函数，而并非常数；电阻、电容和电感等参数值与周围的环境(温度、湿度、压力等)及流经它们的电流有关，也并非常值；电动机本身的摩擦、死区等非线性因素会使其运动方程复杂化而成为非线性方程。非线性系统的分析一般比线性系统复杂。但是当控制系统在围绕平衡点附近的小范围内动作时，通常采用泰勒级数展开的方法，可将非线性系统线性化为平衡点附近的线性系统，从而使问题简化。如在上述的单摆系统中，在小幅摆动的假设下，通过将 $\sin\theta$ 在平衡点 $\theta=0$ 处作一阶泰勒展开，可将方程(2.8)中的非线性项 $\sin\theta$ 用其线性近似量 θ 表示，从而得到方程(2.9)描述的线性系统。

2.2 传递函数

控制系统的微分方程是在时间域描述系统动态性能的数学模型，在给定外部作用和初始条件下，求解微分方程可以得到系统的输出响应。这种方法比较直观，特别是借助于电子计算机可以迅速而准确地求得结果。但是如果系统的结构改变或某个参数变化时，就要重新列写并求解微分方程，不便于对系统进行分析和设计。

众所周知，拉普拉斯(Laplace)变换(简称拉氏变换)是求解线性常微分方程的有力工具，它可以将时域(t)的微分方程转化为复频域(s)中的代数方程，并且可以得到控制系统在复数域的数学模型——传递函数。传递函数不仅可以表征系统的动态性能，而且可以用来研究系统的结构或参数变化对系统动态性能的影响。经典控制理论中广泛采用的频域法和根轨迹法，就是以传递函数为基础建立起来的，传递函数是经典控制理论中最基本和最重要的概念。

2.2.1 拉氏变换

拉氏变换是传递函数的数学基础，因此在讨论传递函数之前先简要介绍一下拉氏变换的有关概念、性质和结论。

1. 拉氏变换的定义

若将实变量 t 的函数 $f(t)$ 乘以指数函数 e^{-st}（其中 $s=\sigma+j\omega$ 是一个复数），并且在 $[0,+\infty]$ 上对 t 积分，就可以得到一个新的函数 $F(s)$，称 $F(s)$ 为 $f(t)$ 的拉氏变换，并用符号 $\mathscr{L}[f(t)]$ 表示。

$$F(s)=\mathscr{L}[f(t)]=\int_0^{+\infty} f(t)e^{-st}\,dt \tag{2.10}$$

上式就是拉氏变换的定义式。从这个定义可以看出，拉氏变换将原来的实变量函数 $f(t)$ 转化为复变量函数 $F(s)$。通常将 $F(s)$ 称作 $f(t)$ 的象函数，将 $f(t)$ 称作 $F(s)$ 的原函数。常用函数的拉氏变换见附录。

2. 拉氏变换的基本定理

1）线性定理

两个函数和的拉氏变换，等于每个函数拉氏变换的和，即

$$\begin{aligned}\mathscr{L}[f_1(t)+f_2(t)]&=\mathscr{L}[f_1(t)]+\mathscr{L}[f_2(t)]\\&=F_1(s)+F_2(s)\end{aligned} \tag{2.11}$$

函数放大 k 倍的拉氏变换等于该函数拉氏变换的 k 倍，即

$$\mathscr{L}[kf(t)]=kF(s) \tag{2.12}$$

2）微分定理

如果初始条件

$$f(0)=f'(0)=\cdots=f^{(n-1)}(0)=0$$

成立，则有

$$\mathscr{L}[f^{(n)}(t)]=s^nF(s) \tag{2.13}$$

3）积分定理

一个函数积分后再取拉氏变换等于这个函数的拉氏变换除以复参数 s，即

$$\mathscr{L}\left[\int_0^t f(t)\,dt\right]=\frac{1}{s}\mathscr{L}[f(t)]=\frac{1}{s}F(s) \tag{2.14}$$

重复运用式(2.14)可以推出

$$\mathscr{L}\Bigl[\underbrace{\int_0^t dt\int_0^t dt\cdots\int_0^t f(t)\,dt}_{n}\Bigr]=\frac{1}{s^n}F(s) \tag{2.15}$$

4）初值定理

函数 $f(t)$ 在 $t=0$ 时的函数值可以通过 $f(t)$ 的拉氏变换 $F(s)$ 乘以 s 取 $s\to\infty$ 时的极限而得到，即

$$\lim_{t\to 0} f(t)=f(0)=\lim_{s\to\infty} sF(s) \tag{2.16}$$

5）终值定理

函数 $f(t)$ 在 $t\to+\infty$ 时的函数值（即稳定值）可以通过 $f(t)$ 的拉氏变换 $F(s)$ 乘以 s 取 $s\to 0$ 时的极限而得到，即

$$\lim_{t\to+\infty} f(t)=f(+\infty)=\lim_{s\to 0} sF(s) \tag{2.17}$$

2.2.2 传递函数的定义和特点

1. 传递函数的定义

线性定常系统的传递函数，定义为零初始条件下，系统输出量的拉氏变换与输入量的拉氏变换之比。

设线性定常系统由下面的 n 阶线性常微分方程描述：

$$\begin{aligned} & a_0 c^{(n)}(t) + a_1 c^{(n-1)}(t) + a_2 c^{(n-2)}(t) + \cdots + a_{n-1}\dot{c}(t) + a_n c(t) \\ & = b_0 r^{(m)}(t) + b_1 r^{(m-1)}(t) + b_2 r^{(m-2)}(t) + \cdots + b_{m-1}\dot{r}(t) + b_m r(t) \end{aligned} \tag{2.18}$$

式中，$r(t)$和$c(t)$分别是系统的输入信号和输出信号；$c^{(n)}(t)$为$c(t)$对时间t的n阶导数；$a_i(i=0,1,\cdots,n)$和$b_j(j=0,1,\cdots,m)$是由系统的结构参数决定的常系数，$n \geqslant m$。如果$r(t)$和$c(t)$及其各阶导数在$t=0$时的值均为零，即满足如下的零初始条件：

$$c(0) = \dot{c}(0) = \ddot{c}(0) = \cdots = c^{(n-1)}(0) = 0$$

$$r(0) = \dot{r}(0) = \ddot{r}(0) = \cdots = r^{(m-1)}(0) = 0$$

则根据拉氏变换的定义和性质，对式(2.18)进行拉氏变换，并令$C(s)=\mathscr{L}[c(t)]$，$R(s)=\mathscr{L}[r(t)]$，可得

$$\begin{aligned} & [a_0 s^n + a_1 s^{n-1} + \cdots + a_{n-1} s + a_n]C(s) \\ & = [b_0 s^m + b_1 s^{m-1} + \cdots + b_{m-1} s + b_m]R(s) \end{aligned}$$

由传递函数的定义可得系统的传递函数为

$$G(s) = \frac{C(s)}{R(s)} = \frac{b_0 s^m + b_1 s^{m-1} + \cdots + b_{m-1} s + b_m}{a_0 s^n + a_1 s^{n-1} + \cdots + a_{n-1} s + a_n} = \frac{M(s)}{N(s)} \tag{2.19}$$

式中，

$$M(s) = b_0 s^m + b_1 s^{m-1} + \cdots + b_{m-1} s + b_m$$

$$N(s) = a_0 s^n + a_1 s^{n-1} + \cdots + a_{n-1} s + a_n$$

$M(s)$和$N(s)$分别称为传递函数$G(s)$的分子多项式和分母多项式。

【例 2-5】 试确定图 2-1 所示的 RLC 无源网络系统的传递函数。

解 由例 2-1 可知，RLC 无源网络系统的微分方程为

$$LC\frac{\mathrm{d}^2 u_\mathrm{o}(t)}{\mathrm{d}t^2} + RC\frac{\mathrm{d}u_\mathrm{o}(t)}{\mathrm{d}t} + u_\mathrm{o}(t) = u_\mathrm{i}(t)$$

在零初始条件下，对上述方程中各项求拉氏变换，并令$U_\mathrm{o}(s)=\mathscr{L}[u_\mathrm{o}(t)]$，$U_\mathrm{i}(s)=\mathscr{L}[u_\mathrm{i}(t)]$，可得复频域的代数方程

$$(LCs^2 + RCs + 1)U_\mathrm{o}(s) = U_\mathrm{i}(s)$$

所以系统的传递函数为

$$G(s) = \frac{U_\mathrm{o}(s)}{U_\mathrm{i}(s)} = \frac{1}{LCs^2 + RCs + 1} \tag{2.20}$$

【例 2-6】 试确定如图 2-2 所示的运算放大器电路的传递函数。

解 由例 2-2 可知，运算放大器电路系统的微分方程为

$$RC\frac{\mathrm{d}u_\mathrm{o}(t)}{\mathrm{d}t} = -u_\mathrm{i}(t)$$

在零初始条件下，对上述方程中各项求拉氏变换，得

$$RCsU_\mathrm{o}(s) = -U_\mathrm{i}(s)$$

所以，系统的传递函数为

$$G(s)=\frac{U_o(s)}{U_i(s)}=-\frac{1}{RCs} \tag{2.21}$$

【例 2-7】 试确定如图 2-3 所示的机械阻尼系统的传递函数。

解 由例 2-3 可知，该系统的运动方程为

$$m\frac{d^2y(t)}{dt^2}+\mu\frac{dy(t)}{dt}+ky(t)=f(t)$$

在零初始条件下，对上式进行拉氏变换，可得

$$(ms^2+\mu s+k)Y(s)=F(s)$$

所以系统的传递函数为

$$G(s)=\frac{Y(s)}{F(s)}=\frac{1}{ms^2+\mu s+k}=\frac{\frac{1}{k}}{\frac{m}{k}s^2+\frac{\mu}{k}s+1} \tag{2.22}$$

2. 传递函数的特点

(1) 传递函数的概念适用于线性定常系统，传递函数的结构和各项系数(包括常数项)完全取决于系统本身结构，因此，它是系统的动态数学模型，而与输入信号的具体形式和大小无关，也不反映系统的任何内部信息。因此可以用图 2-5 的方块图来表示一个具有传递函数 $G(s)$ 的线性系统。该图说明，系统输入量和输出量的因果关系可以用传递函数联系起来。

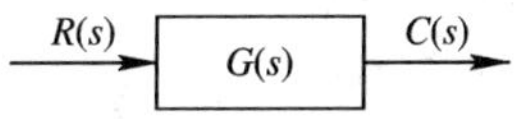

图 2-5　传递函数的图示

但是同一个系统若选择不同的量作为输入量和输出量，所得到的传递函数可能不同。所以谈到传递函数，必须指明输入量和输出量。传递函数的概念主要适用于单输入、单输出的情况。若系统有多个输入信号，在求传递函数时，除了指定的输入量以外，其他输入量(包括常值输入量)一概视为零；对于多输入、多输出线性定常系统，求取不同输入和输出之间的传递函数将得到系统的传递函数矩阵。

(2) 传递函数是在零初始条件下定义的。控制系统的零初始条件有两层含义：一是指输入量在 $t\geqslant 0$ 时才起作用；二是指输入量加于系统之前，系统处于稳定工作状态。

(3) 传递函数是复变量 s 的有理真分式函数，具有复变函数的所有性质；并且理论分析和实验都指出，对于实际的物理系统和元件而言，输入量和它所引起的响应(输出量)之间的传递函数，分子多项式 $M(s)$ 的阶次 m 总是小于分母多项式 $N(s)$ 的阶次 n，即 $m<n$。这个结论可以看作是客观物理世界的基本属性。它反映了一个基本事实：一个物理系统的输出不可能立即复现输入信号，只有经过一段时间后，输出量才能达到输入量所要求的数值。

对于具体的控制元件和系统，我们总是可以找到形成上述事实的原因。例如对于机械系统，由于物体都有质量，因此物体受到外力和外力矩作用时都要产生形变，相互接触并存在相对运动的物体之间总是存在摩擦，这些都是造成机械装置传递函数分母阶次高于分子阶次的原因。电气网络中，由运算放大器组成的电压放大器，如果考虑其中潜在的电容和电感，以及输出电压和输入电压间的传递函数，则分子多项式的阶次一定低于分母多项式的阶次。

(4) 传递函数与线性常微分方程一一对应。传递函数分子多项式系数和分母多项式系数，分别与相应微分方程的右端及左端微分算符多项式系数相对应。所以，将微分方程的算符 d/dt 用复数 s 置换便可以得到传递函数；反之，将传递函数中的复数 s 用算符 d/dt 置换便可以得到微分方程。例如，由传递函数

$$G(s)=\frac{C(s)}{R(s)}=\frac{b_1 s+b_2}{a_0 s^2+a_1 s+a_2}$$

可得 s 的代数方程

$$(a_0 s^2+a_1 s+a_2)C(s)=(b_1 s+b_2)R(s)$$

用算符 d/dt 置换复数 s，便得到相应的微分方程

$$a_0\frac{\mathrm{d}^2 c(t)}{\mathrm{d}t^2}+a_1\frac{\mathrm{d}c(t)}{\mathrm{d}t}+a_2 c(t)=b_1\frac{\mathrm{d}r(t)}{\mathrm{d}t}+b_2 r(t)$$

(5) 传递函数不能反映系统或元件的学科属性和物理性质。物理性质和学科类别截然不同的系统可能具有完全相同的传递函数。例如，例 2-5 表示的 RLC 电路和例 2-7 表示的机械阻尼系统的传递函数在适当的参数代换后可以具有相同的形式，但是两者属于完全不同的学科领域。另一方面，研究某一种传递函数所得到的结论，可以适用于具有这种传递函数的各种系统，不管它们的学科类别和工作机理如何不同。这就极大地提高了控制工作者的效率。

(6) 传递函数除具有式(2.19)表示的分子、分母多项式形式外，还具有如下两种常见形式：

$$G(s)=\frac{M(s)}{N(s)}=k\frac{(s-z_1)(s-z_2)\cdots(s-z_m)}{(s-p_1)(s-p_2)\cdots(s-p_n)} \tag{2.23}$$

$$G(s)=\frac{M(s)}{N(s)}=K\frac{(\tau_1 s+1)(\tau_2 s+1)\cdots(\tau_m s+1)}{(T_1 s+1)(T_2 s+1)\cdots(T_n s+1)} \tag{2.24}$$

表达式(2.23)和(2.24)分别称为传递函数的零极点形式和时间常数形式。式(2.23)的特点是每个一次因子项中 s 的系数为 1。$M(s)=0$ 和 $N(s)=0$ 的根 $z_i(i=1, 2, \cdots, m)$ 和 $p_j(j=1, 2, \cdots, n)$ 分别称为传递函数的零点和极点，k 称为传递函数的增益或根轨迹增益。由于 $M(s)$ 和 $N(s)$ 的系数均为实数，因此零极点是实数或共轭复数。式(2.24)的特点是各个因式的常数项均为 1，$\tau_i(i=1, 2, \cdots, m)$ 和 $T_j(j=1, 2, \cdots, n)$ 为系统中各环节的时间常数，K 为系统的放大倍数。

(7) 令系统的传递函数分母等于零，所得方程称为特征方程，即 $N(s)=0$。特征方程的根称为特征根，也就是系统的极点。

2.2.3 典型环节传递函数

任何一个复杂系统都是由有限个典型环节组合而成的。典型环节通常分为以下六种。

1. 比例环节

比例环节又称放大环节，该环节的运动方程和相对应的传递函数分别为

$$c(t)=Kr(t) \tag{2.25}$$

$$G(s)=\frac{C(s)}{R(s)}=K \tag{2.26}$$

式中 K 为增益。

特点：输入输出量成比例，无失真和时间延迟。

实例：电子放大器，齿轮，电阻(电位器)，感应式变送器等。

2. 惯性环节

惯性环节又称非周期环节，该环节的运动方程和相对应的传递函数分别为

$$T\frac{\mathrm{d}c(t)}{\mathrm{d}t}+c(t)=Kr(t) \tag{2.27}$$

$$G(s)=\frac{C(s)}{R(s)}=\frac{K}{Ts+1} \tag{2.28}$$

式中 T 为时间常数，K 为比例系数。

特点：含一个储能元件，对突变的输入，其输出不能立即复现，输出无振荡。

实例：直流伺服电动机的励磁回路、RC 电路。

3. 纯微分环节

纯微分环节常简称为微分环节，其运动方程和传递函数分别为

$$c(t)=T\frac{\mathrm{d}r(t)}{\mathrm{d}t} \tag{2.29}$$

$$G(s)=Ts \tag{2.30}$$

特点：输出量正比输入量变化的速度，能预示输入信号的变化趋势。

实例：实际中没有纯粹的微分环节，它总是与其他环节并存的。

实际中可实现的微分环节都具有一定的惯性，其传递函数如下：

$$G(s)=\frac{C(s)}{R(s)}=\frac{Ts}{Ts+1} \tag{2.31}$$

4. 积分环节

积分环节的动态方程和传递函数分别为

$$c(t)=K\int r(t)\,\mathrm{d}t \tag{2.32}$$

$$G(s)=\frac{K}{s} \tag{2.33}$$

特点：输出量与输入量的积分成正比例，当输入消失，输出具有记忆功能，具有明显的滞后作用，常用来改善系统的稳定性能。

实例：电动机角速度与角度间的传递函数，模拟计算机中的积分器等。

5. 振荡环节

振荡环节的运动方程和传递函数分别为

$$T^2\frac{\mathrm{d}^2c(t)}{\mathrm{d}t^2}+2\zeta T\frac{\mathrm{d}c(t)}{\mathrm{d}t}+c(t)=r(t)\quad(0\leqslant\zeta<1) \tag{2.34}$$

$$G(s)=\frac{C(s)}{R(s)}=\frac{1}{T^2s^2+2\zeta Ts+1}=\frac{\omega_n^2}{s^2+2\zeta\omega_n s+\omega_n^2}\quad(0\leqslant\zeta<1) \tag{2.35}$$

式中 ζ 为振荡环节的阻尼比，T 为时间常数，ω_n 为系统的自然振荡角频率(无阻尼自振角频率)，并且有

$$T=\frac{1}{\omega_n}$$

特点：环节中有两个独立的储能元件，并可进行能量交换，其输出出现振荡。

实例：*RLC* 电路的输出与输入电压间的传递函数，以及机械阻尼系统的传递函数。

6. 纯时间延时环节

延时环节的动态方程和传递函数分别为

$$c(t) = r(t-\tau) \tag{2.36}$$

$$G(s) = \frac{C(s)}{R(s)} = \mathrm{e}^{-\tau s} \tag{2.37}$$

式中 τ 为该环节的延迟时间。

特点：输出量能准确复现输入量，但要延迟一固定的时间间隔 τ。

实例：管道压力、流量等物理量的控制，其数学模型就包含有延迟环节。

2.3 结构图

控制系统都是由一些元部件组成的。根据不同的功能，可将系统划分为若干环节或者叫子系统，每个子系统的功能都可以用一个单向性的函数方块来表示。方块中填写表示这个子系统的传递函数，输入量加到方块上，那么输出量就是传递结果。函数方块如图 2－5 所示。根据系统中信息的传递方向，将各个子系统的函数方块用信号线顺次连接起来，就构成了系统的结构图，又称系统的方块图。系统的结构图实际上是系统原理图与数学方程的结合，因此可以作为系统数学模型的一种图示。

2.3.1 结构图的组成与绘制

1. 结构图的组成

(1) 结构图的每一元件用标有传递函数的方框表示，方框外面带箭头的线段表示这个环节的输入信号(箭头指向方框)和输出信号(箭头离开方框)，其方向表示信号传递方向。箭头处标有代表信号物理量的符号字母，如图 2－6 所示。

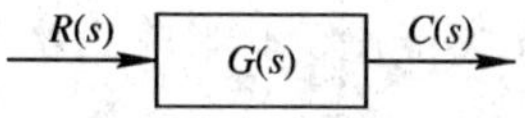

图 2－6　元件的结构图

(2) 把系统中所有元件都用上述方框形式表示，按系统输入信号经过各元件的先后次序，依次将代表各元件的方块用连接线连接起来。显然，前后两方块连接时，前面方块的输出信号必为后面方块的输入信号。

(3) 对于闭环系统，需引入两个新符号，分别称为相加点和分支点(如图 2－7 所示)。其中相加点⊗如图 2－7(a)所示，它是系统的比较元件，表示两个以上信号的代数运算。箭头指向⊗的信号流线表示它的输入信号，箭头离开它的信号流线表示它的输出信号，⊗附近的+、－号表示信号之间的运算关系是相加还是相减。在框图中，可以从一条信号流线上引出另一条或几条信号流线，而信号引出的位置称为分支点或引出点(如图 2－7(b)所示)。

需要注意的是，无论从一条信号流线或一个分支点引出多少条信号流线，它们都代表一个信号，即原始大小的信号。

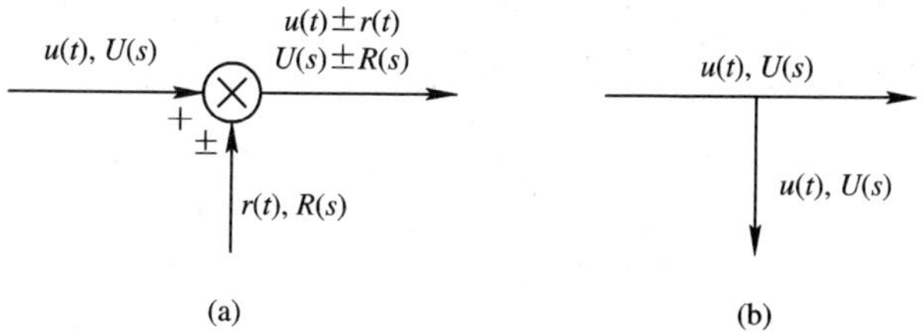

图 2-7　结构图的相加点和分支点

2. 结构图的绘制

绘制系统结构图的根据是系统各环节的动态微分方程式(方程组)及其拉氏变换。为了方便绘制结构图，对于复杂的系统，可按下述顺序绘制系统的结构图：

(1) 列写系统的微分方程组，并求出其对应的拉氏变换方程组。

(2) 从输出量开始写，以系统输出量作为第一个方程左边的量。

(3) 每个方程左边只有一个量。从第二个方程开始，每个方程左边的量是前面方程右边的中间变量。列写方程时尽量用已出现过的量。

(4) 输入量至少要在一个方程的右边出现；除输入量外，在方程右边出现过的中间变量一定要在某个方程的左边出现。

(5) 按照上述整理后拉氏变换方程组的顺序，从输出端开始绘制系统的结构图。

【例 2-8】 在图 2-8(a)中，电压 $u_1(t)$、$u_2(t)$分别为输入量和输出量，绘制系统的结构图。

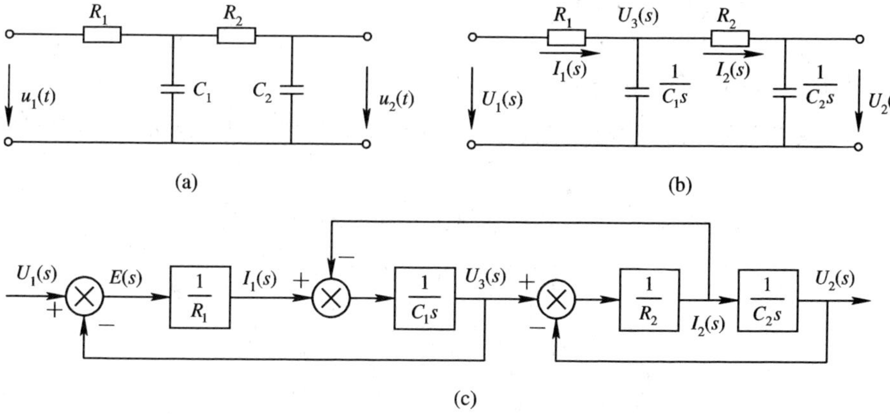

图 2-8　*RC* 滤波电路结构图

解　对于电气网络可以采用电路理论中“运算阻抗”的概念和方法，不列写微分方程就可以方便地求出相应的传递函数。具体地讲，电阻 R 的运算阻抗就是电阻 R 本身。电感 L 的运算阻抗是 Ls，电容 C 的运算阻抗是 $1/(Cs)$，其中 s 是拉氏变换的复参量。把电路中的电阻 R、电感 L 和电容 C 全换成运算阻抗，把电流 $i(t)$和电压 $u(t)$全换成相应的拉氏变换式 $I(s)$和 $U(s)$，把运算阻抗当作普通电阻。这样从形式上看，在零初始条件下，电路中的运算阻抗和电流、电压的拉氏变换式之间的关系满足各种电路定律，如欧姆定律、基尔霍夫定律。从而采用普通的电路定律，经过简单的代数运算就可求解 $I(s)$和$U(s)$及相应的传递函数。采用运算阻抗的方法又称运算法，相应的电路图称为运算电路。

图 2-8(a)对应的运算电路如图 2-8(b)所示。设中间变量 $I_1(s)$、$I_2(s)$和 $U_3(s)$。从输出量 $U_2(s)$开始按上述步骤列写系统方程式：

$$U_2(s)=\frac{1}{C_2 s}I_2(s)$$

$$I_2(s)=\frac{1}{R_2}[U_3(s)-U_2(s)]$$

$$U_3(s)=\frac{1}{C_1 s}[I_1(s)-I_2(s)]$$

$$I_1(s)=\frac{1}{R_1}[U_1(s)-U_3(s)]$$

按照上述方程的顺序，从输出量开始绘制系统的结构图，其绘制结果如图 2-8(c)所示(注意这是一个还没有经过简化的系统结构图)。

值得注意的是，一个系统可以具有不同的结构图，但由结构图得到的输出和输入信号的关系都是相同的。

2.3.2 闭环系统的结构图

一个闭环负反馈系统通常用图 2-9 所示的结构图来表示。输出量 $C(s)$反馈到相加点，并且在相加点与参考输入量 $R(s)$进行比较。图中各信号之间的关系为

$$C(s)=G(s)E(s)$$
$$E(s)=R(s)-B(s)$$
$$B(s)=H(s)C(s)$$

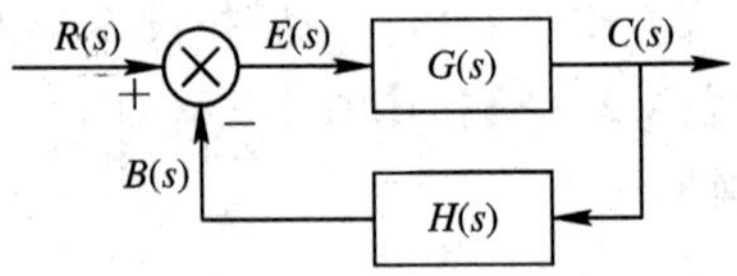

图 2-9 闭环系统结构图

式中 $E(s)$和 $B(s)$分别为偏差信号和反馈信号的拉氏变换，$H(s)$为闭环系统中的反馈传递函数，并且反馈到相加点与输入量进行比较的反馈信号 $B(s)=H(s)C(s)$。

反馈信号 $B(s)$与偏差信号 $E(s)$之比，叫作开环传递函数，即

$$\frac{B(s)}{E(s)}=G(s)H(s)$$

输出量 $C(s)$和偏差信号 $E(s)$之比，叫作前向传递函数，即

$$\frac{C(s)}{E(s)}=G(s)$$

如果反馈传递函数等于 1，那么开环传递函数和前向传递函数相同，并称这时的闭环反馈系统为单位反馈系统。从图 2-9 可以推出系统输出量 $C(s)$和输入量 $R(s)$之间的关系，具体推导如下：

$$C(s)=G(s)E(s)$$
$$E(s)=R(s)-B(s)=R(s)-H(s)C(s)$$

消去 $E(s)$可得

$$C(s)=G(s)[R(s)-H(s)C(s)]$$

所以有

$$\frac{C(s)}{R(s)} = \frac{G(s)}{1+G(s)H(s)} \tag{2.38}$$

上式就是系统输出量 $C(s)$ 和输入量 $R(s)$ 之间的传递函数，称为闭环传递函数。这个传递函数将闭环系统的动态特性与前向通道环节和反馈通道环节的动态特性联系在一起。由方程(2.38)可得

$$C(s) = \frac{G(s)}{1+G(s)H(s)}R(s)$$

可见，闭环系统的输出量取决于闭环传递函数和输入量的性质。

2.3.3　扰动作用下的闭环系统

实际的系统经常会受到外界扰动的干扰，通常扰动作用下的闭环系统的结构图可由图 2-10 表示。从图 2-10 可知，这个系统存在两个输入量，即参考输入量 $R(s)$ 和扰动量 $N(s)$。

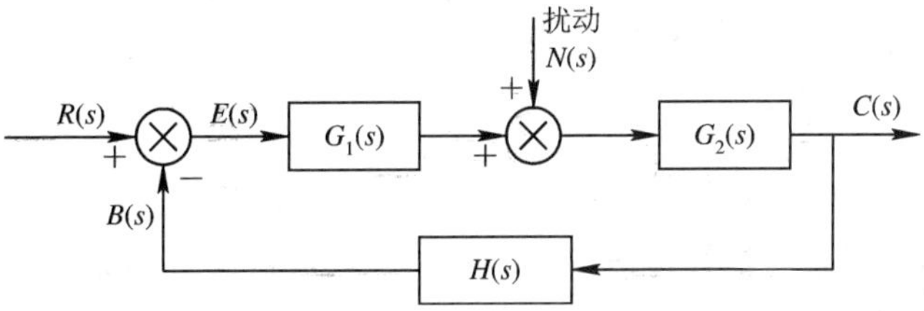

图 2-10　扰动作用下的闭环系统结构图

根据线性系统满足叠加性原理的性质，可以先对每一个输入量单独地进行处理，然后将每个输入量单独作用时相应的输出量进行叠加，就可得到系统的总输出量。对于图 2-10 所示的系统，研究扰动量 $N(s)$ 对系统的影响时，可以假设参考输入信号 $R(s)=0$，经过简单的推导可以得出系统对扰动的响应 $C_N(s)$ 为

$$C_N(s) = \frac{G_2(s)}{1+G_1(s)G_2(s)H(s)}N(s)$$

所以，系统输出对扰动的传递函数 $\Phi_N(s)=C_N(s)/N(s)$ 为

$$\Phi_N(s) = \frac{C_N(s)}{N(s)} = \frac{G_2(s)}{1+G_1(s)G_2(s)H(s)} \tag{2.39}$$

同样在分析系统对参考输入的响应时，可以假设扰动量 $N(s)=0$，这时系统对参考输入量 $R(s)$ 的响应 $C_R(s)$ 为

$$C_R(s) = \frac{G_1(s)G_2(s)}{1+G_1(s)G_2(s)H(s)}R(s)$$

所以，系统输出对参考输入的传递函数 $\Phi(s)=C_R(s)/R(s)$ 为

$$\Phi(s) = \frac{C_R(s)}{R(s)} = \frac{G_1(s)G_2(s)}{1+G_1(s)G_2(s)H(s)} \tag{2.40}$$

根据线性系统的叠加原理可知，参考输入量 $R(s)$ 和扰动量 $N(s)$ 同时作用于系统时，系统的响应(总输出)$C(s)$ 为

$$C(s) = C_R(s) + C_N(s) = \frac{G_2(s)}{1+G_1(s)G_2(s)H(s)}[G_1(s)R(s)+N(s)]$$

2.3.4 结构图的简化和变换规则

利用结构图分析和设计系统时，常常要对结构图进行简化和变换。对结构图进行简化和变换的基本原则是等效原则，即对结构图任何部分进行变换时，变换前后该部分的输入量、输出量及其相互之间的数学关系应保持不变。

以下是根据等效原则给出的几条结构图的变换规则。

1. 串联环节的简化

几个环节的结构图首尾连接，前一个结构图的输出是后一个结构图的输入，称这种结构为串联环节。图 2-11(a)是三个环节串联的结构。根据结构图可知：

$$X_1(s)=G_1(s)X_0(s)$$

$$X_2(s)=G_2(s)X_1(s)$$

$$X_3(s)=G_3(s)X_2(s)$$

消去中间变量 $X_1(s)$和 $X_2(s)$得

$$X_3(s)=G_1(s)G_2(s)G_3(s)X_0(s)$$

所以此系统的等效传递函数为

$$G(s)=\frac{X_3(s)}{X_0(s)}=G_1(s)G_2(s)G_3(s) \tag{2.41}$$

因此，三个环节串联的等效传递函数是它们各自传递函数的乘积。根据式(2.41)可画出串联环节简化后的结构图(如图 2-11(b)所示)。

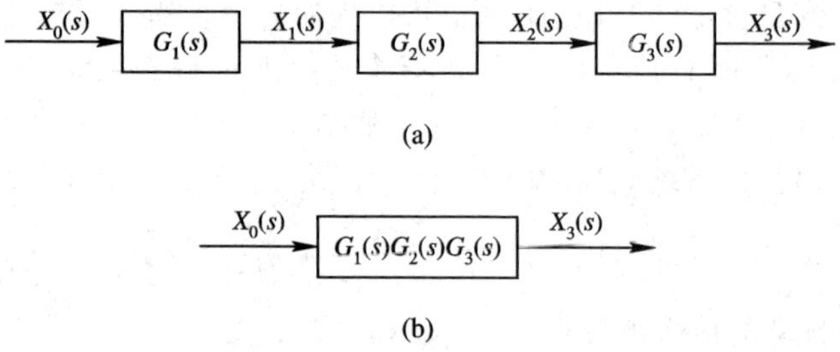

图 2-11 三个环节串联

上述结论可以推广到任意个环节的串联，即 n 个环节(每个环节的传递函数为 $G_i(s)$，$i=1, 2, \cdots, n$)串联的等效传递函数等于 n 个传递函数相乘。

$$G(s)=G_1(s)G_2(s)\cdots G_n(s) \tag{2.42}$$

2. 并联环节的简化

两个或多个环节具有同一个输入信号，而以各自环节输出信号的代数和作为总的输出信号，这种结构称为并联环节。图 2-12(a)表示三个环节并联的结构，根据结构图可知：

$$\begin{aligned}X_4(s)&=X_1(s)-X_2(s)+X_3(s)\\&=G_1(s)X_0(s)-G_2(s)X_0(s)+G_3(s)X_0(s)\\&=[G_1(s)-G_2(s)+G_3(s)]X_0(s)\end{aligned}$$

所以，整个系统的等效传递函数为

$$G(s) = \frac{X_4(s)}{X_0(s)} = G_1(s) - G_2(s) + G_3(s) \tag{2.43}$$

根据上式，可以画出该系统的简化结构图，如图 2-12(b)所示。原来的三个函数方框和一个相加点简化成了一个函数方框。

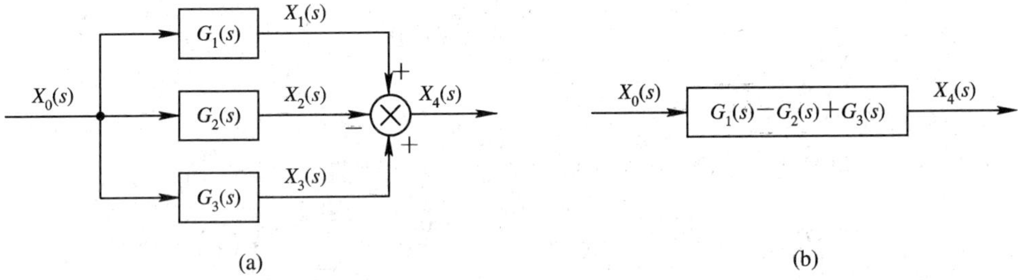

图 2-12　三个环节并联

上述结论可推广到任意 n 个环节并联的结构，该并联系统的等效传递函数是各环节传递函数的代数和。

3. 反馈回路的简化

图 2-13(a)表示一个基本的反馈回路。根据 2.3.2 节的分析和得到的闭环传递函数形式可以推出

$$G(s) = \frac{C(s)}{R(s)} = \frac{G(s)}{1 \pm G(s)H(s)} \tag{2.44}$$

所以，图 2-13(a)所表示的反馈系统结构图可简化为图 2-13(b)。

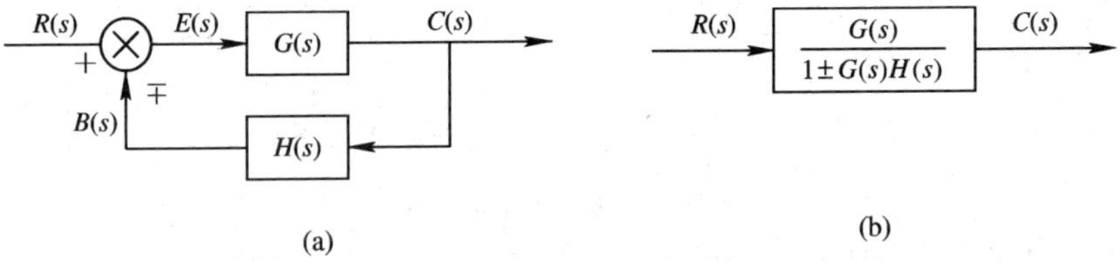

图 2-13　基本反馈回路的简化

4. 相加点和分支点的移动

在结构图的变换中经常要求改变相加点和分支点的位置。一般包括相加点前移、相加点后移、分支点前移和分支点后移四种基本情况，以及相邻相加点和相邻分支点之间的移动。

1）相加点前移

图 2-14(a)和图 2-14(b)分别表示相加点前移变换前后的系统结构图。

可以看出两图具有如下相同的输入、输出关系：

$$C(s) = R(s)G(s) \pm Q(s) = \left[R(s) \pm \frac{Q(s)}{G(s)}\right]G(s)$$

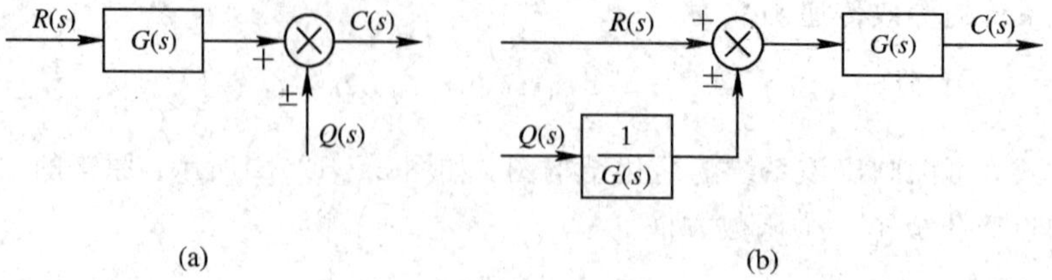

图 2-14 相加点前移

2）相加点后移

图 2-15(a)和图 2-15(b)分别表示相加点后移变换前后的系统结构图。

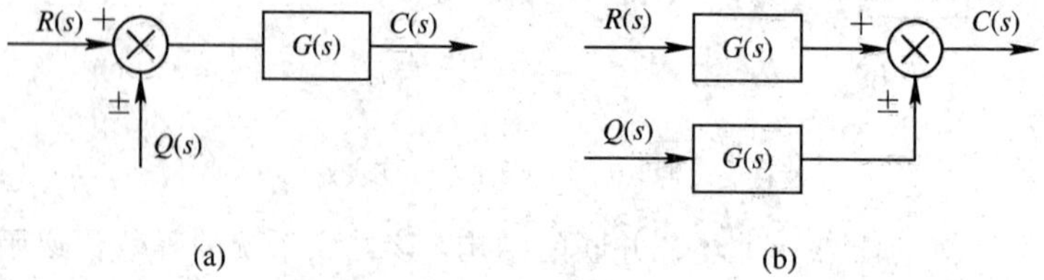

图 2-15 相加点后移

可以看出两图具有如下相同的输入、输出关系：

$$C(s)=[R(s)\pm Q(s)]G(s)=R(s)G(s)\pm Q(s)G(s)$$

3）分支点前移

图 2-16(a)和图 2-16(b)分别表示分支点前移变换前后的系统结构图。

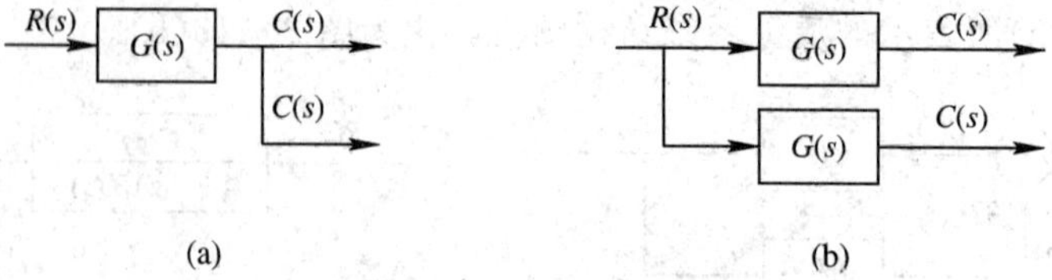

图 2-16 分支点前移

可以看出两图具有如下相同的输入、输出关系：

$$C(s)=R(s)G(s)$$

4）分支点后移

图 2-17(a)和图 2-17(b)分别表示分支点后移变换前后的系统结构图。

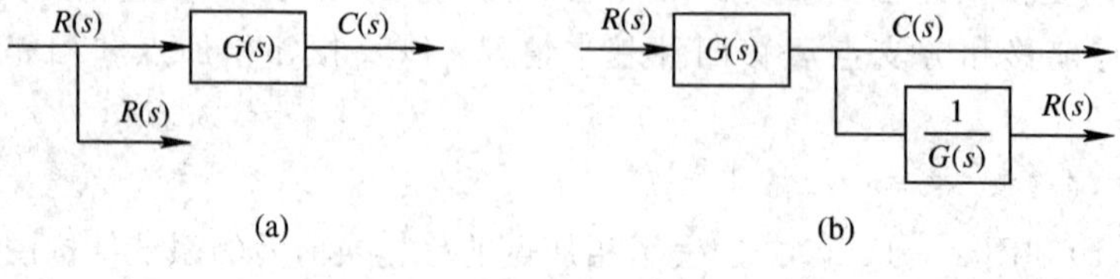

图 2-17 分支点后移

可以看出两图具有如下相同的输入、输出关系：

$$C(s)=R(s)G(s)$$

$$R(s) = R(s)G(s)\frac{1}{G(s)}$$

5）相邻相加点之间的移动

如图 2－18 所示，相邻相加点之间可以互换位置而不改变该结构输入和输出信号之间的关系。

$$D = A \pm B \pm C = A \pm C \pm B$$

并且，这个结论对于多个相邻的相加点也适用。

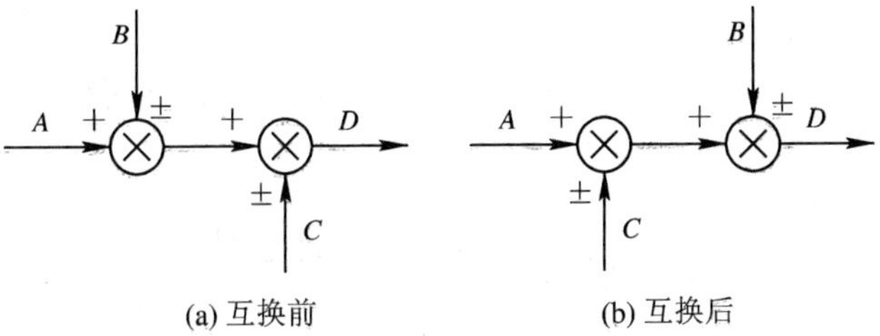

图 2－18 相加点之间的移动

6）相邻分支点之间的移动

从一个信号流线上无论分出多少条信号线，它们都代表同一个信号。所以在一条信号流线上的各分支点之间可以随意改变位置，不必作任何其他改动(如图 2－19 所示)。

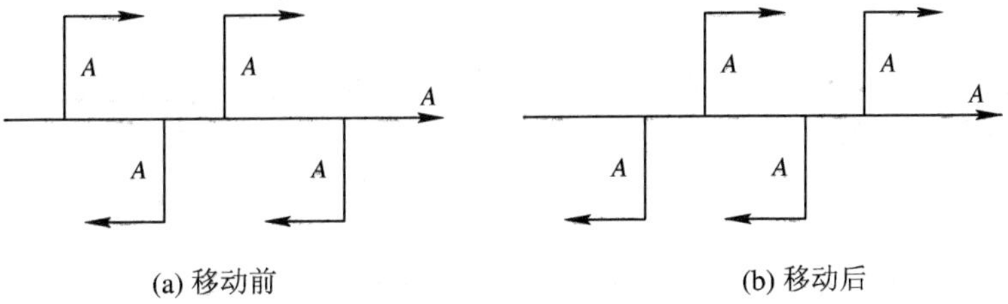

图 2－19 相邻分支点的移动

采用结构图化简方法求取传递函数时，首先观察结构图，适当移动相加点和分支点，将结构图交换成串联、并联和反馈三种典型连接形式。对于具有多个回路的结构图，先求内回路的等效交换方框图，再求外回路的等效变换方框图，最后求出系统传递函数。但应当指出，在结构图化简过程中，两个相邻的相加点和分支点不能轻易交换。

【例 2－9】 试简化图 2－20 系统的结构图，并求系统的传递函数 $C(s)/R(s)$。

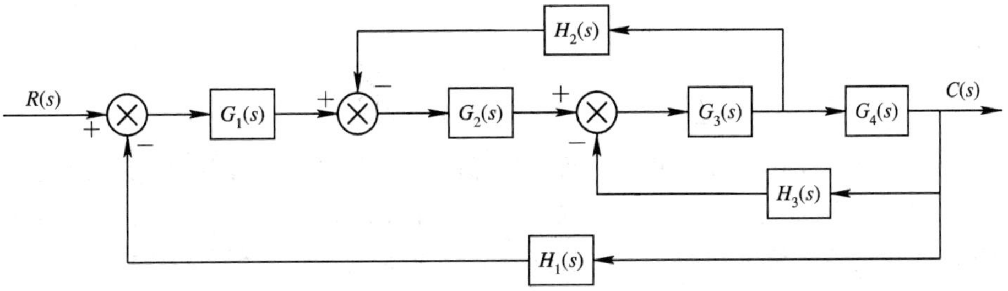

图 2－20 系统结构图

解 在图 2-20 中，如果不移动相加点或分支点的位置就无法进行结构图的等效运算。采用以下步骤简化原图：

① 利用分支点后移规则，将 $G_3(s)$ 和 $G_4(s)$ 之间的分支点移到 $G_4(s)$ 方框的输出端（注意不宜前移），变换结果如图 2-21(a) 所示；

② 将 $G_3(s)$、$G_4(s)$ 和 $H_3(s)$ 组成的内反馈回路简化（如图 2-21(b) 所示），其等效传递函数为

$$G_{34}(s)=\frac{G_3(s)G_4(s)}{1+G_3(s)G_4(s)H_3(s)}$$

③ 再将 $G_2(s)$、$G_{34}(s)$、$H_2(s)$ 和 $\frac{1}{G_4(s)}$ 组成的内反馈回路简化（见图 2-21(c)）。其等效传递函数为

$$G_{23}(s)=\frac{G_2(s)G_3(s)G_4(s)}{1+G_3(s)G_4(s)H_3(s)+G_2(s)G_3(s)H_2(s)}$$

④ 将 $G_1(s)$、$G_{23}(s)$ 和 $H_1(s)$ 组成的反馈回路简化便求得系统的传递函数为

$$\Phi(s)=\frac{C(s)}{R(s)}$$

$$=\frac{G_1(s)G_2(s)G_3(s)G_4(s)}{1+G_2(s)G_3(s)H_2(s)+G_3(s)G_4(s)H_3(s)+G_1(s)G_2(s)G_3(s)G_4(s)H_1(s)}$$

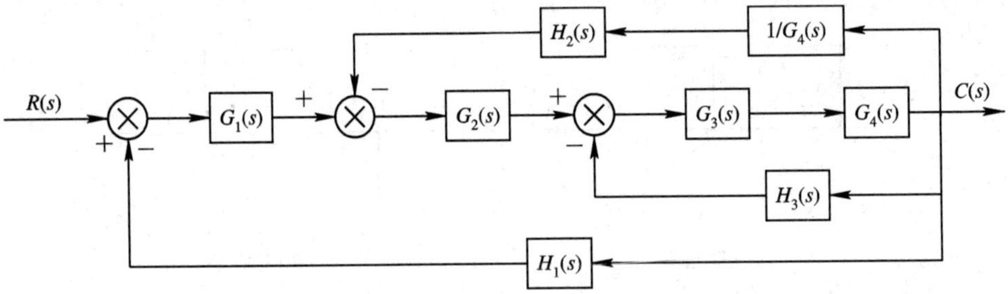

(a)

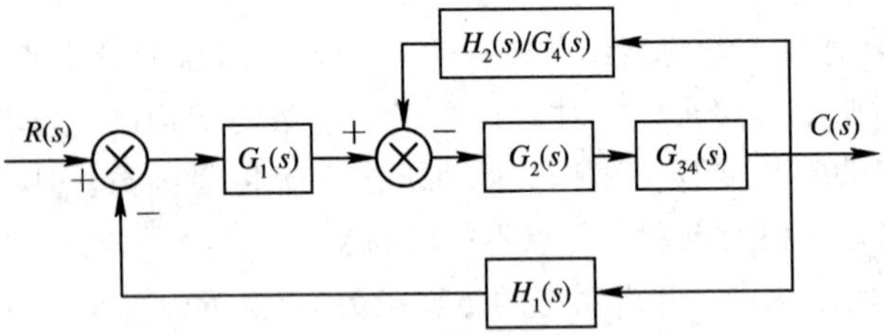

(b)

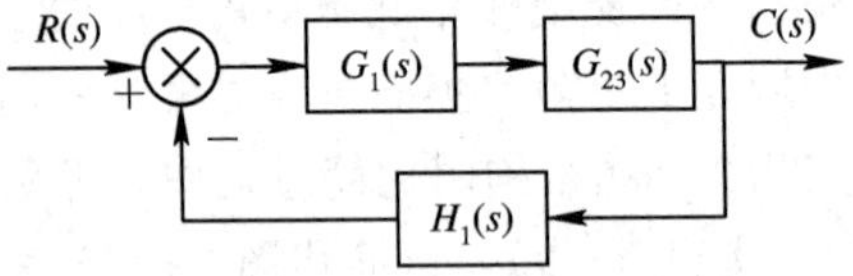

(c)

图 2-21 系统结构图简化

应当指出，在结构图简化过程中，两个相邻的相加点和分支点不能轻易交换。

总之，根据实际系统中各环节（子系统）的结构图和信息流向，可建立系统的结构图。在确定系统的输入量和输出量后，根据等效化简原则经过对结构图的简化和运算，就能求出系统的传递函数。这是经典控制理论中利用传递函数来建立系统数学模型的基本方法。

2.4 信号流图

比较复杂的控制系统的结构图往往是多回路的，并且是交叉的。在这种情况下，对结构图进行简化是很麻烦的，而且容易出错。如果把结构图变换为信号流图，再利用梅逊(Mason)公式去求系统的传递函数，就比较方便了。

信号流图是由节点和支路组成的一种信号传递网络。节点表示方程中的变量，用“◦”表示；连接两个节点的线段叫支路，支路是有方向性的，用箭头表示；箭头由自变量(因，输入变量)指向因变量(果，输出变量)，标在支路上的增益代表因果之间的关系，即方程中的系数。

比如一个简单的例子：$x_2 = a_{12}x_1$ 对应的信号流图如图 2－22 所示，其中 a_{12} 表示支路的增益。

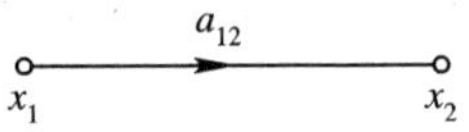

图 2－22　信号流图的示意图

1. 信号流图中的术语

下面结合图 2－23 介绍信号流图的有关术语。

输入节点(源)　仅具有输出支路的节点。如图2－23 中的 x_1。

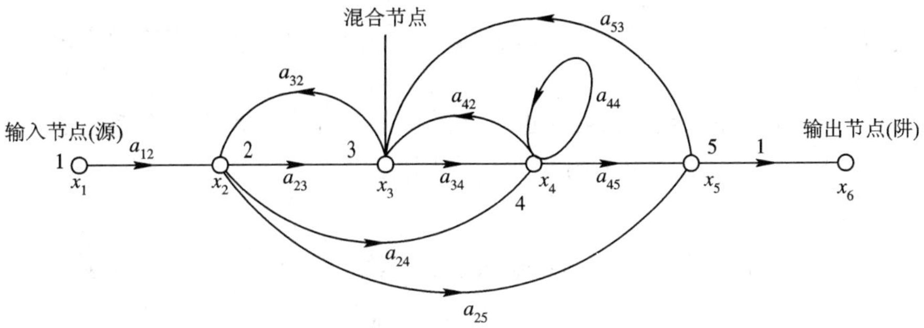

图 2－23　信号流图

输出节点(阱)　仅有输入支路的节点。有时信号流图中没有一个节点是仅具有输入支路的。我们只要定义信号流图中任一变量为输出变量，然后从该节点变量引出一条增益为1 的支路，即可形成一输出节点，如图2－23中的 x_6。

混合节点　既有输入支路又有输出支路的节点。如图 2－23 中的 x_2，x_3，x_4，x_5。

通道　沿支路箭头方向而穿过各相连支路的途径。如果通道与任一节点相交不多于一次，就叫开通道。如果通道的终点就是起点，并且与任何其他节点相交不多于一次，就称作闭通道。

前向通道　如果从输入节点(源)到输出节点(阱)的通道上，通过任何节点不多于一次，则该通道叫前向通道。如：

$$x_1 \to x_2 \to x_3 \to x_4 \to x_5, \ x_1 \to x_2 \to x_4 \to x_5, \ x_1 \to x_2 \to x_5$$

前向通道增益 前向通道上各支路增益之乘积，用 P_k 表示。

回路 起点和终点在同一节点，并与其他节点相遇仅一次的通路，也就是闭通道。以下是图 2-23 中的一些回路：

$$x_2 \to x_3 \to x_2, \ x_2 \to x_4 \to x_3 \to x_2, \ x_3 \to x_4 \to x_3, \ x_2 \to x_5 \to x_3 \to x_2,$$
$$x_2 \to x_4 \to x_5 \to x_3 \to x_2, \ x_3 \to x_4 \to x_5 \to x_3, \ x_4 \to x_4$$

回路增益 回路中所有支路的乘积，用 L_a 表示。

不接触回路 回路之间没有公共节点时，这种回路叫作不接触回路。在信号流图中，可以有两个或两个以上的不接触回路。例如：

$$x_2 \to x_3 \to x_2 \text{和} \ x_4 \to x_4;$$
$$x_2 \to x_5 \to x_3 \to x_2 \text{和} \ x_4 \to x_4$$

就是不接触回路的例子。

上述定义可以类推到系统的结构图中，从而采用梅逊公式(后面将介绍)求取由结构图表示的系统的闭环传递函数。

2. 信号流图的性质

(1) 信号流图适用于线性系统。

(2) 支路表示一个信号对另一个信号的函数关系，信号只能沿支路上的箭头方向传递。

(3) 在节点上可以把所有输入支路的信号叠加，并把相加后的信号送到所有的输出支路。

(4) 具有输入和输出支路的混合节点，通过增加一个具有单位增益的支路可以把它作为输出节点来处理。

(5) 对于一个给定的系统，信号流图不是唯一的。由于描述同一个系统的方程可以表示为不同的形式，因此可以画出不同的信号流程图。

3. 梅逊公式

用梅逊公式可以直接求信号流图从输入节点到输出节点的增益，其表达式为

$$P = \frac{1}{\Delta} \sum_k P_k \Delta_k \tag{2.45}$$

式中，

P——系统总增益(对于控制系统的结构图而言，就是输入到输出的传递函数)；

k——前向通道数目；

P_k——第 k 条前向通道的增益；

Δ——信号流图的特征式，它是信号流图所表示的方程组的系数矩阵的行列式。在同一个信号流图中不论求图中任何一对节点之间的增益，其分母总是 Δ，变化的只是其分子。它可以通过下面的表达式计算：

$$\Delta = 1 - \sum L_{(1)} + \sum L_{(2)} - \sum L_{(3)} + \cdots + (-1)^m \sum L_{(m)}$$

其中，

$\sum L_{(1)}$—— 所有不同回路增益之和；

$\sum L_{(2)}$—— 所有任意两个互不接触回路增益乘积之和；

$\sum L_{(3)}$—— 所有任意三个互不接触回路增益乘积之和；

$\sum L_{(m)}$—— 所有任意 m 个不接触回路增益乘积之和；

Δ_k—— 信号流图中除去与第 k 条前向通道相接触的支路和节点后余下的信号流图的特征式，称为第 k 条前向通道的余因式。

下面举例说明梅逊公式在求取系统传递函数中的应用。

【例 2－10】 系统的方块图如图 2－24 所示，试用梅逊公式求系统的传递函数 $C(s)/R(s)$。

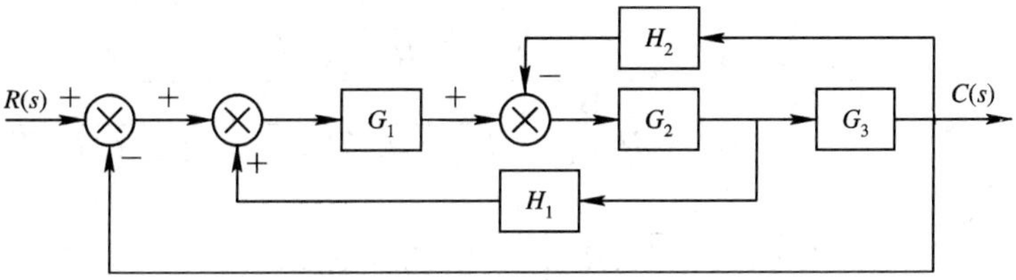

图 2－24　系统的结构图

解　从图中可以看出，该框图只有一个前向通道，其增益为

$$P_1 = G_1G_2G_3$$

有三个独立回路：

$$L_1 = -G_1G_2G_3$$
$$L_2 = G_1G_2H_1$$
$$L_3 = -G_2G_3H_2$$

没有两个及两个以上的互相独立回路。

所以，特征式 Δ 为

$$\Delta = 1 - \sum L_{(1)} = 1 - (L_1 + L_2 + L_3)$$
$$= 1 + G_1G_2G_3 - G_1G_2H_1 + G_2G_3H_2$$

连接输入节点和输出节点的前向通道的余因式 Δ_1，可以通过除去与该通道接触的回路的方法得到。因为通道 P_1 与三个回路都接触，所以有

$$\Delta_1 = 1$$

因此，输入量 $R(s)$ 和输出量 $C(s)$ 之间的总增益或闭环传递函数为

$$\frac{C(s)}{R(s)} = P = \frac{P_1\Delta_1}{\Delta} = \frac{P_1\Delta_1}{1-(L_1+L_2+L_3)}$$
$$= \frac{G_1G_2G_3}{1+G_1G_2G_3-G_1G_2H_1+G_2G_3H_2}$$

【例 2－11】 利用梅逊公式确定图 2－8(c)所表示的系统的传递函数 $\Phi(s)=U_2(s)/U_1(s)$ 及 $\Phi_E(s)=E(s)/U_1(s)$。

解　该图有三个反馈回路：

$$\sum_{i=1}^{3} L_i = L_1 + L_2 + L_3 = -\frac{1}{R_1C_1s} - \frac{1}{R_2C_1s} - \frac{1}{R_2C_2s}$$

回路 1 和回路 3 不接触，所以有

$$\Delta = 1 + \frac{1}{R_1 C_1 s} + \frac{1}{R_2 C_1 s} + \frac{1}{R_2 C_2 s} + \frac{1}{R_1 R_2 C_1 C_2 s^2}$$

以 $U_2(s)$ 作为输出信号时，该系统只有一条前向通道。且有

$$P_1 = \frac{1}{R_1 R_2 C_1 C_2 s^2}$$

该前向通道与各回路都有接触，所以

$$\Delta_1 = 1$$

故

$$\Phi(s) = \frac{U_2(s)}{U_1(s)} = \frac{\dfrac{1}{R_1 R_2 C_1 C_2 s^2}}{1 + \dfrac{1}{R_1 C_1 s} + \dfrac{1}{R_2 C_1 s} + \dfrac{1}{R_2 C_2 s} + \dfrac{1}{R_1 R_2 C_1 C_2 s^2}}$$

$$= \frac{1}{R_1 R_2 C_1 C_2 s^2 + (R_1 C_1 + R_1 C_2 + R_2 C_2) s + 1}$$

以 $E(s)$ 作为输出信号时，该系统也只有一条前向通道。且

$$P_1 = 1$$

这条前向通道与回路 1 相接触，故

$$\Delta_1 = 1 + \frac{1}{R_2 C_1 s} + \frac{1}{R_2 C_2 s}$$

所以

$$\Phi_E(s) = \frac{E(s)}{U_1(s)} = \frac{1 + \dfrac{1}{R_2 C_1 s} + \dfrac{1}{R_2 C_2 s}}{1 + \dfrac{1}{R_1 C_1 s} + \dfrac{1}{R_2 C_1 s} + \dfrac{1}{R_2 C_2 s} + \dfrac{1}{R_1 R_2 C_1 C_2 s^2}}$$

$$= \frac{R_1 R_2 C_1 C_2 s^2 + (R_1 C_1 + R_1 C_2) s}{R_1 R_2 C_1 C_2 s^2 + (R_1 C_1 + R_1 C_2 + R_2 C_2) s + 1}$$

总之，当求解系统的传递函数时，简单的系统可以直接用结构图运算，既清楚又方便；复杂的系统可以将其看作信号流图后，再利用梅逊公式计算。需要强调的是，在利用梅逊公式时，要考虑周到，不能遗漏任何应当计算的回路和前向通道。

2.5 线性定常系统数学模型的 MATLAB 实现

控制系统的数学模型在控制系统的研究中是相当重要的，要对系统进行仿真处理，必须首先建立系统的数学模型。利用 MATLAB 可以建立线性定常系统的四类数学模型，即传递函数模型(TF，Transfer Function Model)、零极点增益模型(ZPK，Zero-Pole-Gain Model)、状态空间模型(SS，State Space Model)和频率响应数据模型(FRD，Frequency Response Data Model)。这里仅介绍前两种模型的输入方式，以及它们之间的相互转换。

1. MATLAB 建立系统数学模型的方法

下面通过一些示例说明 MATLAB 建立线性定常系统三种数学模型的方法。

【例 2-12】 若给定系统的传递函数为

$$G(s)=\frac{12s^3+24s^2+12s+20}{2s^4+4s^3+6s^2+2s+2}$$

试用 MATLAB 语句表示该传递函数。

解 输入上述传递函数的 MATLAB 程序如下：

```
%ex_2-12
num=[12 24 12 20];
den=[2 4 6 2 2];
G=tf(num, den)
```

程序第一行是注释语句，不执行；第二、三行分别按降幂顺序输入给定传递函数的分子和分母多项式的系数；第四行建立系统的传递函数模型。

运行结果显示为

```
Transfer function:
 12 s^3 + 24 s^2 + 12 s + 20
---------------------------------
2 s^4 + 4 s^3 + 6 s^2 + 2 s + 2
```

注意，如果给定的分子或分母多项式缺项，则所缺项的系数用 0 补充，例如一个分子多项式为 $3s^2+1$，则相应的 MATLAB 输入为

```
num=[3 0 1];
```

如果分子或分母多项式是多个因子的乘积，则可以调用 MATLAB 提供的多项式乘法处理函数 conv( )。

【例 2-13】 已知系统的传递函数为

$$G(s)=\frac{4(s+2)(s^2+6s+6)^2}{s(s+1)^3(s^3+3s^2+2s+5)}$$

试用 MATLAB 实现此传递函数。

解 输入上述传递函数的 MATLAB 程序如下：

```
% ex_2-13
num=4 * conv([1 2], conv([1 6 6], [1 6 6]));
den=conv([1 0], conv([1 1], conv([1 1], conv([1, 1], [1 3 2 5]))));
G=tf(num, den)
```

程序中的 conv( )表示两个多项式的乘法，并且可以嵌套。运行结果为

```
Transfer function:
 4 s^5 + 56 s^4 + 288 s^3 + 672 s^2 + 720 s + 288
--------------------------------------------------
s^7 + 6 s^6 + 14 s^5 + 21 s^4 + 24 s^3 + 17 s^2 + 5 s
```

【例 2-14】 已知系统的零极点分布和增益，用 MATLAB 建立系统模型。系统零点为 −2 和 −3，系统极点为 −3，−4+j5 和 −4−j5，增益为 10。

解 用 MATLAB 建立上述系统零极点增益模型的程序如下：

```
% ex_2-14
```

```
z=[-2 -3];
p=[-3 -4+j*5 -4-j*5];
k=10;
G=zpk(z, p, k)
```

运行结果显示为

```
Zero/pole/gain:
     10 (s+2) (s+3)
---------------------------------
(s+3)(s^2 + 8s + 41)
```

2. 模型之间的转换

为了分析系统的特性，有时需要在不同模型之间进行转换。MATLAB早期版本中采用tf2ss、ss2tf、tf2zpk等转换函数进行模型转换。这些函数在新版本中仍可使用。新版本采用统一的转换函数，它与模型建立函数具有相同的函数名。

例如若将ZPK或SS模型转化为TF模型，函数格式为：m=tf(sys)。式中sys是ZPK模型或SS模型，m为转换后的TF模型。其他的转换函数用法与此类似。

【例2-15】 试将例2-12的传递函数转化为ZPK模型。

解 模型转化的程序为

```
Gzpk=zpk(G)
```

程序运行结果如下：

```
Zero/pole/gain:
      6 (s+1.929) (s^2 + 0.07058s + 0.8638)
---------------------------------
(s^2 + 0.08663s + 0.413) (s^2 + 1.913s + 2.421)
```

小　　结

本章重点讨论了线性控制系统的四种数学模型，即运动方程(时域模型)、传递函数(复域模型)、结构图、信号流图。主要研究内容包括：

(1) 动态系统微分方程的建立；

(2) 传递函数的定义和性质；

(3) 系统结构图的绘制方法和简化，以及如何从结构图求取系统的传递函数；

(4) 信号流图的概念和性质，以及如何运用梅逊公式获取系统的传递函数；

(5) 用MATLAB建立系统模型的方法，以及各模型之间的相互转化问题。

习　　题

2-1 求图2-25所示机械系统的微分方程式和传递函数。图中力$F(t)$为输入量，$x(t)$为输出量，m为质量，k为弹簧的刚度系数。

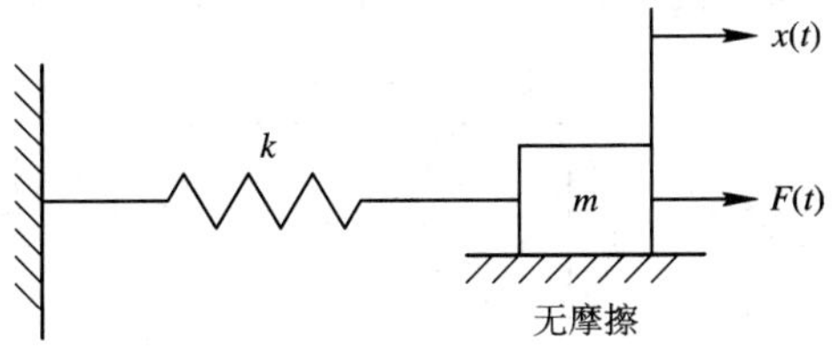

图 2 - 25　题 2 - 1 图

2 - 2　试求图 2 - 26 所示无源网络的运动方程和传递函数，图中电压 $u_1(t)$和 $u_2(t)$分别为输入量和输出量。

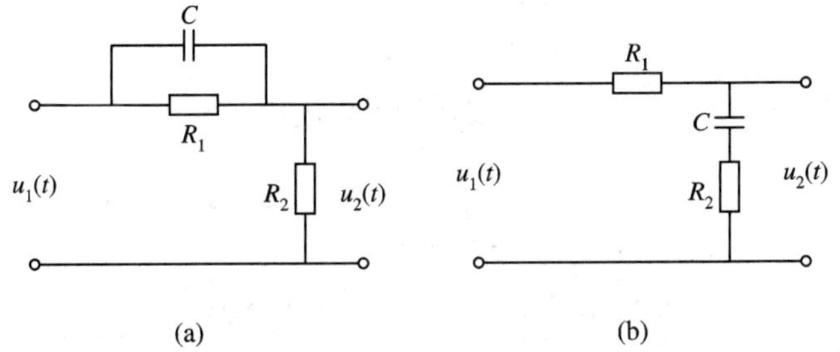

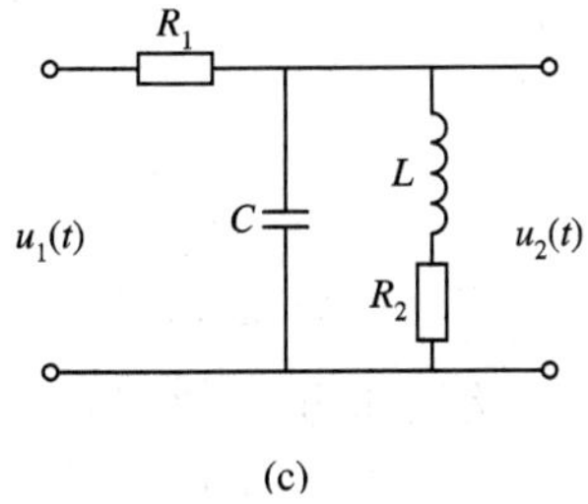

图 2 - 26　题 2 - 2 图

2 - 3　在 MATLAB 环境中输入下列模型：

$$G_1(s)=\frac{s^3+4s^2+3s+1}{s^2(s+3)[(s+2)^2+5]}$$

$$G_2(s)=\frac{4s+3}{(s+1)(s+2)+5}$$

$$G_3(s)=\frac{s^2+5s+1}{s(3s+1)+2}$$

2 - 4　根据习题 2 - 2 的电路图，绘制系统的结构图。

2 - 5　已知某控制系统由以下方程式组成，试绘制出该系统的结构图，并求其传递函数 $C(s)/R(s)$。

$$X_1(s)=G_1(s)R(s)-G_1(s)[G_7(s)-G_8(s)]C(s)$$

$$X_2(s)=G_2(s)[X_1(s)-G_6(s)X_3(s)]$$

$$X_3(s)=[X_2(s)-G_5(s)C(s)]G_3(s)$$

$$C(s)=G_4(s)X_3(s)$$

2－6　试对图 2－27 所示的结构图进行简化，并求其闭环传递函数 $C(s)/R(s)$。

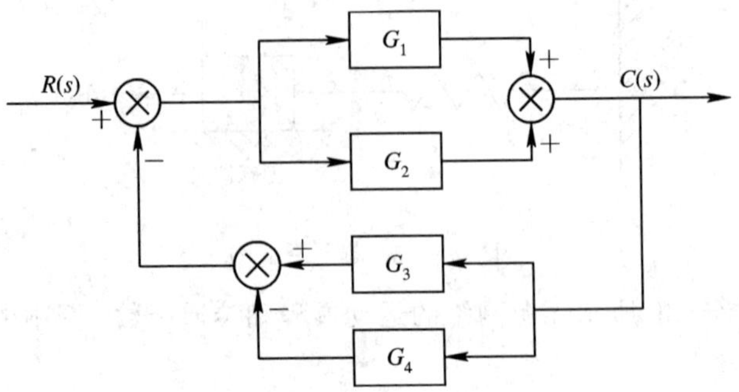

图 2－27　题 2－6 图

2－7　试求图 2－28 所示系统的传递函数 $C(s)/R(s)$ 和 $E(s)/R(s)$。

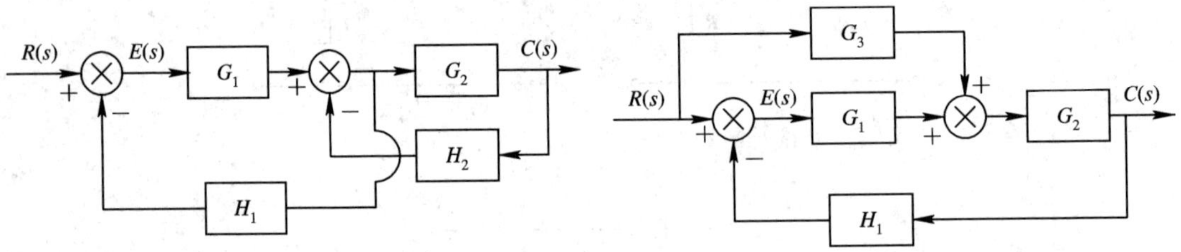

(a)　(b)

图 2－28　题 2－7 图

2－8　飞机俯仰角控制系统结构图如图 2－29 所示。试简化结构图并求出闭环传递函数 $\Theta_o(s)/\Theta_i(s)$。

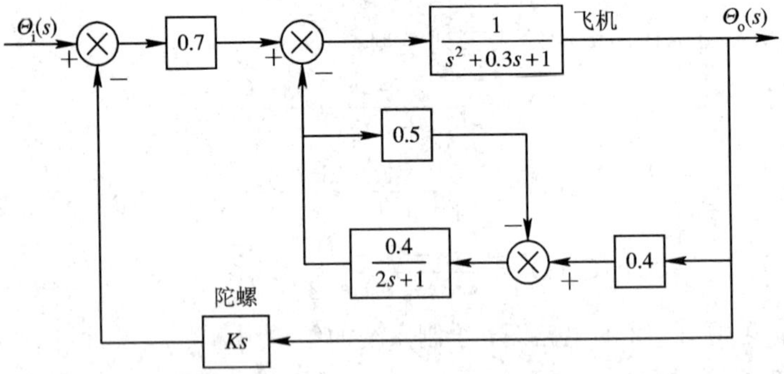

图 2－29　飞机俯仰角控制系统结构图

2－9　试用梅逊公式求图 2－28 所示系统的传递函数 $C(s)/R(s)$，$E(s)/R(s)$。

2－10　试用 MATLAB 将习题 2－3 的传递函数分别转化为零极点增益模型。

2－11　某控制系统结构图如图 2－30 所示，试用梅逊公式求系统的传递函数 $G(s)=C(s)/R(s)$。

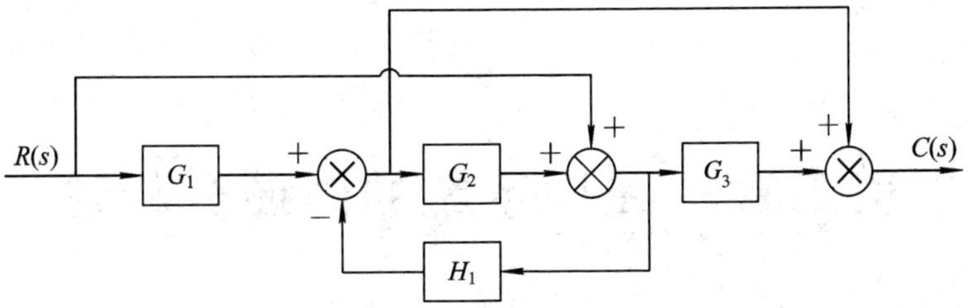

图 2-30 题 2-11 图

2-12 试用 MATLAB 将习题 2-3 的传递函数分别转化为零极点增益模型。

第三章 线性系统的时域分析法

分析和设计控制系统的首要工作是确定系统的数学模型，在获得系统的数学模型后，就可以采用不同的方法去分析控制系统的性能，主要有时域分析法、频域分析法、根轨迹法等。本章主要研究线性控制系统动态性能和稳态性能分析的时域方法。时域方法是一种直接又比较准确的分析方法，它通过拉氏反变换求出系统输出量的表达式，提供系统时间响应的全部信息。

在分析和设计控制系统时，对各种控制系统动态性能要有评判、比较的依据。这个依据也许可以通过对这些系统加上各种输入信号，并比较它们对特定的输入信号的响应来建立。因为系统对典型试验信号的响应特性与系统对实际输入信号的响应特性之间存在着一定的关系，所以采用一些典型信号来评价系统性能是合理的。线性控制系统的稳定性判定是一个重要的问题，本章论述了如何采用劳斯(Routh)稳定判据来检验系统的稳定性问题。

对于稳定的控制系统，其稳态性能一般是根据系统在典型输入信号作用下引起的稳态误差来评价的。因此，稳态误差是系统控制准确度(即控制精度)的一种度量。一个控制系统，只有在满足要求的控制精度的前提下，再对它进行过渡过程分析才有实际意义。本章将着重建立有关稳态误差的概念，介绍稳态误差的计算方法，讨论消除或减小稳态误差的途径。

3.1 动态和稳态性能指标

控制系统的性能评价分为动态性能指标和稳态性能指标两类。为了求解系统的时间响应，必须了解输入信号(即外作用)的解析表达式。然而，在一般情况下，控制系统的外加输入信号是随机的而且无法预先确定，因此需要选择若干典型的输入信号。例如，火炮随动系统在跟踪敌机的过程中，由于敌机可以做任意机动飞行，致使飞行规律无法事先确定，因此火炮随动系统的输入信号便是一个随机信号。为了对各种控制系统的性能进行比较，就要有一个共同的基础，为此，预先规定一些特殊的试验信号作为系统的输入，然后比较各种系统对这些输入信号的响应。

3.1.1 典型输入信号

选取试验输入信号时应注意，试验输入信号的典型形式应反映系统工作的大部分实际情况，并尽可能简单，以便于分析处理。

经常采用的典型输入信号有以下几种类型，其对应的拉氏变换见附录。

1. 阶跃函数

阶跃函数(见图 3 - 1(a))的时域表达式为

$$r(t)=\begin{cases}R\cdot 1(t) & t\geqslant 0\\ 0 & t<0\end{cases} \tag{3.1}$$

式中，R 为常数，当 $R=1$ 时，称 $r(t)=1(t)$为单位阶跃函数。

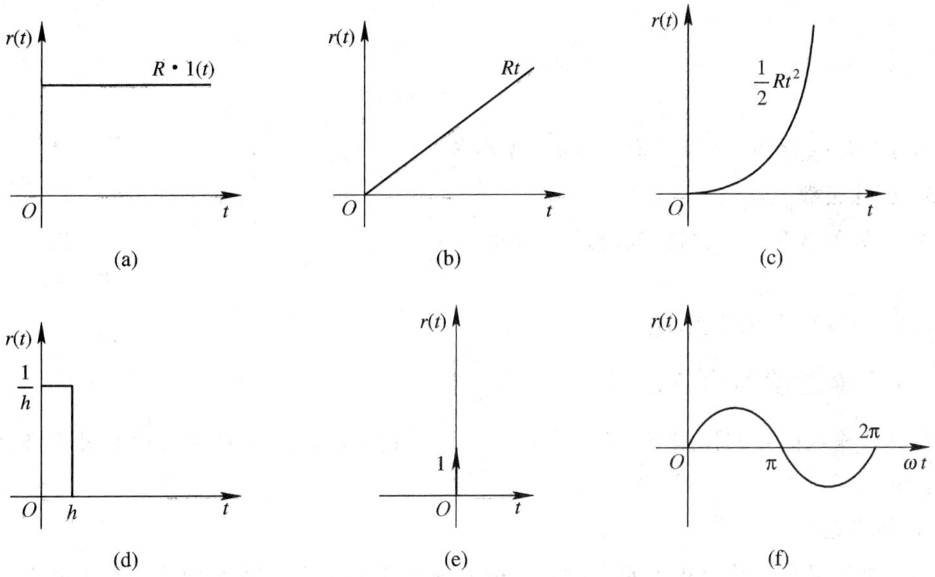

图 3 - 1　典型输入信号

2. 斜坡函数(速度函数)

斜坡函数，也称速度函数(见图 3 - 1(b))，其时域表达式为

$$r(t)=\begin{cases}Rt & t\geqslant 0\\ 0 & t<0\end{cases} \tag{3.2}$$

式中，R 为常数。当 $R=1$ 时，称 $r(t)=t$ 为单位斜坡函数。因为$\dfrac{\mathrm{d}r(t)}{\mathrm{d}t}=R$，所以斜坡函数代表匀速变化的信号。

3. 加速度函数

加速度函数(见图 3 - 1(c))的时域表达式为

$$r(t)=\begin{cases}\dfrac{Rt^2}{2} & t\geqslant 0\\ 0 & t<0\end{cases} \tag{3.3}$$

式中，R 为常数。当 $R=1$ 时，称 $r(t)=t^2/2$ 为单位加速度函数。因为$\dfrac{\mathrm{d}^2 r(t)}{\mathrm{d}t^2}=R$，所以加速度函数代表匀加速变化的信号。

4. 脉冲函数

脉冲函数(见图 3 - 1(d))的时域表达式为

$$r(t)=\begin{cases}\dfrac{1}{h} & 0<t<h\\ 0 & t\leqslant 0,\ t\geqslant h\end{cases} \tag{3.4}$$

式中，h 称为脉冲宽度，脉冲的面积为 1。若对脉冲的宽度取趋于零的极限，则有

$$\delta(t)=r(t)=\begin{cases}\infty & t=0\\ 0 & t\neq 0\end{cases} \tag{3.5}$$

及

$$\int_{-\infty}^{+\infty}\delta(t)\,\mathrm{d}t=1 \tag{3.6}$$

称此函数为理想脉冲函数，又称 δ 函数(见图 3 - 1(e))。

5. 正弦函数

正弦函数(见图 3 - 1(f))的时域表达式为

$$r(t)=A\sin\omega t \tag{3.7}$$

式中，A 为振幅，ω 为角频率。

3.1.2 动态过程和稳态过程

在典型输入信号的作用下，任何一个控制系统的时间响应 $c(t)$ 都由动态过程和稳态过程两部分组成。

1. 动态过程

动态过程又称过渡过程或瞬态过程，指系统在典型输入信号作用下，系统输出量从开始状态到最终状态的响应过程。由于实际控制系统具有惯性、摩擦以及其他一些原因，系统输出量不可能完全复现输入量的变化。根据系统结构和参数选择的情况，动态过程表现为衰减、发散或等幅振荡形式。显然，一个可以实际运行的控制系统，在阶跃信号作用下，其动态过程必须是衰减的，即系统必须是稳定的。动态过程除提供系统的稳定性信息外，还可以给出响应速度、阻尼情况等信息。这些信息用动态性能描述。

2. 稳态过程

稳态过程(稳态响应)，是指当时间 t 趋近于无穷大时，系统输出状态的表现形式。它表征系统输出量最终复现输入量的程度，提供系统有关稳态误差的信息，用稳态性能来描述。

由此可见，控制系统在典型输入信号作用下的性能指标，通常由动态性能和稳态性能两部分组成。

3.1.3 动态性能和稳态性能

1. 动态性能

当系统的时间响应 $c(t)$ 中的瞬态分量较大而不能忽略时，称系统处于动态或过渡过程中，这时系统的特性称为动态性能。动态性能指标通常根据系统的阶跃响应曲线定义。设系统阶跃响应曲线如图 3 - 2 所示。图中 $c(\infty)=\lim\limits_{t\to\infty}c(t)$ 为输出的稳态值。

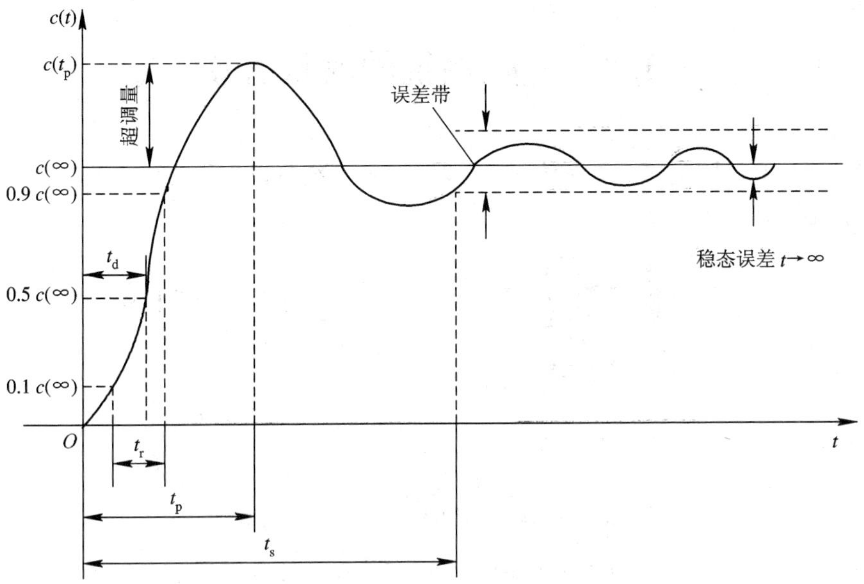

图 3-2 动态性能指标

动态性能指标通常有以下几种：

延迟时间 t_d：响应曲线第一次达到稳态值的一半所需的时间。

上升时间 t_r：若阶跃响应不超过稳态值，上升时间指响应曲线从稳态值的10%上升到90%所需的时间；对于有振荡的系统，上升时间定义为响应从零第一次上升到稳态值所需的时间。上升时间越短，响应速度越快。

峰值时间 t_p：阶跃响应曲线超过稳态值，到达第一个峰值所需要的时间。

调节时间 t_s：在响应曲线的稳态线上，用稳态值的百分数(通常取5%或2%)作一个允许误差范围，响应曲线达到并永远保持在这一允许误差范围内所需的时间。

最大超调量 σ_p：设阶跃响应的最大值为 $c(t_p)$，则最大超调量 σ_p 可由下式确定：

$$\sigma_p = \frac{c(t_p) - c(\infty)}{c(\infty)} \times 100\% \tag{3.8}$$

振荡次数 N：在 $0 \leqslant t \leqslant t_s$ 内，阶跃响应曲线穿越稳态值 $c(\infty)$ 次数的一半称为振荡次数。

上述动态性能指标中，常用的指标有 t_r、t_s 和 σ_p。上升时间 t_r 评价系统的响应速度；σ_p 评价系统的运行平稳性或阻尼程度；t_s 是同时反映响应速度和阻尼程度的综合性指标。应当指出，除简单的一、二阶系统外，要精确给出这些指标的解析表达式是很困难的。

2. 稳态性能

稳定是控制系统能够运行的首要条件，因此只有当动态过程收敛时，研究系统的稳态性能才有意义。

稳态误差是描述系统稳态性能的一种性能指标，通常在阶跃函数、斜坡函数或加速度函数作用下进行测定或计算。若时间趋于无穷时，系统输出不等于输入量或输入量的确定函数，则系统存在稳态误差。稳态误差是系统控制精度或抗扰动能力的一种度量。

3.2 一阶系统的时域分析

研究图 3-3(a)所示的一阶系统。在物理上，该系统可以表示为一个 RC 电路。图 3-3(b)为该系统的简化结构图。

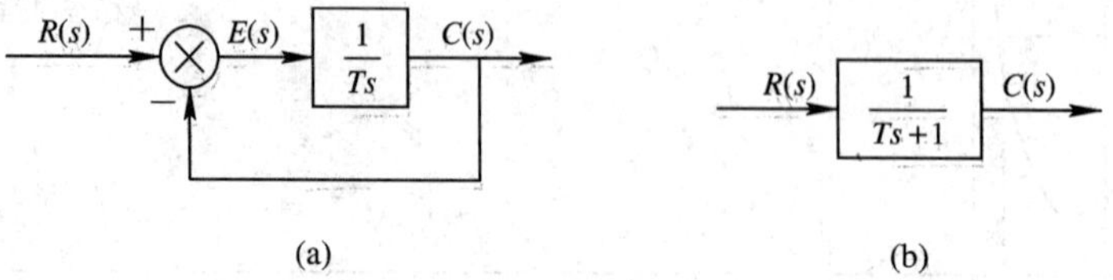

图 3-3
(a) 一阶系统结构图；(b) 简化结构图

描述时间常数为 T 的一阶系统的微分方程和传递函数分别如下：

$$T\frac{\mathrm{d}c(t)}{\mathrm{d}t}+c(t)=r(t) \tag{3.9}$$

$$\Phi(s)=\frac{C(s)}{R(s)}=\frac{1}{Ts+1} \tag{3.10}$$

3.2.1 一阶系统的单位阶跃响应

对于单位阶跃输入

$$r(t)=1(t),\quad R(s)=\frac{1}{s}$$

有

$$C(s)=\frac{1}{Ts+1}\cdot\frac{1}{s}=\frac{1}{s(Ts+1)}=\frac{1}{s}-\frac{T}{Ts+1}$$

由拉氏反变换可以得到一阶系统的单位阶跃响应 $c(t)$ 为

$$c(t)=c_s(t)+c_t(t)=1-\mathrm{e}^{-t/T}\quad(t\geqslant 0) \tag{3.11}$$

式中，$c_s(t)=1$ 是稳态分量，由输入信号决定。$c_t(t)=-\mathrm{e}^{t/T}$ 是瞬态分量(暂态分量)，它的变化规律由传递函数的极点 $s=-1/T$ 决定。当 $t\to\infty$ 时，瞬态分量按指数规律衰减到零。以下是一阶系统单位阶跃响应的典型数值。

$$c(0)=1-\mathrm{e}^0=0$$
$$c(T)=1-\mathrm{e}^{-1}=0.632$$
$$c(2T)=1-\mathrm{e}^{-2}=0.865$$
$$c(3T)=1-\mathrm{e}^{-3}=0.95$$
$$c(4T)=1-\mathrm{e}^{-4}=0.982$$
$$c(5T)=1-\mathrm{e}^{-5}=0.993$$
$$c(\infty)=1$$

所以，一阶系统的单位阶跃响应是一条指数上升、渐近趋于稳态值的曲线(如图 3-4 所示)。

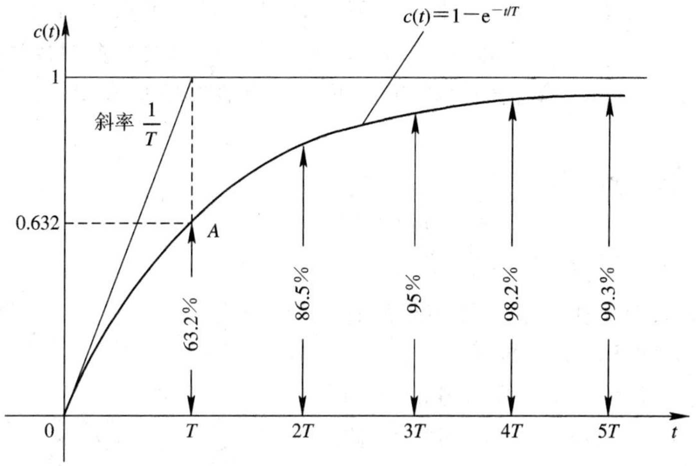

图 3-4 一阶系统单位阶跃响应曲线

图中 $c(T)=0.632$ 对应的 A 点是实验方法求取一阶系统时间常数 T 的重要特征点。$c(3T)=0.95$ 和 $c(4T)=0.982$ 表明系统时间响应进入稳态值的 5%和 2%允许误差带的过渡过程时间分别为 $t_s=3T$ 和 $t_s=4T$。所以，时间常数 T 越小，系统响应速度越快。

3.2.2 一阶系统的单位脉冲响应

如果输入信号为理想单位脉冲函数

$$r(t)=\delta(t),\ R(s)=1$$

输出量的拉氏变换与系统的传递函数相同，即

$$C(s)=\frac{1}{Ts+1}$$

这时的输出响应称为单位脉冲响应，记作 $g(t)$。因为 $g(t)=L^{-1}[G(s)]$，其表达式为

$$c(t)=\frac{1}{T}e^{-t/T}\qquad(t\geqslant 0)\tag{3.12}$$

可见，单位脉冲响应中只包含瞬态分量。顺便指出，单位脉冲响应(式(3.12))也可以通过对单位阶跃响应(式(3.11))求导获得，并且系统的单位脉冲响应对应系统传递函数的拉氏反变换，这一结论对于所有系统都是成立的。

3.2.3 一阶系统的单位斜坡响应

对于单位斜坡函数

$$r(t)=t,\ R(s)=\frac{1}{s^2}$$

可求得系统输出信号的拉氏变换为

$$C(s)=\frac{1}{Ts+1}\cdot\frac{1}{s^2}=\frac{1}{s^2}-\frac{T}{s}+\frac{T^2}{Ts+1}$$

取拉氏反变换可得系统的单位斜坡响应为

$$c(t)=c_s(t)+c_t(t)=(t-T)+Te^{-t/T}\qquad(t\geqslant 0)\tag{3.13}$$

式中，$c_s(t)=t-T$ 是稳态分量，它是一个与输入信号等斜率的斜坡函数，但时间上滞后一个时间常数 T；$c_t(t)=Te^{-t/T}$ 是瞬态分量，当 $t\to\infty$ 时，$c_t(t)$ 按指数规律衰减到零，衰减速度由极点 $s=-1/T$ 决定。单位斜坡响应也可由单位阶跃响应积分得到，其中初始条件为零。

系统的误差信号 $e(t)$ 为

$$e(t)=r(t)-c(t)=T(1-e^{-t/T}) \tag{3.14}$$

当 $t\to\infty$ 时，$e(\infty)=\lim\limits_{t\to\infty}e(t)=T$。这表明一阶系统的单位斜坡响应在过渡过程结束后存在常值误差，其值等于时间常数 T。

一阶系统单位斜坡响应曲线如图 3-5 所示。由图可知，时间常数越小，响应越快，跟踪误差越小，输出信号的滞后时间也越短。

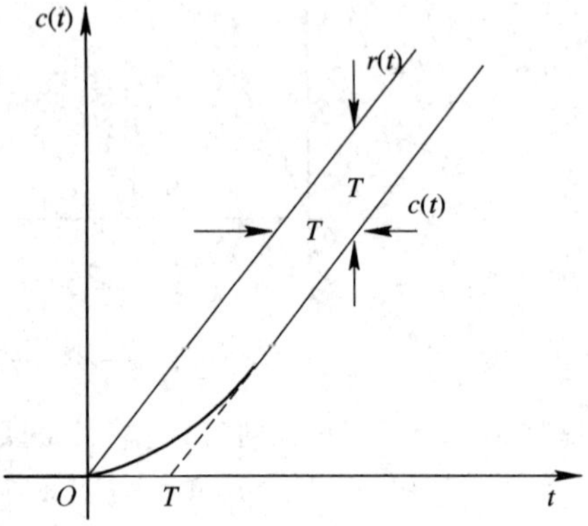

图 3-5　一阶系统的单位斜坡响应

本节最后给出线性定常系统的一个重要特性——等价关系，即线性定常系统对输入信号导数的响应，等于此系统对该输入信号响应的导数；线性定常系统对输入信号积分的响应，就等于此系统对该输入信号响应的积分，积分常数由零初始条件确定。这个重要特性适用于任何阶线性定常系统，但不适用于线性时变系统和非线性系统。因此，研究线性定常系统的时间响应，不必对每种输入信号进行测定和计算，往往只取其中一种典型形式进行研究。

3.3　二阶系统的时域分析

用二阶微分方程描述的系统，称为二阶系统。它不仅是控制系统的一种基本组成形式，而且许多高阶系统在一定条件下可以用二阶系统近似表示。所以，着重研究二阶系统的分析和计算方法，具有较大的实际意义。

3.3.1　二阶系统的标准形式

典型的二阶系统的结构图如图 3-6(a)所示，它是由一个惯性环节和一个积分环节串联组成前向通道的单位负反馈系统。系统的传递函数为

$$\frac{C(s)}{R(s)}=\frac{K_1K_2}{\tau s^2+s+K_1K_2}$$

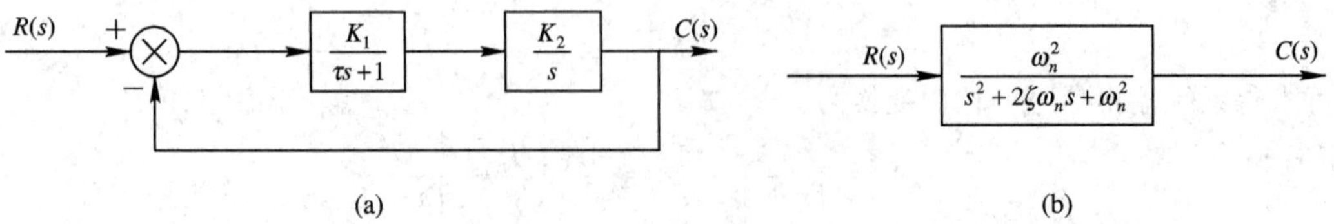

图 3-6　二阶系统结构图

令 $\omega_n^2=K_1K_2/\tau$，$1/\tau=2\zeta\omega_n$，则可将二阶系统化为如下标准形式：

$$\frac{C(s)}{R(s)}=\frac{\omega_n^2}{s^2+2\zeta\omega_n s+\omega_n^2} \tag{3.15}$$

对应的系统微分方程为

$$\ddot{c}(t)+2\zeta\omega_n\dot{c}(t)+\omega_n^2c(t)=\omega_n^2r(t) \tag{3.16}$$

式中，ζ 称为阻尼比，ω_n 称为无阻尼自振角频率。与式(3.15)对应的系统结构图如图 3-6(b)所示。

二阶系统的动态特性，可以用 ζ 和 ω_n 这两个参量的形式加以描述。这两个参数是二阶系统的重要结构参数。由式(3.15)可得二阶系统的特征方程为

$$s^2+2\zeta\omega_n s+\omega_n^2=0 \tag{3.17}$$

所以，系统的两个特征根(极点)为

$$s_{1,2}=-\zeta\omega_n\pm\omega_n\sqrt{\zeta^2-1} \tag{3.18}$$

随着阻尼比 ζ 的不同，二阶系统特征根(极点)也不相同，如图 3-7 所示。

1. 欠阻尼$(0<\zeta<1)$

当 $0<\zeta<1$ 时，两特征根为

$$s_{1,2}=-\zeta\omega_n\pm j\omega_n\sqrt{1-\zeta^2}$$

这是一对共轭复数根，如图 3-7(a)所示。

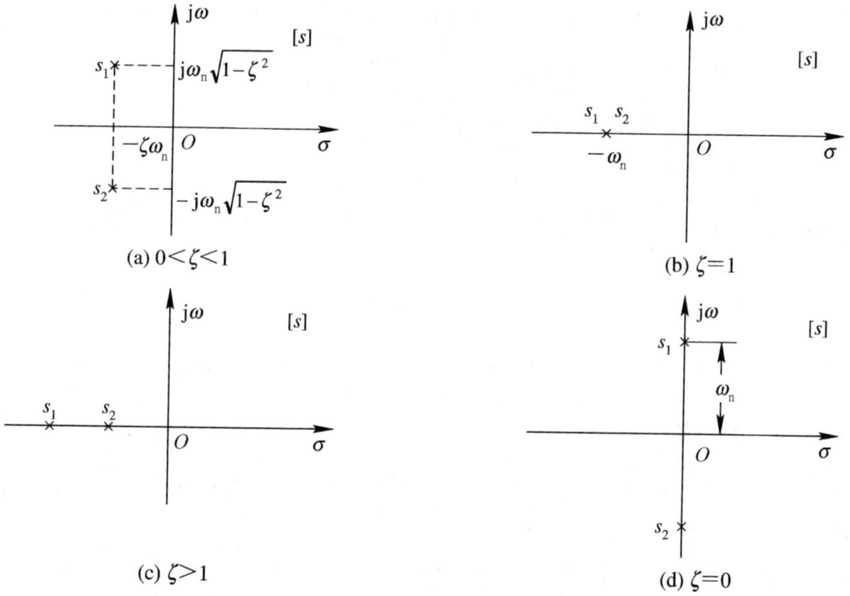

图 3-7　复平面上二阶系统闭环极点分布

2. 临界阻尼$(\zeta=1)$

当 $\zeta=1$ 时，特征方程有两个相同的负实根，即

$$s_{1,2}=-\omega_n$$

此时，s_1，s_2 如图 3-7(b)所示。

3. 过阻尼($\zeta>1$)

当 $\zeta>1$ 时，两特征根为

$$s_{1,2}=-\zeta\omega_n\pm\omega_n\sqrt{\zeta^2-1}$$

这是两个不同的负实根，如图 3-7(c)所示。

4. 无阻尼($\zeta=0$)

当 $\zeta=0$ 时，特征方程具有一对共轭纯虚数根，即

$$s_{1,2}=\pm j\omega_n$$

此时，s_1，s_2 如图 3-7(d)所示。

3.3.2 二阶系统的单位阶跃响应

令 $r(t)=1(t)$，则有 $R(s)=1/s$。所以，由式(3.15)可得二阶系统在单位阶跃函数作用下输出信号的拉氏变换为

$$C(s)=\frac{\omega_n^2}{s^2+2\zeta\omega_n s+\omega_n^2}\cdot\frac{1}{s} \tag{3.19}$$

对上式求拉氏反变换，可得二阶系统在单位阶跃函数作用下的过渡过程为

$$c(t)=\mathscr{L}^{-1}[C(s)]$$

1. 欠阻尼情况($0<\zeta<1$)

在这种情况下，式(3.19)可以展成如下部分分式形式：

$$\begin{aligned}C(s)&=\frac{1}{s}-\frac{s+2\zeta\omega_n}{(s+\zeta\omega_n+j\omega_d)(s+\zeta\omega_n-j\omega_d)}\\&=\frac{1}{s}-\frac{s+\zeta\omega_n}{(s+\zeta\omega_n)^2+\omega_d^2}-\frac{\zeta\omega_n}{\omega_d}\cdot\frac{\omega_d}{(s+\zeta\omega_n)^2+\omega_d^2}\end{aligned} \tag{3.20}$$

式中，$\omega_d=\omega_n\sqrt{1-\zeta^2}$ 称为有阻尼自振角频率。方程(3.20)的拉氏反变换为

$$\begin{aligned}c(t)&=\mathscr{L}^{-1}[C(s)]=1-e^{-\zeta\omega_n t}\cos\omega_d t-\frac{\zeta\omega_n}{\omega_d}\cdot e^{-\zeta\omega_n t}\sin\omega_d t\\&=1-e^{-\zeta\omega_n t}\left(\cos\omega_d t+\frac{\zeta}{\sqrt{1-\zeta^2}}\sin\omega_d t\right)\quad(t\geqslant 0)\end{aligned} \tag{3.21}$$

上式还可以改写为

$$\begin{aligned}c(t)&=1-\frac{e^{-\zeta\omega_n t}}{\sqrt{1-\zeta^2}}\left(\sqrt{1-\zeta^2}\cos\omega_d t+\zeta\sin\omega_d t\right)\\&=1-\frac{e^{-\zeta\omega_n t}}{\sqrt{1-\zeta^2}}\sin(\omega_d t+\varphi)\quad(t\geqslant 0)\end{aligned} \tag{3.22}$$

式中，$\varphi=\arctan(\sqrt{1-\zeta^2}/\zeta)$。

由式(3.22)可知，在欠阻尼情况下，二阶系统的单位阶跃响应是衰减的正弦振荡曲线(如图 3-8 所示)。衰减速度取决于特征根实部的绝对值 $\zeta\omega_n$ 的大小，振荡角频率是特征根虚部的绝对值，即有阻尼自振角频率 ω_d，振荡周期为

$$T_d=\frac{2\pi}{\omega_d}=\frac{2\pi}{\omega_n\sqrt{1-\zeta^2}} \tag{3.23}$$

2. 无阻尼情况($\zeta=0$)

当 $\zeta=0$ 时，系统的单位阶跃响应为

$$c(t)=1-\cos\omega_n t \tag{3.24}$$

所以，无阻尼情况下系统的阶跃响应是等幅正(余)弦振荡曲线(如图 3-8 所示)，振荡角频率是 ω_n。

3. 临界阻尼情况($\zeta=1$)

当 $\zeta=1$ 时，由式(3.19)可得

$$C(s)=\frac{\omega_n^2}{s(s+\omega_n)^2}=\frac{1}{s}-\frac{\omega_n^2}{(s+\omega_n)^2}-\frac{1}{s+\omega_n}$$

对上式进行拉氏反变换得

$$c(t)=1-(\omega_n t+1)e^{-\omega_n t}\quad(t\geqslant 0) \tag{3.25}$$

所以，二阶系统临界阻尼情况下的单位阶跃响应是一条无超调的单调上升曲线(如图 3-8 所示)。

4. 过阻尼情况($\zeta>1$)

这种情况下，系统存在两个不等的实根，即

$$s_1=-(\zeta+\sqrt{\zeta^2-1})\omega_n,\quad s_2=-(\zeta-\sqrt{\zeta^2-1})\omega_n$$

由式(3.19)可得

$$\begin{aligned}C(s)&=\frac{\omega_n^2}{(s-s_1)(s-s_2)}\cdot\frac{1}{s}\\&=\frac{A_1}{s}+\frac{A_2}{s+\omega_n(\zeta-\sqrt{\zeta^2-1})}+\frac{A_3}{s+\omega_n(\zeta+\sqrt{\zeta^2-1})}\end{aligned}$$

式中：

$$A_1=1,\ A_2=\frac{-1}{2\sqrt{\zeta^2-1}(\zeta-\sqrt{\zeta^2-1})},\ A_3=\frac{1}{2\sqrt{\zeta^2-1}(\zeta+\sqrt{\zeta^2-1})}$$

取上式的拉氏反变换可得过阻尼情况下二阶系统的单位阶跃响应为

$$\begin{aligned}c(t)=1&-\frac{1}{2\sqrt{\zeta^2-1}(\zeta-\sqrt{\zeta^2-1})}e^{-(\zeta-\sqrt{\zeta^2-1})\omega_n t}\\&+\frac{1}{2\sqrt{\zeta^2-1}(\zeta+\sqrt{\zeta^2-1})}e^{-(\zeta+\sqrt{\zeta^2-1})\omega_n t}\quad(t\geqslant 0)\end{aligned} \tag{3.26}$$

显然，这时系统的响应 $c(t)$ 包含两个衰减的指数项，其过渡过程曲线如图 3-8 所示。此时的二阶系统就是两个惯性环节的串联。有关分析表明，当 $\zeta\geqslant 2$ 时，两极点 s_1 和 s_2 与虚轴的距离相差很大，此时靠近虚轴的极点所对应的惯性环节的时间响应与原二阶系统非常接近，可以用该惯性环节来代替原来的二阶系统。

不同阻尼比的二阶系统的单位阶跃响应曲线见图 3-8。从图中可以看出，随着阻尼比 ζ 的减小，阶跃响应的振荡程度加剧。$\zeta=0$ 时是等幅振荡，$\zeta\geqslant 1$ 时是无振荡的单调上升曲线，其中临界阻尼对应的过渡过程时间最短。在欠阻尼的状态下，当 $0.4<\zeta<0.8$ 时，过渡过程时间比临界阻尼时更短，而且振荡也不严重。因此在控制工程中，除了那些不允许产生超调和振荡的情况外，通常都希望二阶系统工作在 $0.4<\zeta<0.8$ 的欠阻尼状态。

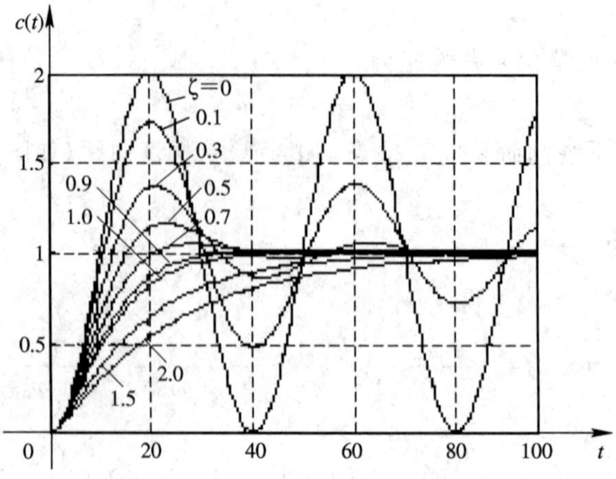

图 3－8　二阶系统的单位阶跃响应曲线

3.3.3　二阶系统的性能指标

在许多实际情况中，评价控制系统动态性能的好坏是通过系统反映单位阶跃函数的过渡过程的特征量来表示的。在一般情况下，希望二阶系统工作在 $0.4<\zeta<0.8$ 的欠阻尼状态下。因此，下面有关性能指标的定义和定量关系的推导主要是针对二阶系统的欠阻尼工作状态进行的。另外，系统在单位阶跃函数作用下的过渡过程与初始条件有关，为了便于比较各种系统的过渡过程性能，通常假设系统的初始条件为零。

1. 上升时间 t_r

根据 3.1 节的定义，上升时间满足

$$c(t_r)=1-e^{-\zeta\omega_n t_r}\left(\cos\omega_d t_r+\frac{\zeta}{\sqrt{1-\zeta^2}}\sin\omega_d t_r\right)=1$$

所以有

$$\cos\omega_d t_r+\frac{\zeta}{\sqrt{1-\zeta^2}}\sin\omega_d t_r=0$$

或

$$\tan\omega_d t_r=-\frac{\sqrt{1-\zeta^2}}{\zeta}$$

根据反三角函数的性质和式(3.22)中 φ 的表达式可得

$$\tan\omega_d t_r=\tan(\pi-\varphi)$$

因此，二阶系统阶跃响应的上升时间为

$$t_r=\frac{\pi-\varphi}{\omega_d}=\frac{\pi-\varphi}{\omega_n\sqrt{1-\zeta^2}} \tag{3.27}$$

2. 峰值时间 t_p

将式(3.22)对时间求导，并令其为零，即

$$\left.\frac{dc(t)}{dt}\right|_{t=t_p}=0$$

得

$$\zeta\omega_n e^{-\zeta\omega_n t_p}\sin(\omega_d t_p+\varphi)-\omega_d e^{-\zeta\omega_n t_p}\cos(\omega_d t_p+\varphi)=0$$

整理、变换得

$$\tan(\omega_d t_p+\varphi)=\frac{\sqrt{1-\zeta^2}}{\zeta}=\tan\varphi$$

根据三角函数的周期性，上式成立需满足：$\omega_d t_p=0$，π，2π，3π，…。由于峰值时间是过渡过程达到第一个峰值所对应的时间，因此应取

$$\omega_d t_p=\pi$$

即二阶系统过渡过程峰值时间为

$$t_p=\frac{\pi}{\omega_d}=\frac{1}{2}\frac{2\pi}{\omega_d}=\frac{1}{2}T_d \tag{3.28}$$

3. 最大超调量 σ_p

由最大超调量的定义式(3.8)和系统的阶跃响应式(3.21)可得

$$\begin{aligned}\sigma_p&=\frac{c(t_p)-c(\infty)}{c(\infty)}\times100\%=-e^{-\zeta\omega_n t_p}\left(\cos\omega_d t_p+\frac{\zeta}{\sqrt{1-\zeta^2}}\sin\omega_d t_p\right)\times100\%\\&=-e^{-\zeta\omega_n t_p}\left(\cos\pi+\frac{\zeta}{\sqrt{1-\zeta^2}}\sin\pi\right)\times100\%=e^{-\zeta\omega_n t_p}\times100\%\end{aligned}$$

即

$$\sigma_p=e^{-\zeta\pi/\sqrt{1-\zeta^2}}\times100\% \tag{3.29}$$

4. 过渡过程时间 t_s

由式(3.22)可知，欠阻尼二阶系统的单位阶跃响应曲线 $c(t)$ 位于一对曲线

$$y(t)=1\pm\frac{e^{-\zeta\omega_n t}}{\sqrt{1-\zeta^2}}$$

之内，这对曲线称为响应曲线的包络线。可以采用包络线代替实际响应曲线估算过渡过程时间 t_s，所得结果一般略偏大。若允许误差带是 Δ，则可以认为 t_s 就是包络线衰减到 Δ 区域所需的时间，则有

$$\frac{e^{-\zeta\omega_n t_s}}{\sqrt{1-\zeta^2}}=\Delta$$

解得

$$t_s=\frac{1}{\zeta\omega_n}\left(\ln\frac{1}{\Delta}+\ln\frac{1}{\sqrt{1-\zeta^2}}\right) \tag{3.30}$$

若取 $\Delta=5\%$，并忽略 $\ln\frac{1}{\sqrt{1-\zeta^2}}$ $(0<\zeta<0.9)$，则得

$$t_s\approx\frac{3}{\zeta\omega_n} \tag{3.31}$$

若取 $\Delta=2\%$，并忽略 $\ln\frac{1}{\sqrt{1-\zeta^2}}$ $(0<\zeta<0.9)$，则得

$$t_s\approx\frac{4}{\zeta\omega_n} \tag{3.32}$$

5. 振荡次数 N

根据振荡次数的定义，有

$$N=\frac{t_s}{T_d}=\frac{t_s}{2t_p} \tag{3.33}$$

当 $\Delta=5\%$ 和 $\Delta=2\%$ 时，由式(3.28)、式(3.31)和式(3.32)可得

$$N=\frac{1.5\sqrt{1-\zeta^2}}{\pi\zeta} \quad (\Delta=5\%) \tag{3.34}$$

$$N=\frac{2\sqrt{1-\zeta^2}}{\pi\zeta} \quad (\Delta=2\%) \tag{3.35}$$

若已知 σ_p，考虑到 $\sigma_p=e^{-\pi\zeta/\sqrt{1-\zeta^2}}$，即

$$\ln\sigma_p=\frac{-\pi\zeta}{\sqrt{1-\zeta^2}}$$

求得振荡次数 N 与最大超调量之间的关系为

$$N=-\frac{1.5}{\ln\sigma_p} \quad (\Delta=5\%) \tag{3.36}$$

$$N=-\frac{2}{\ln\sigma_p} \quad (\Delta=2\%) \tag{3.37}$$

由上述性能指标的表达式可知，σ_p 和 N 只与阻尼比 ζ 有关，而与 ω_n 无关。t_r、t_p、t_s 与 ζ 和 ω_n 都有关。在设计二阶系统时，可以先根据对 σ_p 的要求计算出 ζ，再根据对 t_s 指标的要求确定 ω_n。

【例 3-1】 某二阶系统如图 3-9 所示，其中系统的结构参数 $\zeta=0.6$，$\omega_n=5$ rad/s。输入信号为阶跃函数，求性能指标 t_r、t_p、t_s、σ_p 和 N 的数值。

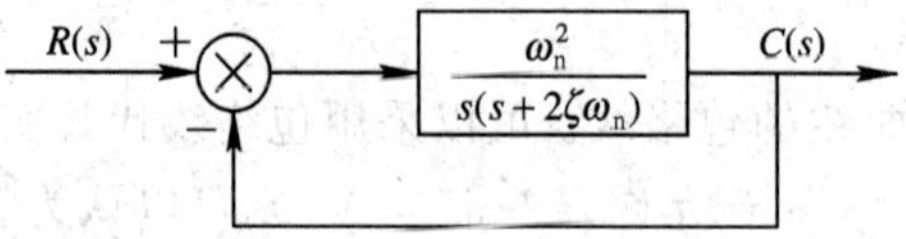

图 3-9 二阶系统结构图

解 根据给定的参数可以得出

$$\sqrt{1-\zeta^2}=0.8,\ \omega_d=\omega_n\sqrt{1-\zeta^2}=4,\ \varphi=\arctan\frac{\sqrt{1-\zeta^2}}{\zeta}=0.93\ \text{rad}$$

所以

$$t_r=\frac{\pi-\varphi}{\omega_d}=0.55\ \text{s}$$

$$t_p=\frac{\pi}{\omega_d}=0.785\ \text{s}$$

$$\sigma_p=e^{-\pi\zeta/\sqrt{1-\zeta^2}}\times100\%=9.5\%$$

$$t_s\approx\frac{3}{\zeta\omega_n}=1\ \text{s} \quad (\Delta=5\%)$$

$$t_s \approx \frac{4}{\zeta\omega_n} = 1.33\ \text{s} \quad (\Delta = 2\%)$$

$$N = \frac{t_s}{2t_p} = 0.6 \quad (\Delta = 5\%)$$

$$N = \frac{t_s}{2t_p} = 0.8 \quad (\Delta = 2\%)$$

【例 3-2】 设一个带速度反馈的伺服系统，其结构框图如图 3-10 所示。要求系统的性能指标为 $\sigma_p=20\%$，$t_p=1$ s。试确定系统的 K 和 K_A 值，并计算性能指标 t_r、t_s 和 N。

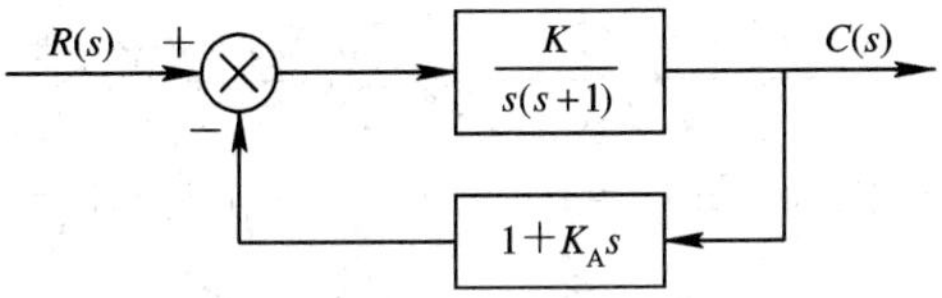

图 3-10 伺服系统结构框图

解 首先，根据要求的 σ_p 求取相应的阻尼比 ζ：

$$\sigma_p = e^{-\pi\zeta/\sqrt{1-\zeta^2}}$$

$$\frac{\pi\zeta}{\sqrt{1-\zeta^2}} = \ln\frac{1}{\sigma_p} = 1.61$$

解得 $\zeta=0.456$。

其次，由已知条件 $t_p=1$ s 和已求出的 $\zeta=0.456$ 求无阻尼自振频率 ω_n，即

$$t_p = \frac{\pi}{\omega_n\sqrt{1-\zeta^2}}$$

解得 $\omega_n=3.53$ rad/s，将此二阶系统的闭环传递函数与标准形式比较，求 K 和 K_A 值。由图 3-10 得

$$\frac{C(s)}{R(s)} = \frac{K}{s^2+(1+KK_A)s+K} = \frac{\omega_n^2}{s^2+2\zeta\omega_n s+\omega_n^2}$$

比较上式两端，得

$$\omega_n^2 = K,\ 2\zeta\omega_n = 1+KK_A$$

所以 $K=12.5$，$K_A=0.178$。

最后计算 t_r、t_s 和 N：

$$\varphi = \arctan\frac{\sqrt{1-\zeta^2}}{\zeta} = 1.1\ \text{rad}$$

$$t_r = \frac{\pi-\varphi}{\omega_n\sqrt{1-\zeta^2}} = 0.65\ \text{s}$$

$$t_s = \frac{3}{\zeta\omega_n} = 1.86\ \text{s},\ N = \frac{t_s}{2t_p} = 0.93\ 次 \quad (\Delta = 5\%)$$

$$t_s = \frac{4}{\zeta\omega_n} = 2.48\ \text{s},\ N = \frac{t_s}{2t_p} = 1.2\ 次 \quad (\Delta = 2\%)$$

3.4 高阶系统的时域分析

凡是用高于二阶的常微分方程描述输出信号与输入信号之间关系的控制系统，均称为高阶系统。严格地说，大多数控制系统都是高阶系统，这些高阶系统往往是由若干惯性子系统(一阶系统)或振荡子系统(二阶系统)所组成的。由于高阶系统动态性能指标的确定是复杂的，因此这里只对高阶系统时间响应进行简要的定性说明。

设高阶系统闭环传递函数的一般形式为

$$\frac{C(s)}{R(s)}=\frac{b_0 s^m+b_1 s^{m-1}+\cdots+b_{m-1}s+b_m}{s^n+a_1 s^{n-1}+\cdots+a_{n-1}s+a_n},\quad n\geqslant m \tag{3.38}$$

设此传递函数的零、极点分别为$-z_i(i=1, 2, \cdots, m)$和$-p_i(i=1, 2, \cdots, n)$，增益为K，则有

$$\frac{C(s)}{R(s)}=\frac{K(s+z_1)(s+z_2)\cdots(s+z_m)}{(s+p_1)(s+p_2)\cdots(s+p_n)},\quad n\geqslant m \tag{3.39}$$

令系统所有零、极点互不相同，且极点有实数极点和复数极点，零点均为实数零点。当输入单位阶跃函数时，则有

$$C(s)=\frac{K\prod\limits_{i=1}^{m}(s+z_i)}{s\prod\limits_{j=1}^{q}(s+p_j)\prod\limits_{k=1}^{r}(s^2+2\zeta_k\omega_{nk}s+\omega_{nk}^2)} \tag{3.40}$$

式中，$n=q+2r$，q为实极点的个数，r为复数极点的个数。将式(3.40)展成部分分式得

$$C(s)=\frac{A_0}{s}+\sum_{j=1}^{q}\frac{A_j}{s+p_j}+\sum_{k=1}^{r}\frac{B_k(s+\zeta_k\omega_{nk})+C_k\omega_{nk}\sqrt{1-\zeta_k^2}}{s^2+2\zeta_k\omega_{nk}s+\omega_{nk}^2}$$

对上式求拉氏反变换得

$$\begin{aligned}c(t)=&A_0+\sum_{j=1}^{q}A_j e^{-p_j t}+\sum_{k=1}^{r}B_k e^{-\zeta_k\omega_{nk}t}\cos\omega_{nk}\sqrt{1-\zeta_k^2}\,t\\&+\sum_{k=1}^{r}C_k e^{-\zeta_k\omega_{nk}t}\sin\omega_{nk}\sqrt{1-\zeta_k^2}\,t,\quad (t\geqslant 0)\end{aligned} \tag{3.41}$$

由此可见，单位阶跃函数作用下高阶系统的稳态分量为A_0，其瞬态分量是一阶和二阶系统瞬态分量的合成。分析表明，高阶系统有如下结论：

(1) 高阶系统瞬态响应各分量的衰减快慢由指数衰减系数p_j和$\zeta_k\omega_{nk}$决定。如果某极点远离虚轴(对应的衰减系数大)，那么其相应的瞬态分量比较小，且持续时间较短。

(2) 高阶系统各瞬态分量的系数A_k、B_k和C_k不仅与复平面中极点的位置有关，而且与零点的位置有关。当某极点p_j越靠近某零点z_i而远离其他极点，同时与复平面原点的距离也很远时，相应瞬态分量的系数就越小，该瞬态分量的影响就越小。极端情况下，当p_j和z_i重合时(称这对重合的零极点为偶极子)，该极点对系统的瞬态响应几乎没有影响。因此，对于系数很小的瞬态分量，以及远离虚轴的极点对应的快速衰减的瞬态分量常可以忽略。于是高阶系统的响应就可以用低阶系统的响应去近似。

(3) 在系统中，如果距虚轴最近的极点，其实部的绝对值为其他极点实部绝对值的1/5甚至更小，并且在其附近没有零点存在，则系统的瞬态响应将主要由此极点左右。这种支

配系统瞬态响应的极点叫作系统的主导极点。一般高阶系统的瞬态响应是有振荡的，因此它的近似低阶系统的主导极点往往是一对共轭的复数极点。

3.5 线性系统的稳定性分析

对系统进行各类品质指标的分析必须在系统稳定的前提下进行。稳定是控制系统能够正常运行的首要条件。本节介绍关于稳定性的初步概念、线性系统的稳定条件和劳斯稳定判据。

3.5.1 稳定性的基本概念

设一个线性定常系统原处于某一平衡状态，若它瞬间受到某一扰动的作用偏离了原来的平衡状态，当扰动消失后，如果系统还能回到原有的平衡状态，则称该系统是稳定的。反之，系统为不稳定的。这表明稳定性是表征系统在扰动消失后自身的一种恢复能力，它是系统的一种固有特性。

系统的稳定性又分为两种：一是大范围的稳定，即初始偏差可以很大，但系统仍稳定；另一种是小范围的稳定，即初始偏差必须在一定限度内系统才稳定，超出了这个限定值则不稳定。对于线性系统，如果小范围内是稳定的，则它一定也是大范围稳定的。而非线性系统则不存在类似结论。

通常而言，线性定常系统的稳定性表现为其时域响应的收敛性。当把控制系统的响应分为过渡状态和稳定状态来考虑时，若随着时间的推移，其过渡过程会逐渐衰减，系统的响应最终收敛到稳定状态，则称该控制系统是稳定的；而如果过渡过程是发散的，则该系统就是不稳定的。

3.5.2 线性定常系统稳定性的充分必要条件

线性系统的特性或状态是由线性微分方程来描述的，而微分方程的解通常就是系统输出量的时间表达式，它包含两个部分：静态分量和瞬态分量。其中静态分量对应微分方程的特解，与外部输入有关；瞬态分量对应微分方程的通解，只与系统本身的参数、结构和初始条件有关，而与外部作用无关。研究系统的稳定性，就是研究系统输出量中瞬态分量的运动形式。这种运动形式完全取决于系统的特征方程，即齐次微分方程，这个特征方程反映了扰动消除之后输出量的运动情况。

单输入、单输出线性定常系统传递函数的一般形式为

$$G(s)=\frac{C(s)}{R(s)}=\frac{b_0s^m+b_1s^{m-1}+\cdots+b_{m-1}s+b_m}{a_0s^n+a_1s^{n-1}+\cdots+a_{n-1}s+a_n}\quad(n\geqslant m)$$

系统的特征方程式为

$$a_0s^n+a_1s^{n-1}+\cdots+a_{n-1}s+a_n=0$$

此方程的根称为特征根，它由系统本身的参数和结构所决定。

从常微分方程理论可知，微分方程解的收敛性完全取决于其相应特征方程的根。如果特征方程的所有根都是负实数或实部为负的复数，则微分方程的解是收敛的；如果特征方程存在正实数根或正实部的复根，则微分方程的解中就会出现发散项。

由上述讨论可以得出如下结论：线性定常系统稳定的充分必要条件是，特征方程式的所有根均为负实根或其实部为负的复根，即特征方程的根均在复平面的左半平面。由于系统特征方程的根就是系统的极点，因此也可以说，线性定常系统稳定的充分必要条件是系统的极点均在复平面的左半部分。

对于复平面右半平面没有极点，但虚轴上存在极点的线性定常系统，称之为临界稳定的，该系统在扰动消除后的响应通常是等幅振荡的。在工程上，临界稳定属于不稳定，因为参数的微小变化就会使极点具有正实部，从而导致系统不稳定。

3.5.3 劳斯稳定判据

根据线性定常系统稳定性的充分必要条件，可以通过求取系统特征方程式的所有根，并检查所有特征根实部的符号来判断系统是否稳定。但由于一般特征方程式为高次代数方程，因此要计算其特征根必须依赖计算机进行数值计算。采用劳斯稳定判据，可以不用求解方程，只根据方程系数做简单的运算，就可以确定方程是否有(以及有几个)正实部的根，从而判定系统是否稳定。以下是劳斯判据的具体内容。

设控制系统的特征方程式为

$$D(s) = a_0 s^n + a_1 s^{n-1} + \cdots + a_{n-1} s + a_n = 0 \tag{3.42}$$

首先，劳斯稳定判据给出控制系统稳定的必要条件是：控制系统特征方程式(3.42)的所有系数 $a_i(i=0, 1, 2, \cdots, n)$均为正值，且特征方程式不缺项。

其次，劳斯稳定判据给出控制系统稳定的充分条件是：劳斯表中第一列所有项均为正号。

如果方程式(3.42)所有系数都是正值，将多项式的系数排成下面形式的行和列，即为劳斯表：

$$\begin{array}{cccccc}
s^n & a_0 & a_2 & a_4 & a_6 & \cdots \\
s^{n-1} & a_1 & a_3 & a_5 & a_7 & \cdots \\
s^{n-2} & b_1 & b_2 & b_3 & b_4 & \cdots \\
s^{n-3} & c_1 & c_2 & c_3 & \cdots & \cdots \\
\vdots & \vdots & \vdots & \vdots & & \\
s^2 & d_1 & d_2 & d_3 & & \\
s^1 & e_1 & e_2 & & & \\
s^0 & f_1 & & & &
\end{array}$$

表中：

$$b_1 = \frac{a_1 a_2 - a_0 a_3}{a_1},\ b_2 = \frac{a_1 a_4 - a_0 a_5}{a_1},\ b_3 = \frac{a_1 a_6 - a_0 a_7}{a_1},\ \cdots$$

系数 b 的计算，一直进行到后面的 b 全部为零时为止。同样采用上面两行系数交叉相乘的方法，可以求出 c, d, e, f 等系数，即

$$c_1 = \frac{b_1 a_3 - a_1 b_2}{b_1},\ c_2 = \frac{b_1 a_5 - a_1 b_3}{b_1},\ c_3 = \frac{b_1 a_7 - a_1 b_4}{b_1},\ \cdots,\ f_1 = \frac{e_1 d_2 - d_1 e_2}{e_1}$$

这个过程一共进行到第 $n+1$ 行为止。其中第 $n+1$ 行仅第一列有值，且正好是方程最后一

项 a_n。劳斯表是三角形。注意，在展开的劳斯表中，为了简化其后的数值运算，可以用一个正整数去除或乘某一整个行，这时并不改变稳定性结论。

因此，采用劳斯判据判断系统的稳定性时，如果必要条件不满足（即特征方程系数不全为正或缺项），则可断定系统是不稳定或临界稳定的；如果必要条件满足，就需要列出劳斯表，检查表中第一列的数值是否均为正值，如果是，则系统稳定，否则系统不稳定，并且系统在复平面右半平面极点的个数等于劳斯表第一列系数符号改变的次数。

【例 3-3】 设控制系统的特征方程式为

$$s^3+41.5s^2+517s+2.3\times10^4=0$$

试用劳斯判据判别系统的稳定性。

解 系统特征方程式的系数均大于零，并且没有缺项，所以稳定的必要条件满足。列劳斯表

$$\begin{array}{llll} s^3 & 1 & 517 & 0 \\ s^2 & 41.5 & 2.3\times10^4 & 0 \\ s^1 & -38.5 & & \\ s^0 & 2.3\times10^4 & & \end{array}$$

由于该表第一列系数的符号变化了两次，因此该方程中有两个根在复平面的右半平面，故系统是不稳定的。

【例 3-4】 设有一个三阶系统的特征方程

$$a_0s^3+a_1s^2+a_2s+a_3=0$$

式中所有系数均为正数。试证明该系统稳定的条件是 $a_1a_2>a_0a_3$。

证明 上式对应的劳斯表为

$$\begin{array}{lll} s^3 & a_0 & a_2 \\ s^2 & a_1 & a_3 \\ s^1 & \dfrac{a_1a_2-a_0a_3}{a_1} & \\ s^0 & a_3 & \end{array}$$

根据劳斯判据，系统稳定的充要条件是劳斯表第一列系数均大于零。所以有

$$a_1a_2>a_0a_3$$

【例 3-5】 考虑图 3-11 所示的系统，确定使系统稳定的 K 的取值范围。

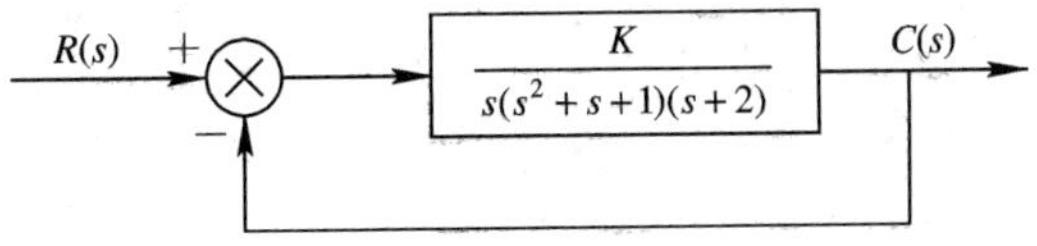

图 3-11　控制系统框图

解 由图 3-11 可知，系统的闭环传递函数为

$$\frac{C(s)}{R(s)}=\frac{K}{s(s^2+s+1)(s+2)+K}$$

所以系统的特征方程为

$$D(s)=s^4+3s^3+3s^2+2s+K=0$$

由稳定的必要条件可知，$K>0$。列劳斯表如下：

$$\begin{array}{llll} s^4 & 1 & 3 & K \\ s^3 & 3 & 2 & 0 \\ s^2 & \dfrac{7}{3} & K & \\ s^1 & 2-\dfrac{9K}{7} & & \\ s^0 & K & & \end{array}$$

根据劳斯判据，系统稳定必须满足

$$K>0, \quad 2-\frac{9K}{7}>0$$

因此，使系统闭环稳定的 K 的取值范围为

$$0<K<\frac{14}{9}$$

当 $K=\dfrac{14}{9}$时，系统处于临界稳定状态。

需要指出，在运用劳斯稳定判据分析系统的稳定性时，有时会遇到下列两种特殊情况：

(1) 在劳斯表的某一行中，出现第一个元为零，而其余各元均不为零，或部分不为零的情况；

(2) 在劳斯表的某一行中，出现所有元均为零的情况。

在这两种情况下，表明系统在复平面内存在正根或存在两个大小相等符号相反的实根或存在两个共轭虚根，系统处在不稳定状态或临界稳定状态。

下面通过实例说明这时应如何排劳斯表。若遇到第一种情况，可用一个很小的正数 ε 代替为零的元素，然后继续进行计算，完成劳斯表。

例如，系统的特征方程为

$$D(s)=s^4+2s^3+3s^2+6s+1=0$$

其劳斯表为

$$\begin{array}{llll} s^4 & 1 & 3 & 1 \\ s^3 & 2 & 6 & \\ s^2 & 0\to\varepsilon & 1 & \\ s^1 & \dfrac{6\varepsilon-2}{\varepsilon}\to-\infty & & \\ s^0 & 1 & & \end{array}$$

因为劳斯表第一列元素的符号改变了两次，所以系统不稳定，且有两个正实部的特征根。

若遇到第二种情况，先用全零行的上一行元素构成一个辅助方程，它的次数总是偶数，它表示特征根中出现关于原点对称的根的数目(这些根或为共轭虚根；或为符号相异但绝对值相同的成对实根；或为实部符号相异而虚部数值相同的成对的共轭复根；或上述情况同时存在)。再将上述辅助方程对 s 求导，用求导后的方程系数代替全零行的元素，继续完成劳斯表。

例如，系统的特征方程为

$$D(s)=s^3+2s^2+s+2=0$$

劳斯表为

$$\begin{array}{lll} s^3 & 1 & 1 \\ s^2 & 2 & 2 \quad \rightarrow \text{辅助方程 } 2s^2+2=0 \\ s^1 & 4 & 0 \quad \leftarrow \text{辅助方程求导后的系数} \\ s^0 & 2 & \end{array}$$

由以上可以看出，劳斯表第一列元素符号均大于零，故系统不含具有正实部的根，而含一对纯虚根，可由辅助方程 $2s^2+2=0$ 解出 $\pm\mathrm{j}$。

3.6 控制系统的稳态误差

稳态误差是衡量系统控制精度的，在控制系统设计中作为稳态指标。实际的控制系统由于本身结构和输入信号的不同，其稳态输出量不可能完全与输入量一致，也不可能在任何扰动作用下都能准确地恢复到原有的平衡点。另外，系统中还存在摩擦、间隙和死区等非线性因素。因此，控制系统的稳态误差总是不可避免的。控制系统设计时应尽可能减小稳态误差。当稳态误差足够小，可以忽略不计的时候，可以认为系统的稳态误差为零，这种系统称为无差系统，而稳态误差不为零的系统则称为有差系统。应当强调的是，只有当系统稳定时，才可以分析系统的稳态误差。

3.6.1 误差与稳态误差

根据控制系统的一般结构(如图 3 - 12 所示)，可以定义系统的误差与稳态误差。

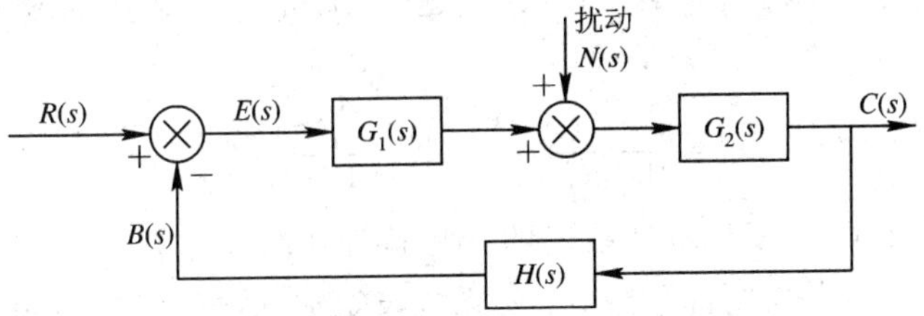

图 3 - 12 控制系统的一般结构

从输出端定义的误差是系统输出量的期望值与实际值之差，即

$$e_1(t)=c_r(t)-c(t)$$

式中 $c_r(t)$ 是与系统设定输入量 $r(t)$ 相应的期望输出量。这种定义物理意义明确，但在实际系统中往往不可测量。

从输入端定义的误差是系统设定输入量与主反馈量之差，即

$$e(t)=r(t)-b(t) \tag{3.43}$$

式中 $b(t)$ 是实际输出量经反馈后送到输入端的主反馈量。这样定义的误差可用系统结构图中相应的量表示，便于进行理论分析，在实际系统中也可以测量。

在单位负反馈情况下，两种误差的定义是一致的。在某些情况下，误差也可以定义为

$$e(t)=c(\infty)-c(t)$$

在工程实践中，还会遇到更复杂的情况，对误差的定义可视具体情况和要求而异。

稳态误差是指一个稳定的系统在设定的输入或扰动作用下，经历过渡过程进入稳态后的误差，即

$$e_{ss}=\lim_{t\to\infty}e(t) \tag{3.44}$$

为了讨论方便，这里取误差为式(3.43)的形式。

3.6.2 系统的类型

稳态误差的计算与系统的类型有关，而系统的类型是由开环传递函数决定的。一般情况下，系统的开环传递函数可以表示为

$$G_o(s)=\frac{K\prod_{i=1}^{m}(\tau_i s+1)}{s^{\gamma}\prod_{j=1}^{n}(T_j s+1)} \tag{3.45}$$

其中 K 为系统的开环放大倍数；τ_i 和 T_j 为时间常数；γ 为开环传递函数中积分单元的个数，即开环传递函数在原点处极点的重数。并且开环放大倍数 K 可以定义如下：

$$K=\lim_{s\to 0}s^{\gamma}G_o(s) \tag{3.46}$$

$\gamma=0,1$ 和 2 的系统分别称为 0 型系统、Ⅰ型系统和Ⅱ型系统。Ⅲ型以上的系统很少见。

3.6.3 稳态误差的计算

计算稳态误差的基本系统结构图如图 3－12 所示，并以输入端定义的误差信号作为研究基础。图中 $R(s)$、$N(s)$、$C(s)$和 $E(s)$分别为系统设定输入、扰动输入、系统输出和系统的误差。根据线性系统的叠加原理，可求得系统在设定输入和扰动输入作用下的系统误差为

$$E(s)=\frac{1}{1+G_o(s)}R(s)-\frac{G_2(s)}{1+G_o(s)}N(s) \tag{3.47}$$

其中，$G_o(s)=G_1(s)G_2(s)H(s)$是系统的开环传递函数，并具有式(3.45)的形式。由式(3.47)可知，系统的误差由两部分组成：由系统设定输入信号引起的误差为系统误差或原理误差(对应式中第一项)，它反映了系统跟踪输入信号的能力；由扰动输入信号引起的误差称为扰动误差(对应式中第二项)，它反映了系统抑制扰动的能力。

1. 设定输入作用下系统稳态误差的计算

设定输入作用下的系统误差为

$$E(s)=\frac{1}{1+G_o(s)}R(s) \tag{3.48}$$

根据稳态误差的定义(式(3.44))和拉氏变换的终值定理(假设 $E(s)$的极点全位于复平面的左半平面)，可得

$$e_{ss}=\lim_{t\to\infty}e(t)=\lim_{s\to 0}sE(s)=\lim_{s\to 0}\frac{s}{1+G_o(s)}R(s) \tag{3.49}$$

为便于讨论，定义如下一组静态误差系数。

静态位置误差系数：

$$K_p = \lim_{s\to 0} G_o(s) = \lim_{s\to 0}\frac{K}{s^{\gamma}} \tag{3.50}$$

静态速度误差系数：

$$K_v = \lim_{s\to 0} sG_o(s) = \lim_{s\to 0}\frac{K}{s^{\gamma-1}} \tag{3.51}$$

静态加速度误差系数：

$$K_a = \lim_{s\to 0} s^2G_o(s) = \lim_{s\to 0}\frac{K}{s^{\gamma-2}} \tag{3.52}$$

则在单位阶跃输入信号作用下，系统的稳态误差为

$$e_{ss} = \frac{1}{1+K_p} \tag{3.53}$$

在单位斜坡信号输入作用下，系统的稳态误差为

$$e_{ss} = \frac{1}{K_v} \tag{3.54}$$

在单位加速度信号输入作用下，系统的稳态误差为

$$e_{ss} = \frac{1}{K_a} \tag{3.55}$$

根据以上对三种典型输入、三种类型系统的分析，可以得到如下结论：0 型系统对于阶跃输入是有差系统，并且无法跟踪斜坡信号；Ⅰ型系统由于含有一个积分环节，所以对于阶跃输入是无差的，但对斜坡输入是有差的，因此，Ⅰ型系统也称一阶无差系统；Ⅱ型系统由于含有两个积分环节，对于阶跃输入和斜坡输入都是无差的，但对加速度信号是有差的，因此，Ⅱ型系统也称二阶无差系统。

对于不同输入信号和系统类型，系统的静态误差系数和稳态误差如表 3－1 所示。分析表 3－1 可知，减小和消除设定输入信号作用引起的稳态误差的有效方法是：提高系统的开环放大倍数和提高系统的类型数，但这两种方法都影响甚至破坏系统的稳定性，因而受到应用的限制。

表 3－1　设定输入信号作用下的静态误差系数和稳态误差

系统类型	静态误差系数			稳态误差		
	K_p	K_v	K_a	$r(t)=1(t)$	$r(t)=t$	$r(t)=t^2/2$
0 型	K	0	0	$\frac{1}{1+K}$	∞	∞
Ⅰ型	∞	K	0	0	$\frac{1}{K}$	∞
Ⅱ型	∞	∞	K	0	0	$\frac{1}{K}$

2. 扰动输入作用下系统稳态误差的计算

对于扰动输入作用下系统稳态误差的计算，也可以按照类似设定输入情况的方法进行计算。在这种情况下，稳定误差的计算稍复杂些，这里就不再加以论述。感兴趣的读者可

以自行推导。应当指出的是，对Ⅰ型以上的系统，由扰动作用引起的稳态误差与扰动作用点之前的系统结构和参数有关。

【例 3-6】 已知某单位负反馈系统的开环传递函数为

$$G(s)=\frac{5}{s(s+1)(s+2)}$$

试求系统输入分别为 $1(t)$，$10t$，$3t^2$ 时，系统的稳态误差。

解 由劳斯稳定判据分析可知，该系统是闭环稳定的(这里从略)。由于此系统为Ⅰ型系统，系统的静态速度误差系数为

$$K_v=\lim_{s\to 0}sG(s)=2.5$$

根据表 3-1，可知：

当 $r(t)=1(t)$时，稳态误差 $e_{ss}=0$；

当 $r(t)=10t$ 时，稳态误差 $e_{ss}=10\times\frac{1}{K_v}=4$；

当 $r(t)=3t^2$ 时，稳态误差 $e_{ss}=\infty$。

【例 3-7】 已知两个稳定系统分别如图 3-13(a)、(b)所示。输入 $r(t)=4+6t+3t^2$，试分别计算两个系统的稳态误差。

解 图 3-13(a)为Ⅰ型系统，它不能跟踪输入信号的加速度分量 $3t^2$，所以该系统的稳态误差 $e_{ss}=\infty$。

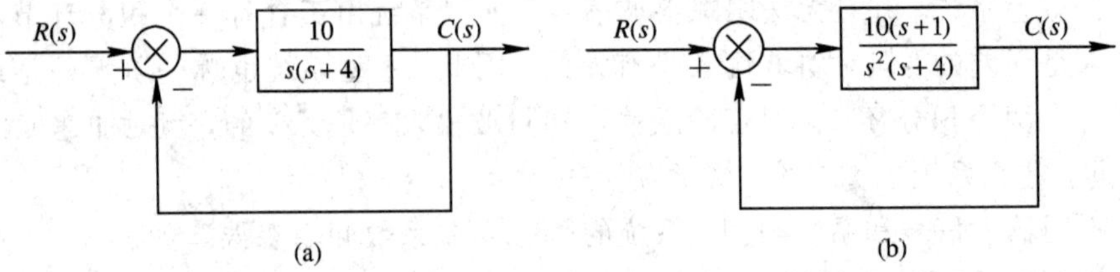

图 3-13 例 3-7 图

图 3-13(b)为Ⅱ型系统，开环放大倍数为 $K=10/4$。查表可知，系统的稳态误差为

$$e_{ss}=6\times\frac{1}{K_a}=2.4$$

需要指出的是，标准的加速度信号为 $t^2/2$，所以本题中的 $3t^2$ 是标准输入的 6 倍，因此，用标准输入下的公式计算稳态误差时要乘上这个倍数。

3.6.4 稳态误差的抑制措施

由以上的讨论可知，减少或消除系统稳态误差的方法有三种。

1. 提高系统的开环放大倍数

从表 3-1 可以看出：0 型系统跟踪单位阶跃信号、Ⅰ型系统跟踪单位斜坡信号、Ⅱ型系统跟踪匀加速信号时，其系统的稳态误差均为常值，且都与开环放大倍数 K 有关。若增大开环放大倍数 K，则系统的稳态误差可以显著下降。

提高开环放大倍数 K 固然可以使稳态误差下降，但 K 值取得过大会使系统的稳定性变坏，甚至造成系统的不稳定。如何解决这个矛盾，将是本书以后几章中讨论的中心问题。

2. 增大系统的类型数

从表 3－1 可以看出：若开环传递函数（$H(s)=1$ 时，开环传递函数就是系统前向通道传递函数）中没有积分环节，即 0 型系统时，跟踪阶跃输入信号引起的稳态误差为常值；若开环传递函数中含有一个积分环节，即Ⅰ型系统时，跟踪阶跃输入信号引起的稳态误差为零；若开环传递函数中含有两个积分环节，即Ⅱ型系统时，则系统跟踪阶跃输入信号、斜坡输入信号引起的稳态误差为零。

由上面的分析，粗看起来好像系统类型愈高，则该系统“愈好”。如果只考虑稳态精度，情况的确是这样。但若开环传递函数中含积分环节数目过多，就会降低系统的稳定性，以至于使系统不稳定。因此，在控制工程中，反馈控制系统的设计往往需要在稳态误差与稳定性要求之间折衷考虑。一般控制系统开环传递函数中的积分环节个数最多不超过 2。

3. 采用复合控制

采用复合控制，即在反馈控制基础上引入顺馈（也称前馈）补偿。这种方法可以在基本不改变系统动态性能的前提下，有效改善系统的稳态性能。

3.7 基于 MATLAB 的线性系统时域分析

利用 MATLAB 不仅可以方便地求出系统在阶跃函数、脉冲函数作用下的输出响应，还可以通过求解系统特征方程的根来分析系统的稳定性。

1. 用 MATLAB 进行动态响应分析

通过 MATLAB 提供的函数 step( )和 inpulse( )，可以方便地求出各阶系统在阶跃函数和脉冲函数作用下的输出响应。

【例 3－8】 试用 MATLAB 绘制系统

$$G_1(s)=\frac{1}{2s+1}$$

$$G_2(s)=\frac{25}{s^2+3s+25}$$

在单位阶跃函数作用下的响应曲线。

解 获取上述两系统单位阶跃响应的程序如下：

```
%ex_3-8
num1=[1]; den1=[2 1];
G1=tf(num1, den1);
num2=[25]; den2=[1 3 25];
G2=tf(num2, den2);
figure(1);
step(G1);
xlabel('时间(sec)'); ylabel('输出响应'); title('一阶系统单位阶跃响应');
figure(2);
step(G2);
xlabel('时间(sec)'); ylabel('输出响应'); title('二阶系统单位阶跃响应');
```

仿真结果如图 3-14 所示。

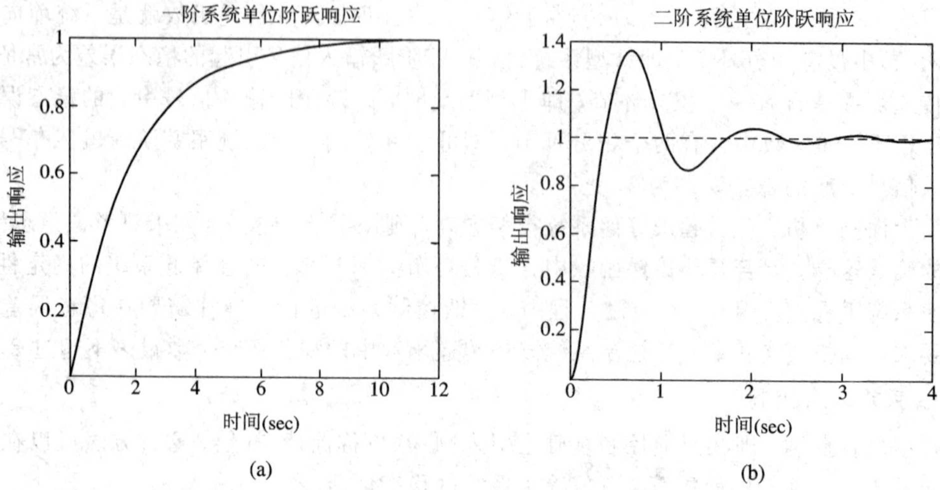

图 3-14 例 3-8 的 MATLAB 仿真结果

【例 3-9】 试用 MATLAB 绘制例 3-8 中两系统的单位脉冲响应。

解 本题的程序实现与例 3-8 类似，这里从略。仿真结果如图 3-15 所示。

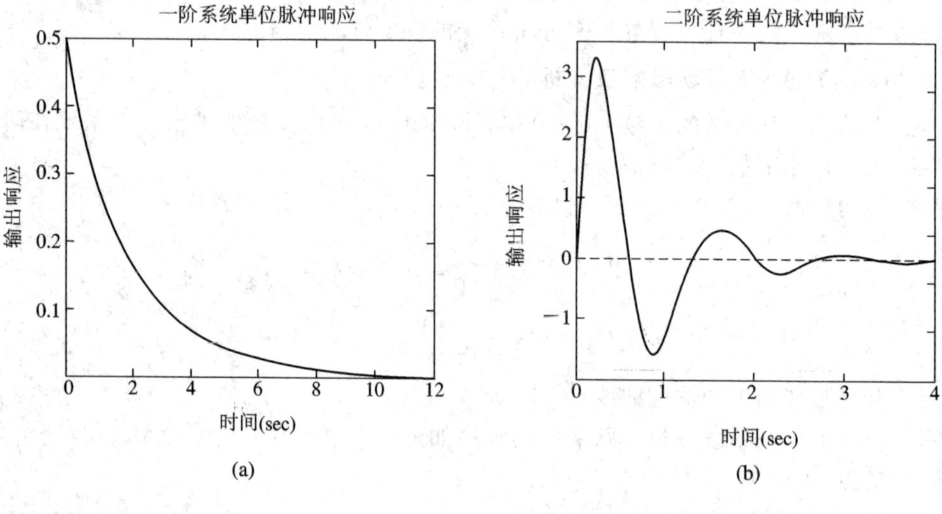

图 3-15 例 3-9 的 MATLAB 仿真结果

应当指出的是，函数 step( )和 inpulse( )具有不同的参数形式和输出形式，具体情况请通过 MATLAB 的 Help 查询。另外，MATLAB 还提供了在任意输入信号作用下，获取系统输出响应的函数 lsim( )，关于其用法请参见 MATLAB 软件的联机帮助。

2. 用 MATLAB 进行系统稳定性分析

可以利用 MATLAB 求系统特征方程的根来分析系统稳定性。

【例 3-10】 设系统是由前向通道传递函数 $G_p(s)$ 和反馈通道传递函数 $H(s)$ 组成的负反馈控制系统。其中：

$$G_p(s)=\frac{1}{s^2+2s+4},\ H(s)=\frac{1}{s+1}$$

试判别系统的稳定性。

解　MATLAB采用roots( )或eig( )计算系统的特征根。以下是求取上述闭环系统特征根的程序：

```
%ex_3-10
Gp=tf([1], [1 2 4]); H=tf(1, [1 1]);
G=feedback(Gp, H);
p=eig(G)
```

计算结果为

```
p =
  -0.8389 + 1.7544i;   -0.8389 - 1.7544i;   -1.3222
```

由于没有正实部特征根，因此系统稳定。

如果已知系统的特征多项式，求取系统的特征根可采用函数roots( )。

需要说明的是，程序中feedback( )是构建反馈回路的MATLAB函数，对于几个传递函数的串联和并联，MATLAB也提供了相应的实现函数series( )和parallel( )，具体用法请查询MATLAB的联机帮助。

【例3-11】 已知系统闭环特征多项式为$D(s)=s^4+3s^3+3s^2+2s+3$，试判断系统稳定性。

解　可用下面程序求取系统特征根：

```
%ex_3-11
den=[1 3 3 2 3];
p=roots(den)
```

计算结果为

```
p =
  -1.6726±0.6531i; 0.1726±0.9491i
```

可见，系统有两个实部为正的根，所以系统不稳定。

小　　结

本章根据系统的时间响应分析了系统的动态性能、稳态性能以及稳定性。其主要的研究内容有以下几个方面：

(1) 通过讨论系统在典型信号下的时间响应，定义了描述系统动态和稳态性能的一系列指标。动态性能指标通常用单位阶跃响应的上升时间、超调量和调节时间表示；稳态性能用稳态误差表示。

(2) 分析了一阶、二阶和高阶系统在一些典型输入信号作用下的时间响应；重点研究了二阶欠阻尼系统的单位阶跃响应，以及其动态性能指标的计算方法；还指出了对于高阶系统在一些条件下可以用低阶系统代替。

(3) 系统的稳定性是系统正常工作的前提。本章简要介绍了稳定性的概念，指出线性定常系统的稳定性由其闭环极点的位置决定，同时还介绍了线性定常系统稳定性的一种代数判别方法——劳斯判据。

(4) 稳定的控制系统存在控制精度问题，这个控制精度通常用稳态误差来描述。本章给出了控制系统稳态误差的定义、计算方法以及减小稳态误差的途径。

(5) 通过例题介绍了 MATLAB 在线性系统的时域分析中的应用。

习　题

3-1　在零初始条件下对单位负反馈系统施加设定的输入信号 $r(t)=1(t)+t$，测得系统的输出响应为 $c(t)=t-0.8e^{-5t}+0.8$。试求系统的开环传递函数。

3-2　典型二阶系统的单位阶跃响应为

$$c(t)=1-1.25e^{-1.2t}\sin(1.6t+53.1°)$$

试求系统的最大超调量 σ_p、峰值时间 t_p 和过渡过程时间 t_s。

3-3　设一系统的闭环传递函数为

$$\frac{C(s)}{R(s)}=\frac{\omega_n^2}{s^2+2\zeta\omega_n s+\omega_n^2}$$

为使系统的单位阶跃响应有大约 5%的超调量和 2 s 的过渡过程时间(Δ=2%)，试求 ζ 和 ω_n 的值。

3-4　对图 3-16 所示系统，完成以下各题：

(1) K 为何值时，阻尼比 $\zeta=0.5$?

(2) 比较加入 $1+Ks$ 与不加 $1+Ks$ 时系统的性能。

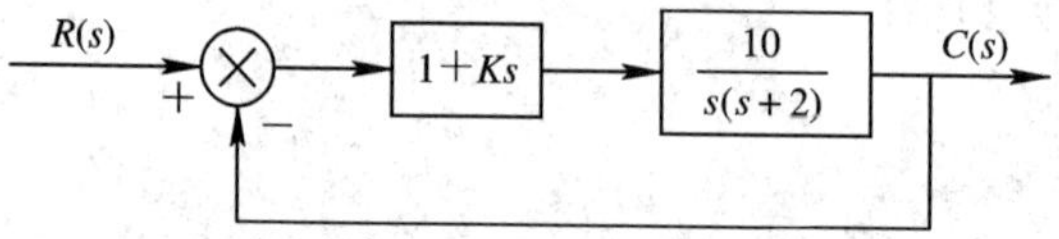

图 3-16　题 3-4 图

3-5　控制系统结构图如图 3-17 所示。要求系统单位阶跃响应的超调量 $\sigma_p=9.5\%$，峰值时间 $t_p=0.5$ s。试确定 K_1 与 τ 的值，并计算过渡过程时间 t_s(Δ=5%)。

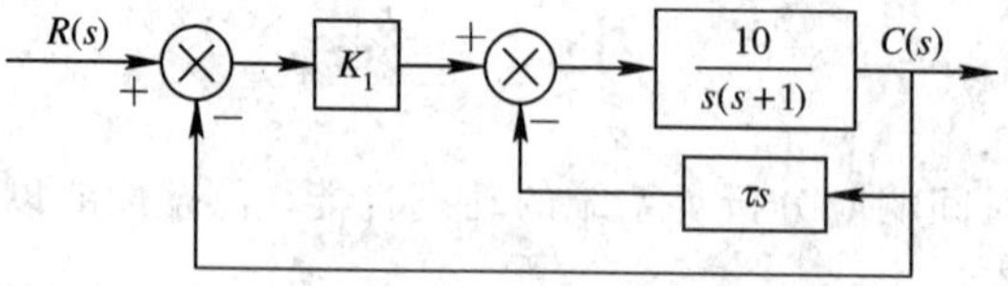

图 3-17　题 3-5 图

3-6　采用劳斯判据，判断具有下列特征方程式的系统的稳定性，并对不稳定系统指出不稳定特征根的数目。

(1) $s^3+20s^2+8=0$

(2) $s^3+8s^2+6s+4=0$

(3) $3s^4+5s^3+2s^2+2s+1=0$

3-7　设单位负反馈控制系统的开环传递函数为

$$G_o(s) = \frac{K(s+1)}{s(2s+1)(Ts+1)}$$

试确定使系统闭环稳定时参数 K 和 T 之间的关系。

3-8　设单位负反馈控制系统的开环传递函数如下，试确定使系统稳定的 K 的取值范围。

(1) $G_o(s)=\dfrac{K}{s(s+2)(s^2+s+1)}$

(2) $G_o(s)=\dfrac{K(s+1)}{s(s-1)(s+5)}$

(3) $G_o(s)=\dfrac{K(0.5s+1)}{s(s+1)(0.5s^2+s+1)}$

3-9　图 3-18 表示高速列车停车位置控制系统的结构图。已知参数

$$K_1=1,\ K_2=1000,\ K_3=0.001,\ a=0.1,\ b=0.1$$

试用劳斯稳定判据确定放大器 K 的临界值。

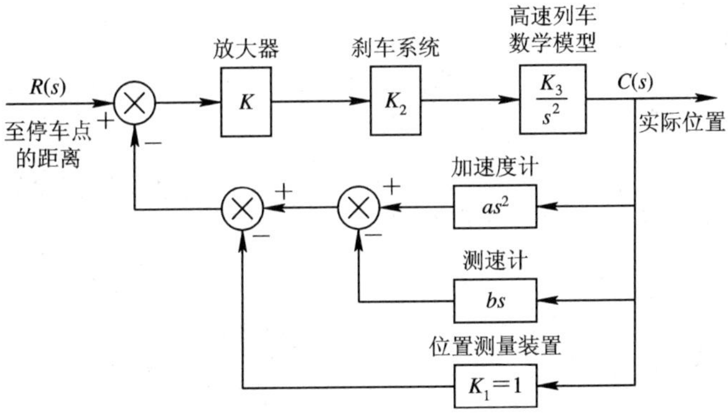

图 3-18　题 3-9 图

3-10　控制系统特征方程如下，试确定其特征根实部大于等于 -4 的根的数目。

(1) $s^3+2s^2+5s+24=0$

(2) $s^4+3s^3+4s^2+6s=0$

(3) $s^4+2s^3+6s^2+2s+5=0$

3-11　已知单位负反馈系统的闭环传递函数如下，试求其静态位置、速度和加速度误差系数。

(1) $G(s)=\dfrac{50(s+2)}{s^3+2s^2+51s+100}$

(2) $G(s)=\dfrac{2(s+2)(s+1)}{s^4+3s^3+2s^2+6s+4}$

3-12　已知单位负反馈系统的开环传递函数如下，试求其静态位置、速度和加速度误差系数，并求当输入信号为(a) $r(t)=1(t)$；(b) $r(t)=4t$；(c) $r(t)=t^2$；(d) $r(t)=1(t)+4t+t^2$ 时系统的稳态误差。

(1) $G_o(s)=\dfrac{10}{s(0.1s+1)(0.5s+1)}$

(2) $G_o(s)=\dfrac{10}{s(s+1)(0.2s+1)}$

3-13　已知稳定的单位负反馈系统的闭环传递函数为

$$G(s)=\frac{b_m s^m+b_{m-1}s^{m-1}+\cdots+b_1 s+b_0}{a_n s^n+a_{n-1}s^{n-1}+\cdots+a_1 s+a_0}$$

试证明：系统在单位斜坡输入下的稳态误差 $e_{ss}=0$ 的条件是 $a_0=b_0$，$a_1=b_1$。

3-14　一单位负反馈控制系统，若要求：

(1) 跟踪单位斜坡输入时系统的稳态误差为 2。

(2) 设该系统为三阶，其中一对复数闭环极点为 $-1\pm j1$。

求满足上述要求的开环传递函数。

3-15　试用 MATLAB 绘制例 3-8 中两系统在单位斜坡函数和正弦信号 $\sin 2t$ 作用下的输出响应曲线(提示：用 lism()函数实现)。

3-16　试用 MATLAB 验证题 3-6 的结果。

第四章 根 轨 迹 法

控制系统的稳定性由闭环极点唯一地确定，而控制系统过渡过程的基本特性由闭环极点、闭环零点共同决定。稳态性能与开环放大倍数有关(与闭环根轨迹增益有关)。因此，在分析研究控制系统的性能时，确定闭环极点、闭环零点在复平面上的位置就显得特别重要。尤其是设计控制系统时，希望通过调节开环极点、零点使闭环极点、零点处在复平面上所需的位置。闭环零点与开环零点和极点有关，闭环和开环比例系数或放大倍数之间也有简单的关系，都不难确定，唯有闭环极点的确定比较麻烦。欲知闭环极点在复平面上的位置，就要求解闭环系统特征方程，但当特征方程阶次较高时，计算相当麻烦，且看不出系统参数变化对闭环极点分布影响的趋势，这对分析、设计控制系统是很不方便的。

1948 年，伊凡思(W. R. Evans)在《控制系统的图解分析》一文中提出了一种求取闭环系统的特征根的图解法，并在控制工程中得到了广泛应用。这种工程方法称为根轨迹法，它是在已知开环系统极点和零点分布的基础上研究一个或某些系统参数变化时，闭环系统极点分布变化的情况，从而进一步分析系统的性能。应用根轨迹法，只需进行简单计算就可得知系统某个或某些参数变化对闭环极点的影响趋势。这种定性分析在研究系统性能和提出改善系统性能的合理途径以及在控制系统校正方面都具有重要意义。需要指出的是，在计算机不普及的时代，一般只能绘制出根轨迹的粗略形状。现在计算机的使用十分普及，绘制根轨迹也变得非常容易，这使得根轨迹的应用更加方便。

本章将简要介绍根轨迹的基本概念、绘制根轨迹的规则，以及如何使用 MATLAB 工具绘制系统的根轨迹，最后简单讨论了根轨迹法在分析系统性能方面的应用。

4.1 根轨迹的基本概念

所谓根轨迹，是指当开环系统的某个参数(如开环增益 K)由零连续变化到无穷大时，闭环特征根在复平面上形成的若干条曲线。下面结合图 4－1 所示的二阶系统的例子，介绍有关根轨迹的基本概念。

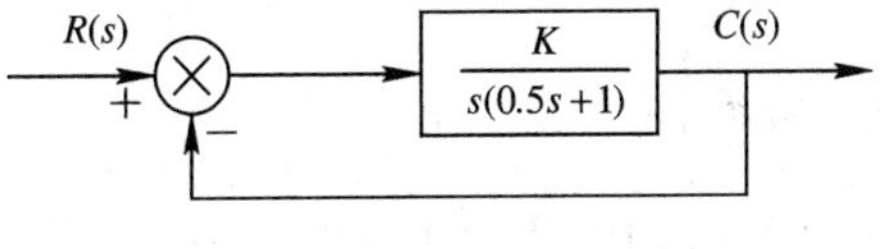

图 4－1 控制系统框图

将图 4－1 所示系统的开环传递函数转化为

$$G(s)=\frac{K}{s(0.5s+1)}=\frac{k}{s(s+2)} \tag{4.1}$$

其中，$k=2K$，式(4.1)便是绘制根轨迹所用的传递函数的标准形式。

由式(4.1)可得两开环极点分别为 $p_1=0$，$p_2=-2$，并且没有开环零点。将这两个开环极点绘于图 4－2 上，并用“×”表示。由式(4.1)可得闭环系统的特征方程为

$$1+G(s)=0$$

即

$$D(s)=s^2+2s+k=0 \tag{4.2}$$

所以，闭环系统的特征根(闭环极点)为

$$s_1=-1+\sqrt{1-k},\ s_2=-1-\sqrt{1-k} \tag{4.3}$$

所以，闭环系统极点 s_1，s_2 与标准化参数 k 之间的关系可由图 4－2 表示。从图可以看出：

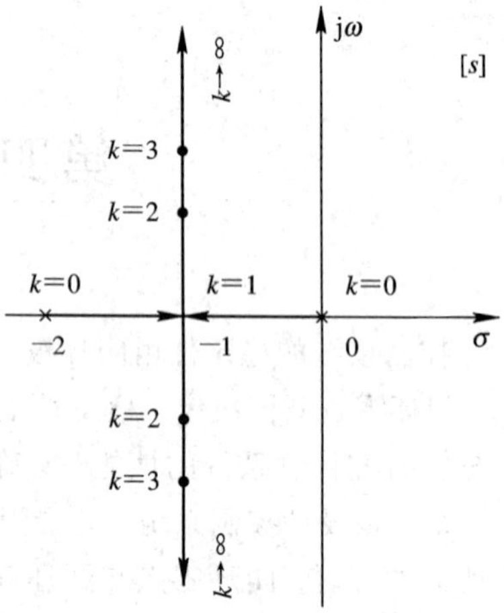

图 4－2　二级系统根轨迹

(1) 当 $k=0$ 时，s_1，s_2 与 p_1，p_2 重合，即开环极点和闭环极点重合；

(2) 当 $0<k<1$ 时，s_1，s_2 均为$(-2,\ 0)$区间内的负实数；

(3) 当 $k=1$ 时，$s_1=s_2=-1$，即两闭环极点重合；

(4) 当 $1<k<\infty$时，$s_1=-1+\mathrm{j}\sqrt{k-1}$，$s_2=-1-\mathrm{j}\sqrt{k-1}$，即两闭环极点互为共轭；

(5) 当 $k\to\infty$时，s_1，s_2 将沿着直线 $\sigma=-1$ 趋于无穷远处。

由此可见，通过分析系统的根轨迹图就可清楚地看出闭环系统极点随系统某个参数变化的关系。例如，从图 4－2 可以看出：无论 K 取何值，由图 4－1 表示的控制系统的闭环极点均位于复平面的左半平面，因此系统是闭环稳定的；而 $k=1(K=0.5)$是此二阶系统由过阻尼状态过渡到欠阻尼状态的分界点。从图中可以看出，根轨迹是连续且对称于实轴的，这也是根轨迹的一个特性。

需要指出的是，绘制根轨迹时选择的可变参数可以是系统的任何参量，但实际中最常用的是系统的开环增益。另外这里给出的例子是一个简单的二阶系统，其特征方程容易求解，对于高阶系统，其特征根的计算要借助计算机。

4.2　根轨迹的绘制

利用根轨迹分析系统的性能，首先要绘制出系统的根轨迹。这一节将首先分析绘制根轨迹的条件，并介绍根轨迹的绘制规则，最后说明使用 MATLAB 绘制系统根轨迹的方法。

4.2.1　绘制根轨迹的基本条件

为了绘制根轨迹，需要从系统的闭环特征方程入手。设负反馈系统的开环传递函数为 $G(s)H(s)$，其中 $G(s)$和 $H(s)$分别为控制系统的前向通道传递函数和反馈通道传递函数，则反馈系统的特征方程为

$$1+G(s)H(s)=0 \tag{4.4}$$

或写成

$$G(s)H(s) = -1 \tag{4.5}$$

将上式改写成

$$|G(s)H(s)| e^{j\angle G(s)H(s)} = 1 \cdot e^{j(\pm 180° + i \cdot 360°)} \quad (i = 0, 1, 2, \cdots) \tag{4.6}$$

从而得出绘制根轨迹所依据的条件是

① 幅值条件：

$$|G(s)H(s)| = 1 \tag{4.7}$$

② 相角条件：

$$\angle G(s)H(s) = \arg[G(s)H(s)] = \pm 180° + i \cdot 360° \quad (i = 0, 1, 2, \cdots) \tag{4.8}$$

实际上满足相角条件的任一点，一定可以找到相应的可变参数值，使幅值条件成立。所以，相角条件式(4.8)也是根轨迹的充要条件。只要利用相角条件就可确定根轨迹的形状，但利用幅值条件才可以求得给定闭环极点所对应的增益 K。进行相角计算时，规定正实轴方向为 0°，逆时针方向为相角的正方向。相角条件说明，由各开环零点指向轨迹点的方向角之和与由各极点指向轨迹点的方向角之和的差应指向负实轴方向。

4.2.2 根轨迹的绘制规则

绘制系统的根轨迹，首先写出系统的特征方程：

$$1 + G(s)H(s) = 0$$

然后将此方程中开环传递函数部分改写为零极点增益形式，即特征方程可等价为

$$1 + \frac{K(s+z_1)(s+z_2)\cdots(s+z_m)}{(s+p_1)(s+p_2)\cdots(s+p_n)} = 0 \tag{4.9}$$

式(4.9)为绘制根轨迹的标准形式。并且，由于闭环极点或为实数或为共轭复数，因此根轨迹是对称于实轴的。因此在绘制根轨迹时仅需先画出复平面上半部和实轴上根轨迹，复平面下半部的根轨迹可由关于实轴对称的镜像求得。下面给出绘制根轨迹图的一般规则。

1. 确定复平面上 G(s)H(s)的零极点位置和根轨迹的分支数

在复平面上标出系统开环零极点的位置，系统的根轨迹起点为开环极点，终点为开环零点(或无穷远处)。由于系统的特征方程有 n 个根，所以当可变参数 K 由零变化到无穷时，这 n 个特征根必然会随 K 的变化出现 n 条根轨迹。因此，根轨迹在复平面上的分支数等于闭环特征方程的阶数，也就是说，根轨迹的分支数等于闭环极点的个数。由于实际系统中开环系统阶次与闭环系统阶次相同，因此根轨迹的分支数也等于开环极点的数目。

2. 确定实轴上的根轨迹

实轴上的根轨迹由位于实轴上的开环极点和零点确定。根据相角条件可以证明，实轴上根轨迹区段右侧的开环零极点数目之和为奇数。

【例 4-1】 已知一单位负反馈系统的开环传递函数为

$$G(s) = \frac{K(\tau s + 1)}{s(Ts + 1)}$$

其中，$\tau > T$。试大致绘出其根轨迹。

解 首先将开环传递函数化为如下标准形式：

$$G(s)=\frac{k(s+1/\tau)}{s(s+1/T)}$$

式中，$k=\tau K/T$。系统有两个开环极点 $p_1=0$、$p_2=-1/T$ 和一个开环零点 $z_1=-1/\tau$，所以系统的根轨迹有两条分支。当 $k=0$ 时，两条根轨迹从开环极点开始；当 $k\to\infty$ 时，一条根轨迹终止于开环零点 z_1，另 $(2-1)=1$ 条趋于无穷远处。并且根据开环零极点的位置，可知实轴上的 (z_1, p_1) 和 $(-\infty, p_2)$ 区间为根轨迹的区段。系统的根轨迹图如图 4-3 所示，其中“×”表示开环极点，“○”表示开环零点。

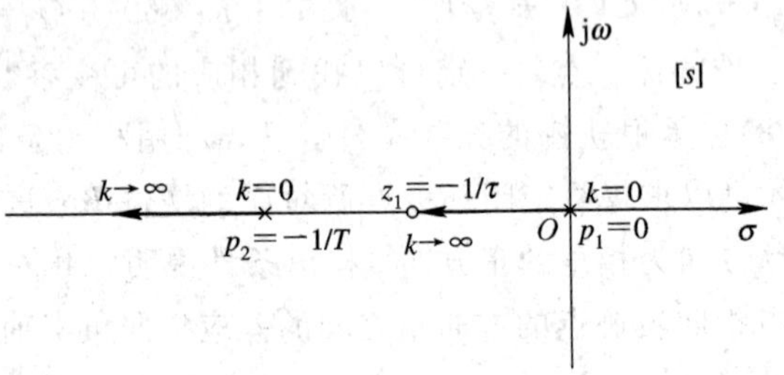

图 4-3　例 4-1 根轨迹图

3. 确定根轨迹的渐近线

如果开环零点的数目 m 小于开环极点数 n，即 $n>m$，则有 $n-m$ 条根轨迹沿着某条渐近线终止于无穷远处。渐近线的方位可由下面的方程决定。

渐近线与实轴的交点坐标：

$$\sigma_a=\frac{\sum_{i=1}^{n}p_i-\sum_{j=1}^{m}z_j}{n-m} \tag{4.10}$$

渐近线与实轴正方向的夹角：

$$\varphi_a=\frac{\pm 180^\circ(2q+1)}{n-m}\quad (q=0, 1, 2, \cdots) \tag{4.11}$$

当 $k=0$ 时，对应与实轴有最小夹角的渐近线。尽管这里假定 k 可以取无限大，但随着 k 值的增加，渐近线与实轴正方向的夹角会重复出现，并且独立的渐近线只有 $n-m$ 条。

【例 4-2】 已知一四阶系统的特征方程为

$$1+G(s)H(s)=1+\frac{K(s+1)}{s(s+2)(s+4)^2}=0$$

试大致绘制其根轨迹。

解　先在复平面上标出开环零极点的位置，极点用“×”表示，零点用“○”表示，并根据实轴上根轨迹的确定方法绘制系统在实轴上的根轨迹(如图 4-4(a)所示)。

根据式(4.10)和(4.11)确定系统渐近线与实轴的交点和夹角如下：

$$\sigma_a=\frac{(-2)+2(-4)-(-1)}{4-1}=-3$$

$$\varphi_{a1}=60^\circ\ (q=0)，\varphi_{a2}=180^\circ\ (q=1)，\varphi_{a3}=300^\circ\ (q=2)$$

结合实轴上的根轨迹，绘制系统的根轨迹如图 4-4(b)所示。

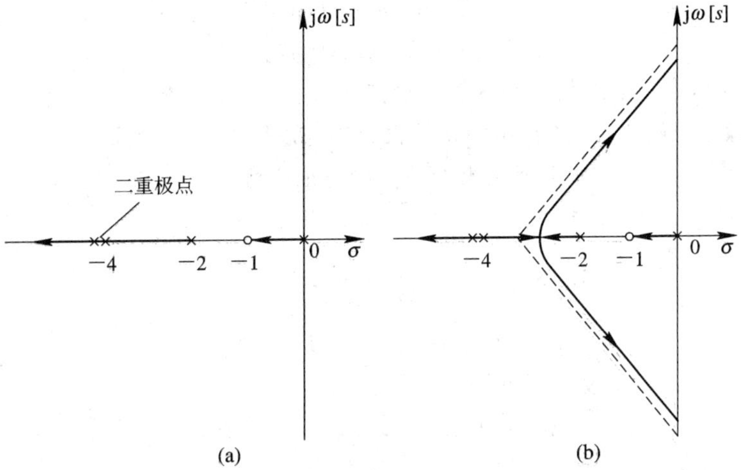

图 4-4 例 4-2 根轨迹图

4. 求出分离点

两条或两条以上的根轨迹分支在复平面上相遇又分开的点称为分离点。一般常见的分离点多位于实轴上，但有时也产生于共轭复数对中。如果实轴上相邻两极点(或两零点)之间的线段属于根轨迹，则它们之间必存在分离点。分离点必然是重根点，如果将系统的闭环特征方程写为

$$D(s)=1+G(s)H(s)=1+\frac{KM(s)}{N(s)}=0 \tag{4.12}$$

则根据分离点必然是重根点的条件，可以得出分离点的确定公式

$$\frac{\mathrm{d}K}{\mathrm{d}s}=0 \tag{4.13}$$

或

$$\frac{\mathrm{d}}{\mathrm{d}s}\left(\frac{N(s)}{M(s)}\right)=\frac{N(s)M'(s)-N'(s)M(s)}{M^2(s)}=0 \tag{4.14}$$

利用式(4.13)或(4.14)求出的分离点，必须位于根轨迹上，否则应当舍去。检验的方法是分离点所对应的增益 K 必须大于零。另外，可以证明实轴上两条根轨迹相遇时并立即离开时，分离点的分离角恒为$\pm 90°$。

【例 4-3】 对于例 4-2 给出的四阶系统，试确定其分离点坐标。

解 利用式(4.13)或(4.14)可以求出分离点为

$$d_1=-4,\ d_2=-2.5994,\ d_{34}=-0.7003\pm \mathrm{j}0.7317$$

将这四个值代入闭环系统方程(4.12)，可知 d_{34} 对应的 K 不满足大于零的要求，所以将其舍去。另外，可以发现 $d_1=-4$ 正是系统的开环极点(对应 $K=0$ 时系统的闭环极点)，是一个重根。所以此系统的分离点坐标为$(-2.5994, \mathrm{j}0)$和$(-4, \mathrm{j}0)$。

5. 确定根轨迹与虚轴的交点

根轨迹与虚轴相交，说明控制系统有位于虚轴上的闭环极点，即特征方程含有纯虚数的根。将 $s=\mathrm{j}\omega$ 代入特征方程(4.4)，则有

$$1+G(\mathrm{j}\omega)H(\mathrm{j}\omega)=0$$

将上式分解为实部和虚部两个方程，即

$$\begin{cases}\mathrm{Re}[1+G(\mathrm{j}\omega)H(\mathrm{j}\omega)]=0\\ \mathrm{Im}[1+G(\mathrm{j}\omega)H(\mathrm{j}\omega)]=0\end{cases} \tag{4.15}$$

解式(4.15)，就可以求得根轨迹与虚轴的交点坐标 ω，以及此交点相对应的临界参数 k_c。

【例 4-4】 求例 4-2 所给出的系统根轨迹与虚轴的交点坐标。

解 将 $s=\mathrm{j}\omega$ 代入例 4-2 所给出的系统的特征方程，可得

$$\omega^4-\mathrm{j}10\omega^3-32\omega^2+\mathrm{j}(32+K)\omega+K=0$$

写出实部和虚部方程：

$$\omega^4-32\omega^2+K=0$$

$$10\omega^3-(32+K)\omega=0$$

由此求得根轨迹与虚轴的交点坐标为

$$\omega_{12}=\pm 4.5204，\omega_{34}=\pm 1.2514$$

因为 ω_{34} 对应的 K 小于零，所以舍去。因此，系统根轨迹与虚轴交点坐标为(0，±j4.5204)。

6. 确定根轨迹的入射角和出射角

所谓根轨迹的出射角(或入射角)，指的是根轨迹离开开环复数极点处(或进入开环复数零点处)的切线方向与实轴正方向的夹角。图 4-5 中的 θ_{p_1}，θ_{p_2} 为出射角，θ_{z_1}，θ_{z_2} 为入射角。

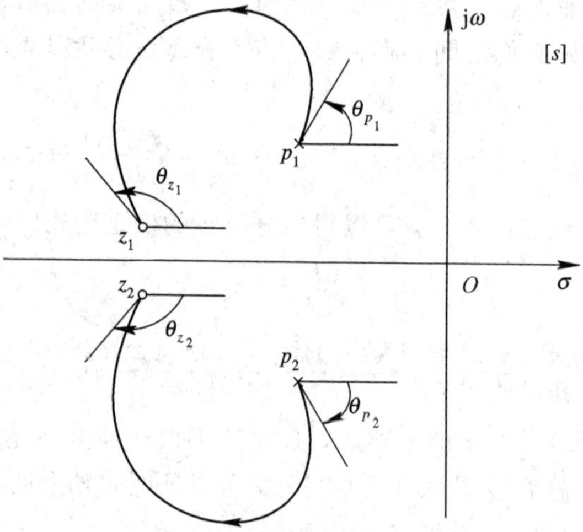

图 4-5 根轨迹出射角和入射角

由于根轨迹的对称性，对应于同一对极点(或零点)的出射角(或入射角)互为相反数。因此，在图 4-5 中有 $\theta_{p_1}=-\theta_{p_2}$，$\theta_{z_1}=-\theta_{z_2}$。从相角条件，可以推出如下根轨迹出射角和入射角的计算公式。

根轨迹从复数极点 p_r 出发的出射角为

$$\theta_{p_r}=\pm 180^\circ(2q+1)-\sum_{j=1,j\neq r}^{n}\arg(p_r-p_j)+\sum_{i=1}^{m}\arg(p_r-z_i) \tag{4.16}$$

根轨迹到达复数零点 z_r 的入射角为

$$\theta_{z_r}=\pm 180^\circ(2q+1)+\sum_{j=1}^{n}\arg(z_r-p_j)-\sum_{i=1,\ i\neq r}^{m}\arg(z_r-z_i) \tag{4.17}$$

式中，arg(·)表示复数的相角(幅角)。

7. 根轨迹的根之和与根之积

设开环系统传递函数为

$$G(s)H(s)=\frac{K(s+z_1)(s+z_2)\cdots(s+z_m)}{(s+p_1)(s+p_2)\cdots(s+p_n)}=\frac{K\prod_{j=1}^{m}(s+z_j)}{\prod_{i=1}^{n}(s+p_i)} \tag{4.18}$$

可以证明以下结论成立。

(1) 如果满足 $n-m\geqslant 2$，则开环极点之和与闭环极点之和相等，即有

$$\sum_{i=1}^{n}(-p_i)=\sum_{i=1}^{n}(-s_i)=-a_1 \tag{4.19}$$

其中 p_i 和 s_i 分别为开环极点和闭环极点，a_1 为闭环特征多项式或特征方程中的幂次次高项 s^{n-1}前面的系数。

(2) 若开环传递函数原点处存在极点，则有

$$K\prod_{j=1}^{m}z_j=\prod_{i=1}^{n}s_i=a_n \tag{4.20}$$

即闭环特征根负值之积等于闭环特征方程的常数项。其中 z_j 为开环零点，a_n 为闭环特征多项式或特征方程中的常数项。

根轨迹的根之和与根之积的结论(1)对于判断根轨迹的走向非常重要。它反映了当开环传递函数分母阶次高于分子阶次至少 2 阶时，系统闭环极点在移动过程中，其中心(或重心)将保持不变。即如果有一部分闭环极点向左移动，必有另外闭环极点向右移动。

利用上面提到的七条规则可以给出根轨迹的大致走向和一些关键点。为了精确绘制根轨迹图，可以使用 MATLAB 实现。

4.2.3 MATLAB 绘制根轨迹

在 MATLAB 中提供了绘制系统根轨迹的 rlocus( )函数。已知系统开环传递函数的形式，利用此函数可以方便地绘制出系统的根轨迹。

【例 4－5】 设一单位负反馈系统的开环传递函数如下：

$$G(s)=\frac{K(s+1)}{s(s+2)(s+3)}$$

试绘制该系统的根轨迹。

解 使用 MATLAB 绘制此根轨迹的程序如下：

```
%ex_4-5
num=[1 1];
den=conv([1 0], conv([1 2], [1 3]));
G=tf(num, den);
rlocus(G)
title(''); xlabel('Re'); ylabel('Im');
```

程序运行结果如图 4－6 所示。

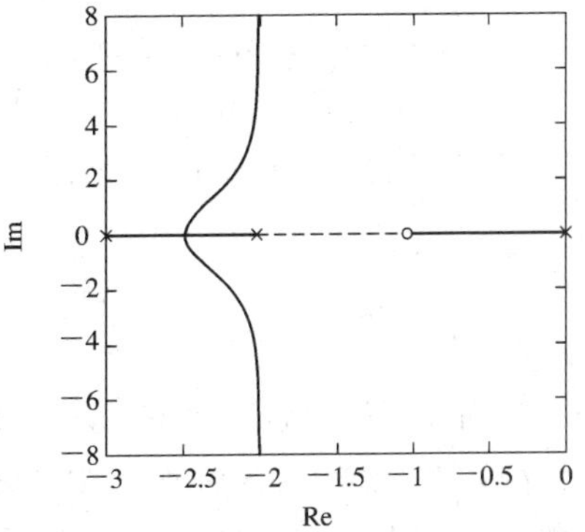

图 4－6 例 4－5 的 MATLAB 仿真结果

【例 4-6】 设单位负反馈控制系统的开环传递函数为

$$G(s)=\frac{K(s^2+2s+4)}{s(s+4)(s+6)(s^2+1.4s+1)}$$

试画出系统的根轨迹图。

解 用MATLAB绘制此系统根轨迹的程序如下：

```
    %ex_4-6
    num=[1 2 4];
    den=conv([1 0], conv([1 4], conv([1 6],
            [1 1.4 1])));
G=tf(num, den);
    rlocus(G)
    title(''); xlabel('Re'); ylabel('Im');
```

程序运行结果如图 4-7 所示。

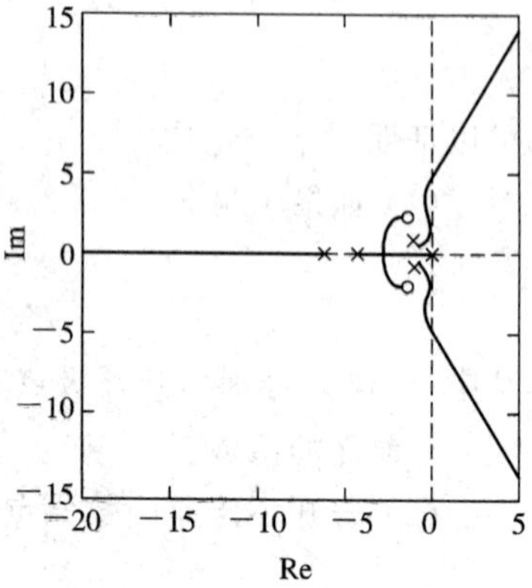

图 4-7 例 4-6 根轨迹图

由图可见，随着参数 K 的增加，系统根轨迹穿过虚轴进入复平面右半平面，系统不稳定。

【例 4-7】 已知系统的状态空间表达式为

$$\dot{x}=Ax+Bu$$
$$y=Cx+Du$$

其中：

$$\boldsymbol{A}=\begin{bmatrix}0 & 1 & 0\\ 0 & 0 & 1\\ -160 & -56 & -14\end{bmatrix},\quad \boldsymbol{B}=\begin{bmatrix}0\\ 1\\ -14\end{bmatrix}$$

$$\boldsymbol{C}=[1 \quad 0 \quad 0],\quad \boldsymbol{D}=[0]$$

试绘制系统根轨迹。

解 给定系统的状态空间表达式，也可以直接用 rlocus(**A**, **B**, **C**, **D**)绘制出根轨迹。MATLAB 程序如下：

```
    %ex_4-7
    A=[0 1 0; 0 0 1; -160 -56 -14];
    B=[0; 1; -14]; C=[1 0 0]; D=[0];
    rlocus(A, B, C, D);
    title(''); xlabel('Re'); ylabel('Im');
```

程序运行结果如图 4-8 所示。

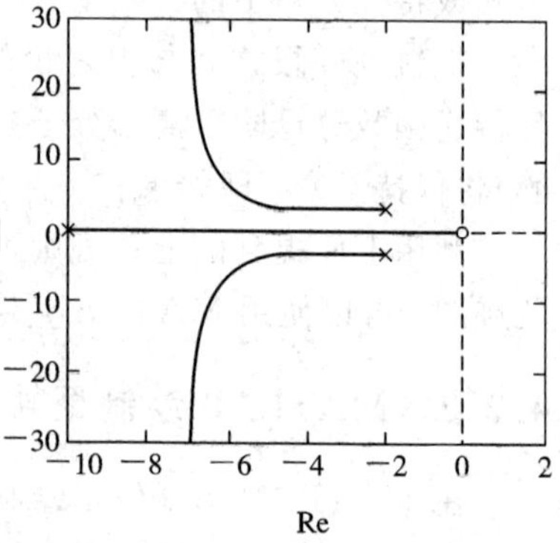

图 4-8 例 4-7 根轨迹图

4.3 广义根轨迹

前面介绍的根轨迹都是以开环增益 K 为变化参数绘制的，而且闭环系统是负反馈控制系统，这类根轨迹通常称为常规根轨迹。在控制系统中，如果变化参数为开环增益 K 以外的其他参数，所绘制的根轨迹则称为参数根轨迹；如果闭环系统是正反馈控制系统，则得到的根轨迹称为零度根轨迹。参数根轨迹和零度根轨迹是最常见的广义根轨迹。

4.3.1　参数根轨迹

参数根轨迹指的是以非开环增益(如某个环节的时间常数等)为可变参数绘制的根轨迹。只要对系统闭环特征方程稍作处理，这类根轨迹的绘制就可以转化为常规根轨迹的绘制，第4.2节给出的绘制规则依然成立。通常情况下，绘制参数根轨迹的方法如下：

(1) 写出系统的闭环特征方程 $1+G(s)H(s)=0$。

(2) 变换特征方程为 $1+\rho G_1(s)=0$，其中 $\rho G_1(s)$ 称为等效开环传递函数。

(3) 按照常规根轨迹法则，再绘制以 K^* 为参变量的根轨迹。

【例4-8】 已知某负反馈系统的开环传递函数为

$$G(s)H(s)=\frac{10(1+K_s s)}{s(s+2)}$$

试绘制该系统以 K_s 为变化参数的根轨迹。

解　根据给出的开环传递函数，系统闭环特征方程为

$$D(s)=s^2+(2+10K_s)s+10=0$$

上述方程可变形为

$$1+\frac{10K_s s}{s^2+2s+10}=0$$

等价开环传递函数为($\rho=10$)

$$G_o'(s)=\frac{10K_s s}{s^2+2s+10}=\frac{K^* s}{s^2+2s+10}$$

用MATLAB绘制此系统以 K^* 为变化参数的根轨迹程序如下：

```
%ex_4-8
num=[1 0]; den=[1 2 10];
G=tf(num, den);
rlocus(G)
title(''); xlabel('Re'); ylabel('Im');
```

程序运行结果如图4-9所示。不难发现，只要将图4-9的根轨迹按比例缩小至原来的1/10，就可以得到系统以 K_s 为变化参数的根轨迹。

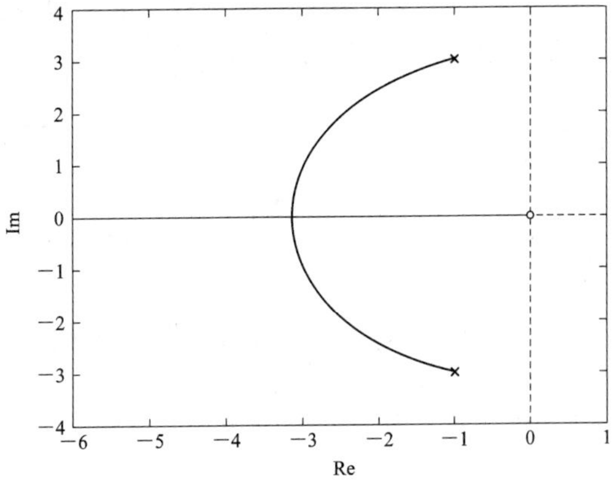

图4-9　例4-8根轨迹图

4.3.2 零度根轨迹

对于闭环系统是正反馈的控制系统，绘制其以某一参数连续变化时的根轨迹方法与常规根轨迹类似。设正反馈系统的开环传递函数为$G(s)H(s)$，其中$G(s)$和$H(s)$分别为控制系统的前向通道传递函数和反馈通道传递函数，则反馈系统的特征方程为

$$1-G(s)H(s)=0 \tag{4.21}$$

或可以写成

$$G(s)H(s)=1 \tag{4.22}$$

将上式改写成

$$|G(s)H(s)|\,\mathrm{e}^{\mathrm{j}\angle G(s)H(s)}=1\cdot \mathrm{e}^{\mathrm{j}(i\cdot 360^\circ)} \quad (i=0,1,2,\cdots) \tag{4.23}$$

从而得出绘制根轨迹所依据的条件是

幅值条件

$$|G(s)H(s)|=1 \tag{4.24}$$

相角条件

$$\angle G(s)H(s)=\arg[G(s)H(s)]=i\cdot 360^\circ \quad (i=0,1,2,\cdots) \tag{4.25}$$

由(4.25)可知，正反馈控制系统根轨迹满足的相角条件为开环传递函数复数向量的相角指向正实轴方向(复数向量相角的0°方向)，因此称这类根轨迹为零度根轨迹。按照常规根轨迹的绘制方法，也可以推导出类似的绘制规则，这里不再赘述。

4.4 附加开环零点和极点对根轨迹的影响

开环零点和极点的位置决定了根轨迹的形状，而根轨迹的形状又与系统的控制性能密切相关。在设计控制系统时，经常会通过改变系统的开环零点和极点配置的方法来改善系统的性能。

4.4.1 增加开环极点对根轨迹的影响

增加开环极点会改变根轨迹在实轴上的分布，改变渐近线的条数、方向角及与实轴的交点位置。一般情况下，根轨迹向右偏移不利于系统的稳定性和动态特性。

【例 4-9】 已知负反馈控制系统的开环传递函数分别为

(a) $G(s)=\dfrac{K}{s(s+2)}$　　(b) $G(s)=\dfrac{K}{s(s+2)(s+4)}$

(c) $G(s)=\dfrac{K}{s(s+2)(s+1)}$　　(d) $G(s)=\dfrac{K}{s^2(s+2)}$

试绘制各系统的根轨迹。

解 用MATLAB绘制各系统以K为变化参数的根轨迹程序如下：

```
%ex_4-9
num_a=[1];
den_a=conv([1 0], [1 2]); G_a=tf(num_a, den_a);
rlocus(G_a)
```

```
title(''); xlabel('Re'); ylabel('Im');
num_b=[1]; den_b=conv([1 4], conv([1 0], [1 2]));
G_b=tf(num_b, den_b);
figure;
rlocus(G_b).
title(''); xlabel('Re'); ylabel('Im');
num_c=[1];
den_c=conv([1 1], conv([1 0], [1 2])); G_c=tf(num_c, den_c);
figure;
rlocus(G_c)
title(''); xlabel('Re'); ylabel('Im');
num_d=[1]; den_d=conv([1 0 0], [1 2]);
G_d=tf(num_d, den_d); figure;
rlocus(G_d)
title(''); xlabel('Re'); ylabel('Im');
```

各系统根轨迹如图 4-10 所示。

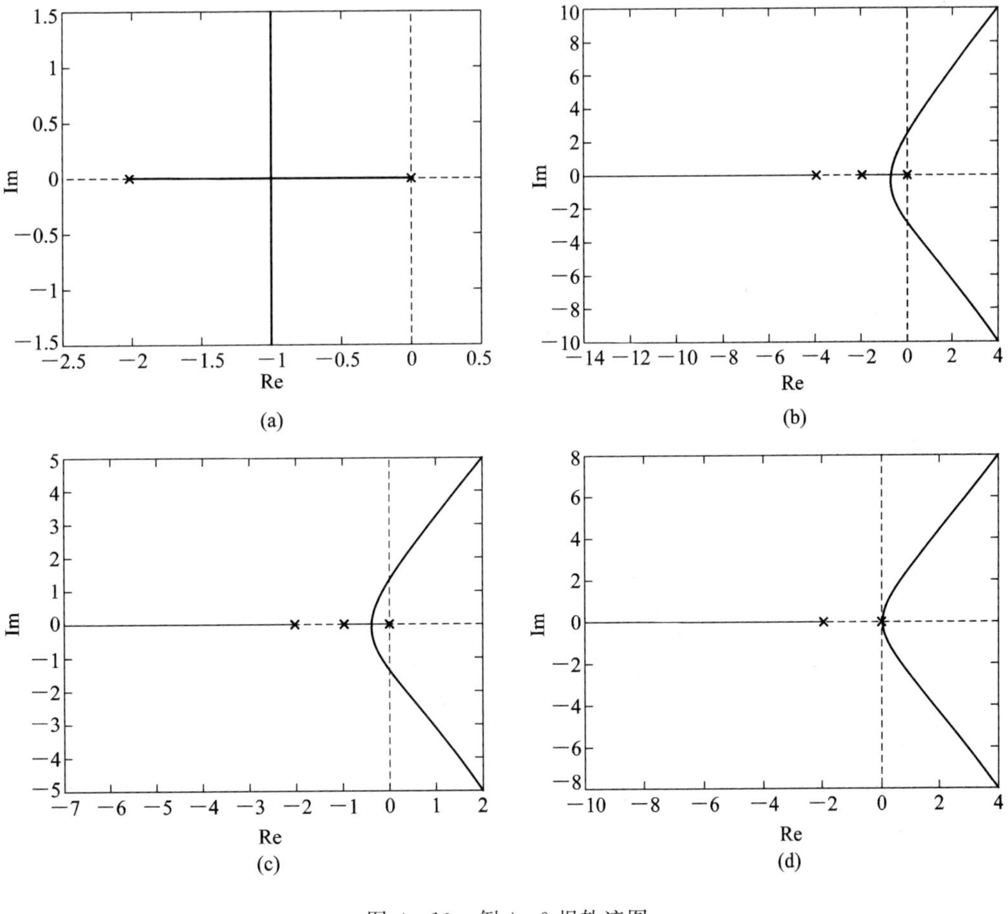

图 4-10 例 4-9 根轨迹图

从例 4－9 可以看出，增加开环极点可以改变根轨迹的形状，并使根轨迹向右移动；增加的开环极点越靠近原点，根轨迹向右移动或弯曲就越明显。

4.4.2 增加开环零点对根轨迹的影响

增加开环零点同样可以改变根轨迹的形状和实轴上的分布情况，但不改变根轨迹的分支数。通常情况，增加开环零点可使根轨迹向左移动，有利于改善系统的稳定性和动态性能。

【例 4－10】 已知负反馈系统开环传递函数分别为

(a) $G(s)=\dfrac{K}{s^2(s+2)}$

(b) $G(s)=\dfrac{K(s+1)}{s^2(s+2)}$

(c) $G(s)=\dfrac{K(s+0.5)}{s^2(s+2)}$

试绘制各系统的根轨迹。

解 用 MATLAB 绘制各系统以 K 为变化参数的根轨迹程序如下：

```
%ex_4-10
num_a=[1];
den_a=conv([1 0 0], [1 2]);
G_a=tf(num_a, den_a);
rlocus(G_a)
title(''); xlabel('Re'); ylabel('Im');
num_b=[1 1];
den_b= conv([1 0 0], [1 2]);
G_b=tf(num_b, den_b);
figure;
rlocus(G_b)
title(''); xlabel('Re'); ylabel('Im');
num_c=[1 0.5];
den_c= conv([1 0 0], [1 2]);
G_c=tf(num_c, den_c);
figure;
rlocus(G_c)
title(''); xlabel('Re'); ylabel('Im');
```

各系统根轨迹如图 4－11 所示。

从图 4－11 可以看出，(a)图所对应的闭环系统无论 K 取任何大于 0 的数，系统必然是不稳定的，增加一个复平面左半部的开环零点，根轨迹向左移动，闭环系统变得稳定了；并且开环零点越靠近虚轴，根轨迹向左移动越明显。

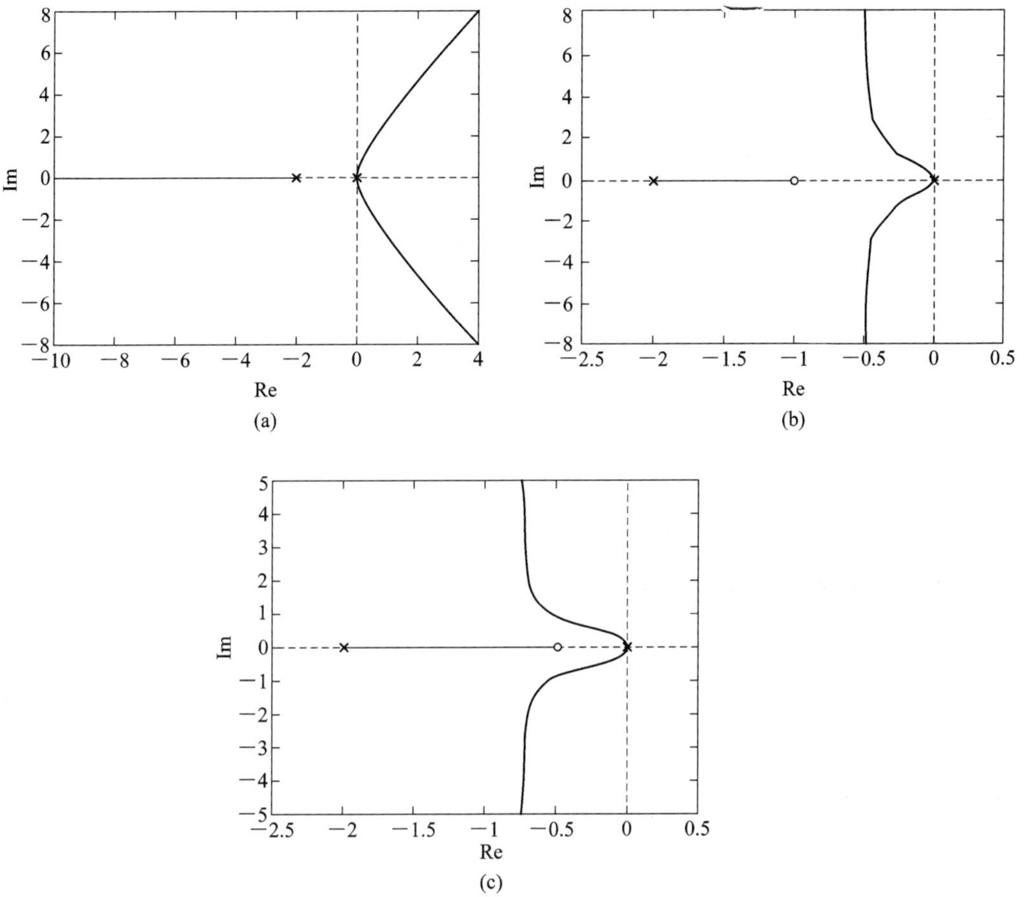

图 4-11　例 4-10 根轨迹图

4.5　系统性能的分析

系统根轨迹绘制完成以后，给定参数值 K，就可以确定闭环系统的传递函数，从而可以分析系统的性能。下面举一个例子加以说明。

【例 4-11】 已知单位负反馈系统的开环传递函数

$$G(s)=\frac{K}{s(0.5s+1)}$$

试用根轨迹分析开环放大倍数 K 对系统性能的影响，并计算 $K=5$ 时，系统的动态性能指标。

解　系统根轨迹如图 4-12 所示。

从根轨迹图可以看出，无论 K 取何值时系统都是稳定的。当 $0<K<0.5(0<k<1)$时，系统具有两个不相等的负实根；当 $K=0.5(k=1)$时，系统具有两个相等的负实根；这两种情况下，系统的动态响应都是非振荡的。当 $K>0.5(k>1)$时，系统具有一对共轭复数极点，系统动态响应是振荡的。

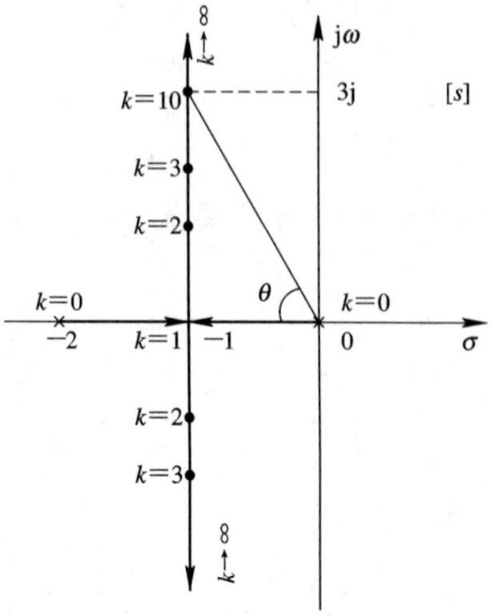

图 4－12　例 4－11 系统根轨迹

当 $K=5$，即 $k=10$ 时，系统的闭环极点为

$$s_{12}=-\zeta\omega_n\pm j\omega_n\sqrt{1-\zeta^2}=-1\pm j3$$

则

$$\omega_n=\sqrt{10}=3.16,\ \zeta=\cos\theta=\frac{1}{3.16}=0.316$$

所以系统的动态性能指标可以确定如下：

最大超调量

$$\sigma_p=e^{-\pi\zeta/\sqrt{1-\zeta^2}}\times 100\%=e^{-1.05}\times 100\%=35\%$$

上升时间

$$t_r=\frac{\pi-\theta}{\omega_n\sqrt{1-\zeta^2}}=\frac{3.14-1.25}{3}=0.63\ \text{s}$$

峰值时间

$$t_p=\frac{\pi}{\omega_n\sqrt{1-\zeta^2}}=1.05\ \text{s}$$

过渡过程时间

$$t_s=\frac{3}{\zeta\omega_n}=3\ \text{s}\quad(\Delta=5\%)$$

小　　结

根轨迹法的基本思想是在已知开环传递函数的基础上，确定闭环传递函数极点分布与参数变化之间的关系。根轨迹法不仅是一种研究闭环系统特征根的简便作图方法，而且还可以用来分析控制系统的某些性能。本章主要研究了以下几方面的内容：

（1）根轨迹的基本概念；

（2）绘制根轨迹的一般规则和常规的绘制方法，以及在 MATLAB 环境下如何精确绘制系统的根轨迹；

（3）两种广义根轨迹：参数根轨迹和零度根轨迹。

（4）增加开环零极点对根轨迹的影响，以及根轨迹法在控制系统性能分析中的应用。

习 题

4-1 设系统开环传递函数的零极点在复平面上的分布如图 4-13 所示。试绘制以开环增益 K 为参数的系统根轨迹的大致形状。

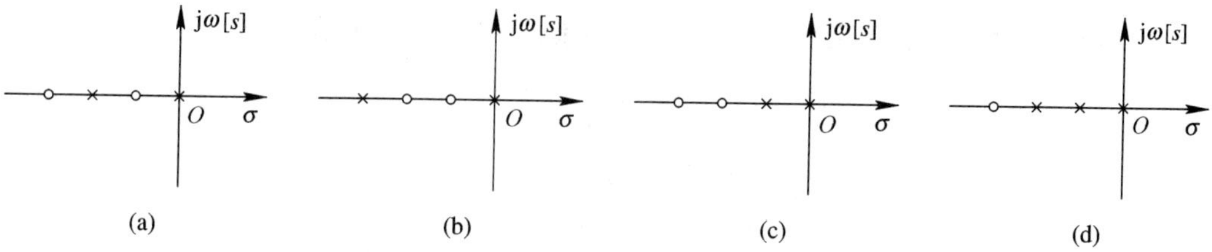

图 4-13 题 4-1 图

4-2 设控制系统的开环传递函数为 $G(s)H(s)$，其中，

$$G(s)=\frac{K}{s^2(s+1)},\ H(s)=1$$

试用根轨迹法证明该系统对于任何正值 K 均不稳定。

4-3 单位负反馈系统的开环传递函数为

$$G(s)=\frac{K}{s(s^2+2s+2)}$$

试绘制系统的根轨迹图，并用 MATLAB 进行验证。

4-4 已知反馈控制系统的开环传递函数为

$$G(s)H(s)=\frac{K(s+1)}{s^2(s+a)},\ a>0,\ K>0$$

试分别画出 $a=10$，9，8 和 1 时系统的根轨迹。

4-5 设单位负反馈系统的开环传递函数为

$$G(s)=\frac{K}{s(s+6)(s^2+6s+45)}$$

（1）试用根轨迹法画出该系统的根轨迹图，并讨论系统根轨迹的分离点情况；

（2）求使系统闭环稳定的 K 的取值范围；

（3）用 MATLAB 编程求解本题。

4-6 设单位负反馈系统的开环传递函数为

$$G(s)=\frac{K}{s(s+3)(s+7)}$$

试确定使系统具有欠阻尼阶跃响应特性的 K 的取值范围。

4-7 单位负反馈系统的开环传递函数为

$$G(s)=\frac{K(0.25s+1)}{s(0.5s+1)}$$

试用根轨迹法确定系统无超调响应的开环增益 K。

4－8　利用根轨迹法，求方程 $3s^4+10s^3+21s^2+24s-16=0$ 的根。

4－9　用 rlocus()函数绘制系统的根轨迹，系统的开环传递函数如下：

(1) $G(s)H(s)=\dfrac{K}{s^3+4s^2+6s+1}$

(2) $G(s)H(s)=\dfrac{s+20}{s^2+5s+20}$

(3) $G(s)H(s)=\dfrac{s^5+4s^4+6s^3+8s^2+6s+4}{s^6+2s^5+2s^4+s^3+s^2+10s+1}$

4－10　一个大气层内飞行器的姿态控制系统如图 4－14 所示。其中：

$$G(s)=\frac{K(s+0.2)}{(s+0.9)(s-0.6)(s-0.1)}$$

$$G_c(s)=\frac{(s+2+j1.5)(s+2-j1.5)}{s+4}$$

试画出系统的根轨迹(0<K<∞)。

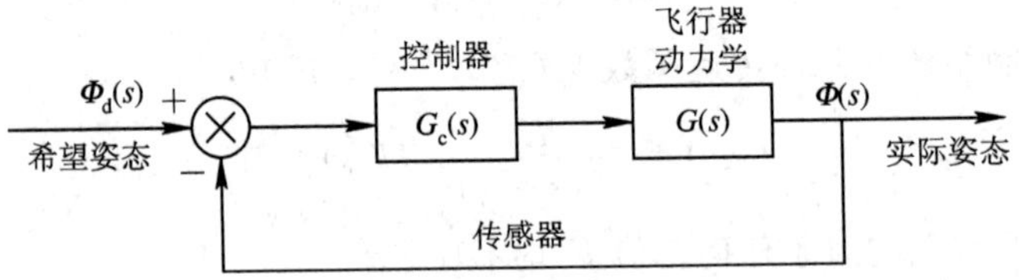

图 4－14　飞行器姿态控制系统框图

第五章 频率响应法

从数学角度讲，直接用微分方程或传递函数研究控制系统可以解出系统的运动函数，系统的动态性能用时域响应来描述最为直观与逼真。然而从工程角度看，这种方法并不方便，也不实用。人们期望的工程研究是：计算量应当不太大，而且计算量不因微分方程的阶的升高而增加太多；应当容易分析系统的各个部分对总体动态性能的影响；容易区分出主次要因素；最好还能用作图法直观地表示出系统性能的主要特征。以上这些要求，正是用微分方程研究系统的方法所难以做到的。因此，人们借助于首先在通讯领域发展起来的频率响应法。

如果将控制系统中的各个变量看成是一些信号，而这些信号又是由许多不同频率的正弦信号合成的，那么各个变量的运动就是系统对各个不同频率信号响应的总和。系统对正弦输入的响应称为频率响应。20 世纪 30 年代，这种思想被引进控制科学，对控制理论的发展起了强大的推动作用。它克服了直接用微分方程研究控制系统的种种困难，解决了许多理论问题和工程问题，迅速形成了分析和综合控制系统的一整套方法，即频率响应法。这种方法直到今天仍是控制理论中极为重要的内容。频率响应法的优点是：

（1）物理意义明确。对于一阶系统和二阶系统，频域性能指标和时域性能指标有明确的对应关系；对于高阶系统，可建立近似的对应关系。

（2）可以用试验方法求出系统的数学模型，易于研究机理复杂或不明的系统；也适用于某些非线性系统。

（3）可根据开环频率特性研究闭环系统的性能，无需求解高次代数方程。这一点与根轨迹法有异曲同工之妙，只是前者的自变量是频率 ω，而后者的参数一般是开环增益 K。

（4）能较方便地分析系统中的参量对系统动态响应的影响，从而进一步指出改善系统性能的途径。

（5）采用作图方法，计算量小，且非常直观。

5.1 频率特性

对于图 5-1 所示的电路，当 $u_i(t)$ 是正弦信号时，我们已知 $u_o(t)$ 也是同频率的正弦信号，简单推导如下：

设 $u_i(t)=U\sin\omega t$，则其拉氏变换为

$$U_i(s)=\frac{U\omega}{s^2+\omega^2}$$

而 RC 电路的传递函数为

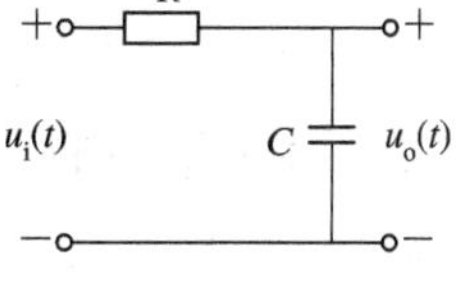

图 5-1 RC 电路

$$\frac{U_o(s)}{U_i(s)}=\frac{1/(Cs)}{R+1/(Cs)}=\frac{1}{\tau s+1} \tag{5.1}$$

式中，$\tau=RC$。则有

$$U_o(s)=\frac{1}{\tau s+1}U_i(s)=\frac{1}{\tau s+1}\cdot\frac{U\omega}{s^2+\omega^2} \tag{5.2}$$

对式(5.2)进行拉氏反变换，可得

$$u_o(t)=\frac{U\tau\omega}{1+\tau^2\omega^2}e^{-\frac{t}{\tau}}+\frac{U}{\sqrt{1+\tau^2\omega^2}}\sin(\omega t+\varphi) \tag{5.3}$$

式中，$\varphi=-\arctan(\omega\tau)$。

式(5.3)的等号右边，第一项是输出的暂态分量，第二项是输出的稳态分量。当时间 $t\to\infty$ 时，暂态分量趋于零，所以上述电路的稳态响应可以表示为

$$\lim_{t\to\infty}u_o(t)=\frac{U}{\sqrt{1+\tau^2\omega^2}}\sin(\omega t+\varphi)=U\left|\frac{1}{1+j\omega\tau}\right|\sin\left(\omega t+\angle\frac{1}{1+j\omega\tau}\right) \tag{5.4}$$

若把输出的稳态响应和输入正弦信号用复数表示，并求它们的复数比，可以得到：

$$G(j\omega)=\frac{1}{1+j\omega\tau}=A(\omega)e^{j\varphi(\omega)} \tag{5.5}$$

式中：

$$A(\omega)=\left|\frac{1}{1+j\omega\tau}\right|=\frac{1}{\sqrt{1+\tau^2\omega^2}}$$

$$\varphi(\omega)=\angle\frac{1}{1+j\omega\tau}=-\arctan(\omega\tau)$$

$G(j\omega)$是上述电路的稳态响应与输入正弦信号的复数比，称为频率特性。对比式(5.1)和式(5.5)可见，将传递函数中的 s 以 $j\omega$ 代替，即得频率特性。$A(\omega)$是输出信号的幅值与输入信号幅值之比，称为幅频特性。$\varphi(\omega)$是输出信号的相角与输入信号的相角之差，称为相频特性。上述 RC 电路的幅频和相频特性如图 5－2 所示。

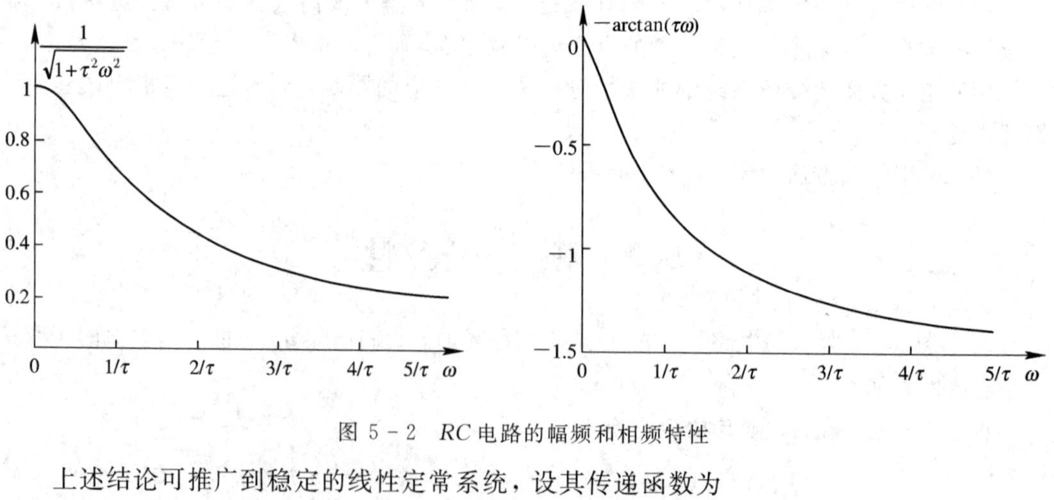

图 5－2 RC 电路的幅频和相频特性

上述结论可推广到稳定的线性定常系统，设其传递函数为

$$G(s)=\frac{C(s)}{R(s)}=\frac{N(s)}{D(s)}=\frac{N(s)}{(s-p_1)(s-p_2)\cdots(s-p_n)} \tag{5.6}$$

式中 $N(s)$和 $D(s)$分别为分子、分母多项式，$C(s)$和 $R(s)$分别为输出信号和输入信号的拉

氏变换，p_1，p_2，…，p_n 为传递函数的极点，对于稳定系统，它们都具有负实部。

当输入信号为正弦信号时，有

$$C(s)=\frac{N(s)}{(s-p_1)(s-p_2)\cdots(s-p_n)}\cdot\frac{U\omega}{s^2+\omega^2} \tag{5.7}$$

若系统无重极点，则上式可写为

$$C(s)=\frac{b_1}{s+\mathrm{j}\omega}+\frac{b_2}{s-\mathrm{j}\omega}+\sum_{i=1}^{n}\frac{a_i}{s-p_i} \tag{5.8}$$

对上式作拉氏反变换，可得

$$c(t)=b_1\mathrm{e}^{-\mathrm{j}\omega t}+b_2\mathrm{e}^{\mathrm{j}\omega t}+\sum_{i=1}^{n}a_i\mathrm{e}^{p_it} \tag{5.9}$$

若系统稳定，则 p_i 都具有负实部，当 $t\to\infty$时，上式中的最后一项暂态分量将衰减至零。这时，系统的稳态响应为

$$\lim_{t\to\infty}c(t)=b_1\mathrm{e}^{-\mathrm{j}\omega t}+b_2\mathrm{e}^{\mathrm{j}\omega t} \tag{5.10}$$

求出待定系数 b_1，b_2，并代入上式可得

$$c(\infty)=|G(\mathrm{j}\omega)|U\sin(\omega t+\varphi) \tag{5.11}$$

式中，$\varphi=\angle G(\mathrm{j}\omega)$。比较式(5.11)与式(5.5)得

$$\begin{cases}A(\omega)=|G(\mathrm{j}\omega)|\\ \varphi(\omega)=\varphi\end{cases} \tag{5.12}$$

式(5.11)表明，对于稳定的线性定常系统，由正弦输入产生的输出稳态分量仍是与输入同频率的正弦函数，而幅值和相角的变化是频率 ω 的函数，且与系统数学模型相关。通常把

$$G(\mathrm{j}\omega)=|G(\mathrm{j}\omega)|\mathrm{e}^{\mathrm{j}\varphi(\omega)} \tag{5.13}$$

称为系统的频率特性。它反映了在正弦输入信号作用下，系统的稳态响应与输入正弦信号之间的关系。系统稳态输出信号与输入正弦信号的幅值比$|G(\mathrm{j}\omega)|$称为幅频特性，系统稳态输出信号与输入正弦信号的相移 $\varphi(\omega)$称为相频特性。

线性定常系统的传递函数为零初始条件下，输出和输入的拉氏变换之比

$$G(s)=\frac{C(s)}{R(s)}$$

上式的反变换式为

$$g(t)=\frac{1}{2\pi\mathrm{j}}\int_{\sigma-\mathrm{j}\infty}^{\sigma+\mathrm{j}\infty}G(s)\mathrm{e}^{st}\,\mathrm{d}s$$

式中 σ 位于$G(s)$的收敛域。若系统稳定，则 σ 可以取为零，即 $s=\mathrm{j}\omega$。如果 $r(t)$的傅氏变换存在，则有

$$g(t)=\frac{1}{2\pi}\int_{-\infty}^{\infty}G(\mathrm{j}\omega)\mathrm{e}^{-\mathrm{j}\omega t}\,\mathrm{d}\omega=\frac{1}{2\pi}\int_{-\infty}^{\infty}\frac{C(\mathrm{j}\omega)}{R(\mathrm{j}\omega)}\mathrm{e}^{-\mathrm{j}\omega t}\,\mathrm{d}\omega$$

所以，有

$$G(\mathrm{j}\omega)=\frac{C(\mathrm{j}\omega)}{R(\mathrm{j}\omega)}=G(s)\big|_{s=\mathrm{j}\omega} \tag{5.14}$$

式(5.14)表明，系统的频率特性为输出信号的傅氏变换与输入信号的傅氏变换之比，而这正是频率特性的物理意义。

在工程分析和设计中，通常把线性系统的频率特性画成曲线，再运用图解法进行研

究。常用的频率特性曲线有奈氏图和伯德图。

式(5.13)中的$G(j\omega)$分为实部和虚部，即

$$G(j\omega)=|G(j\omega)|e^{j\varphi(\omega)}=X(\omega)+jY(\omega)$$

$X(\omega)$称为实频特性，$Y(\omega)$称为虚频特性。在$G(j\omega)$平面上，以横坐标表示$X(\omega)$，纵坐标表示$jY(\omega)$，这种采用极坐标系的频率特性图称为极坐标图或幅相曲线，又称奈奎斯特图(简称奈氏图)。若将频率特性表示为复指数形式，则为复平面上的向量，而向量的长度为频率特性的幅值，向量与实轴正方向的夹角等于频率特性的相位。由于幅频特性为ω的偶函数，相频特性为ω的奇函数，则ω从零变化到正无穷大和从零变化到负无穷大的幅相曲线关于实轴对称，因此一般只绘制ω从零变化到正无穷大的幅相曲线。在奈氏图中，频率ω为参变量，一般用小箭头表示ω增大时幅相曲线的变化方向。上述RC电路的奈氏图如图5-3所示，图中$G(j\omega)$的轨迹为一半圆。

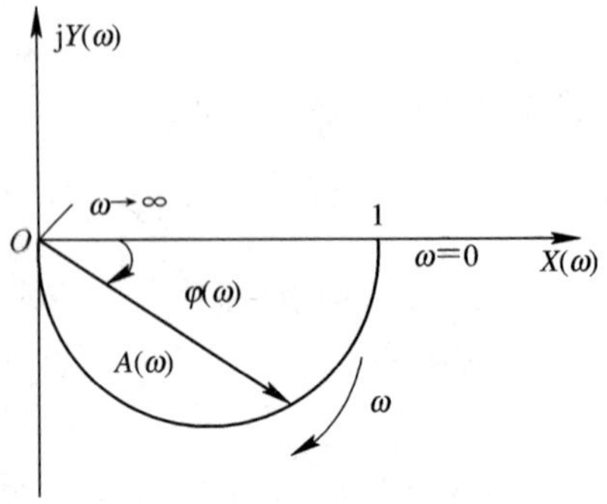

图5-3　RC电路的奈氏图

在工程实际中，常常将频率特性画成对数坐标图形式，这种对数频率特性曲线又称伯德图，由对数幅频特性和对数相频特性组成。伯德图的横坐标按$\lg\omega$分度，即对数分度，单位为弧度/秒(rad/s)，对数幅频曲线的纵坐标按

$$L(\omega)=20\lg|G(j\omega)|=20\lg A(\omega)$$

线性分度，单位是分贝(dB)。对数相频曲线的纵坐标按$\varphi(\omega)$线性分度，单位是度(°)。由此构成的坐标系称为半对数坐标系。

对数分度和线性分度如图5-4所示。在线性分度中，当变量增大或减小1时，坐标间距离变化一个单位长度；而在对数分度中，当变量增大或减小10倍时，称为10倍频程(dec)，坐标间距离变化一个单位长度。设对数分度中的单位长度为L，ω_0为参考点，则当ω以ω_0为起点，在10倍频程内变化时，坐标点相对于ω_0的距离为表5-1中的第二行数值乘以L。

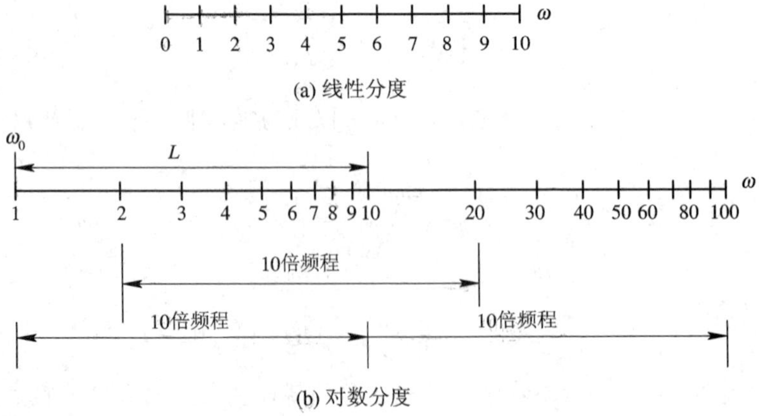

图5-4　对数分度和线性分度

表 5-1 10倍频程内的对数分度

ω/ω_0	1	2	3	4	5	6	7	8	9	10
$\lg(\omega/\omega_0)$	0	0.301	0.477	0.602	0.699	0.788	0.845	0.903	0.954	1

对数频率特性采用 ω 的对数分度实现了横坐标的非线性压缩，便于在较大频率范围反映频率特性的变化情况。对数幅频特性采用 $20\lg A(\omega)$，则将幅值的乘除运算化为加减运算，可以简化曲线的绘制过程。令 $\tau=1$，则用 MATLAB 画出上述 RC 电路的伯德图如图 5-5 所示，其程序如下：

```
bode([1], [1 1])
```

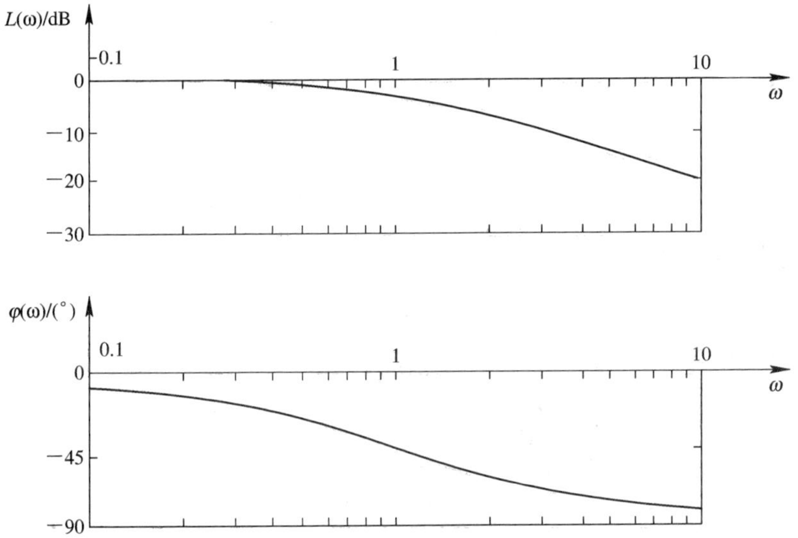

图 5-5 RC 电路的伯德图

5.2 典型环节的频率特性

由于开环传递函数分子和分母多项式的系数均为实数，因此系统开环零极点或为实数或为共轭复数。根据开环零极点可将分子和分母多项式分解成因式，再将因式分类，即得典型环节。

1. 比例环节

比例环节的频率特性为

$$G(\mathrm{j}\omega) = K \tag{5.15}$$

显然，它与频率无关。相应的幅频特性和相频特性为

$$\begin{cases} A(\omega) = K \\ \varphi(\omega) = 0^\circ \end{cases} \tag{5.16}$$

对数幅频特性和相频特性为

$$\begin{cases} L(\omega) = 20\lg K \\ \varphi(\omega) = 0^\circ \end{cases} \tag{5.17}$$

比例环节的奈氏图和伯德图分别如图 5-6 和图 5-7 所示。

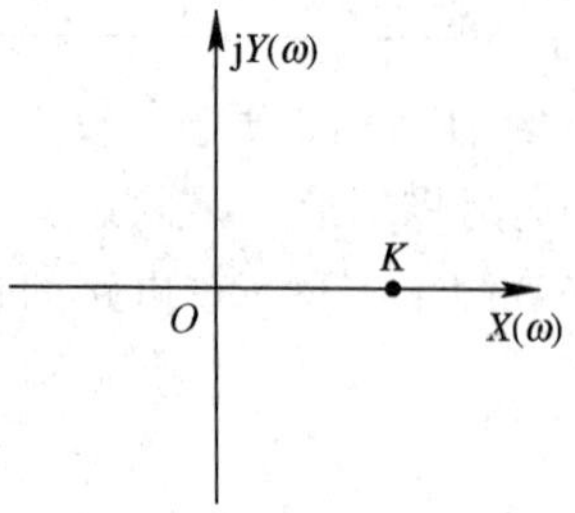

图 5-6 比例环节的奈氏图

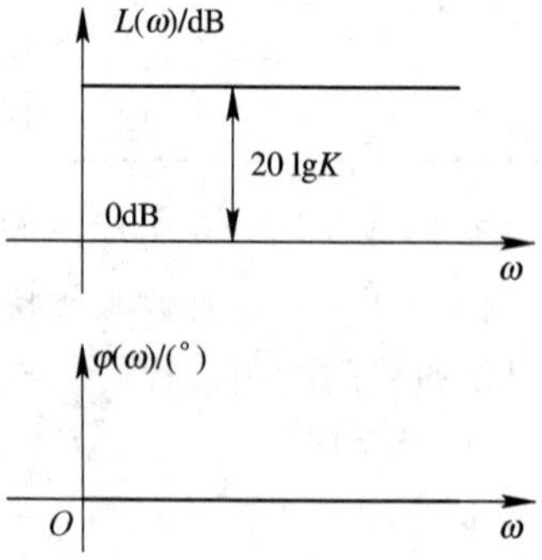

图 5-7 比例环节的伯德图

2. 积分环节

积分环节的频率特性为

$$G(j\omega) = \frac{1}{j\omega} = \frac{1}{\omega}\ e^{-j\frac{\pi}{2}} \tag{5.18}$$

其幅频特性和相频特性为

$$\begin{cases} A(\omega) = \dfrac{1}{\omega} \\ \varphi(\omega) = -90° \end{cases} \tag{5.19}$$

由式(5.19)可见，它的幅频特性与角频率 ω 成反比，而相频特性恒为$-90°$。对数幅频特性和相频特性为

$$\begin{cases} L(\omega) = -20\ \lg\omega \\ \varphi(\omega) = -90° \end{cases} \tag{5.20}$$

积分环节的奈氏图和伯德图分别如图 5-8 和图 5-9 所示。由图可见，其对数幅频特性为一条斜率为-20 dB/dec 的直线，此线通过 $L(\omega)=0$，$\omega=1$ 的点。

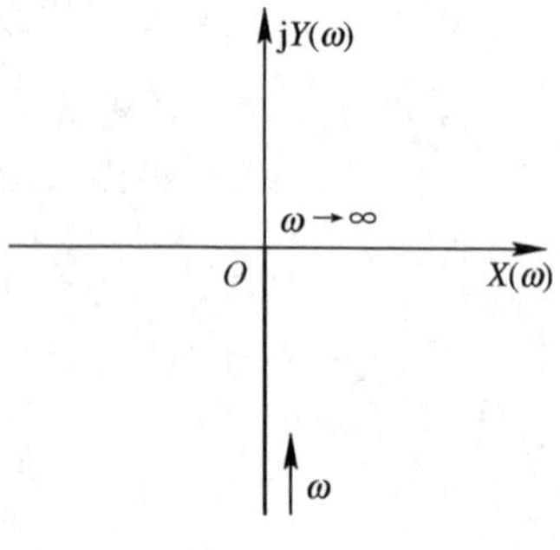

图 5-8 积分环节的奈氏图

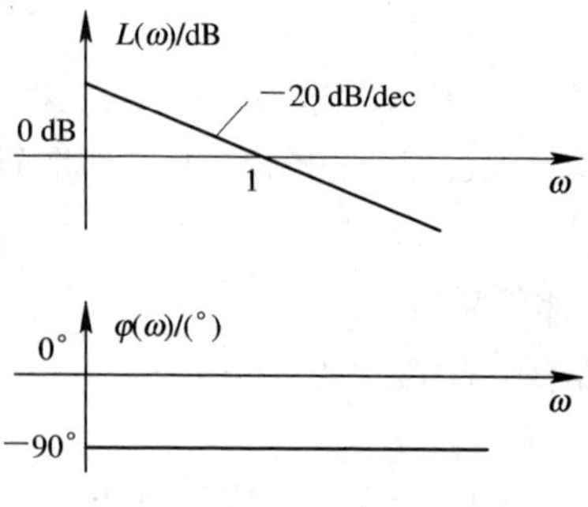

图 5-9 积分环节的伯德图

3. 微分环节

微分环节的频率特性为

$$G(j\omega) = j\omega = \omega e^{j\frac{\pi}{2}} \tag{5.21}$$

其幅频特性和相频特性为

$$\begin{cases}A(\omega)=\omega\\ \varphi(\omega)=90^\circ\end{cases}\tag{5.22}$$

由式(5.22)可见，微分环节的幅频特性等于角频率 ω，而相频特性恒为 90°。对数幅频特性和相频特性为

$$\begin{cases}L(\omega)=20\lg\omega\\ \varphi(\omega)=90^\circ\end{cases}\tag{5.23}$$

微分环节的奈氏图和伯德图分别如图 5-10 和图 5-11 所示。由图可见，其对数幅频特性为一条斜率为 20 dB/dec 的直线，它与 0 dB 线交于 $\omega=1$ 的点。

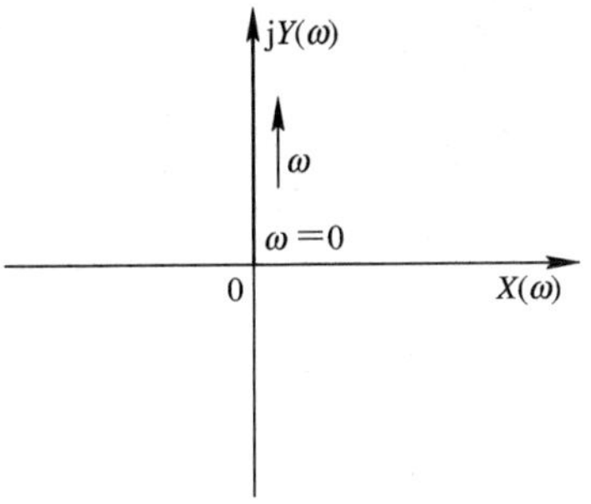

图 5-10 微分环节的奈氏图

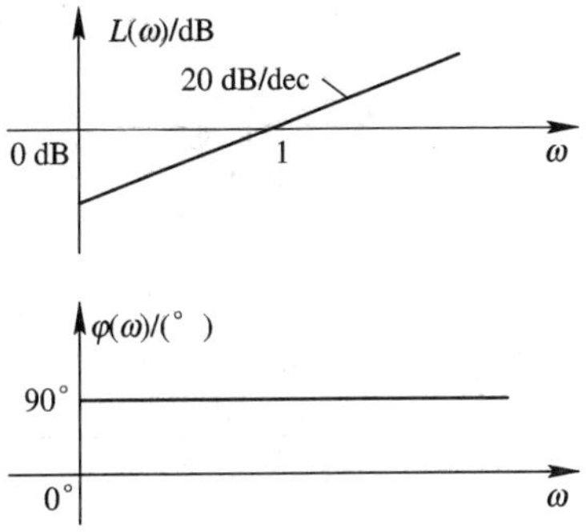

图 5-11 微分环节的伯德图

4. 惯性环节

惯性环节的频率特性为

$$G(\mathrm{j}\omega)=\frac{1}{1+\mathrm{j}\omega T}\tag{5.24}$$

它的幅频特性和相频特性为

$$\begin{cases}A(\omega)=\dfrac{1}{\sqrt{1+\omega^2T^2}}\\ \varphi(\omega)=-\arctan(\omega T)\end{cases}\tag{5.25}$$

式(5.24)写成实部和虚部形式，即

$$G(j\omega)=\frac{1}{1+\omega^2T^2}-\mathrm{j}\frac{\omega T}{1+\omega^2T^2}$$
$$=X(\omega)+\mathrm{j}Y(\omega)$$

则有

$$X^2(\omega)+Y^2(\omega)=\frac{1}{1+\omega^2T^2}=X(\omega)$$

即

$$[X(\omega)-0.5]^2+Y^2(\omega)=0.5^2$$

所以，惯性环节的奈氏图是圆心在(0.5，0)，半径为 0.5 的半圆(见图 5-12)。

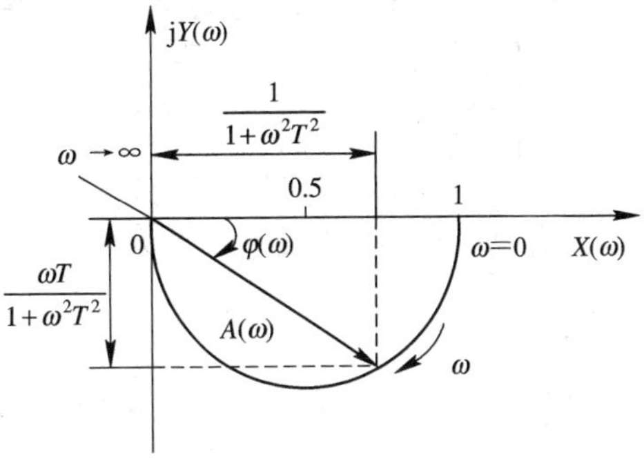

图 5-12 惯性环节的奈氏图

对数幅频特性和相频特性为

$$\begin{cases} L(\omega) = 20\ \lg \dfrac{1}{\sqrt{1+\omega^2 T^2}} = -20\ \lg \sqrt{1+\omega^2 T^2} \\ \varphi(\omega) = -\arctan(\omega T) \end{cases} \tag{5.26}$$

在低频段，ω 很小，$\omega T \ll 1$，$L(\omega)=0$ dB；而在高频段，ω 很大，$\omega T \gg 1$，$L(\omega)=-20\ \lg(\omega T)$ dB。其对数幅频特性曲线可用上述低频段和高频段的两条直线组成的折线近似表示，如图 5-13 的渐近线。

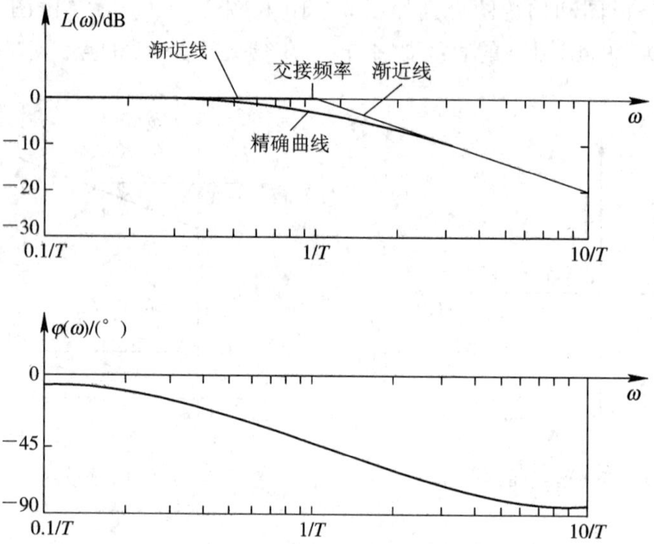

图 5-13　惯性环节的伯德图

当 $\omega T=1$ 时，$\omega=1/T$ 称为交接频率，或叫转折频率、转角频率。惯性环节对数幅频特性曲线的绘制方法如下：先找到 $\omega=1/T$，$L(\omega)=0$ dB 的点，从该点向左做水平直线，向右做斜率为 -20 dB/dec 的直线。在低频段和高频段，精确的对数幅频特性曲线与渐近线几乎重合。在 $\omega=1/T$ 附近，可以选几个点，把由式(5.26)算出的精确的 $L(\omega)$ 值标在图上，用曲线板光滑地连接起来，就得到精确的对数幅频特性曲线。渐近线和精确曲线在交接频率附近的误差列于表 5-2 中。

表 5-2　惯性环节对数幅频特性曲线渐近线和精确曲线的误差

ωT	0.1	0.2	0.5	1	2	5	10
$\Delta L(\omega)/(\text{dB})$	−0.04	−0.17	−0.97	−3.01	−0.97	−0.17	−0.04

由表可知，在交接频率处误差达到最大值：

$$\Delta L(\omega) = L\left(\frac{1}{T}\right) - 0 = -20\ \lg\sqrt{2} \approx -3\ \text{dB}$$

一般来说，这些误差并不影响系统的分析与设计。

在低频段，ω 很小，$\omega T \ll 1$，$\varphi(\omega)=0°$；在高频段，ω 很大，$\omega T \gg 1$，$\varphi(\omega)=-90°$。所以，$\varphi(\omega)=0°$ 和 $\varphi(\omega)=-90°$ 是曲线 $\varphi(\omega)$ 的两条渐近线，在交接频率处有

$$\varphi(\omega) = -\arctan\left(T \cdot \frac{1}{T}\right) = -45°$$

在其他一些频率处 $\varphi(\omega)$ 的数值列于表 5-3。在图中标出各点，用曲线板光滑连接可得 $\varphi(\omega)$ 曲线。惯性环节的伯德图如图 5-13 所示。

表 5-3 惯性环节对数相频特性曲线角度值

ωT	0.1	0.13	0.2	0.25	0.33	0.5	1	2	3	4	5	8	10
$\varphi(\omega)/(°)$	−6	−7	−11	−14	−18	−27	−45	−63	−72	−76	−79	−83	−84

惯性环节对数相频特性曲线是一条中心点对称的曲线，这可以证明如下：取两个关于 $\omega=1/T$ 对称的频率 $\omega_1=\alpha/T$ 和 $\omega_2=1/(\alpha T)$，则有

$$\varphi_1(\omega)=-\arctan(\omega_1 T)=-\arctan\alpha，即\ \tan(-\varphi_1)=\alpha$$

$$\varphi_2(\omega)=-\arctan(\omega_2 T)=-\arctan\frac{1}{\alpha}，即\ \tan(-\varphi_2)=\frac{1}{\alpha}$$

因此有

$$(-\varphi_1)+(-\varphi_2)=90°，即\ \varphi_1-(-45°)=-[\varphi_2-(-45°)]$$

这表明 $\varphi(\omega)$ 是关于 $\omega=1/T$，$\varphi(\omega)=-45°$ 这一点中心对称的。用 MATLAB 画出的惯性环节的伯德图如图 5-14 所示($T=1$)。

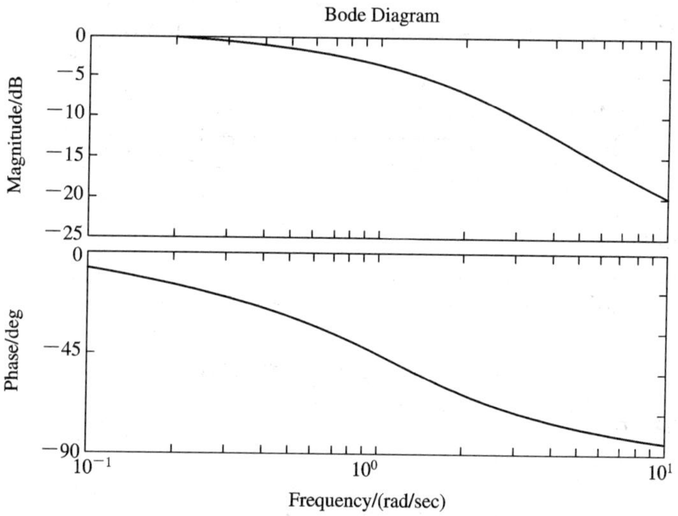

图 5-14 MATLAB绘制的惯性环节的伯德图

5. 一阶微分环节

一阶微分环节的频率特性为

$$G(j\omega)=1+j\omega T \tag{5.27}$$

幅频特性和相频特性为

$$\begin{cases}A(\omega)=\sqrt{1+\omega^2T^2}\\ \varphi(\omega)=\arctan(\omega T)\end{cases} \tag{5.28}$$

对数幅频特性和相频特性为

$$\begin{cases}L(\omega)=20\lg\sqrt{1+\omega^2T^2}\\ \varphi(\omega)=\arctan(\omega T)\end{cases} \tag{5.29}$$

画奈氏图时，根据式(5.27)可知，其奈氏图是一条直线，如图 5－15 所示。

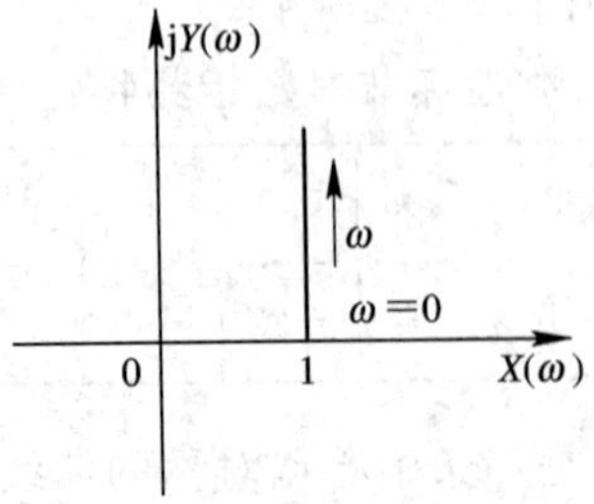

图 5－15 一阶微分环节的奈氏图

将式(5.29)和式(5.26)对照可知，一阶微分环节的伯德图(如图 5－16 所示)与惯性环节的伯德图(如图 5－13 所示)关于横轴对称。

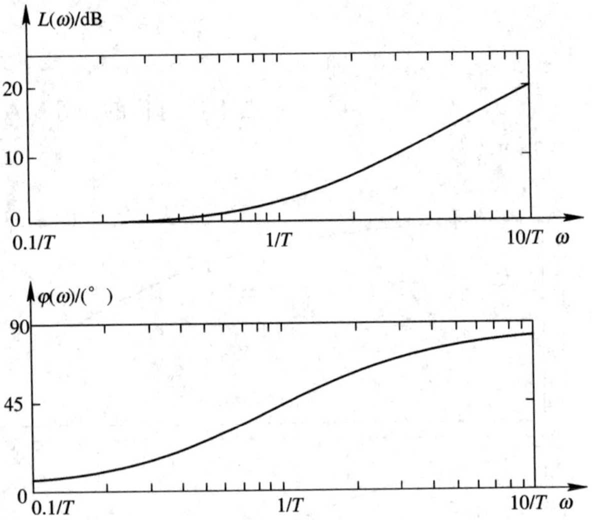

图 5－16 一阶微分环节的伯德图

6. 二阶振荡环节

二阶惯性环节的频率特性为

$$G(j\omega)=\frac{1}{1+j2\zeta\omega T+(j\omega T)^2} \tag{5.30}$$

它的幅频特性和相频特性为

$$\begin{cases}A(\omega)=\dfrac{1}{\sqrt{(1-\omega^2T^2)^2+(2\zeta\omega T)^2}}\\ \varphi(\omega)=-\arctan\left(\dfrac{2\zeta\omega T}{1-\omega^2T^2}\right)\end{cases} \tag{5.31}$$

对数幅频特性和相频特性为

$$\begin{cases}L(\omega)=-20\lg\sqrt{(1-\omega^2T^2)^2+(2\zeta\omega T)^2}\\ \varphi(\omega)=-\arctan\left(\dfrac{2\zeta\omega T}{1-\omega^2T^2}\right)\end{cases} \tag{5.32}$$

由式(5.31)得

$$\varphi(\omega)=\begin{cases}-\arctan\left(\dfrac{2\zeta\omega T}{1-\omega^2T^2}\right) & (\omega T\leqslant 1)\\ -\pi-\arctan\left(\dfrac{2\zeta\omega T}{1-\omega^2T^2}\right) & (\omega T>1)\end{cases}$$

所以有

$$G(j\omega)=\begin{cases}1\angle 0^\circ & (\omega=0)\\ 0\angle -180^\circ & (\omega\to+\infty)\end{cases}$$

二阶振荡环节的奈氏图如图 5－17 所示。可以证明，二阶振荡环节奈氏图与虚轴交点的坐标为($\omega_n=1/T$，$-j/2\zeta$)。

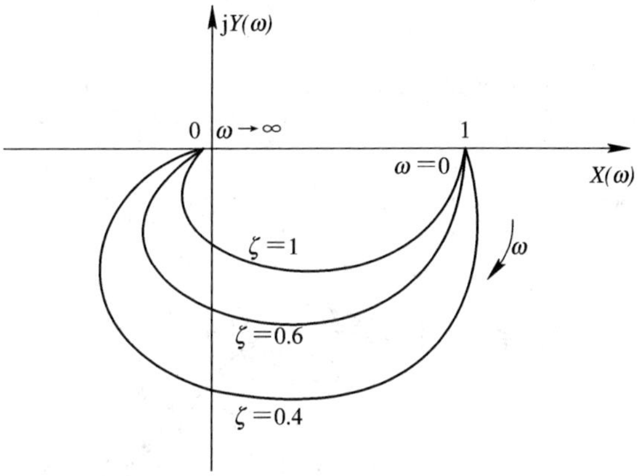

图 5－17　二阶振荡环节的奈氏图

画二阶振荡环节的伯德图时分析如下：在低频段，ω 很小，$\omega T\ll 1$，$L(\omega)=0$ dB；在高频段，ω 很大，$\omega T\gg 1$，$L(\omega)=-20\lg(\omega T)^2=-40\lg(\omega T)$ dB。其对数幅频特性曲线可用上述低频段和高频段的两条直线组成的折线近似表示，如图 5－18 的渐近线所示。这两条线相交处的交接频率 $\omega=1/T$，称为振荡环节的无阻尼自然振荡频率。在交接频率附近，对数幅频特性与渐近线存在一定的误差，其值取决于阻尼比 ζ 的值，阻尼比越小，则误差越大，如表 5－4 所示。当 $\zeta<0.707$ 时，在对数幅频特性上出现峰值。根据表 5－5 可绘制出不同阻尼比的相频特性曲线。二阶振荡环节的伯德图如图 5－18 所示。

表 5－4　二阶振荡环节对数幅频特性曲线渐近线和精确曲线的误差(dB)

ζ \ ωT	0.1	0.2	0.4	0.6	0.8	1	1.25	1.66	2.5	5	10
0.1	0.086	0.348	1.48	3.728	8.094	13.98	8.094	3.728	1.48	0.348	0.086
0.2	0.08	0.325	1.36	3.305	6.345	7.96	6.345	3.305	1.36	0.325	0.08
0.3	0.071	0.292	1.179	2.681	4.439	4.439	4.439	2.681	1.179	0.292	0.071
0.5	0.044	0.17	0.627	1.137	1.137	0.00	1.137	1.137	0.627	0.17	0.044
0.7	0.001	0.00	0.08	−0.47	−1.41	−2.92	−1.41	−0.47	0.08	0.00	0.001
1	−0.086	−0.34	−1.29	−2.76	−4.30	−6.20	−4.30	−2.76	−1.29	−0.34	−0.086

表 5－5　二阶振荡环节对数相频特性曲线角度值

ζ ＼ ωT	0.1	0.2	0.5	1	2	5	10
0.1	−1.2°	−2.4°	−7.6°	−90°	−172.4°	−177.6°	−178.8°
0.2	−2.3°	−4.8°	−14.9°	−90°	−165.1°	−175.2°	−177.7°
0.3	−3.5°	−7.1°	−21.8°	−90°	−158.2°	−172.9°	−176.5°
0.5	−5.8°	−11.8°	−33.7°	−90°	−146.3	−168.2°	−174.2°
0.7	−8.1°	−16.3°	−43.0°	−90°	−137.0°	−163.7°	−171.9°
1	−11.4°	−22.6°	−53.1°	−90°	−126.9°	−157.4°	−168.6°

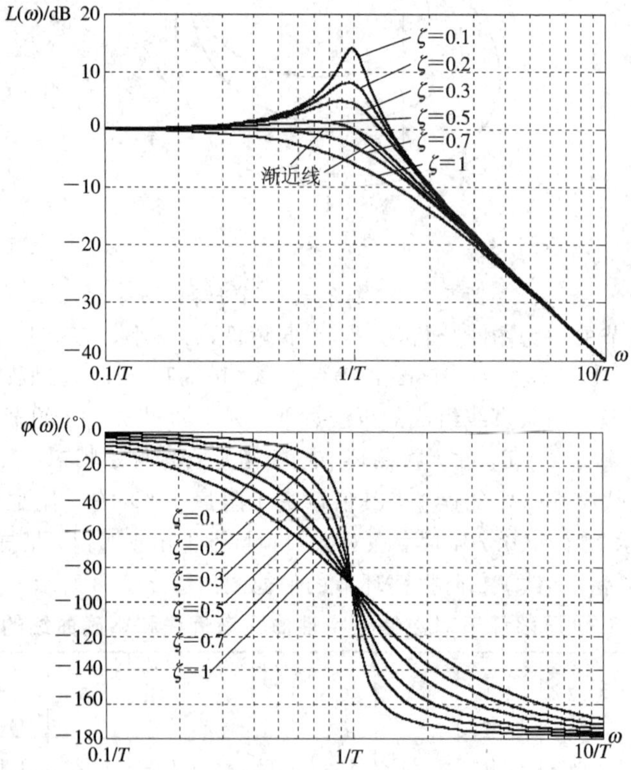

图 5－18　二阶振荡环节的伯德图

7. 迟后环节

迟后环节的频率特性为

$$G(\mathrm{j}\omega) = \mathrm{e}^{-\mathrm{j}\omega\tau} \tag{5.33}$$

幅频特性和相频特性为

$$\begin{cases} A(\omega) = 1 \\ \varphi(\omega) = -\omega\tau \end{cases} \tag{5.34}$$

可见，其奈氏图是一个以坐标原点为中心、半径为1的圆。对数幅频特性和相频特性为

$$\begin{cases} L(\omega) = 0 \\ \varphi(\omega) = -\omega\tau \end{cases} \tag{5.35}$$

由上式可知，如果用线性坐标，则迟后环节的相频特性为一条直线。迟后环节的奈氏图和伯德图分别如图 5 - 19 和图 5 - 20 所示。

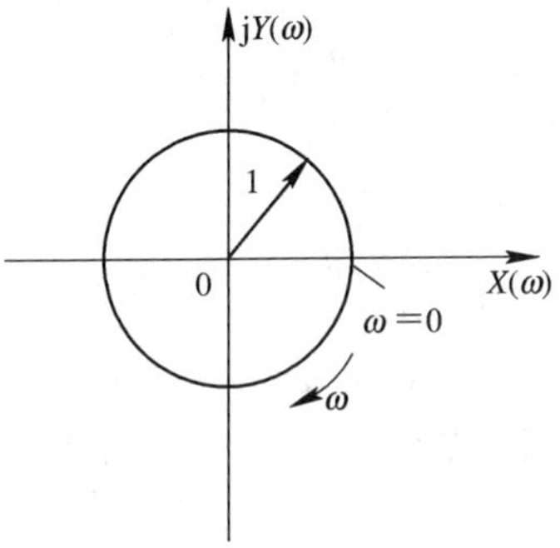

图 5 - 19　迟后环节的奈氏图

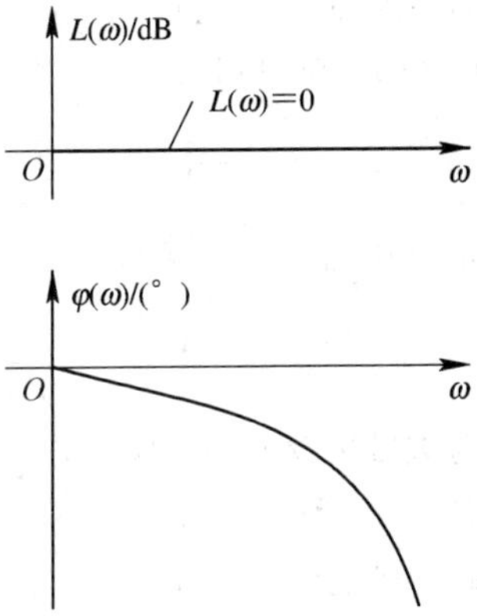

图 5 - 20　迟后环节的伯德图

5.3　控制系统开环频率特性曲线的绘制

5.3.1　开环频率特性奈氏图的绘制

以后我们将会看到，在绘制奈氏图时有时并不需要绘制得十分准确，而只需要绘出奈氏图的大致形状和几个关键点的准确位置就可以了。因此，由以上典型环节奈氏图的绘制，大致可将奈氏图的一般作图方法归纳如下：

(1) 写出 $A(\omega)$和 $\varphi(\omega)$的表达式；

(2) 分别求出 $\omega=0$ 和 $\omega=+\infty$时的 $G(\mathrm{j}\omega)$；

(3) 求奈氏图与实轴的交点，交点可利用 $G(\mathrm{j}\omega)$的虚部 $\mathrm{Im}[G(\mathrm{j}\omega)]=0$ 的关系式求出，也可利用$\angle G(\mathrm{j}\omega) = n \cdot 180°$(其中 n 为整数)求出；

(4) 如果有必要，可求奈氏图与虚轴的交点，交点可利用 $G(\mathrm{j}\omega)$的实部 $\mathrm{Re}[G(\mathrm{j}\omega)]=0$ 的关系式求出，也可利用$\angle G(\mathrm{j}\omega) = n \cdot 90°$(其中 n 为正奇数)求出；

(5) 必要时画出奈氏图中间几点；

(6) 勾画出大致曲线。

【例 5 - 1】 试绘制下列开环传递函数的奈氏图：

$$G(s) = \frac{10}{(s+1)(0.1s+1)}$$

解　该环节开环频率特性为

$$A(\omega) = \frac{10}{\sqrt{1+\omega^2}\sqrt{1+0.01\omega^2}}$$

$$\varphi(\omega) = -\arctan\omega - \arctan(0.1\omega)$$

$\omega=0$，$A(\omega)=10$，$\varphi(\omega)=0°$，即奈氏图的起点为(10，j0)；

$\omega=+\infty$，$A(\omega)=0$，$\varphi(\omega)=-180°+\Delta$，$\Delta$ 为正的很小量，即奈氏图的终点为(0，j0)。

显然，ω 从 0 变化到 $+\infty$，$A(\omega)$单调递减，而 $\varphi(\omega)$则从 0°到 −180°但不超过 −180°。

奈氏图与实轴的交点可由 $\varphi(\omega)=0°$得到，即为(10，j0)；奈氏图与虚轴的交点可由 $\varphi(\omega)=270°$ (即−90°)得到，即

$$\arctan\omega + \arctan(0.1\omega) = \arctan\left(\frac{1.1\omega}{1-0.1\omega^2}\right)$$

得 $1-0.1\omega^2=0$，$\omega^2=10$，则

$$A(\omega) = \frac{10}{\sqrt{1+10}\sqrt{1+0.01\times 10}} = 2.87$$

故奈氏图与虚轴的交点为(0，−j2.87)。其奈氏图如图 5-21 所示。用 MATLAB 绘制的奈氏图如图 5-22 所示。注意，一般手绘的奈氏图，其频率范围是 0～+∞，而 MATLAB 绘制奈氏图时，则是 −∞～+∞。MATLAB 绘制程序如下：

```
nyquist([10], conv([1 1], [0.1 1]))
```

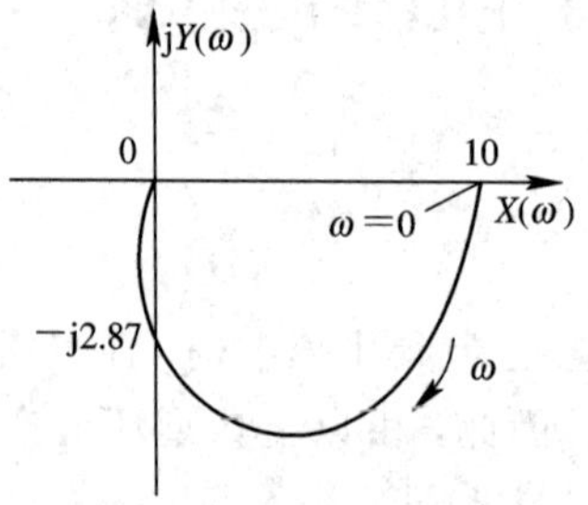

图 5-21 例 5-1 的奈氏图

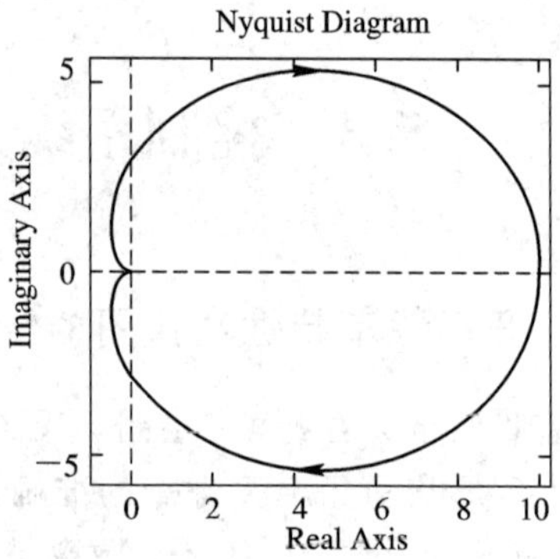

图 5-22 MATLAB绘制例 5-1 的奈氏图

【例 5-2】 已知系统的开环传递函数为

$$G(s) = \frac{e^{-\tau s}}{Ts+1}$$

试绘制其奈氏图。

解 该传递函数的幅频特性和相频特性分别为

$$A(\omega) = \frac{1}{\sqrt{1+\omega^2T^2}}$$

$$\varphi(\omega) = -\tau\omega - \arctan(\omega T)$$

因此有 $\omega=0$，$A(\omega)=1$，$\varphi(\omega)=0°$和 $\omega=+\infty$，$A(\omega)=0$，$\varphi(\omega)=-\infty$。即奈氏图的起点为(1，j0)，终点为(0，j0)，随着 ω 的增大，曲线距离原点越来越近，相角越来越负，奈氏图与实轴和虚轴有无穷多个交点。系统的奈氏图如图5-23所示。

【例 5-3】 设系统的开环传递函数为

$$G(s)=\frac{1}{s(s+1)(2s+1)}$$

试绘制其奈氏图。

解　该传递函数的幅频特性和相频特性分别为

$$A(\omega)=\frac{1}{\omega\sqrt{1+\omega^2}\sqrt{1+4\omega^2}}$$

$$\varphi(\omega)=-90^\circ-\arctan\omega-\arctan(2\omega)$$

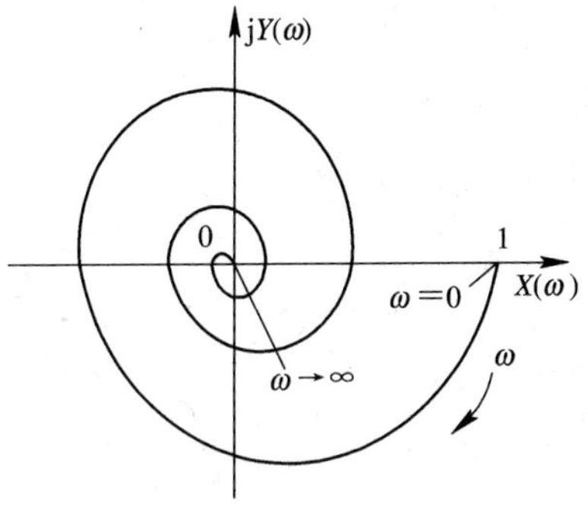

图 5-23　例 5-2 的奈氏图

所以有

$\omega=0^+$，$A(\omega)=+\infty$，$\varphi(\omega)=-90^\circ-\Delta$，$\Delta$ 为正的很小量，故起点在第Ⅲ象限；

$\omega=+\infty$，$A(\omega)=0$，$\varphi(\omega)=-270^\circ+\Delta$，故在第Ⅱ象限趋向终点(0, j0)。

因为相角从-90°变化到-270°，所以必有与负实轴的交点。由 $\varphi(\omega)=-180^\circ$得

$$-90^\circ-\arctan\omega-\arctan(2\omega)=-180^\circ$$

即

$$\arctan(2\omega)=90^\circ-\arctan\omega$$

上式两边取正切，得 $2\omega=\frac{1}{\omega}$，即 $\omega=0.707$，此时 $A(\omega)=0.67$。因此，奈氏图与实轴的交点为(−0.67, j0)。系统的奈氏图如图 5-24 所示。用 MATLAB 绘制(−1, j0)点附近的奈氏图如图 5-25 所示，其程序如下：

```
nyquist([1], conv(conv([1 0], [1 1]), [2 1]))
```

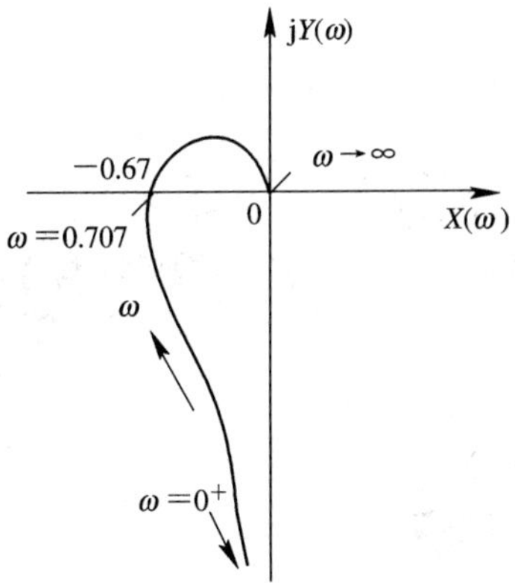

图 5-24　例 5-3 的奈氏图

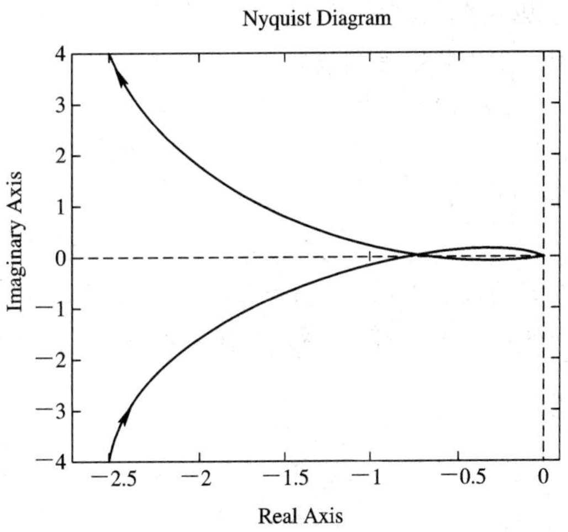

图 5-25　MATLAB 绘制例 5-3 的奈氏图

例 5-3 中系统型别数即开环传递函数中积分环节个数 $\nu=1$，若分别取 $\nu=2$，3 和 4，则根据积分环节的相角，将图 5-24 曲线分别绕原点旋转-90°，-180°和-270°即可得相应的奈氏图，如图 5-26 所示。

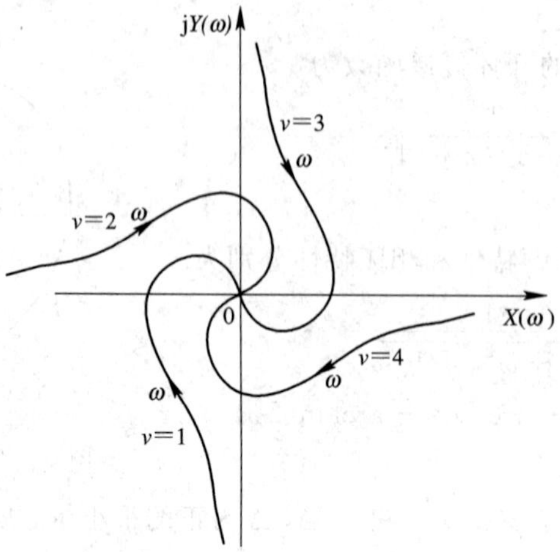

图 5－26　ν=1，2，3，4 时的奈氏图

【例 5－4】 设系统的开环传递函数为

$$G(s)=\frac{K(Ts+1)}{s(T_1s+1)(T_2s+1)}$$

其中 $K=0.1$，$T=1$，$T_1=0.2$，$T_2=0.5$。试绘制系统的奈氏图。

解　该传递函数的幅频特性和相频特性分别为

$$A(\omega)=\frac{K\sqrt{1+T^2\omega^2}}{\omega\sqrt{1+T_1^2\omega^2}\sqrt{1+T_2^2\omega^2}}=\frac{0.1\sqrt{1+\omega^2}}{\omega\sqrt{1+0.04\omega^2}\sqrt{1+0.25\omega^2}}$$

$$\varphi(\omega)=-90^\circ+\arctan\omega-\arctan(0.2\omega)-\arctan(0.5\omega)$$

根据系统的幅频特性和相频特性有：$\omega=0^+$，$A(\omega)=+\infty$，$\varphi(\omega)=-90^\circ+\Delta$，$\Delta$ 为正的很小量，故奈氏图起点在第Ⅳ象限；$\omega=+\infty$，$A(\omega)=0$，$\varphi(\omega)=-180^\circ+\Delta$，故系统奈氏图在第Ⅲ象限趋向终点(0，j0)。因为相角范围为$-90^\circ\sim-180^\circ$，所以必有与负虚轴的交点。由$\varphi(\omega)=-90^\circ$ 得

$$-90^\circ+\arctan\omega-\arctan(0.2\omega)-\arctan(0.5\omega)=-90^\circ$$

即

$$\arctan\omega=\arctan(0.2\omega)+\arctan(0.5\omega)$$

上式两边取正切，得 $\omega^2=3$，即 $\omega=1.732$，此时$A(\omega)=0.0825$。所以，奈氏图与虚轴的交点为(0，－j0.0825)。系统奈氏图如图 5－27 所示。

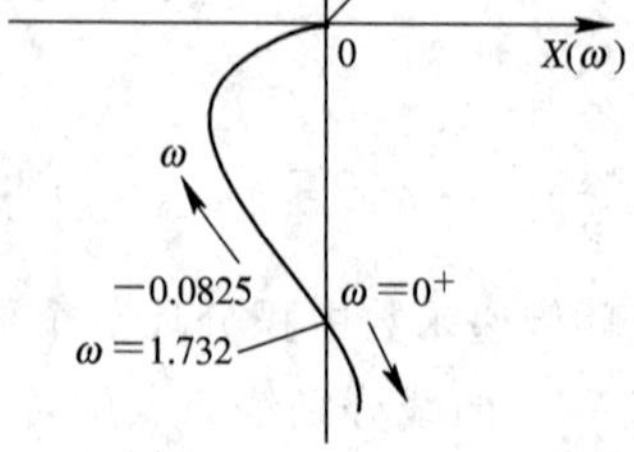

图 5－27　例 5－4 的奈氏图

5.3.2 开环频率特性伯德图的绘制

控制系统一般总是由若干环节组成的，设其开环传递函数为

$$G(s) = G_1(s)G_2(s)\cdots G_n(s)$$

系统的开环频率特性为

$$G(j\omega) = G_1(j\omega)G_2(j\omega)\cdots G_n(j\omega) \tag{5.36}$$

或
$$A(\omega)e^{j\varphi(\omega)} = A_1(\omega)e^{j\varphi_1(\omega)}A_2(\omega)e^{j\varphi_2(\omega)}\cdots A_n(\omega)e^{j\varphi_n(\omega)}$$

则系统的开环对数频率特性为

$$\begin{cases} L(\omega) = L_1(\omega) + L_2(\omega) + \cdots + L_n(\omega) \\ \varphi(\omega) = \varphi_1(\omega) + \varphi_2(\omega) + \cdots + \varphi_n(\omega) \end{cases} \tag{5.37}$$

其中，$L_i(\omega)=20\ \lg A_i(\omega)$，$(i=1,\ 2,\ \cdots,\ n)$。

可见，系统开环对数幅频特性和相频特性分别由各个环节的对数幅频特性和相频特性相加得到。

【例 5－5】 绘制开环传递函数为

$$G(s) = \frac{K}{(1+s)(1+10s)}$$

的零型系统的伯德图。

解 系统开环对数幅频特性和相频特性分别为

$$L(\omega) = L_1(\omega) + L_2(\omega) + L_3(\omega) = 20\ \lg K - 20\ \lg\sqrt{1+\omega^2} - 20\ \lg\sqrt{1+100\omega^2}$$

$$\varphi(\omega) = \varphi_1(\omega) + \varphi_2(\omega) + \varphi_3(\omega) = -\arctan\omega - \arctan(10\omega)$$

在同一图上画出三个环节的伯德图，在每一个频率点上分别将幅频特性和相频特性相加，得到零型系统的伯德图，如图 5－28 所示。

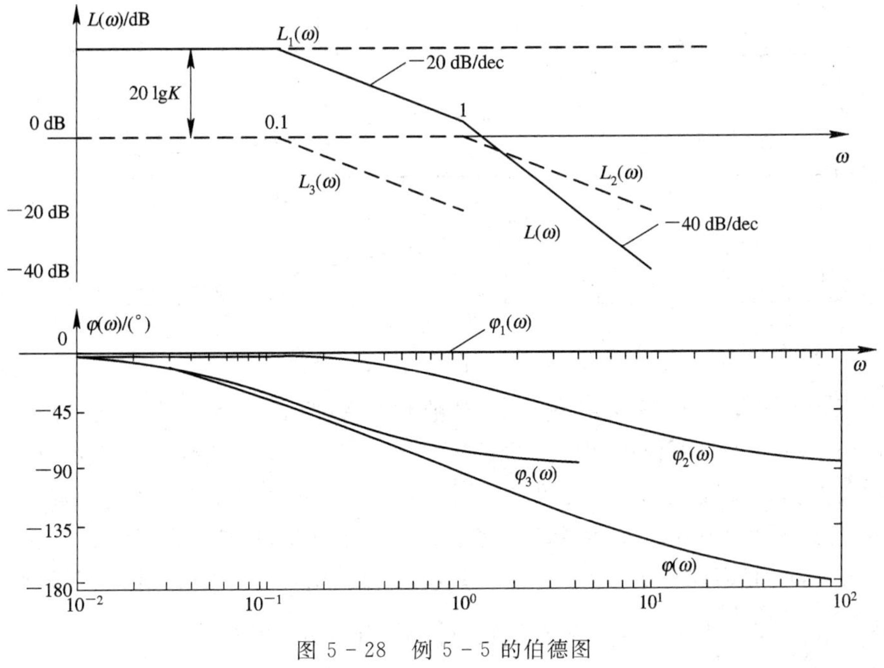

图 5－28 例 5－5 的伯德图

实际上，在熟悉了对数幅频特性的性质后，不必先一一画出各环节的特性，然后相加，而可以采用更简便的方法。由上例可见，零型系统开环对数幅频特性的低频段为 $20\lg K$ 的水平线，随着 ω 的增加，每遇到一个交接频率，对数幅频特性就改变一次斜率。

【例 5-6】 设Ⅰ型系统的开环传递函数为

$$G(s)=\frac{K}{s(1+Ts)}$$

试绘制系统的伯德图。

解 系统开环对数幅频特性和相频特性分别为

$$L(\omega)=L_1(\omega)+L_2(\omega)+L_3(\omega)=20\lg K-20\lg\omega-20\lg\sqrt{1+T^2\omega^2}$$

$$\varphi(\omega)=\varphi_1(\omega)+\varphi_2(\omega)+\varphi_3(\omega)=-90^\circ-\arctan(T\omega)$$

不难看出，此系统对数幅频特性的低频段斜率为 -20 dB/dec，它(或者其延长线)在 $\omega=1$ 处与 $L_1(\omega)=20\lg K$ 的水平线相交。在交接频率 $\omega=1/T$ 处，幅频特性的斜率由 -20 dB/dec 变为 -40 dB/dec，系统的伯德图如图 5-29 所示。

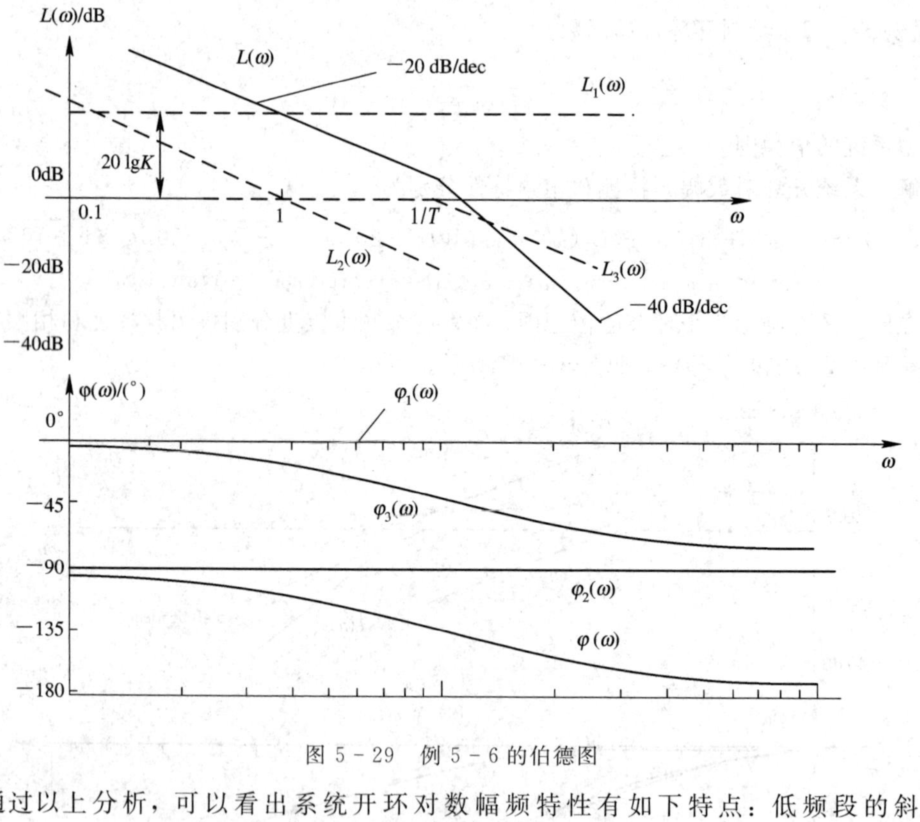

图 5-29 例 5-6 的伯德图

通过以上分析，可以看出系统开环对数幅频特性有如下特点：低频段的斜率为 -20ν dB/dec，ν 为开环系统中所包含的串联积分环节的数目。低频段(若存在小于 1 的交接频率时则为其延长线)在 $\omega=1$ 处的对数幅值为 $20\lg K$。在典型环节的交接频率处，对数幅频特性渐近线的斜率要发生变化，变化的情况取决于典型环节的类型。如遇到 $G(s)=(1+Ts)^{\pm1}$ 的环节，交接频率处斜率改变 ±20 dB/dec；如遇二阶振荡环节 $G(s)=\dfrac{1}{1+2\zeta Ts+T^2s^2}$，在交接频率处斜率就要改变 -40 dB/dec，等等。

综上所述，可以将绘制对数幅频特性的步骤归纳如下：

(1) 将开环频率特性分解，写成典型环节相乘的形式；

(2) 求出各典型环节的交接频率，将其从小到大排列为 ω_1，ω_2，ω_3，… 并标注在 ω 轴上；

(3) 绘制低频渐近线(ω_1 左边的部分)，这是一条斜率为 -20ν dB/dec 的直线，它或它的延长线应通过(1，20 lg$K$)点；

(4) 随着 ω 的增加，每遇到一个典型环节的交接频率，就按上述方法改变一次斜率；

(5) 必要时可利用渐近线和精确曲线的误差表，对交接频率附近的曲线进行修正，以求得更精确的曲线。

对数相频特性可以由各个典型环节的相频特性相加而得，也可以利用相频特性函数 $\varphi(\omega)$ 直接计算。

【例 5－7】 已知系统的开环传递函数为

$$G(s)=\frac{10(s+3)}{s(s+2)(s^2+s+2)}$$

试绘制系统的伯德图。

解 将开环传递函数写成如下典型环节乘积形式：

$$G(s)=\frac{7.5\left(1+\dfrac{s}{3}\right)}{s\left(1+\dfrac{s}{2}\right)\left[\left(\dfrac{1}{\sqrt{2}}\right)^2 s^2+2\times\dfrac{1}{2\sqrt{2}}\times\dfrac{1}{\sqrt{2}}s+1\right]}$$

可见，此系统由一个比例环节、一个积分环节、一个惯性环节、一个一阶微分环节和一个二阶振荡环节组成，且 $\omega_1=1.414$，$\omega_2=2$，$\omega_3=3$。20 lg$K$=20 lg7.5=17.5。阻尼比 $\zeta=0.354$。

在确定了各个环节的交接频率和 20 lg$K$ 的值以后，可按下列步骤绘制系统的伯德图：

(1) 通过点(1，17.5)画一条斜率为－20 dB/dec 的直线，它就是低频段的渐近线；

(2) 在 $\omega_1=1.414$ 处，将渐近线的斜率从－20 dB/dec 改为－60 dB/dec，这是考虑振荡环节的作用；

(3) 由于一阶惯性环节的影响，从 $\omega_2=2$ 起，渐近线斜率应减少 20 dB/dec，即从原来的－60 dB/dec 变为－80 dB/dec；

(4) 在 $\omega_3=3$ 处，渐近线的斜率改变 20 dB/dec，形成斜率为－60 dB/dec 的线段，这是由于一阶微分环节的作用；

(5) 根据相频特性 $\varphi(\omega)$，求出若干点的相频特性曲线角度值，如表 5－6 所示，将各点光滑连接，可以绘制系统的相频特性。开环系统的伯德图如图 5－30 所示(虚线为渐近线)。绘制程序如下：

```
bode([10 30], conv(conv([1 0], [1 2]), [1 1 2]))
```

表 5－6 例 5－7 系统对数相频特性曲线角度值

ω	0.1	0.13	0.2	0.25	0.33	0.5	1	2	3	4	5	8	10
$\varphi(\omega)/(°)$	−94	−95	−98	−100	−103	−111	−143	−236	−258	−264	−267	−269	−270

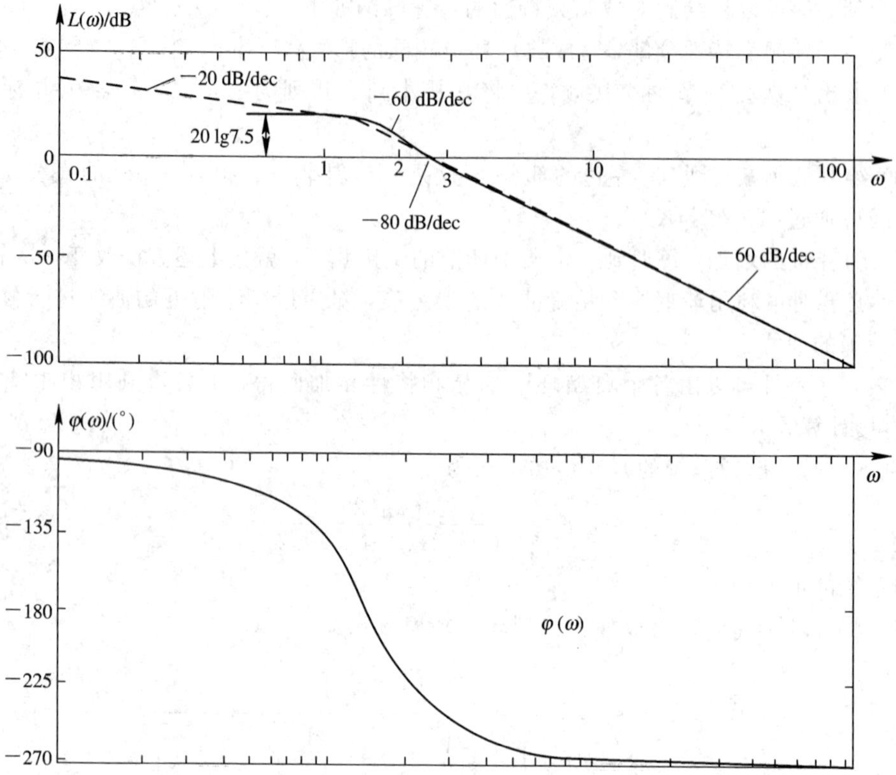

图 5-30　例 5-7 的伯德图

5.3.3　最小相位系统

在以上几个例子中，系统传递函数的极点和零点都位于 s 平面的左半部，这种传递函数称为最小相位传递函数；否则，称为非最小相位传递函数。具有最小相位传递函数的系统，称为最小相位系统；而具有非最小相位传递函数的系统，则称为非最小相位系统。对于幅频特性相同的系统，最小相位系统的相位滞后是最小的，而非最小相位系统的相位滞后则必定大于前者。

当单回路系统中只包含比例、积分、微分、惯性和振荡环节时，系统一定是最小相位系统。如果在系统中存在迟后环节或者不稳定的环节（包括不稳定的内环回路）时，系统就成为非最小相位系统。

对于最小相位系统，对数幅频特性与相频特性之间存在着唯一的对应关系。根据系统的对数幅频特性，可以唯一地确定相应的相频特性和传递函数，反之亦然。但是，对于非最小相位系统，就不存在上述的这种关系。实用的大多数系统为最小相位系统，为了简化工作量，对于最小相位系统的伯德图，可以只画幅频特性。

例如有一最小相位系统，其频率特性为

$$G(\mathrm{j}\omega)=\frac{1+\mathrm{j}T_1\omega}{1+\mathrm{j}T_2\omega}\qquad (T_2>T_1>0)$$

另有一非最小相位系统，其频率特性如下：

$$G(j\omega)=\frac{1-jT_1\omega}{1+jT_2\omega}\qquad (T_2>T_1>0)$$

从图 5-31 不难看出，这两个系统的对数幅频特性是完全相同的，而相频特性却根本不同。前一系统的相角 $\varphi_1(\omega)$ 变化范围很小，而后一系统的相角 $\varphi_2(\omega)$ 随着角频率 ω 的增加却从 0°变到趋于−180°。绘制程序如下：

```
bode([1 1], [100 1])
hold on
bode([-1 1], [100 1])
```

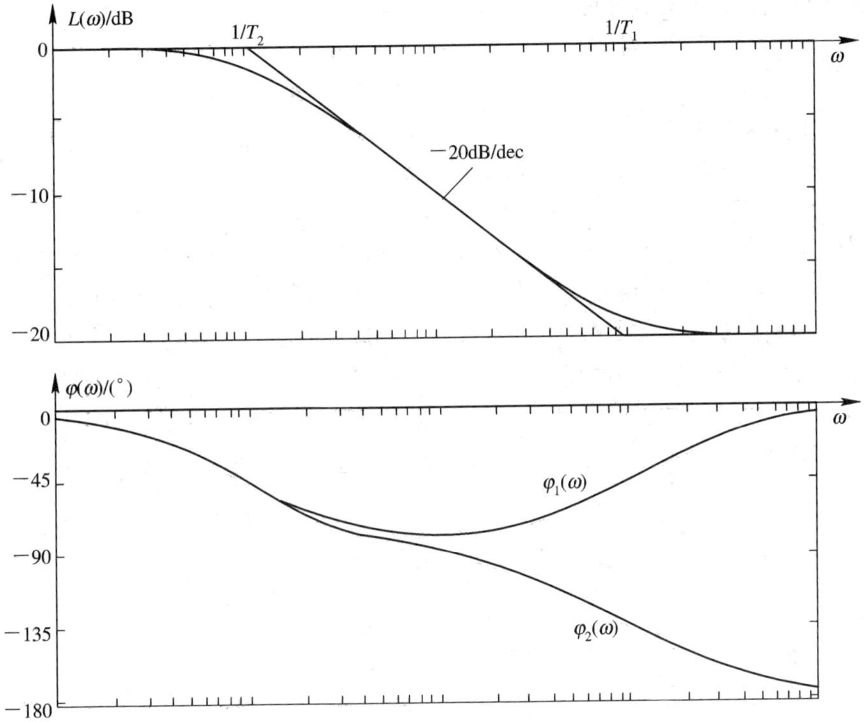

图 5-31　最小相位系统和非最小相位系统的伯德图

【例 5-8】　绘制开环传递函数为

$$G(s)=\frac{e^{-\tau s}}{Ts+1}$$

的伯德图。

解　系统的幅频特性和相频特性分别为

$$A(\omega)=\frac{1}{\sqrt{1+\omega^2T^2}},$$

$$\varphi(\omega)=-\tau\omega-\arctan(\omega T)$$

可见，此系统的幅频特性与惯性环节相同，而其相频特性却比惯性环节多了一项$-\tau\omega$。显然，它的滞后相角增加很快。开环系统的伯德图如图 5-32 所示。

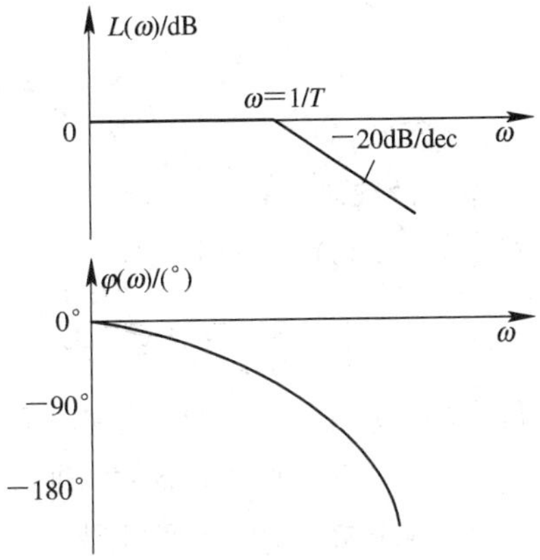

图 5-32　例 5-8 的伯德图

5.4 频域稳定性判据

控制系统的闭环稳定性是系统分析和设计所需要解决的首要问题。由 H. Nyquist 于 1932 年提出的稳定判据，在 1940 年后得到了广泛的应用。奈奎斯特稳定判据(简称奈氏判据)和对数频率稳定判据是常用的两种频域稳定性判据。频域稳定判据的特点是根据开环系统频率特性曲线判定闭环系统的稳定性，并能确定系统的相对稳定性。因此，它从代数判据脱颖而出，可以说是一种几何判据。频域判据使用方便，易于推广。奈氏判据的数学基础是复变函数论中的映射定理，又称幅角定理。

5.4.1 映射定理

设有一复变函数为

$$F(s)=\frac{K(s-z_1)(s-z_2)\cdots(s-z_m)}{(s-p_1)(s-p_2)\cdots(s-p_n)} \tag{5.38}$$

s 为复变量，以 s 复平面上的 $s=\sigma+\mathrm{j}\omega$ 表示。$F(s)$为复变函数，记 $F(s)=U+\mathrm{j}V$。

设对于 s 平面上除了有限奇点之外的任一点 s，复变函数 $F(s)$为解析函数，那么，对于 s 平面上的每一解析点，在 $F(s)$平面上必定有一个对应的映射点。因此，如果在 s 平面画一条封闭曲线，并使其不通过 $F(s)$的任一奇点，则在 $F(s)$平面上必有一条对应的映射曲线，如图 5 - 33 所示。若在 s 平面上的封闭曲线是沿着顺时针方向运动的，则在 $F(s)$平面上的映射曲线的运动方向可能是顺时针的，也可能是逆时针的，这取决于 $F(s)$函数的特性。

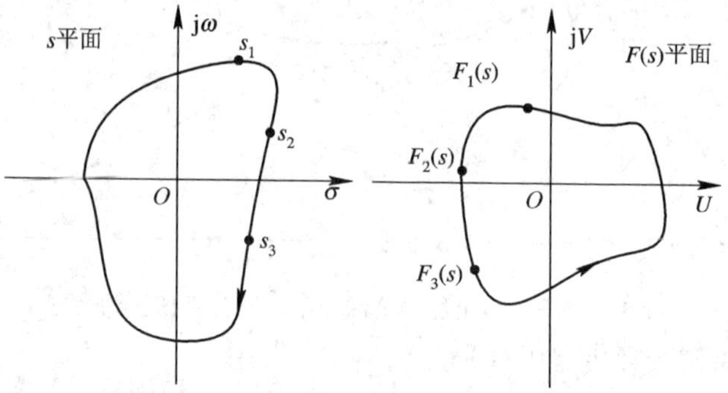

图 5 - 33 s 平面与 $F(s)$平面的映射关系

我们感兴趣的不是映射曲线的形状，而是它包围坐标原点的次数和运动方向，因为这两者与系统的稳定性密切相关。

根据式(5.38)，复变函数 $F(s)$的相角可表示为

$$\angle F(s)=\sum_{i=1}^{m}\angle(s-z_i)-\sum_{j=1}^{n}\angle(s-p_j) \tag{5.39}$$

假定在 s 平面上的封闭曲线包围了 $F(s)$的一个零点 z_1，而其他零极点都位于封闭曲线之外，则当 s 沿着 s 平面上的封闭曲线顺时针方向移动一周时，向量 $s-z_1$ 的相角变化 -2π 弧度，而其他各相量的相角变化为零。这意味着在 $F(s)$平面上的映射曲线沿顺时针方向围绕着原点旋转一周，也就是向量 $F(s)$的相角变化了 -2π 弧度，如图 5 - 34 所示。若 s 平面

上的封闭曲线包围着 $F(s)$ 的 Z 个零点，则在 $F(s)$ 平面上的映射曲线将按顺时针方向围绕着坐标原点旋转 Z 周。

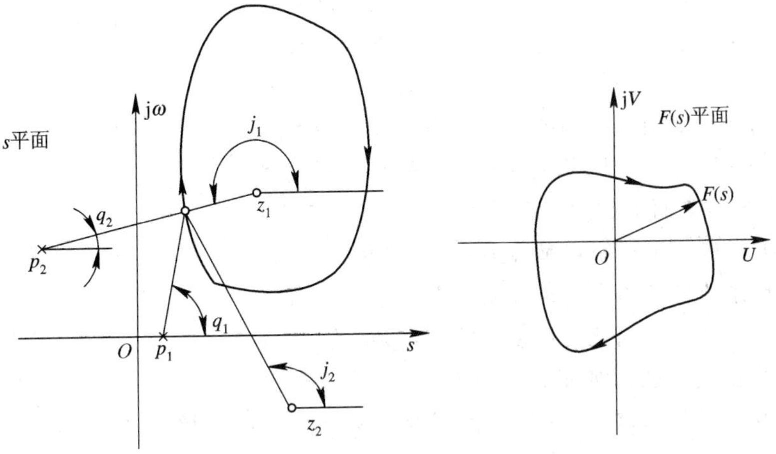

图 5-34 封闭曲线包围 z_1 时的映射情况

用类似分析方法可以推论，若 s 平面上的封闭曲线包围了 $F(s)$ 的 P 个极点，则当 s 沿着 s 平面上的封闭曲线顺时针移动一周时，在 $F(s)$ 平面上的映射曲线将按逆时针方向围绕着原点旋转 P 周。

综上所述，映射定理可以归纳如下：

映射定理 设 s 平面上的封闭曲线包围了复变函数 $F(s)$ 的 P 个极点和 Z 个零点，并且此曲线不经过 $F(s)$ 的任一零点和极点，则当复变量 s 沿封闭曲线顺时针方向移动时，在 $F(s)$ 平面上的映射曲线按逆时针方向包围坐标原点 $P-Z$ 周。

5.4.2 奈奎斯特稳定判据

设系统的开环传递函数为

$$G(s)H(s)=\frac{K(s-z_1)(s-z_2)\cdots(s-z_m)}{(s-p_1)(s-p_2)\cdots(s-p_n)}\qquad m\leqslant n$$

此系统的特征方程为

$$\begin{aligned}1+G(s)H(s)=F(s)&=1+\frac{K(s-z_1)(s-z_2)\cdots(s-z_m)}{(s-p_1)(s-p_2)\cdots(s-p_n)}\\&=\frac{(s-p_1)(s-p_2)\cdots(s-p_n)+K(s-z_1)(s-z_2)\cdots(s-z_m)}{(s-p_1)(s-p_2)\cdots(s-p_n)}\\&=\frac{(s-s_1)(s-s_2)\cdots(s-s_n)}{(s-p_1)(s-p_2)\cdots(s-p_n)}\end{aligned}\tag{5.40}$$

由式(5.40)可见，复变函数 $F(s)$ 的零点为系统特征方程的根(闭环极点) s_1、s_2、…、s_n，而 $F(s)$ 的极点则为系统的开环极点 p_1、p_2、…、p_n。闭环系统稳定的充分和必要条件是，特征方程的根，即 $F(s)$ 的零点，都位于 s 平面的左半部。

为了判断闭环系统的稳定性，需要检验 $F(s)$ 是否有位于 s 平面右半部的零点。为此可以选择一条包围整个 s 平面右半部的按顺时针方向运动的封闭曲线，通常称为奈奎斯特回线，简称奈氏回线，如图 5-35 所示。

奈氏回线由两部分组成，一部分是沿着虚轴由下向上移动的直线段 C_1，在此线段上 $s=j\omega$，ω 由 $-\infty$ 变到 $+\infty$；另一部分是半径为无穷大的半圆 C_2。如此定义的封闭曲线肯定包围了 $F(s)$的位于 s 平面右半部的所有零点和极点。

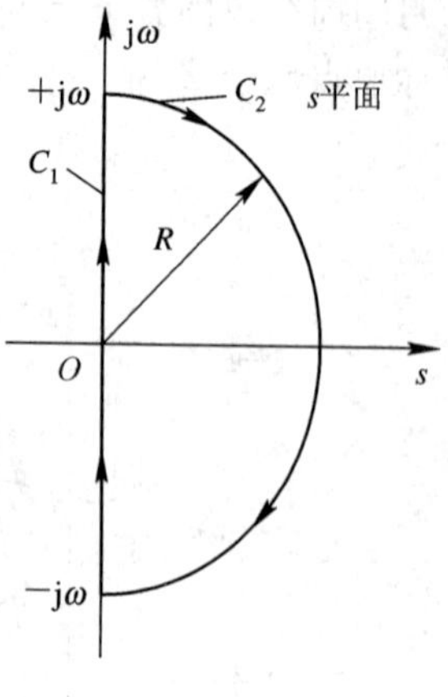

图 5－35　奈氏回线

设复变函数 $F(s)$在 s 平面的右半部有 Z 个零点和 P 个极点。根据映射定理，当 s 沿着 s 平面上的奈氏回线移动一周时，在$F(s)$平面上的映射曲线 $C_F=1+G(s)H(s)$将按逆时针方向围绕坐标原点旋转 $N=P-Z$ 周。

由于闭环系统稳定的充要条件是，$F(s)$在 s 平面右半部无零点，即 $Z=0$。因此可得以下的稳定判据。

奈奎斯特稳定判据　如果在 s 平面上，s 沿着奈氏回线顺时针方向移动一周时，在$F(s)$平面上的映射曲线 C_F 围绕坐标原点按逆时针方向旋转 $N=P$ 周，则系统是稳定的。

根据系统闭环特征方程有

$$G(s)H(s)=F(s)-1 \tag{5.41}$$

这意味着 $F(s)$的映射曲线 C_F 围绕原点运动的情况，相当于 $G(s)H(s)$的封闭曲线 C_{GH} 围绕着$(-1,\ j0)$点的运动情况，如图 5－36 所示。

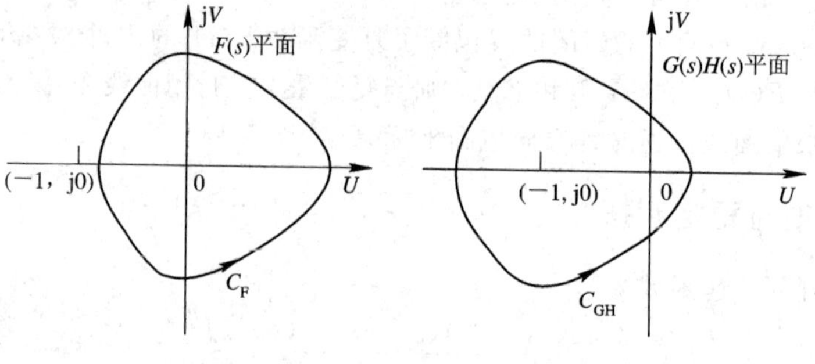

图 5－36　奈氏曲线映射在 $F(s)$平面和 $G(s)H(s)$平面上

绘制映射曲线 C_{GH} 的方法是：令 $s=j\omega$ 代入 $G(s)H(s)$，得到开环频率特性 $G(j\omega)H(j\omega)$，按前面介绍的方法画出奈氏图，再画出其对称于实轴的、ω 从 0 变到 $-\infty$ 的那部分曲线。至于映射曲线上对应于 $s=\lim\limits_{R\to\infty}R\cdot e^{j\theta}$的部分，由于在实际物理系统中 $m\leqslant n$，当 $n>m$ 时$G(s)H(s)$趋近于零，$n=m$ 时$G(s)H(s)$为实常数。因此，只要绘制出 ω 从 $-\infty$ 变化到 $+\infty$ 的开环频率特性，就构成了完整的映射曲线 C_{GH}。

综上所述，可将奈氏判据表述如下：闭环控制系统稳定的充分和必要条件是，当 ω 从 $-\infty$变化到 $+\infty$时，系统的开环频率特性 $G(j\omega)H(j\omega)$按逆时针方向包围$(-1,\ j0)$点 P 周，P 为位于 s 平面右半部的开环极点数目。

显然，若开环系统稳定，即位于 s 平面右半部的开环极点数$P=0$，则闭环系统稳定的充分和必要条件是：系统的开环频率特性 $G(j\omega)H(j\omega)$不包围$(-1,\ j0)$点。

【例 5－9】　已知开环传递函数为

$$G(s)H(s)=\frac{K}{(0.5s+1)(s+1)(2s+1)}$$

试绘制(1) $K=5$，(2) $K=15$ 时的奈氏图，并判断系统的稳定性。

解　(1) 当 $K=5$ 时，开环幅频特性和相频特性分别为

$$A(\omega)=\frac{5}{\sqrt{1+0.25\omega^2}\sqrt{1+\omega^2}\sqrt{1+4\omega^2}}$$

$$\varphi(\omega)=-\operatorname{arctg}(0.5\omega)-\operatorname{arctg}\omega-\operatorname{arctg}(2\omega)$$

从而有 $\omega=0^+$ 时，$A(\omega)=5$，$\varphi(\omega)=0°$；$\omega=+\infty$时，$A(\omega)=0$，$\varphi(\omega)=-270°+\Delta$，$\Delta$ 为正的很小量，故奈氏图在第Ⅱ象限趋向终点(0,j0)。因为相角范围为 0°到－270°，所以必有与负实轴的交点。令

$$\begin{aligned}\varphi(\omega)&=-\arctan(0.5\omega)-\arctan\omega-\arctan(2\omega)\\&=-\alpha-\beta-\gamma=-180°\end{aligned}$$

则

$$\begin{aligned}\tan(\alpha+\beta+\gamma)&=\frac{\tan(\alpha+\beta)+\tan\gamma}{1-\tan(\alpha+\beta)\tan\gamma}\\&=\frac{(\tan\alpha+\tan\beta)/(1-\tan\alpha\tan\beta)+\tan\gamma}{1-\tan(\alpha+\beta)\tan\gamma}\\&=\tan180°=0\end{aligned}$$

$$\tan\alpha+\tan\beta+\tan\gamma-\tan\alpha\tan\beta\tan\gamma=0$$

$$0.5\omega+\omega+2\omega=0.5\omega\cdot\omega\cdot2\omega$$

解得 $\omega=1.87$，此时 $A(\omega)=0.44$，因此与实轴的交点在(－1，j0)点的右侧。奈氏图如图 5－37 所示。因为 s 平面右半部的开环极点数 $P=0$，且奈氏曲线不包围(－1，j0)点，即 $N=0$，$Z=P-N=0$，所以系统稳定。

(2) 当 $K=15$ 时，奈氏图形状与(1)相同，只是以坐标原点为中心，向外“膨胀”而已。“膨胀”的倍数为 $15/5=3$，且 $A(\omega)=0.44\times3=1.32$，交点在(－1，j0)点的左侧。因为 s 平面右半部的开环极点数 $P=0$，且奈氏曲线顺时针包围(－1，j0)点 2 次，即 $N=-2$，$Z=P-N=2$，所以系统不稳定，有两个闭环极点在 s 平面右半部。

用 MATLAB 绘制的奈氏图如图 5－38 所示，其程序如下：

```
nyquist([5], conv(conv([1 0.5], [1 1]), [1 2]))
```

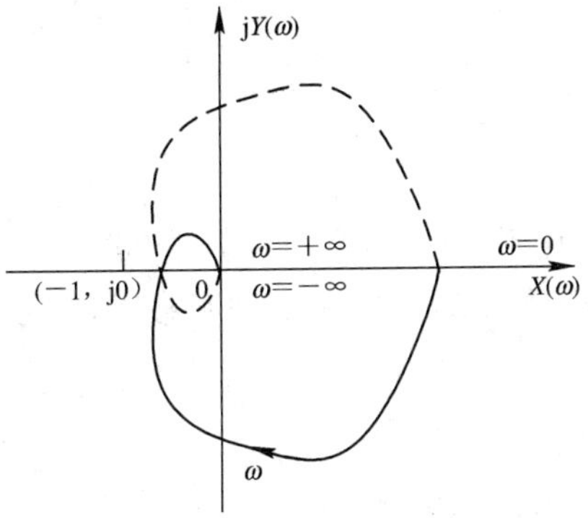

图 5－37　例 5－9 的奈氏图

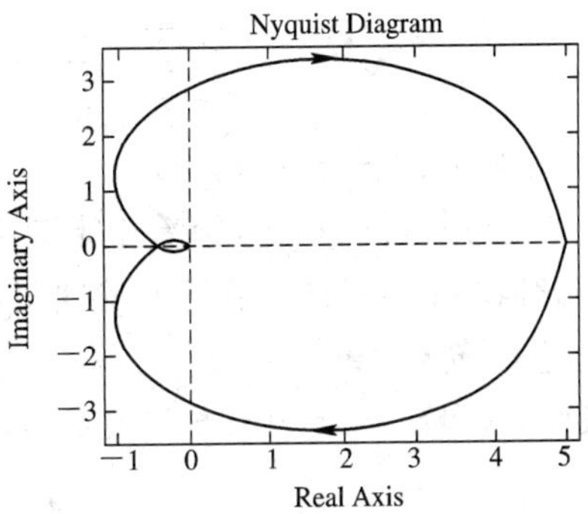

图 5－38　MATLAB绘制例 5－9 的奈氏图

5.4.3 虚轴上有开环极点时的奈氏判据

虚轴上有开环极点的情况通常出现在系统中有串联积分环节的时候，即在 s 平面的坐标原点有开环极点。这时不能直接应用图 5－35 所示的奈氏回线，因为映射定理要求此回线不经过 $F(s)$ 的奇点。

为了在这种情况下应用奈氏判据，可以选择图 5－39 所示的奈氏回线，它与图 5－35 中奈氏回线的区别仅在于，此回线经过以坐标原点为圆心，以无穷小量 ε 为半径的，在 s 平面右半部的小半圆，绕过了开环极点所在的原点。当 $\varepsilon \to 0$ 时，此小半圆的面积也趋近于零。因此，$F(s)$ 的位于 s 平面右半部的零点和极点均被此奈氏回线包围在内，而将位于坐标原点处的开环极点划到了左半部。这样处理是为了适应奈氏判据的要求，因为应用奈氏判据时必须首先明确位于 s 平面右半部和左半部的开环极点的数目。

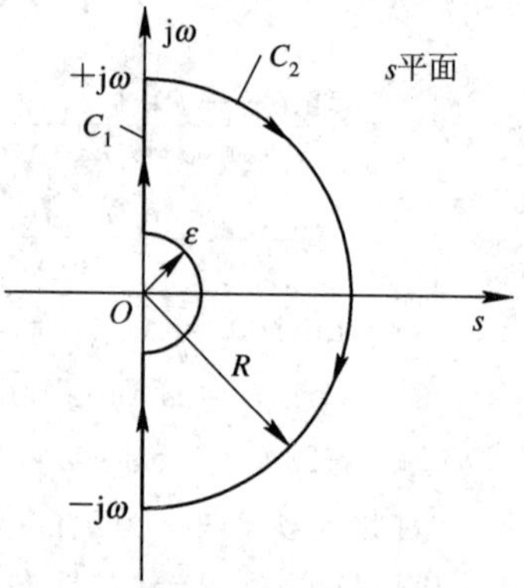

图 5－39　虚轴上有极点的奈氏回线

当 s 沿着上述小半圆移动时，有

$$s = \lim_{\varepsilon \to 0} \varepsilon e^{j\theta}$$

当 ω 从 0^- 沿小半圆变到 0^+ 时，s 按逆时针方向旋转了 $180°$，$G(s)H(s)$ 在其平面上的映射为

$$G(s)H(s)\Big|_{s=\lim\limits_{\varepsilon \to 0} \varepsilon e^{j\theta}} = \frac{K(\tau_1 s+1)(\tau_2 s+1)\cdots(\tau_m s+1)}{s^\nu (T_1 s+1)(T_2 s+1)\cdots(T_{n-\nu} s+1)}\Bigg|_{s=\lim\limits_{\varepsilon \to 0} \varepsilon e^{j\theta}}$$

$$= \frac{K}{\varepsilon^\nu} e^{-j\nu\theta} = \infty e^{-j\nu\theta}$$

ν 为系统中串联的积分环节数目。

由以上分析可见，当 s 沿着小半圆从 $\omega = 0^-$ 变化到 $\omega = 0^+$ 时，θ 角从 $-90°$ 经 $0°$ 变化到 $+90°$，这时在 $G(s)H(s)$ 平面上的映射曲线将沿着半径为无穷大的圆弧按顺时针方向从 $90\nu°$ 经过 $0°$ 转到 $-90\nu°$。

【例 5－10】 绘制开环传递函数为

$$G(s)H(s) = \frac{10}{s(s+1)(s+2)}$$

的奈氏图，并判断系统的稳定性。

解 开环幅频特性和相频特性分别为

$$A(\omega)=\frac{10}{\omega\sqrt{1+\omega^2}\sqrt{\omega^2+4}}$$

$$\varphi(\omega)=-90^\circ-\arctan\omega-\arctan(0.5\omega)$$

从而有 $\omega=0^+$ 时，$A(\omega)=\infty$，$\varphi(\omega)=-90^\circ-\Delta$，$\Delta$ 为正的很小量，故起点在第Ⅲ象限；$\omega=+\infty$时，$A(\omega)=0$，$\varphi(\omega)=-270^\circ+\Delta$，故在第Ⅱ象限趋向终点(0, j0)。因为相角范围从-90°到-270°，所以必有与负实轴的交点。由 $\varphi(\omega)=-180^\circ$得

$$-90^\circ-\arctan\omega-\arctan(0.5\omega)=-180^\circ$$

即

$$\arctan(0.5\omega)=90^\circ-\arctan\omega$$

上式两边取正切，得 $0.5\omega=1/\omega$，即 $\omega=1.414$，此时 $A(\omega)=1.67$。因此奈氏图与实轴的交点为(−1.67, j0)。系统开环传递函数有一极点在 s 平面的原点处，因此奈氏回线中半径为无穷小量 ε 的半圆弧对应的映射曲线是一个半径为无穷大的圆弧：

$$\omega:\ 0^-\to 0^+$$

$$\theta:\ -90^\circ\to 0^\circ\to +90^\circ$$

$$\varphi(\omega):\ +90^\circ\to 0^\circ\to -90^\circ$$

奈氏图如图 5－40 所示。因为 s 平面右半部的开环极点数 $P=0$，且奈氏曲线顺时针包围(−1, j0)点 2 次，即 $N=-2$，则 $Z=P-N=2$，所以系统不稳定，有两个闭环极点在 s 平面右半部。用 MATLAB 绘制(−1, j0)点附近的奈氏图如图 5－41 所示，其程序如下：

```
nyquist([10], conv(conv([1 0], [1 1]), [1 2]))
```

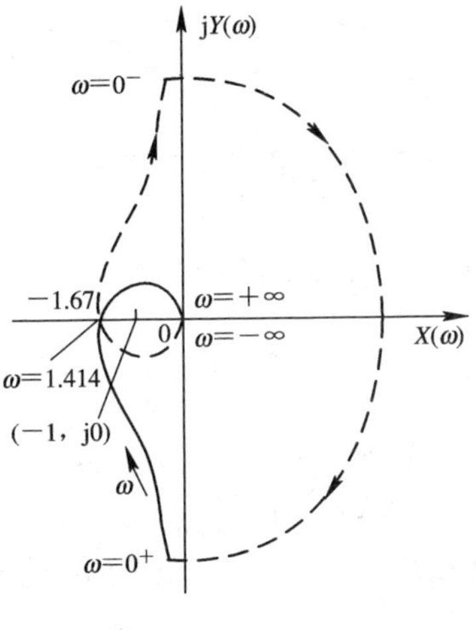

图 5－40 例 5－10 的奈氏图

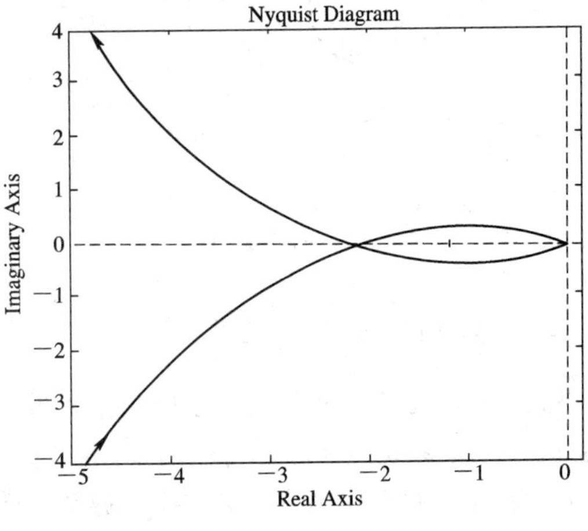

图 5－41 MATLAB绘制例 5－10 的奈氏图

【例 5－11】 绘制开环传递函数为

$$G(s)H(s)=\frac{10}{s^2(s+1)(s+2)}$$

的奈氏图，并判断系统的稳定性。

解 开环幅频特性和相频特性分别为

$$A(\omega)=\frac{10}{\omega^2\sqrt{1+\omega^2}\sqrt{\omega^2+4}}$$

$$\varphi(\omega)=-180^\circ-\arctan\omega-\arctan(0.5\omega)$$

从而有 $\omega=0^+$ 时，$A(\omega)=\infty$，$\varphi(\omega)=-180°-\Delta$，$\Delta$ 为正的很小量，故奈氏图起点在第Ⅱ象限；$\omega=+\infty$时，$A(\omega)=0$，$\varphi(\omega)=-360°+\Delta$，故在第Ⅰ象限趋向终点(0，j0)。

系统开环传递函数有 2 个极点在 s 平面的原点处，因此奈氏回线中半径为无穷小量 ε 的半圆弧对应的映射曲线是一个半径为无穷大的圆弧：

$$\omega:\ 0^- \rightarrow 0^+$$

$$\theta:\ -90° \rightarrow 0° \rightarrow +90°$$

$$\varphi(\omega):\ +180° \rightarrow 0° \rightarrow -180°$$

奈氏图如图 5 - 42 所示。因为 s 平面右半部的开环极点数 $P=0$，且奈氏曲线顺时针包围(−1，j0)点 2 次，即 $N=-2$，则 $Z=P-N=2$，所以系统不稳定，有两个闭环极点在 s 平面右半部。用 MATLAB 绘制(−1，j0)点附近的奈氏图如图 5 - 43 所示，其程序如下：

```
nyquist([10], conv(conv([1 0 0], [1 1]), [1 2]))
```

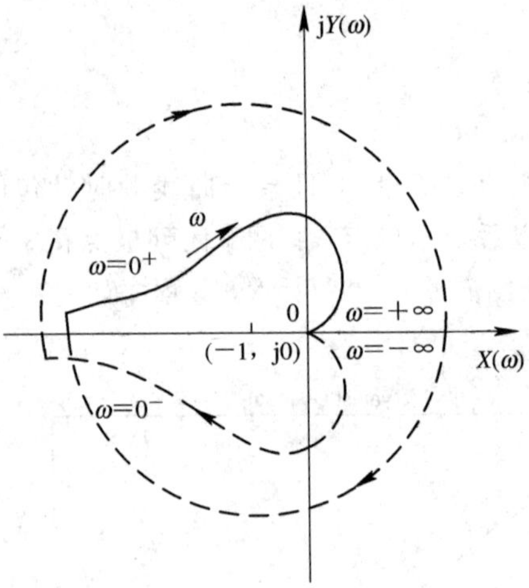

图 5 - 42　例 5 - 11 的奈氏图

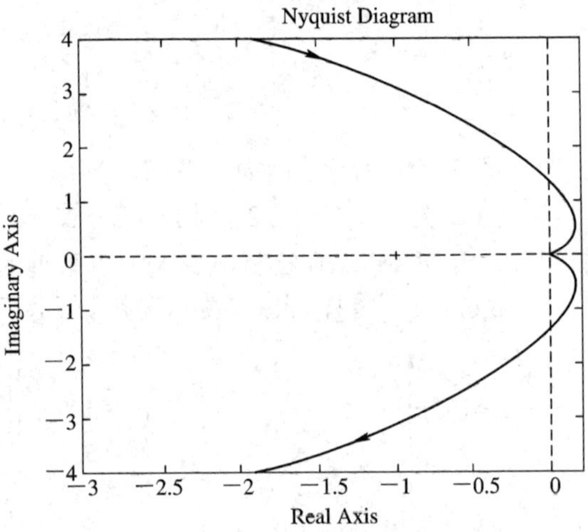

图 5 - 43　MATLAB 绘制例 5 - 11 的奈氏图

5.4.4　对数频率稳定判据

对数频率稳定判据实际上是奈氏判据的另一种形式，即利用开环系统的伯德图来判别系统的稳定性。系统开环频率特性的奈氏图(极坐标图)和伯德图之间有如下对应关系：奈氏图上以原点为圆心的单位圆对应于伯德图对数幅频特性的 0 分贝线；奈氏图上的负实轴对应于伯德图上相频特性的−180°线。伯德图上，$\varphi(\omega)$从−180°线以下增加到−180°线以上，称为$\varphi(\omega)$对−180°线的正穿越；反之，称为负穿越。

对数频率稳定判据可表述如下：闭环系统稳定的充分必要条件是，当 ω 由 0 变到∞时，在开环对数幅频特性 $L(\omega)\geqslant 0$ 的频段内，相频特性 $\varphi(\omega)$穿越−180°线的次数(正穿越与负穿越次数之差)为 $P/2$。P 为 s 平面右半部开环极点数目。注意，奈氏判据中，s 沿着奈氏回线顺时针方向移动一周，故 ω 由−∞变到∞，所以伯德图中 ω 由 0 变到∞时，穿越次数为 $P/2$，而不是 P。

对于开环稳定的系统，此时，$P=0$，若在 $L(\omega)\geqslant 0$ 的频段内，相频特性 $\varphi(\omega)$穿越−180° 线的次数(正穿越与负穿越之差)为 0，则闭环系统稳定；否则闭环系统不稳定。

【例 5-12】 系统开环传递函数为

$$G(s)H(s)=\frac{K}{s(Ts+1)}$$

试用对数稳定判据判断其稳定性。

解 伯德图如图 5-44 所示。

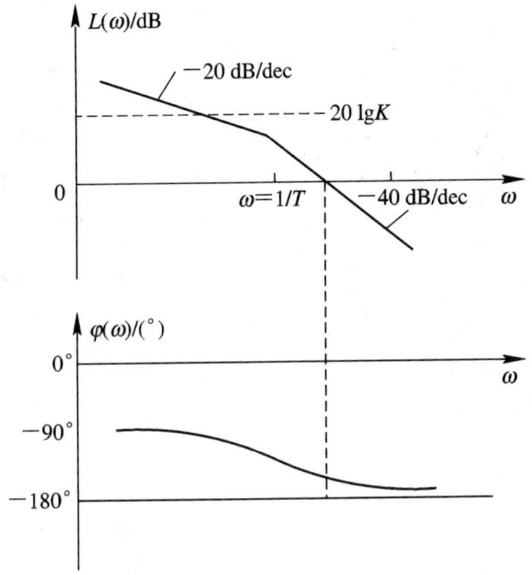

图 5-44 例 5-12 的伯德图

此系统的开环传递函数在 s 平面右半部没有极点，即 $P=0$，而在 $L(\omega)\geqslant 0$ 的频段内，相频特性 $\varphi(\omega)$ 不穿越 $-180°$ 线，故闭环系统必然稳定。

5.5 稳定裕度

从奈氏判据可知，若系统的开环传递函数没有右半平面的极点，且闭环系统是稳定的，那么奈氏曲线 $G(j\omega)H(j\omega)$ 离 $(-1, j0)$ 点越远，则闭环系统的稳定程度越高；反之，$G(j\omega)H(j\omega)$ 离 $(-1, j0)$ 点越近，则闭环系统的稳定程度越低；如果 $G(j\omega)H(j\omega)$ 穿过 $(-1, j0)$ 点，则意味着闭环系统处于临界稳定状态。这便是通常所说的相对稳定性，它通过 $G(j\omega)H(j\omega)$ 对 $(-1, j0)$ 点的靠近程度来度量，其定量表示为相角裕度 γ 和增益裕度 K_g，如图 5-45 所示。

1. 相角裕度 γ

在频率特性上对应于幅值 $A(\omega)=1$ 的角频率称为剪切频率，以 ω_c 表示，在剪切频率处，相频特性距 $-180°$ 线的相位差 γ 叫作相角裕度。图 5-45(a)表示的具有正相角裕度的系统不仅稳定，而且还有相当的稳定储备，它可以在 ω_c 的频率下，允许相角再增加(滞后) γ 度才达到临界稳定状态。因此相角裕度也叫相位稳定性储备。

对于稳定的系统，φ 必在伯德图 $-180°$ 线以上，这时称为正相角裕度，或者有正相角裕度，如图 5-45(c) 所示。对于不稳定系统，φ 必在 $-180°$ 线以下，这时称为负相角裕度，如图 5-45(d)所示。故有

$$\gamma = 180^{\circ} + \varphi(\omega_c) \tag{5.42}$$

相应地，在奈氏图中，γ 即为奈氏曲线与单位圆的交点 A 对负实轴的相位差值。对于稳定系统，A 点必在负实轴以下。如图 5-45(a)所示。反之，对于不稳定系统，A 点必在负实轴以上，如图 5-45(b)所示。

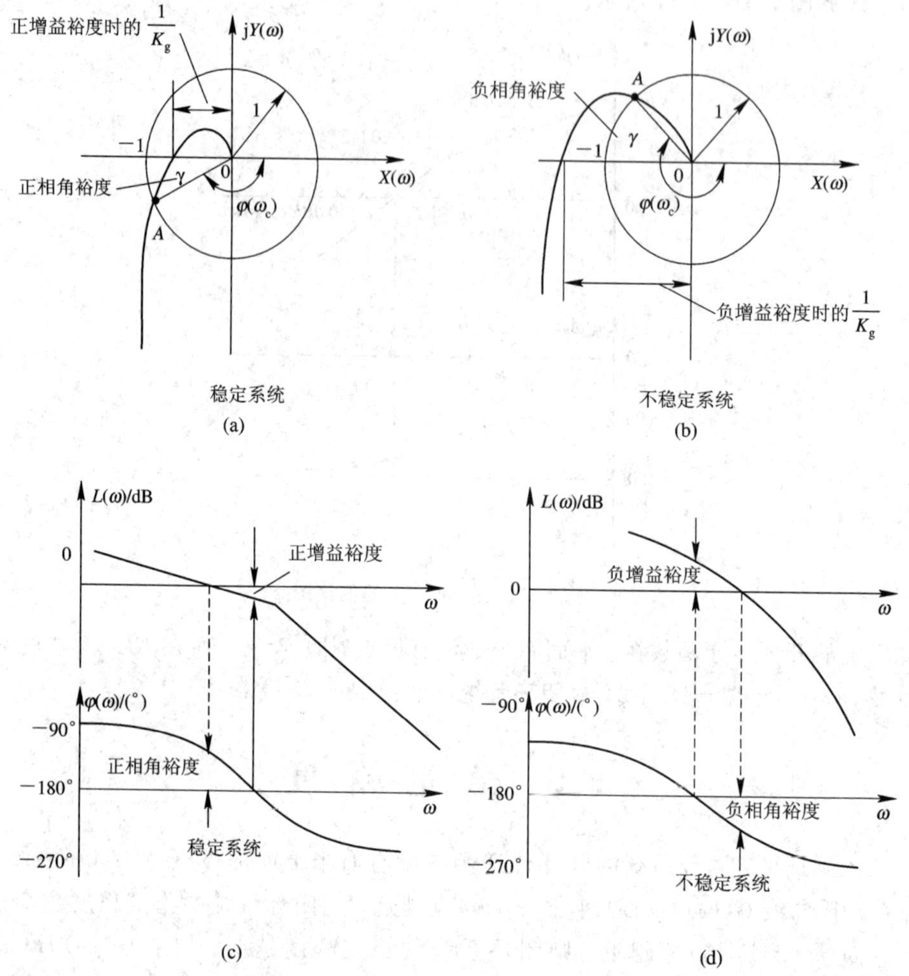

图 5-45 相角裕度和增益裕度

2. 增益裕度 K_g

在相频特性等于−180°的频率 ω_g 处，开环幅频特性 $A(\omega_g)$的倒数称为增益裕度，记做 K_g，即

$$K_g = \frac{1}{A(\omega_g)} \tag{5.43}$$

在伯德图上，增益裕度改以分贝(dB)表示，$K_g = -20\lg A(\omega_g)$。

此时，对于稳定的系统，$L(\omega_g)$必在伯德图 0 dB 线以下，这时称为正增益裕度，如图 5-45(c)所示。对于不稳定系统，$L(\omega_g)$必在 0 dB 线以上，这时称为负增益裕度，如图 5-45(d)所示。

以上表明，在图 5-45(c)中，对数幅频特性还可上移 K_g，即开环系统的增益增加 K_g

倍，则闭环系统达到稳定的临界状态。

在奈氏图中，奈氏曲线与负实轴的交点到原点的距离即为 $1/K_g$，它代表在频率 ω_g 处开环频率特性的模。显然，对于稳定系统，$1/K_g<1$，如图 5-45(a)所示；对于不稳定系统有 $1/K_g>1$，如图 5-45(b)所示。

对于一个稳定的最小相位系统，其相角裕度应为正值，增益裕度应大于1。

严格地讲，应当同时给出相角裕度和增益裕度，才能确定系统的相对稳定性。但在粗略估计系统的暂态响应指标时，有时主要对相角裕度提出要求。

保持适当的稳定裕度，可以预防系统中元件性能变化可能带来的不利影响。为使系统有满意的稳定储备，以及得到较满意的暂态响应，在工程实践中，一般希望 γ 为 45°～60°，$K_g \geqslant 10$ dB，即 $K_g \geqslant 3$。

前面已经指出，对于最小相位系统，开环幅频特性和相频特性之间存在唯一的对应关系。上述相角裕度意味着，系统开环对数幅频特性的斜率在剪切频率 ω_c 处应大于 -40 dB，在实际中常取 -20 dB。

【例 5-13】 单位反馈系统开环传递函数为

$$G(s)=\frac{K_1}{s(s+1)(s+5)}$$

分别求取 $K_1=10$ 及 $K_1=100$ 时的相角裕度和增益裕度。

解 相角裕度可通过对数幅频特性用图解法求出。$K_1=10$ 时，

$$G(s)=\frac{K_1}{5s(1+s)(1+s/5)}$$

$\omega_1=1$，$\omega_2=5$。$20\lg K=20\lg 2=6$ dB。画出对数幅频特性曲线，如图 5-46 所示。

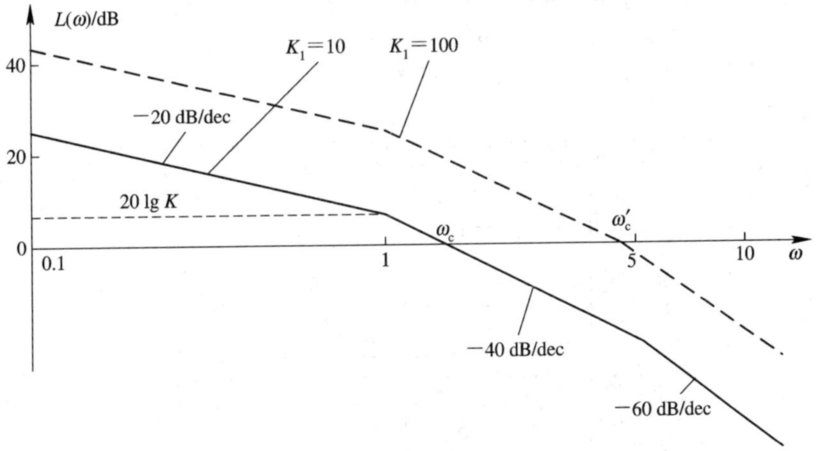

图 5-46 例 5-13 的伯德图(幅频特性)

由图可知：

$$40\lg\frac{\omega_c}{\omega_1}=20\lg K=20\lg 2$$

所以剪切频率 $\omega_c=\sqrt{2}=1.414$。相角裕度为

$$\gamma=180°+\varphi(\omega_c)=180°-90°-\arctan\omega_c-\arctan\frac{\omega_c}{5}=19.5°$$

当 K_1 从 10 变到 100 时，幅频特性上移 20 lg(100/10) ＝20 dB，如图 5－46 中虚线所示。

$$40\ \lg \frac{\omega_c'}{\omega_1} = 20\ \lg K' = 20\ \lg 20$$

所以 $K_1=100$ 时对应的剪切频率为 $\omega_c=\sqrt{20}=4.472$。相角裕度为

$$\gamma = 180^\circ + \varphi(\omega_c') = 180^\circ - 90^\circ - \arctan\omega_c' - \arctan\frac{\omega_c'}{5} = -29.2^\circ$$

欲求增益裕度，则须先求出 ω_g，这里给出 MATLAB 计算的值，如图 5－47 所示，其程序如下：

```
sys=tf([10], conv(conv([1 0], [1 1]), [1 5])); margin(sys); figure
sys=tf([100], conv(conv([1 0], [1 1]), [1 5])); margin(sys)
```

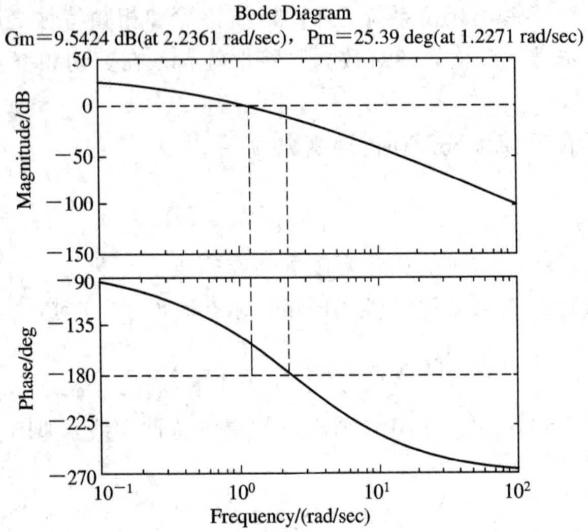

(a) $K_1=10$

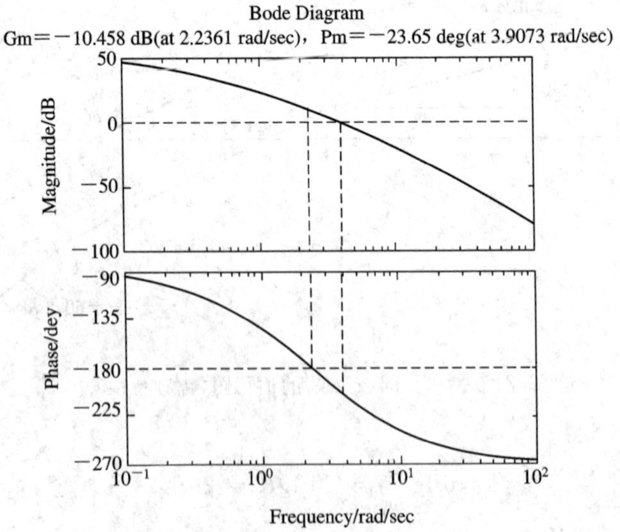

(b) $K_1=100$

图 5－47 MATLAB 绘制的例 5－13 的伯德图

5.6 闭环系统的频域性能指标

5.6.1 由开环频率特性估计闭环频率特性

对于图 5-48 所示的系统，其开环频率特性为 $G(j\omega)H(j\omega)$，而闭环频率特性则为

$$\frac{C(j\omega)}{R(j\omega)}=\frac{G(j\omega)}{1+G(j\omega)H(j\omega)}$$

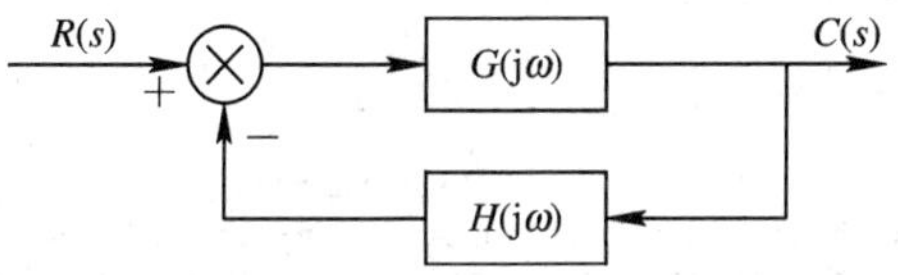

图 5-48 闭环系统

因此，已知开环频率特性，就可以求出系统的闭环频率特性，也就可以绘出闭环频率特性曲线。这里介绍的是已知开环频率特性，定性地估计闭环频率特性。

设系统为单位反馈，即 $H(j\omega)=1$，则

$$\frac{C(j\omega)}{R(j\omega)}=\frac{G(j\omega)}{1+G(j\omega)}$$

一般实际系统的开环频率特性具有低通滤波的性质，所以低频时 $|G(j\omega)|\gg 1$，则

$$\left|\frac{C(j\omega)}{R(j\omega)}\right|=\left|\frac{G(j\omega)}{1+G(j\omega)}\right|\approx 1$$

高频时 $|G(j\omega)|\ll 1$，则

$$\left|\frac{C(j\omega)}{R(j\omega)}\right|=\left|\frac{G(j\omega)}{1+G(j\omega)}\right|\approx G(j\omega)$$

在中频段(即剪切频率 ω_c 附近)，可通过计算描点画出轮廓。其闭环幅频特性如图 5-49 所示。因此，对于一般单位反馈的最小相位系统，如果输入的是低频信号，则输出可以认为与输入基本相等，而闭环系统在高频的特性与开环系统在高频的特性也近似相同。

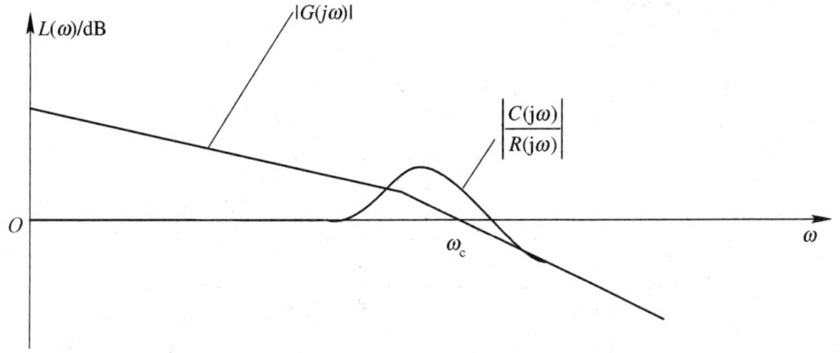

图 5-49 闭环幅频特性

例 5－13 中取 $K_1=10$，则单位反馈系统开环传递函数为

$$G(s)=\frac{10}{s(s+1)(s+5)}$$

而闭环传递函数为

$$G_c(s)=\frac{10}{s^3+6s^2+5s+10}$$

用 MATLAB 绘制其闭环频率特性的伯德图如图 5－50 所示，其程序如下：

```
g1=tf([10], conv(conv([1 0], [1 1]), [1 5])); g2=tf([1], [1])
sys=feedback(g1, g2)
margin(sys)
```

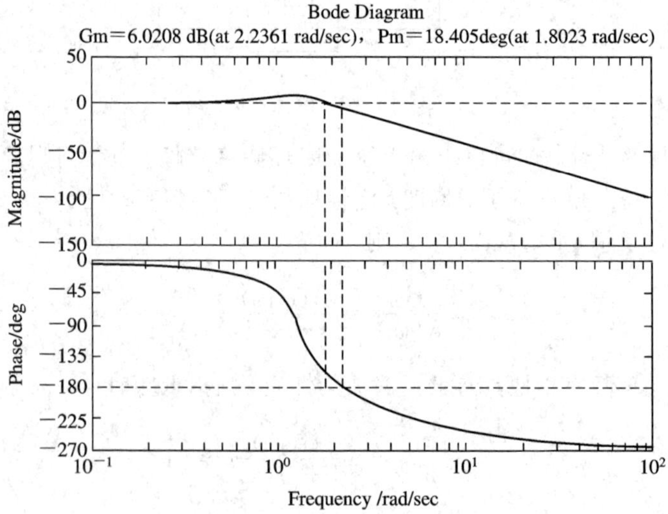

图 5－50　MATLAB 绘制的闭环频率特性伯德图

5.6.2　频域性能指标

闭环系统的频域性能指标如图 5－51 所示。

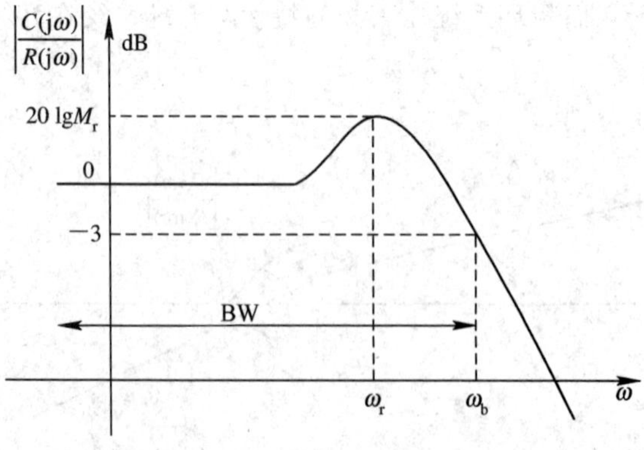

图 5－51　闭环系统频域性能指标

截止频率(带宽频率)ω_b 是指对数幅频特性的幅值下降到 -3 dB 时对应的频率。

带宽 BW 是指幅值不低于 -3 dB($20\lg(\sqrt{2}/2)\approx -3$)对应的频率范围，也即 $0\sim\omega_b$ 的频率范围。带宽反映了系统对噪声的滤波特性，同时也反映了系统的响应速度。带宽愈大，暂态响应速度愈快；反之，带宽愈小，只有较低频率的信号才易通过，则时域响应往往比较缓慢。

谐振频率 ω_r 是指产生谐振峰值对应的频率，它在一定程度上反映了系统暂态响应的速度。ω_r 愈大，则暂态响应愈快。对于弱阻尼系统，ω_r 与 ω_b 的值很接近。

谐振峰值 M_r 是指闭环幅频特性的最大值。它反映了系统的相对稳定性。一般而言，M_r 值愈大，则系统阶跃响应的超调量也愈大。通常希望系统的谐振峰值在 1.1～1.4 之间，相当于二阶系统的 ζ 为 $0.4<\zeta<0.7$。

对于二阶系统，有

$$G(\mathrm{j}\omega)=\frac{\omega_n^2}{(\mathrm{j}\omega)^2+2\zeta\omega_n(\mathrm{j}\omega)+\omega_n^2}$$

其幅频特性为

$$|G(\mathrm{j}\omega)|=\frac{\omega_n^2}{\sqrt{(\omega_n^2-\omega^2)^2+(2\zeta\omega_n\omega)^2}}$$

由 $\dfrac{\mathrm{d}|G(\mathrm{j}\omega)|}{\mathrm{d}\omega}=0$ 得谐振频率 ω_r 为

$$\omega_r=\omega_n\sqrt{1-2\zeta^2}\qquad(0\leqslant\zeta\leqslant 0.707)\tag{5.44}$$

则谐振峰值 M_r 为

$$M_r=|G(\mathrm{j}\omega)|=\frac{1}{2\zeta\sqrt{1-\zeta^2}}\qquad(0\leqslant\zeta\leqslant 0.707)\tag{5.45}$$

由 $G(\mathrm{j}\omega)=\sqrt{2}/2$ 得截止频率(带宽频率)ω_b 为

$$\omega_b=\omega_n\sqrt{\sqrt{4\zeta^4-4\zeta^2+2}+(1-2\zeta^2)}\qquad(0\leqslant\zeta\leqslant 0.707)\tag{5.46}$$

小　　结

频率响应法是控制理论的重要组成部分，又是研究控制系统的一种工程方法。它是一种常用的图解分析法，其特点是可以根据系统的开环频率特性去判断闭环系统的性能，并能较方便地分析系统参量对时域响应的影响，从而指出改善系统性能的途径。

学习本章应掌握以下几个方面的基本内容：

(1) 频率特性的定义及其物理意义，典型环节的频率特性奈氏图和伯德图，进而绘制复杂系统的奈氏图和伯德图。虽然用 MATLAB 可以方便地绘制这两种图，但如果不甚明了其原理且不善于迅速地画出图像和进行实际分析，那么这种工程方法的优点也就失去了一大半。

(2) 若系统传递函数的极点和零点都位于 s 平面的左半部，则这种系统称为最小相位系统。反之，若系统的传递函数具有位于 s 平面右半部的极点或零点，则这种系统称为非最小相位系统。对于最小相位系统，幅频和相频特性之间存在着唯一的对应关系，即根据对数幅频特性，可以唯一地确定相应的相频特性和传递函数，而对非最小相位系统则不然。

(3) 奈氏稳定判据是频率响应法的核心，可以用系统的开环频率特性去判断闭环系统的稳定性。依据开环频率特性不仅能够定性地判断闭环系统的稳定性，而且可以定量地反映系统的相对稳定性，即稳定的程度。系统的相对稳定性通常用相角裕度和增益裕度来衡量。

(4) 时域分析中的性能指标直观反映系统动态响应的特征，属于直接性能指标，而系统频域性能指标可以作为间接性能指标。常用的闭环系统的频域性能指标有两个，一个是谐振峰值 M_r，反映系统的相对稳定性；另一个是频带宽度或截止频率 ω_b，反映系统的快速性。

(5) 频率响应法突出的优点是：物理意义明确并且可以用实验的方法测定出来。在难以用解析方法确定系统频率特性的情况下，这点具有特别重要的意义。一旦测出频率特性，系统的传递函数也就确定了。

习　　题

5-1　系统的传递函数为

$$G(s)=\frac{5}{0.25s+1}$$

当输入为 $5\cos(4t-30^\circ)$时，试求系统的稳态输出。

5-2　试求下列函数的幅频特性 $A(\omega)$，相频特性 $\varphi(\omega)$，实频特性 $X(\omega)$和虚频特性 $Y(\omega)$。

(1) $G(\mathrm{j}\omega)=\dfrac{5}{30\mathrm{j}\omega+1}$

(2) $G(\mathrm{j}\omega)=\dfrac{1}{\mathrm{j}\omega(0.1\mathrm{j}\omega+1)}$

5-3　已知单位反馈系统的开环传递函数，试绘制其开环频率特性的奈氏图。

(1) $G(s)=\dfrac{1}{s(1+s)}$

(2) $G(s)=\dfrac{1}{(1+s)(1+2s)}$

(3) $G(s)=\dfrac{1}{s(1+s)(1+2s)}$

(4) $G(s)=\dfrac{1}{s^2(1+s)(1+2s)}$

5-4　请绘制上题中各个系统的伯德图。

5-5　设单位反馈系统的开环传递函数为

$$G(s)=\frac{10}{s(1+0.1s)(1+0.5s)}$$

试绘制系统的奈氏图和伯德图，并求相角裕度和增益裕度。

5－6 绘制 $G(s)=\frac{1}{s-1}$ 环节的伯德图，并和惯性环节 $G(s)=\frac{1}{s+1}$ 的伯德图比较。

5－7 试确定下面各传递函数能否在图 5－52 中找到相应的奈氏图。

(1) $G(s)=\frac{0.2(4s+1)}{s^2(0.4s+1)}$

(2) $G(s)=\frac{0.14(9s^2+5s+1)}{s^2(0.3s+1)}$

(3) $G(s)=\frac{K(0.1s+1)}{s(1+s)}$

(4) $G(s)=\frac{K}{(s+1)(s+2)(s+3)}$

(5) $G(s)=\frac{K}{s(s+1)(0.5s+1)}$

(6) $G(s)=\frac{K}{(s+1)(s+2)}$

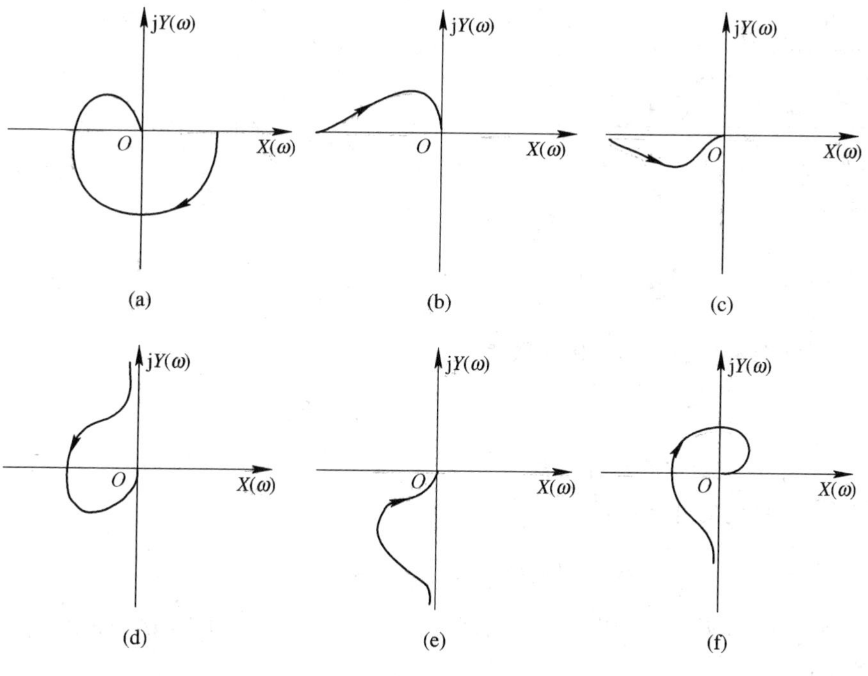

图 5－52 题 5－7 图

5－8 设两个系统，其开环传递函数的奈氏图($\omega=0^+\sim+\infty$)如图 5－53 所示，其中图 5－53(a)为Ⅰ型系统，图 5－53(b)为Ⅱ型系统。设开环传递函数在右半平面都没有极点，试画出完整的奈氏图，并确定系统的稳定性。

5－9 根据下列开环频率特性判断闭环系统的稳定性。

(1) $G(j\omega)H(j\omega)=\frac{10}{j\omega(0.1j\omega+1)(0.2j\omega+1)}$

(2) $G(j\omega)H(j\omega)=\frac{2}{(j\omega)^2(0.1j\omega+1)(10j\omega+1)}$

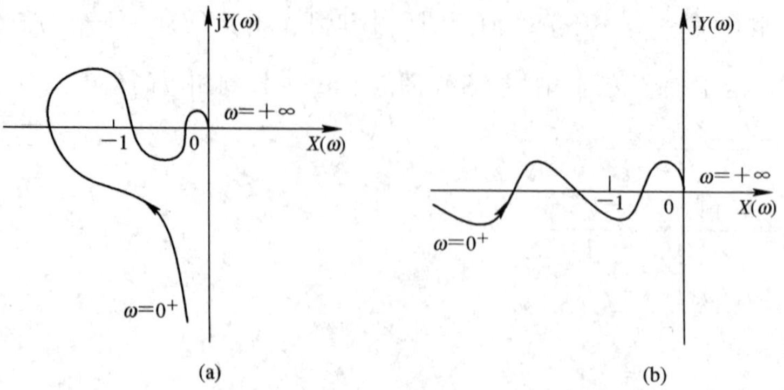

图 5-53 题 5-8 图

5-10 已知最小相位系统的开环对数幅频特性的渐近线如图 5-54 所示，试写出系统的开环传递函数，并绘出相应的对数相频特性的大致图形。

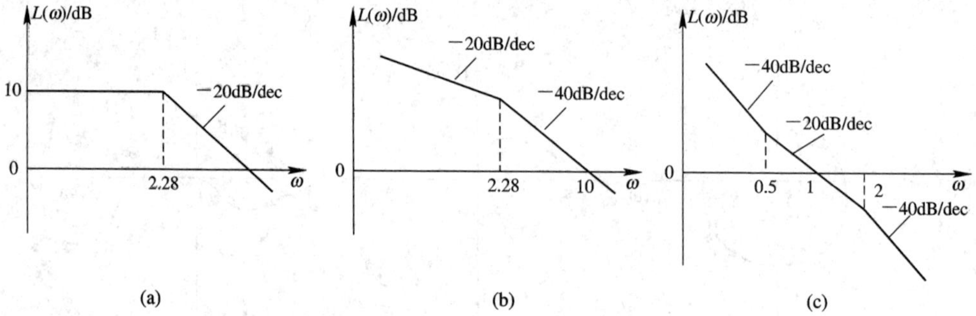

图 5-54 题 5-10 图

5-11 已知系统的开环传递函数为

$$G(s)H(s)=\frac{K}{s(s+1)(3s+1)}$$

试用 Nyquist 求系统稳定的临界增益 K 值。

5-12 设系统的开环传递函数为

$$G(s)H(s)=\frac{K}{s(0.2s+1)(0.02s+1)}$$

试分别绘制 $K=10$，$K=100$ 时系统的伯德图，求系统的相角裕度和增益裕度，并判断闭环系统的稳定性。

5-13 设单位反馈系统的开环传递函数为

$$G(s)=\frac{K}{s(0.1s+1)(s+1)}$$

(1) 求系统相角裕度为 60°时的 K 值；

(2) 求系统增益裕度为 20 dB 时的 K 值。

5-14 试确定下列系统的谐振峰值、谐振频率及频带宽度。

$$\frac{C(\mathrm{j}\omega)}{R(\mathrm{j}\omega)}=\frac{5}{(\mathrm{j}\omega)^2+2\mathrm{j}\omega+5}$$

5-15 已知某二阶系统的超调量为 25%，试求相应的阻尼比 ζ 和谐振峰值 M_r。

5－16　设单位反馈系统的开环传递函数为

$$G(s)=\frac{10}{s(0.05s+1)(0.1s+1)}$$

试绘制系统的伯德图，并求系统闭环频率特性的谐振峰值 M_r 和谐振频率 ω_r。

5－17　图 5－55 均是最小相位系统的开环对数幅频特性曲线，试写出其传递函数。

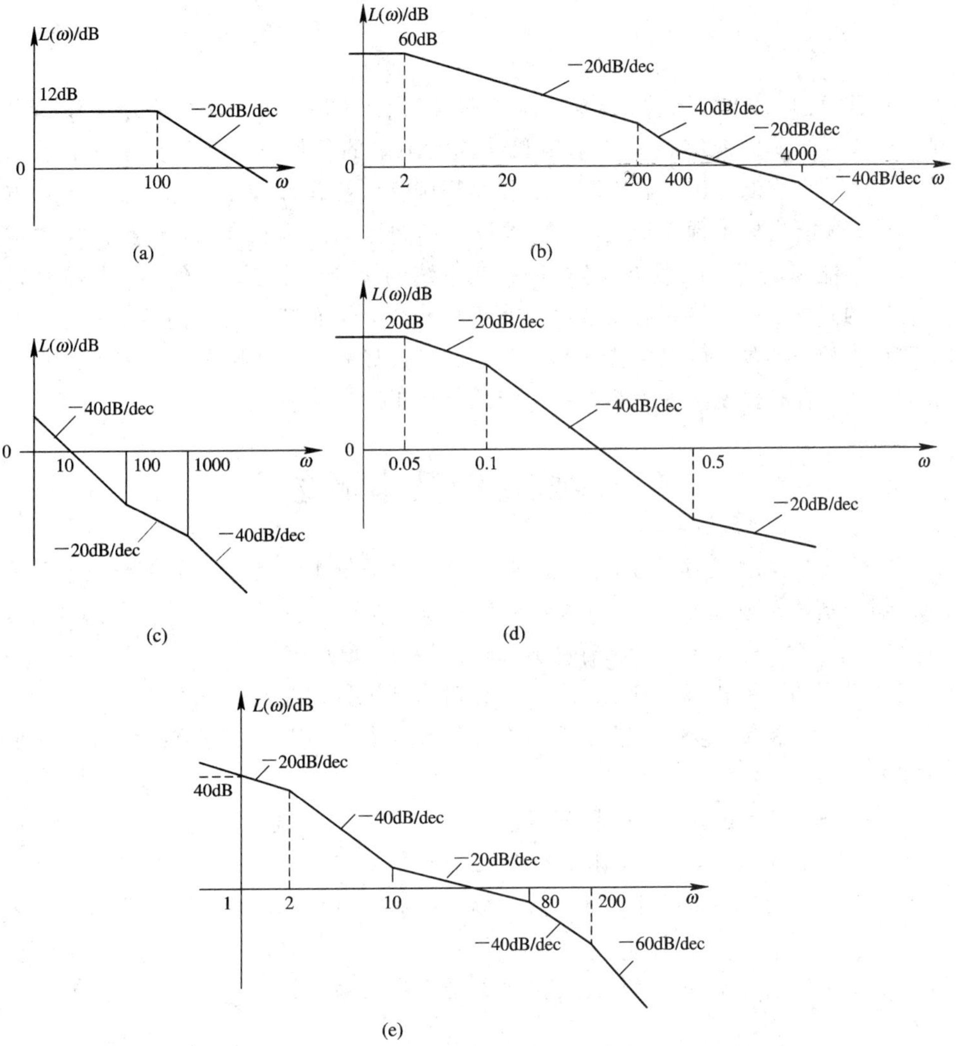

图 5－55　题 5－17 图

第六章　线性系统的校正方法

在前面几章里，我们讨论了控制系统的两种工程分析方法：时间域方法和频率域方法。利用这些方法我们能够在系统结构和参数已确定的条件下，计算或估算出系统的性能。这类问题是系统的分析问题。但在工程实际中常常提出相反的要求，就是说，被控对象是已知的，性能指标是预先给定的，要求设计控制器的结构和参数，使控制器和被控对象组成一个性能满足要求的系统，这类问题叫系统的综合。可见，综合的目的就是在系统中引入合适的附加装置，使原有系统的缺点得到校正，从而满足一定的性能指标。引入的附加装置称为校正装置，所以系统的综合问题就是选择校正装置接入的位置以及它的结构和参数的问题。有时也笼统地把系统的综合称为校正。

6.1　校正的基本概念

在研究系统校正装置时，为了方便，将系统中除了校正装置以外的部分，包括被控对象及控制器的基本组成部分一起，称为“原有部分”(亦称固有部分或不可变部分)。因此，控制系统的校正，就是按给定的原有部分和性能指标，设计校正装置。

校正中常用的性能指标包括稳态精度、相对稳定裕量以及响应速度等。

(1) 稳态精度指标：包括静态位置误差系数 K_p，静态速度误差系数 K_v 和静态加速度误差系数 K_a。

(2) 稳定裕量指标：通常希望相角裕量 $\gamma=45°\sim60°$，增益裕度 $K_g\geqslant10$ dB，谐振峰值 $M_r=1.1\sim1.4$，超调量 $\sigma<25\%$，阻尼比 $\zeta=0.4\sim0.7$。

(3) 响应速度指标：包括上升时间 t_r，调整时间 t_s，剪切频率 ω_c，带宽 BW，谐振频率 ω_r。

对于二阶系统，ζ、γ、σ 和 M_r 之间有严格的定量关系，如

$$\omega_r=\omega_n\sqrt{1-2\zeta^2},\ M_r=\frac{1}{2\zeta\sqrt{1-\zeta^2}},\ \sigma=\exp\left(-\frac{\zeta\pi}{\sqrt{1-\zeta^2}}\right)$$

等等，只要考虑得当，这些关系亦可用来指导高阶系统的设计。

校正装置接入系统的形式主要有两种：一种是校正装置与被校正对象相串联，如图 6-1(a)所示，这种校正方式称为串联校正；另一种是从被校正对象引出反馈信号，与被校正对象或其一部分构成局部反馈回路，并在局部反馈回路内设置校正装置，这种校正方式称为局部反馈校正或并联校正，如图 6-1(b)所示。为提高性能，也常采用如图 6-1(c)所示的串联反馈校正。图 6-1(d)所示的称为前馈补偿或前馈校正。在此，反馈控制与前馈控制并用，所以也称为复合控制系统。

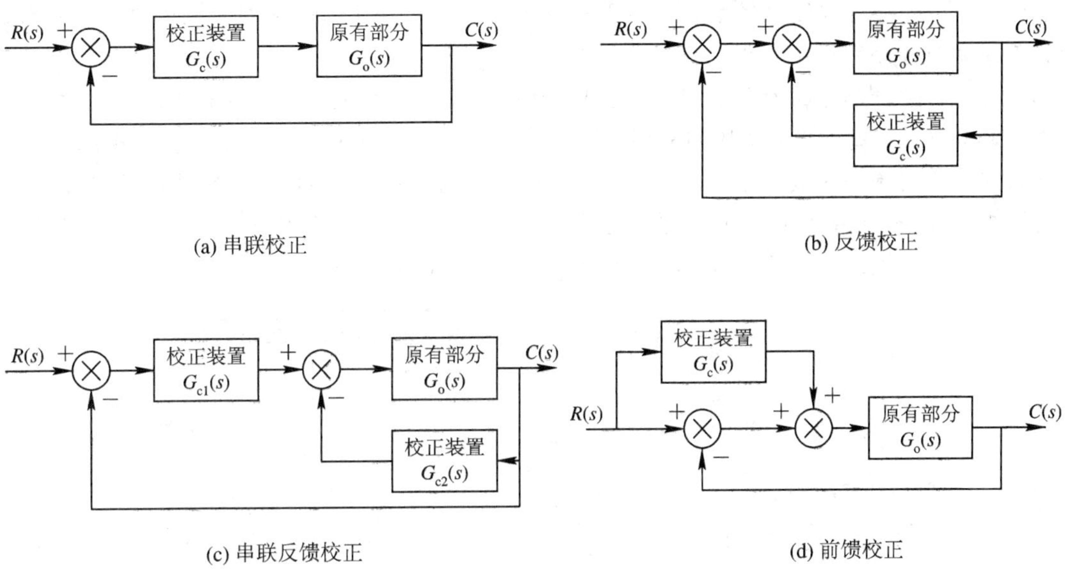

图 6－1　校正装置在控制系统中的位置

选择何种校正装置，主要取决于系统结构的特点、采用的元件、信号的性质、经济条件及设计者的经验等。一般来说，串联校正简单，较易实现。目前多采用有源校正网络构成串联校正装置。串联校正装置常设于系统前向通道的能量较低的部位，以减少功率损耗。反馈校正的信号是从高功率点传向低功率点，故通常不需采用有源元件。采用反馈校正还可以改造被反馈包围的环节的特性，抑制这些环节参数波动或非线性因素对系统性能的不良影响。复合控制则对于既要求稳态误差小，同时又要求暂态响应平稳快速的系统尤为适用。

综上所述，控制系统的校正不会像系统分析那样只有单一答案，也就是说，能够满足性能指标的校正方案不是唯一的。在进行校正时还应注意，性能指标不是越高越好，因为性能指标太高会提高成本。另外当所要求的各项指标发生矛盾时，需要折衷处理。

6.2　线性系统的基本控制规律

正如第三章所讲，线性系统的运动过程可由微分方程描述，微分方程的解就是系统的响应，欲使系统响应具有所需的性能，可以通过附加校正装置去实现。抽象地看，增加了校正装置后，就改变了描述系统运动过程的微分方程。

如果校正装置的输出与输入之间是一个简单的但能按需要整定的比例常数关系，则这种控制作用通常称为比例控制。整定不同的比例常数值，就能改变系统微分方程的相应项的系数，于是系统的零、极点分布随之相应地变化，从而达到改变系统响应的目的。

比例控制对改变系统零、极点分布的作用是很有限的，它不具有削弱甚至抵消系统原有部分中“不良”的零、极点的作用，也不具有向系统增添所需零、极点的作用。也就是说，仅依靠比例控制往往不能使系统获得所需的性能。

为了更大程度地改变描述系统运动过程的微分方程，以使系统具有所要求的暂态和稳态性能，一个线性连续系统的校正装置应该能够实现其输出是输入对时间的微分或积分，这就是微分控制和积分控制。

比例(P)、微分(D)和积分(I)控制规律常称为线性系统的基本控制规律，应用这些基本控制规律的某些组合，如比例-微分、比例-积分、比例-积分-微分等组合控制规律，可以实现对被控对象的有效控制，如图 6－2 所示。线性连续系统的校正装置能简单地看成是包含加法器(相加或相减)、放大器、衰减器、微分器或积分器等部件的一个装置。设计者的任务是恰当地组合这些部件，确定连接方式以及它们的参数。

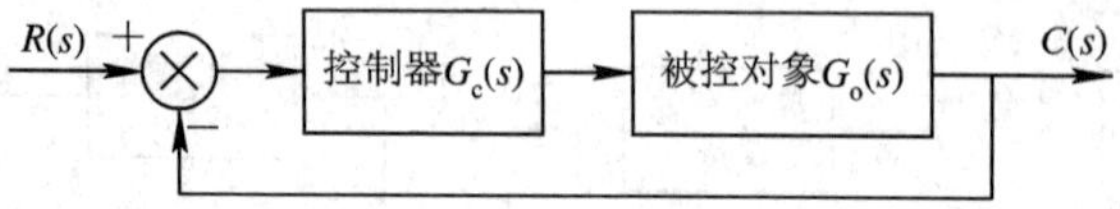

图 6－2　控制系统

1. 比例(P)控制规律

具有比例控制规律的控制器，称为比例(P)控制器。图 6－2 中的$G_c(s)=K_p$，称为比例控制器增益。

比例控制器实质上是一个具有可调增益的放大器。在信号变换过程中，比例控制器只改变信号的增益而不影响其相位。在串联校正中，加大控制器增益 K_p，可以提高系统的开环增益，减小系统的稳态误差，从而提高系统的控制精度，但会降低系统的相对稳定性，甚至可能造成闭环系统不稳定。因此，在系统校正设计中，很少单独使用比例控制规律。

2. 比例-微分(PD)控制规律

具有比例-微分控制规律的控制器，称为比例-微分(PD)控制器。图 6－2 中的 $G_c(s)=K_p(1+T_d s)$，其中 K_p 为比例系数，T_d 为微分时间常数。K_p 和 T_d 都是可调的参数。

PD 控制器中的微分控制规律，能反映输入信号的变化趋势，产生有效的早期修正信号，以增加系统的阻尼程度，从而改善系统的稳定性。在串联校正中，可使系统增加一个 $-1/T_d$ 的开环零点，使系统的相角裕度增加，因而有助于系统动态性能的改善。

【例 6－1】 设比例-微分控制系统如图 6－3 所示，试分析 PD 控制器对系统性能的影响。

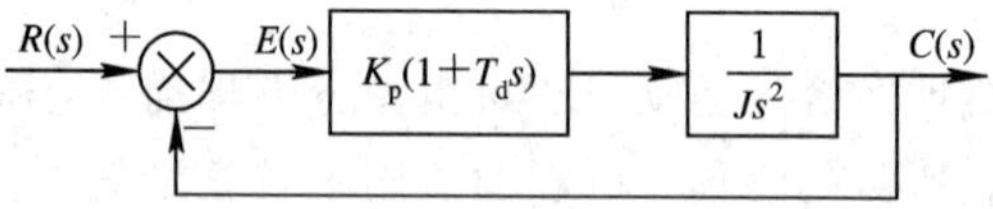

图 6－3　比例-微分控制系统

解　无 PD 控制器时，系统的特征方程为

$$Js^2+1=0$$

显然，系统的阻尼比等于零，系统处于临界稳定状态，即实际上的不稳定状态。接入 PD 控制器后，系统的特征方程为

$$Js^2+K_pT_ds+K_p=0$$

其阻尼比 $\zeta=\frac{T_d}{2}\sqrt{\frac{K_p}{J}}>0$，因此闭环系统是稳定的。

需要注意的是，因为微分控制作用只对动态过程起作用，而对稳态过程没有影响，且对系统噪声非常敏感，所以单一的微分控制器在任何情况下都不宜与被控对象串联起来单独使用。通常，微分控制器总是与比例控制器或比例-积分控制器结合起来，构成组合的PD或PID控制器，应用于实际的控制系统。

3. 积分(I)控制规律

具有积分控制规律的控制器，称为积分(I)控制器。图6-2中的$G_c(s)=1/(K_i s)$，其中K_i为可调比例系数。由于积分控制器的积分作用，当输入信号消失后，输出信号有可能是一个不为零的常量。

在串联校正时，采用积分控制器可以提高系统的型别(Ⅰ型系统、Ⅱ型系统等)，有利于系统稳态性能的提高，但积分控制使系统增加了一个位于原点的开环极点，使信号产生90°的相角滞后，对系统的稳定性不利。因此，在控制系统的校正设计中，通常不宜采用单一的积分控制器。

4. 比例-积分(PI)控制规律

具有比例-积分控制规律的控制器，称为比例-积分(PI)控制器。图6-2中的$G_c(s)=K_p[1+1/(T_i s)]$，其中K_p为可调比例系数，T_i为可调积分时间常数。

在串联校正中，PI控制器相当于在系统中增加一个位于原点的开环极点，同时也增加了一个位于s左半平面的开环零点。增加的极点可以提高系统的型别，以消除或减小系统的稳态误差，改善系统稳态性能；而增加的负实零点则用来增加系统的阻尼程度，缓和PI控制器极点对系统稳定性及动态过程产生的不利影响。只要积分时间常数T_i足够大，PI控制器对系统稳定性的不利影响可大为减弱。在实际控制系统中，PI控制器主要用来改善系统稳态性能。

【例6-2】 设比例-积分控制系统如图6-4所示，试分析PI控制器对系统稳态性能的改善作用。

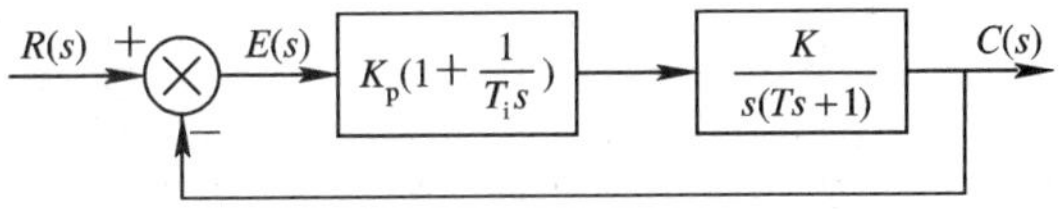

图6-4 比例-积分控制系统

解 接入PI控制器后，系统的开环传递函数为

$$G(s)=\frac{KK_p(T_i s+1)}{T_i s^2(Ts+1)}$$

可见，系统由原来的Ⅰ型系统提高到Ⅱ型系统。若系统的输入信号为单位斜坡函数，则无PI控制器时，系统的稳态误差为$1/K$；接入PI控制器后，稳态误差为零。表明Ⅰ型系统采用PI控制器后，可以消除系统对斜坡输入信号的稳态误差，控制准确度大为改善。

采用PI控制器后，系统的特征方程为

$$TT_i s^3+T_i s^2+KK_p T_i s+KK_p=0$$

其中，参数T，T_i，K，K_p都是正数。由劳斯判据可知，$T_i\cdot KK_p T_i>TT_i\cdot KK_p$，即调整PI控制器的积分时间常数$T_i$，使之大于被控对象的时间常数$T$，可以保证闭环系统的稳定性。

5. 比例-积分-微分(PID)控制规律

具有比例-积分-微分控制规律的控制器，称为比例-积分-微分(PID)控制器。图6-2中的$G_c(s)=K_p[1+1/(T_i s)+T_d s]$。

若$4T_d/T_i<1$，则

$$G_c(s)=\frac{K_p}{T_i}\cdot\frac{(T_1 s+1)(T_2 s+1)}{s}$$

式中

$$T_1=\frac{T_i}{2}\left(1+\sqrt{1-\frac{4T_d}{T_i}}\right),\quad T_2=\frac{T_i}{2}\left(1-\sqrt{1-\frac{4T_d}{T_i}}\right)$$

可见，当利用PID控制器进行串联校正时，除可使系统的型别提高一级外，还将提供两个负实零点。与PI控制器相比，PID控制器除了同样具有提高系统的稳态性能的优点外，还多提供一个负实零点，从而在提高系统的动态性能方面，具有更大的优越性。因此，在工业过程控制系统中，广泛使用PID控制器。

6. PID控制参数的工程整定法

PID控制器各部分参数的选择，将在现场调试时最后确定。下面介绍常用的参数整定方法。

1) 临界比例法

临界比例法适用于具有自平衡型的被控对象。首先，将控制器设置为比例(P)控制器，形成闭环，改变比例系数，使得系统对阶跃输入的响应达到临界振荡状态(临界稳定)。将这时的比例系数记为K_r，振荡周期记为T_r。根据齐格勒-尼柯尔斯(Ziegle-Nichols)经验公式，由这两个基准参数得到不同类型控制器的调节参数，见表6-1。

表6-1 临界比例法确定的PID控制器参数

控制器类型	K_p/K_r	T_i/T_r	T_d/T_r
P	0.5	—	—
PI	0.45	0.85	—
PID	0.6	0.5	0.12

2) 响应曲线法

预先在对象动态响应曲线上求出等效纯滞后时间τ、等效惯性时间常数T，以及广义对象的放大系数K。表6-2给出了PID控制器参数K_p、T_i、T_d与τ、T、K之间的关系。

表6-2 响应曲线法确定的PID控制器参数

控制器类型	$K_p/[T/(K\tau)]$	T_i/τ	T_d/τ
P	1	—	—
PI	0.91	3.3	—
PID	1.18	2	0.5

3) 凑试法确定PID参数

在凑试时，根据前述PID参数对控制过程的作用影响，对参数实行先比例、后积分，再微分的整定步骤。令 $K_i = K_p T/T_i$，$K_d = K_p T_d/T$，具体步骤如下。

(1) 首先只整定比例部分。先将 K_i、K_d 设为 0，逐渐加大比例参数 K_p(或先取较大值，然后用 0.618 黄金分割法选择 K_p)观察系统的响应，直到获得反应快、超调小的响应曲线。如果系统没有静差或静差很小(已小到允许的范围内)，且响应曲线已属满意，则只需用比例控制器即可，最优比例系数可由此确定。

(2) 如果在比例控制的基础上系统的静差不能满足设计要求，则须加入积分环节。同样 K_i 先选较小值，然后逐渐加大(或先取较大值，然后用 0.618 黄金分割法选择 K_i)，使在保持系统良好动态性能的情况下，静差得到消除，得到较满意的响应曲线。在此过程中，可根据响应曲线的好坏反复改变比例系数与积分系数，以期得到满意的控制过程与整定参数。

(3) 若使用比例积分控制器消除了静差，但动态过程经反复调整仍不能满意，则可加入微分环节，构成比例积分微分控制器。这时可以加大 K_d 以提高响应速度，减少超调；但对于干扰较敏感的系统，则要谨慎，加大 K_d 可能反而加大系统的超调量。在整定时，可先置微分系数 K_d 为零，在第二步整定的基础上增大 K_d，同时相应地改变比例系数和积分系数，逐步凑试，以获得满意的调节效果和控制参数。

6.3　常用校正装置及其特性

6.3.1　相位超前校正装置

相位超前校正装置可用如图 6-5 所示的电气网络实现，图 6-5(a)是由无源阻容元件组成的。设此网络输入信号源的内阻为零，输出端的负载阻抗为无穷大，则此相位超前校正装置的传递函数将是

$$G_c(s) = \frac{U_o(s)}{U_i(s)} = \frac{1}{\alpha} \cdot \frac{1+\alpha Ts}{1+Ts} \tag{6.1}$$

式中，$\alpha = (R_1 + R_2)/R_2 > 1$，$T = R_1 R_2 C/(R_1 + R_2)$。

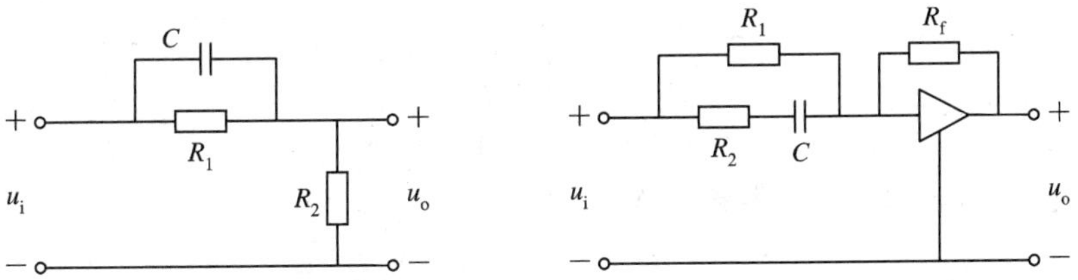

(a) 无源校正装置　　(b) 有源校正装置

图 6-5　相位超前校正装置

对于图 6-5(b)的有源校正装置，其对应的传递函数为

$$G_c(s) = \frac{U_o(s)}{U_i(s)} = -K\frac{1+\alpha Ts}{1+Ts} \tag{6.2}$$

式中，$K = R_f/R_1$，$\alpha = (R_1 + R_2)/R_2 > 1$，$T = R_2 C$。负号是因为采用了负反馈的运放，如果再串联一只反相放大器即可消除负号。

由式(6.1)和式(6.2)可知，在采用相位超前校正装置时，系统的开环增益会有 α(或 $1/K$)倍的衰减，为此，用放大倍数为 α(或 $1/K$)的附加放大器予以补偿，经补偿后，其频率特性为

$$G_c(j\omega) = \frac{1 + j\alpha T\omega}{1 + jT\omega} \tag{6.3}$$

其伯德图如图 6-6 所示，程序如下：

```
bode([10  1],[1  1])
```

其幅频特性具有正斜率段，相频特性具有正相移。正相移表明，校正网络在正弦信号作用下的正弦稳态输出信号，在相位上超前于输入信号，所以称为超前校正装置或超前网络。

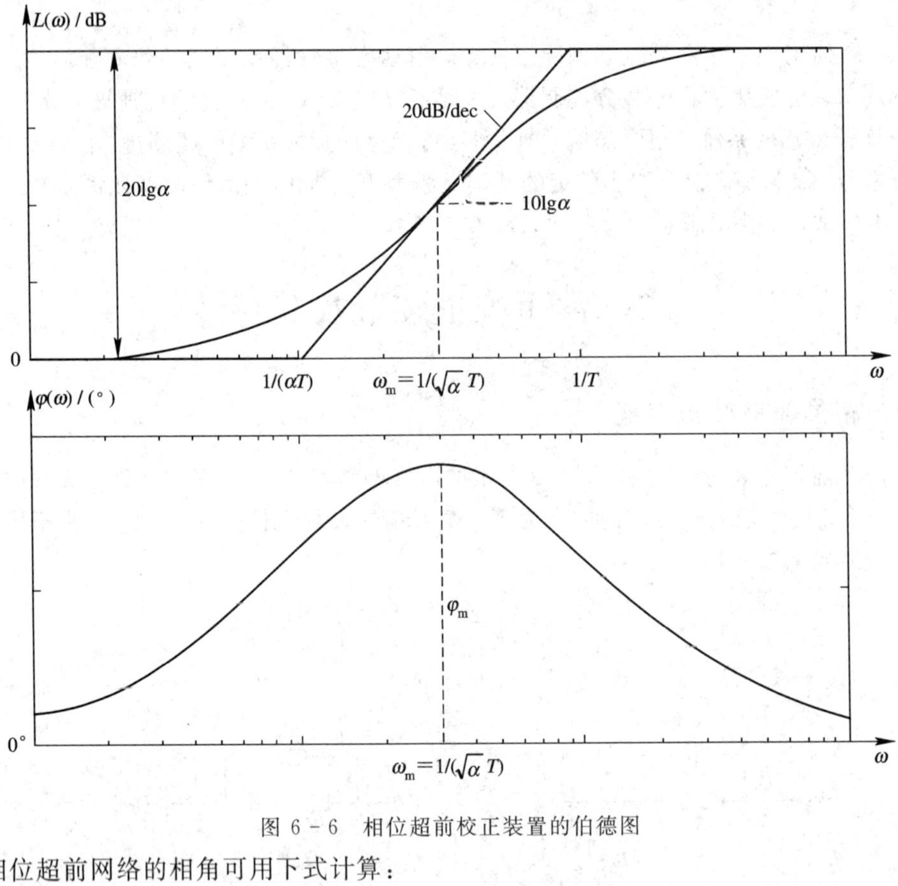

图 6-6 相位超前校正装置的伯德图

相位超前网络的相角可用下式计算：

$$\varphi_c(\omega) = \arctan\frac{(\alpha - 1)T\omega}{1 + \alpha T^2\omega^2} \tag{6.4}$$

利用 $d\varphi_c/d\omega=0$ 的条件，可以求出最大超前相角的频率为

$$\omega_m = \frac{1}{\sqrt{\alpha}T} \tag{6.5}$$

上式表明，ω_m 是频率特性的两个交接频率的几何中心。将式(6.5)代入式(6.4)可得到

$$\varphi_m = \arctan\frac{\alpha - 1}{2\sqrt{\alpha}} \quad 或 \quad \varphi_m = \arcsin\frac{\alpha - 1}{\alpha + 1} \tag{6.6}$$

由上式可得

$$\alpha=\frac{1+\sin\varphi_m}{1-\sin\varphi_m} \tag{6.7}$$

另外，容易看出在 ω_m 点有 $L(\omega_m)=(20\lg\alpha)/2=10\lg\alpha$。在选择 α 的数值时，需要考虑系统的高频噪声。超前校正装置是一个高通滤波器，而噪声的一个重要特点是其频率要高于控制信号的频率，α 值过大对抑制系统噪声不利。为了保持较高的系统信噪比，一般实际中选用的 α 不大于 14，此时 $\varphi_m\approx60°$。

超前校正的主要作用是产生超前角，可以用它部分地补偿被校正对象在截止频率 ω_c 附近的相角滞后，以提高系统的相角裕度，改善系统的动态性能。

上节所讲的 PD 控制器也是一种超前校正装置。

6.3.2 相位滞后校正装置

相位滞后校正装置可用如图 6-7 所示的电气网络实现，图 6-7(a)是由 RC 无源网络实现的。假设输入信号源的内阻为零，输出负载阻抗为无穷大，则此相位滞后校正装置的传递函数是

$$G_c(s)=\frac{U_o(s)}{U_i(s)}=\frac{1+Ts}{1+\beta Ts} \tag{6.8}$$

式中 $\beta=(R_1+R_2)/R_2>1$，$T=R_2C$。对于图 6-7(b)的有源校正装置，其对应的传递函数为

$$G_c(s)=\frac{U_o(s)}{U_i(s)}=-K\frac{1+Ts}{1+\beta Ts} \tag{6.9}$$

式中，$K=(R_2+R_3)/R_1$，$\beta=(R_2+R_3)/R_2>1$，$T=R_2R_3/(R_2+R_3)C$。

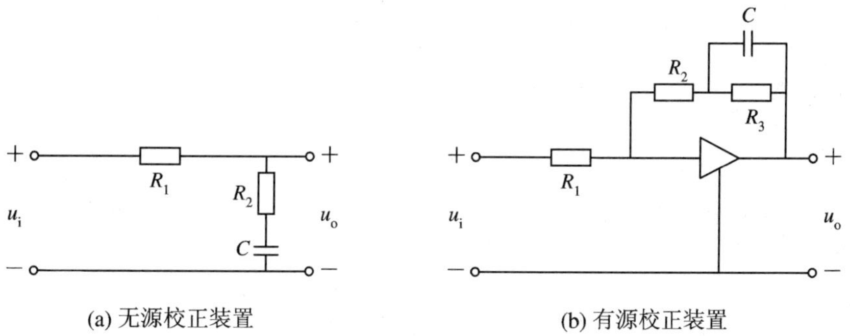

图 6-7 相位滞后校正装置

相位滞后校正装置的频率特性为

$$G_c(j\omega)=\frac{1+jT\omega}{1+j\beta T\omega} \tag{6.10}$$

其伯德图如图 6-8 所示，程序如下：

```
bode([1 1], [10 1])
```

由于传递函数分母的时间常数大于分子的时间常数，所以其幅频特性具有负斜率段，相频特性出现负相移。负相移表明，校正网络在正弦信号作用下的正弦稳态输出信号，在相位上滞后于输入信号，所以称为滞后校正装置或滞后网络。

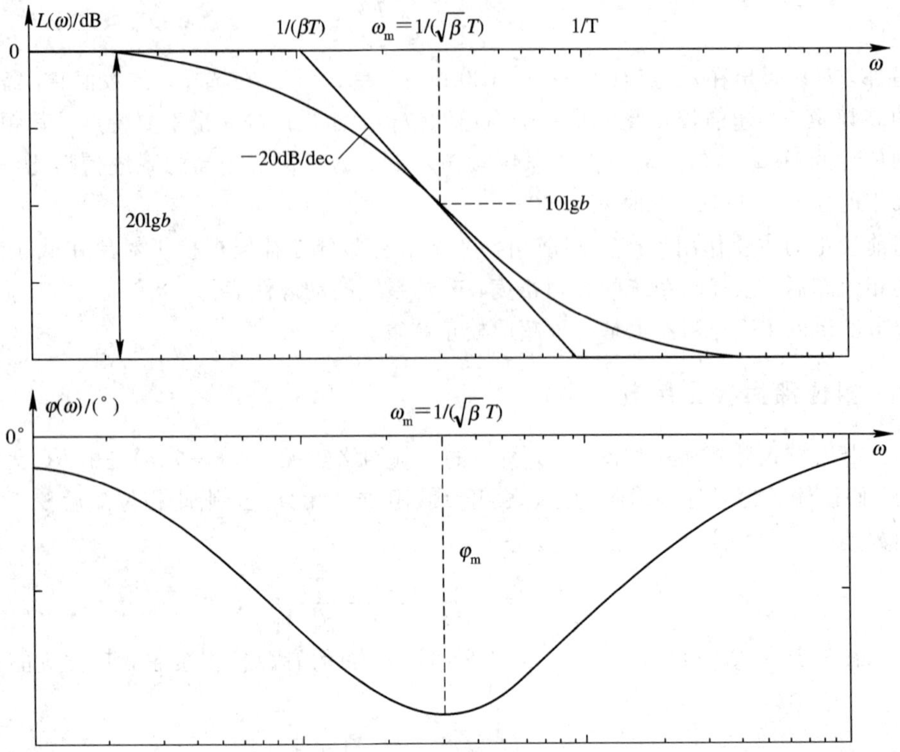

图 6-8　相位滞后校正装置的伯德图

与相位超前校正装置类似，滞后网络的相角可用下式计算：

$$\varphi_c(\omega) = \arctan\frac{(\beta-1)T\omega}{1+\beta T^2\omega^2} \tag{6.11}$$

最大滞后相角的频率为

$$\omega_m = \frac{1}{\sqrt{\beta}T} \tag{6.12}$$

ω_m 是频率特性的两个交接频率的几何中心。将式(6.12)代入式(6.11)可得

$$\varphi_m = \arctan\frac{\beta-1}{2\sqrt{\beta}}$$

或

$$\varphi_m = \arcsin\frac{\beta-1}{\beta+1} \tag{6.13}$$

图 6-8 表明相位滞后校正网络实际是一低通滤波器，它对低频信号基本没有衰减作用，但能削弱高频噪声，β 值愈大，抑制噪声的能力愈强。通常选择 $\beta=10$ 较为适宜。

采用相位滞后校正装置改善系统的暂态性能时，主要是利用其高频幅值衰减特性，以降低系统的开环剪切频率，提高系统的相角裕度。因此，力求避免使最大滞后相角发生在校正后系统的开环对数频率特性的剪切频率 ω_c 附近，以免对暂态响应产生不良影响。一般可取

$$\frac{1}{T} = \frac{1}{10}\omega_c \sim \frac{1}{4}\omega_c \tag{6.14}$$

上节所讲的 PI 控制器是一种滞后校正装置。

6.3.3 相位滞后-超前校正装置

相位滞后-超前校正装置可用如图 6 - 9 所示的电气网络实现，图 6 - 9(a)是由 RC 无源网络实现的。假设输入信号源的内阻为零，输出负载阻抗为无穷大，则其传递函数为

$$G_c(s)=\frac{U_o(s)}{U_i(s)}=\frac{(R_1C_1s+1)(R_2C_2s+1)}{R_1R_2C_1C_2s^2+(R_1C_1+R_2C_2+R_1C_2)s+1} \tag{6.15}$$

若适当选择参量，使式(6.15)具有两个不相等的负实数极点，即令 $T_1=R_1C_1$，$T_2=R_2C_2$，$\beta T_1+T_2/\beta=R_1C_1+R_2C_2+R_1C_2$，$\beta>1$，且使 $T_1>T_2$，则式(6.15)可改写为

$$G_c(s)=\frac{U_o(s)}{U_i(s)}=\frac{T_1s+1}{\beta T_1s+1}\cdot\frac{T_2s+1}{T_2s/\beta+1} \tag{6.16}$$

其中第 2 个等号右边的前一分式起滞后作用，后一分式起超前作用。

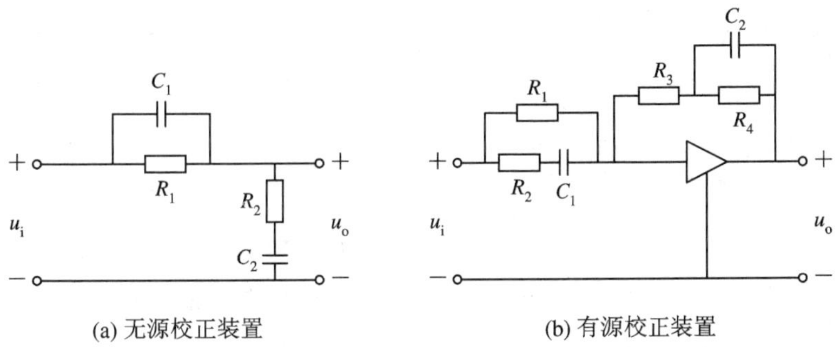

图 6 - 9 相位滞后-超前校正装置

对于图 6 - 9(b)的有源校正装置，其对应的传递函数为

$$G_c(s)=\frac{U_o(s)}{U_i(s)}=-\frac{R_3+R_4}{R_1}\cdot\frac{\left(1+\frac{R_3R_4}{R_3+R_4}C_2s\right)[1+(R_1+R_2)C_1s]}{(1+R_4C_2s)(1+R_2C_1s)} \tag{6.17}$$

令

$$K=\frac{R_3+R_4}{R_1},\quad T_1=\frac{R_3R_4C_2}{R_3+R_4}$$

$$T_2=(R_1+R_2)C_1$$

$$\beta=\frac{R_3+R_4}{R_3}=\frac{R_1+R_2}{R_2}>1$$

且使 $T_1>T_2$，则式(6.17)可改写为

$$G_c(s)=-K\frac{(T_1s+1)(T_2s+1)}{(\beta T_1s+1)(T_2s/\beta+1)} \tag{6.18}$$

相位滞后-超前校正装置的频率特性为

$$G_c(j\omega)=\frac{(1+jT_1\omega)(1+jT_2\omega)}{(1+j\beta T_1\omega)(1+jT_2\omega/\beta)} \tag{6.19}$$

其伯德图如图 6 - 10 所示，程序如下：

```
bode(conv([100  1],[10  1]),conv([1000  1],[1 1]))
```

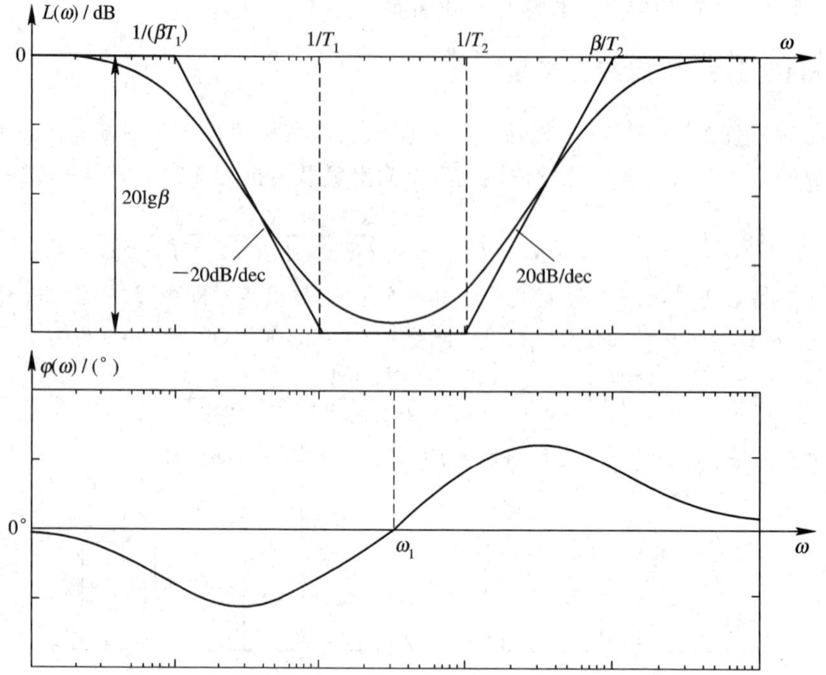

图 6－10 相位滞后-超前校正装置的伯德图

在 ω 由 0 增至 ω_1 的频带中，此网络有滞后的相角特性；在 ω 由 ω_1 增至∞的频带中，此网络有超前的相角特性；在 $\omega=\omega_1$ 处，相角为零。ω_1 可由下式求出：

$$\omega_1=\frac{1}{\sqrt{T_1T_2}} \tag{6.20}$$

可见，滞后-超前校正装置就是滞后装置和超前装置的组合。

超前校正装置可增加频带宽度，提高快速性，但损失增益，不利于稳态精度；滞后校正装置则可提高平稳性及稳态精度，但降低了快速性。若采用滞后-超前校正装置，则可全面提高系统的控制性能。PID 控制器是一种滞后-超前校正装置。

6.4 串联校正

利用频率特性设计系统的校正装置是一种比较简单实用的方法，在频域中设计校正装置实质是一种配置系统滤波特性的方法。设计依据的指标不是时域参量，而是频域参量，如相角裕度 γ 或谐振峰值 M_r；闭环系统带宽 BW 或开环对数幅频特性的剪切频率 ω_c；以及系统的开环增益 K。

当给定的系统暂态性能指标是时域参量时，对于二阶系统可以通过第五章介绍的方法予以换算。当高阶系统具有一对主导共轭复数极点时，这种换算关系也是近似有效的。

在频域内进行系统设计，是一种间接设计方法，因为设计结果满足的是一些频域指标，而不是时域指标。然而，这又是一种简便的方法。频域法设计校正装置主要是通过伯德图进行的。在伯德图上虽然不能严格定量地给出系统的动态性能，但却能方便地根据频域指标确定校正装置的参数，特别是对已校正系统的高频特性有要求时，采用频域法校正较其他方法更为方便。频域设计的这种简便性，是由于开环系统的频率特性与闭环系统的时间响应有关。一般地说，开环频率特性的低频段表征了闭环系统的稳态性能；开环频率特性的中频段表征了闭环系统的动态性能；开环频率特性的高频段表征了闭环系统的复杂性和噪声抑制能力。因此，用频域法设计控制系统的实质，就是在系统中加入频率特性形状合适的校正装置，使开环系统频率特性形状变成所期望的形状：低频段增益充分大，以保证稳态误差要求；中频段对数幅频特性斜率一般为 −20 dB/dec，并占据充分宽的频带，以保证具备适当的相角裕度；高频段增益尽快减小，以削弱噪声影响，若系统原有部分高频段已符合这种要求，则校正时可保持高频段形状不变，以简化校正装置的形式。

6.4.1 串联相位超前校正

超前校正的基本原理是利用超前校正网络的相角超前特性去增大系统的相角裕度，以改善系统的暂态响应。因此在设计校正装置时应使最大的超前相位角尽可能出现在校正后系统的剪切频率 ω_c 处。

用频率特性法设计串联超前校正装置的步骤大致如下：

(1) 根据给定的系统稳态性能指标，确定系统的开环增益 K；

(2) 绘制在确定的 K 值下系统的伯德图，并计算其相角裕度 γ_0；

(3) 根据给定的相角裕度 γ，计算所需要的相角超前量 φ_0：

$$\varphi_0 = \gamma - \gamma_0 + \varepsilon$$

因为考虑到校正装置影响剪切频率的位置而留出的裕量，上式中取 $\varepsilon = 15^\circ \sim 20^\circ$；

(4) 令超前校正装置的最大超前角 $\varphi_m = \varphi_0$，并按下式计算校正网络的系数 α 值：

$$\alpha = \frac{1 + \sin\varphi_m}{1 - \sin\varphi_m}$$

如 φ_m 大于 60°，则应考虑采用有源校正装置或两级超前网络串联；

(5) 将校正网络在 ω_m 处的增益定为 $10\ \lg\alpha$，同时确定未校正系统伯德曲线上增益为 $-10\ \lg\alpha$ 处的频率即为校正后系统的剪切频率 $\omega_c = \omega_m$；

(6) 确定超前校正装置的交接频率：

$$\omega_1 = \frac{1}{\alpha T} = \frac{\omega_m}{\sqrt{\alpha}}, \quad \omega_2 = \frac{1}{T} = \omega_m\sqrt{\alpha}$$

(7) 画出校正后系统的伯德图，验算系统的相角稳定裕度。如不符要求，可增大 ε 值，并从第(3)步起重新计算；

(8) 校验其他性能指标，必要时重新设计参量，直到满足全部性能指标。

【例 6－3】 设 Ⅰ 型单位反馈系统原有部分的开环传递函数为

$$G_o(s) = \frac{K}{s(s+1)}$$

要求设计串联校正装置，使系统具有 $K=12$ 及 $\gamma_0 = 40°$的性能指标。

解 当 $K=12$ 时，未校正系统的伯德图如图 6－11 中的曲线 G_o，可以计算出其剪切频率 ω_{c1}。由于伯德曲线自 $\omega = 1\ \text{s}^{-1}$开始以 −40 dB/dec 的斜率与零分贝线相交于 ω_{c1}，故存在下述关系：

$$\frac{20\ \lg 12}{\lg\omega_{c1}/1} = 40$$

故 $\omega_{c1}=\sqrt{12}=3.46\ \text{s}^{-1}$。于是未校正系统的相角裕度为

$$\gamma_0=180°-90°-\arctan\omega_{c1}=90°-\arctan 3.46=16.12°<40°$$

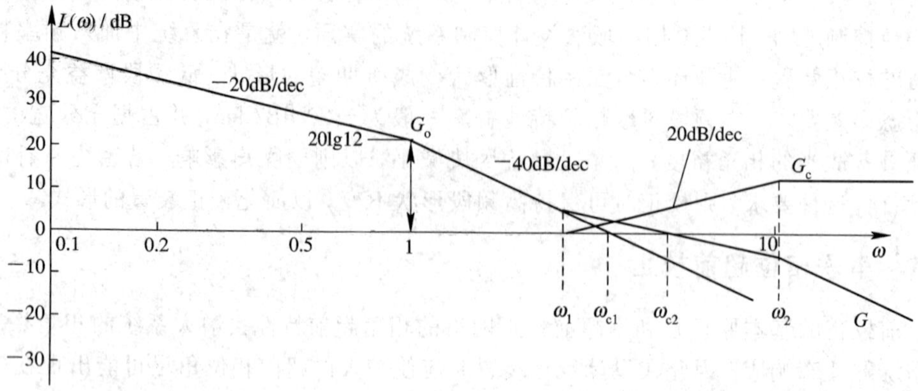

图 6－11　例 6－3 的伯德图幅频特性

为使系统相角裕量满足要求，引入串联超前校正网络。在校正后系统剪切频率处的超前相角应为

$$\varphi_0=40°-16.12°+16.12°=\varphi_m$$

因此

$$\alpha=\frac{1+\sin\varphi_m}{1-\sin\varphi_m}=4.60$$

在校正后系统剪切频率 $\omega_{c2}=\omega_m$ 处校正网络的增益应为 10 lg4.60＝6.63 dB。

根据前面计算 ω_{c1} 的原理，可以计算出未校正系统增益为－6.63 dB 处的频率即为校正后系统之剪切频率 ω_{c2}，即

$$\frac{6.63}{\lg\omega_{c2}/\omega_{c1}}=40,\ 6.63=40(\lg\omega_{c2}-\lg 3.46),\ \omega_{c2}=5.07\ \text{s}^{-1}=\omega_m$$

校正网络的两个交接频率分别为

$$\omega_1=\frac{\omega_m}{\sqrt{\alpha}}=\frac{5.07}{\sqrt{4.60}}=2.36\ \text{s}^{-1},\ \omega_2=\omega_m\sqrt{\alpha}=5.07\times\sqrt{4.60}=10.87\ \text{s}^{-1}$$

为补偿超前校正网络衰减的开环增益，放大倍数需要再提高 α＝4.60 倍。

经过超前校正，系统开环传递函数为

$$G(s)=G_c(s)G_o(s)=\frac{12(s/2.36+1)}{s(s+1)(s/10.87+1)}$$

其相角裕度为

$$\gamma_2=180°-90°+\arctan 5.07/2.36-\arctan 5.07-\arctan 5.07/10.87=51.19°>40°$$

符合给定相角裕度 40°的要求。用 MATLAB 求得 $\omega_{c2}=5.01\ \text{s}^{-1}$，$\gamma_2=51.3°$，其程序如下：

```
sys=tf(conv([12], [1/2.36  1]), conv(conv([1  0], [1  1]),
        [1/10.87  1])); margin(sys)
```

综上所述，串联相位超前校正装置使系统的相角裕度增大，从而降低了系统响应的超调量。与此同时，增加了系统的带宽，使系统的响应速度加快。

6.4.2　串联相位滞后校正

串联滞后校正装置的作用，其一是提高系统低频响应的增益，减小系统的稳态误差，同时基本保持系统的暂态性能不变；其二是滞后校正装置的低通滤波器特性，将使系统高频响应的增益衰减，降低系统的剪切频率，提高系统的相对稳定裕度，以改善系统的稳定性和某些暂态性能。

用频率设计串联滞后校正装置的步骤大致如下：

（1）根据给定的稳态性能要求去确定系统的开环增益；

（2）绘制未校正系统在已确定的开环增益下的伯德图，并求出其相角裕度 γ_0；

（3）求出未校正系统伯德图上相角裕度为 $\gamma_2=\gamma+\varepsilon$ 处的频率 ω_{c2}，其中 γ 是要求的相角裕度，而 $\varepsilon=15°\sim20°$则是为补偿滞后校正装置在 ω_{c2} 处的相角滞后。ω_{c2} 即是校正后系统的剪切频率；

（4）令未校正系统的伯德图在 ω_{c2} 处的增益等于 $20\ \lg\beta$，由此确定滞后网络的 β 值；

（5）按下列关系式确定滞后校正网络的交接频率：

$$\omega_2=\frac{1}{T}=\frac{1}{10}\omega_{c2}\sim\frac{1}{4}\omega_{c2}$$

（6）画出校正后系统的伯德图，校验其相角裕度；

（7）必要时检验其他性能指标，若不能满足要求，可重新选定 T 值。但 T 值不宜选取过大，只要满足要求即可，以免校正网络中电容太大，难以实现。

【例 6-4】　设Ⅰ型系统，原有部分的开环传递函数为

$$G_o(s)=\frac{K}{s(s+1)(0.25s+1)}$$

试设计串联校正装置，使系统满足下列性能指标：$K\geqslant5$，$\gamma\geqslant40°$，$\omega_c\geqslant0.5\ \mathrm{s}^{-1}$。

解　以 $K=5$ 代入未校正系统的开环传递函数中，并绘制伯德图如图 6-12 所示。

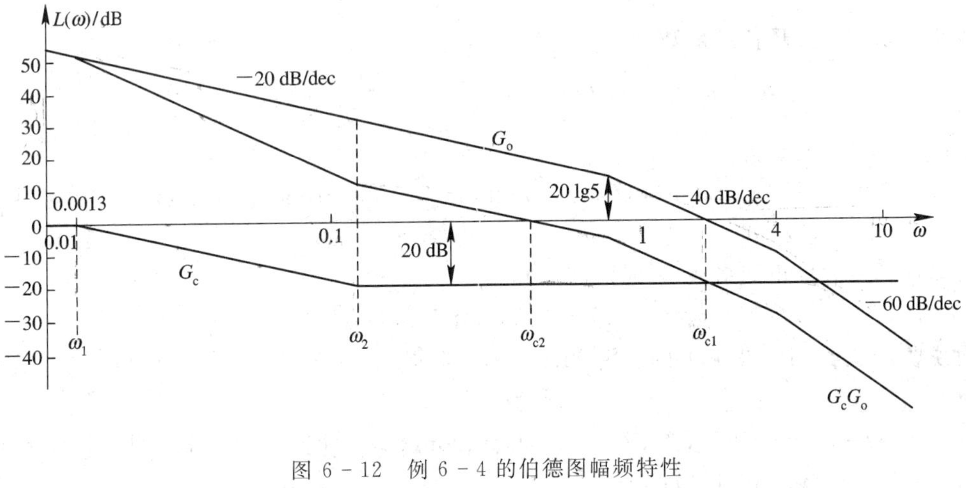

图 6-12　例 6-4 的伯德图幅频特性

可以算得未校正系统的剪切频率 ω_{c1}。由于在 $\omega=1\ \mathrm{s}^{-1}$ 处，系统的开环增益为 $20\ \lg5$ dB，而穿过剪切频率 ω_{c1} 的系统伯德曲线的斜率为 -40 dB/dec，所以

$$\frac{20\ \lg 5}{\lg\omega_{c1}/1}=40 \qquad \omega_{c1}=\sqrt{5}=2.24\ s^{-1}$$

相应的相角稳定裕度为

$$\gamma_0=180°-90°-\arctan\omega_{c1}-\arctan(0.25\omega_{c1})$$
$$=90°-\arctan 2.24-\arctan 0.56=-5.19°$$

说明未校正系统是不稳定的。

计算未校正系统相频特性中对应于相角裕度为 $\gamma_2=\gamma+\varepsilon=40°+15°=55°$ 时的频率 ω_{c2}。由于

$$\gamma_2=180°-90°-\arctan\omega_{c2}-\arctan(0.25\omega_{c2})=55°$$

或

$$\arctan\omega_{c2}+\arctan(0.25\omega_{c2})=35°$$

即

$$\arctan\frac{(1+0.25)\omega_{c2}}{1-0.25\omega_{c2}^2}=35°$$

解得

$$\omega_{c2}=0.52\ s^{-1}$$

此值符合系统剪切频率 $\omega_c\geqslant 0.5\ s^{-1}$ 的要求，故可选为校正后系统的剪切频率。

当 $\omega=\omega_{c2}=0.52\ s^{-1}$ 时，令未校正系统的开环增益等于 $20\ \lg\beta$，从而求出串联滞后校正装置的系数 β。由于未校正系统的增益在 $\omega=1\ s^{-1}$ 时为 $20\ \lg 5$，故有

$$\frac{20\ \lg\beta-20\ \lg 5}{\lg 1/0.52}=20,\ \beta=9.62$$

故选 $\beta=10$。选定 $\omega_2=1/T=\omega_{c2}/4=0.13\ s^{-1}$，则

$$\omega_1=\frac{1}{\beta T}=0.013\ s^{-1}$$

于是，滞后校正网络的传递函数为

$$G_c(s)=\frac{1+s/0.13}{1+s/0.013}=\frac{7.7s+1}{77s+1}$$

故校正后系统的开环传递函数为

$$G(s)=G_c(s)G_o(s)=\frac{5(7.7s+1)}{s(77s+1)(s+1)(0.25s+1)}$$

系统的相角稳定裕度为

$$\gamma=180°-90°+\arctan(7.7\omega_{c2})-\arctan(77\omega_{c2})-\arctan\omega_{c2}-\arctan(0.25\omega_{c2})$$
$$=42.53°>40°$$

还可以计算滞后校正网络在 ω_{c2} 时的滞后相角

$$\arctan 7.7\omega_{c2}-\arctan 77\omega_{c2}=-12.6°$$

从而说明，取 $\varepsilon=15°$ 是正确的。用 MATLAB 求得 $\omega_{c2}=0.47\ s^{-1}$，$\gamma_2=44.36°$，其程序如下：

```
sys=tf(conv([5],[7.7  1]),conv(conv(conv([1  0],[77  1]),[1  1]),
      [0.25  1]));margin(sys)
```

6.4.3 串联相位滞后-超前校正

这种校正方法兼有滞后校正和超前校正的优点，即校正后系统响应速度较快，超调量

较小，抑制高频噪声的性能也较好。当校正前系统不稳定，且要求校正后系统的响应速度、相角裕度和稳态精度较高时，以采用串联滞后-超前校正为宜。其基本原理是利用滞后-超前网络中的超前部分来增大系统的相角裕度，同时利用滞后部分来改善系统的稳态性能。下面将用例子说明。

【例 6－5】 设系统原有部分的开环传递函数为

$$G_o(s)=\frac{K}{s(0.1s+1)(0.01s+1)}$$

要求设计串联校正装置，使系统满足下列性能指标：$K_v \geqslant 100\ s^{-1}$，$\gamma > 40°$，$\omega_c = 20\ s^{-1}$。

解 首先按静态指标的要求令 $K=K_v=100$ 代入原有部分的开环传递函数中，并绘制伯德图如图 6－13 所示。

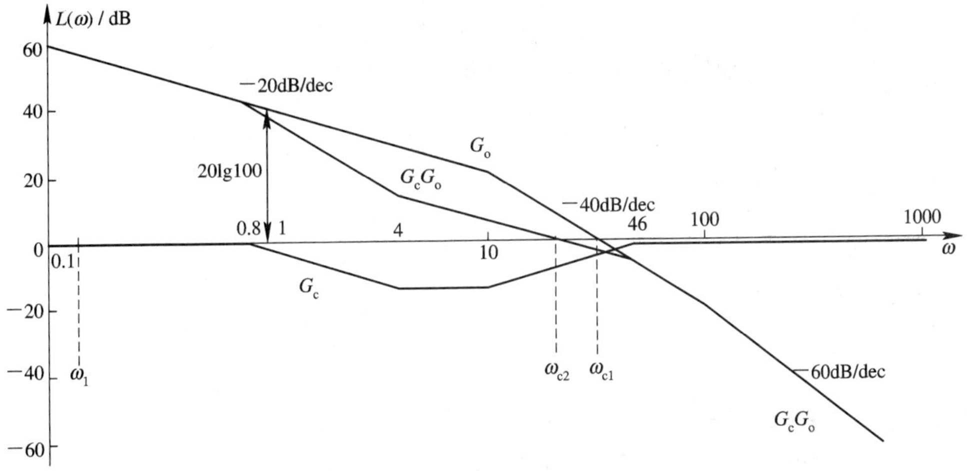

图 6－13　例 6－5 的伯德图幅频特性

可以算得未校正系统的剪切频率 ω_{c1}。由于在 $\omega=1\ s^{-1}$ 处，系统的开环增益为 20 lg100 dB，而穿过剪切频率 ω_{c1} 的系统伯德曲线的斜率为－40 dB/dec，所以

$$20\lg 100-40\lg\frac{\omega_{c1}}{10}=20\lg\frac{10}{1}$$

故 $\omega_{c1}=10\sqrt{10}=31.62\ s^{-1}$。在期望的剪切频率 $\omega_{c2}=20\ s^{-1}$ 处，未校正系统的相角裕度为

$$\begin{aligned}\gamma_0 &= 180°-90°-\arctan(0.1\omega_{c2})-\arctan(0.01\omega_{c2})\\ &= 15° < 40°\end{aligned}$$

为了保证 40°的相角裕度，必须增加至少 25°的超前角，所以需要加超前校正。另外，$L_o=40\dfrac{\lg\omega_{c1}}{\lg\omega_{c2}}=8$ dB，即选 $\omega_{c2}=20\ s^{-1}$，就要将中频段的开环增益降低 8 dB。但低频段的增益是根据静态指标确定的，不能降低，因此可知还需要引进滞后校正。

我们先设计超前校正。考虑到滞后校正会产生 $\varepsilon=15°\sim20°$ 的相角滞后，所以

$$\varphi_0 = 25°+15° = 40° = \varphi_m$$

因此

$$\alpha=\frac{1+\sin\varphi_m}{1-\sin\varphi_m}=4.60$$

根据式(6.5)，超前网络的交接频率为

$$\omega_2 = \frac{1}{T} = \omega_m\sqrt{\alpha} = \omega_{c2}\sqrt{\alpha} = 43\ \mathrm{s}^{-1},\quad \omega_1 = \frac{1}{\alpha T} = 9.3\ \mathrm{s}^{-1}$$

考虑到对象本身在 $\omega=9.3$ 的附近，即 $\omega=10$ 处有一个极点，我们使校正装置的零点与它重合，即选 $\omega_1=1/(\alpha T)=10\ \mathrm{s}^{-1}$，于是 $\omega_2=1/T=46\ \mathrm{s}^{-1}$。超前网络的传递函数为

$$G_{c1}(s) = \frac{0.1s+1}{0.022s+1}$$

前已求得，在 $\omega_{c2}=20\ \mathrm{s}^{-1}$处，$L_o=8$ dB。另外，超前网络的 $L_{c1}=10\lg\alpha=6.63$ dB。为了将穿越频率保持在 $\omega_{c2}=20\ \mathrm{s}^{-1}$，还需要滞后校正来把中频段增益减少 $L_o+L_{c1}=14$ dB。

下面就转而进行滞后校正的设计。令 $20\lg\beta=14$ dB，求得 $\beta=5$。选滞后网络的交接频率 $\omega_2=\omega_{c2}/5=4\ \mathrm{s}^{-1}$，$\omega_1=\omega_2/\beta=0.8\ \mathrm{s}^{-1}$。滞后网络的传递函数为

$$G_{c2}(s) = \frac{0.25s+1}{1.25s+1}$$

至此，我们得到滞后-超前校正网络的传递函数为

$$G_c(s) = G_{c1}(s)G_{c2}(s) = \frac{(0.25s+1)(0.1s+1)}{(1.25s+1)(0.022s+1)}$$

校正后系统的开环传递函数为

$$G(s) = G_c(s)G_o(s) = \frac{100(0.25s+1)}{s(1.25s+1)(0.022s+1)(0.01s+1)}$$

校正后系统的相角裕度为

$$\begin{aligned}\gamma_2 &= 180^\circ - 90^\circ + \arctan(0.25\omega_{c2}) - \arctan(1.25\omega_{c2}) - \arctan(0.022\omega_{c2}) - \arctan(0.01\omega_{c2}) \\ &= 46^\circ\end{aligned}$$

满足要求。用 MATLAB 求得 $\omega_{c2}=18.6\ \mathrm{s}^{-1}$，$\gamma_2=47.54^\circ$，其程序如下：

```
sys=tf(conv([100],[0.25  1]),conv(conv(conv([1  0],[1.25  1]),
      [0.022  1]),[0.01  1]));margin(sys)
```

在上述设计过程中，我们曾使校正装置在 $\omega=10\ \mathrm{s}^{-1}$处有一个零点，它正好与系统原有部分在 $\omega=10\ \mathrm{s}^{-1}$处的极点抵消。当然，由于对象的数学模型以及校正装置的物理实现总包含一些误差，因而各时间常数并不精确。所以实际上两者并未抵消，只是彼此很接近，但是这种设计方法仍然是可取的。这样的“零极相消”可以使校正后的开环模型简单化，便于用经验公式估算其运动的主要特征。但是应当注意，不能用这种方法去抵消系统原有部分在右半复平面的极点。否则由于未能精确抵消就会使闭环系统不稳定。

综上所述，滞后-超前校正的设计可按以下步骤进行：

(1) 根据稳态性能要求确定系统的开环增益，绘制未校正系统在已确定的开环增益下的伯德图；

(2) 按要求确定 ω_c，求出系统原有部分在 ω_c 处的相角，考虑滞后校正将会产生的相角滞后，得到超前校正的超前角；

(3) 求出超前校正网络的参数，求出 ω_c 处系统原有部分和超前校正网络的增益 L_o 和 L_c；

(4) 令 $20\lg\beta=L_o+L_c$，求出 β；

(5) 求出滞后校正网络的参数；

(6) 将滞后校正网络与超前校正网络组合在一起，就构成滞后-超前校正。

6.5 反馈校正

反馈校正的特点是采用局部反馈包围系统前向通道中的一部分环节以实现校正，其系统方框图如图 6 - 14 所示。

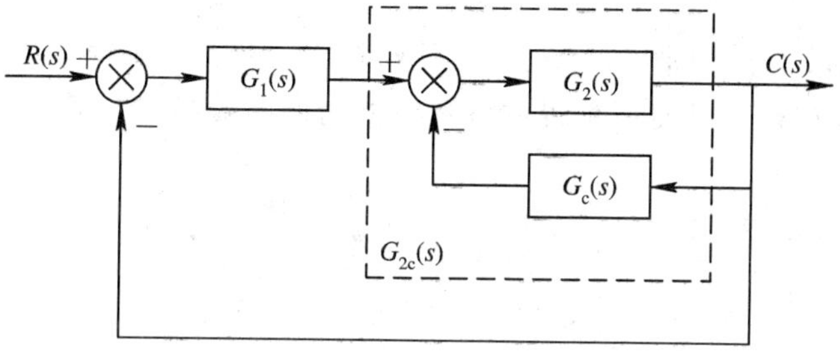

图 6 - 14 反馈校正系统

图中被局部反馈包围部分的传递函数是

$$G_{2c}(s)=\frac{G_2(s)}{1+G_2(s)G_c(s)} \tag{6.21}$$

6.5.1 利用反馈校正改变局部结构和参数

1. 比例反馈包围积分环节

$$G_2(s)=\frac{K}{s},\quad G_c(s)=K_h$$

则

$$G_{2c}(s)=\frac{\dfrac{K}{s}}{1+\dfrac{KK_h}{s}}=\frac{\dfrac{1}{K_h}}{\dfrac{s}{KK_h}+1} \tag{6.22}$$

结果由原来的积分环节转变成惯性环节。

2. 比例反馈包围惯性环节

$$G_2(s)=\frac{K}{Ts+1},\ G_c(s)=K_h$$

则

$$G_{2c}(s)=\frac{\dfrac{K}{Ts+1}}{1+\dfrac{KK_h}{Ts+1}}=\frac{\dfrac{K}{1+KK_h}}{\dfrac{Ts}{1+KK_h}+1} \tag{6.23}$$

结果仍为惯性环节，但时间常数和比例系数都缩小很多。反馈系数 K_h 越大，时间常数越小。时间常数的减小，说明惯性减弱了，通常这是人们所希望的。比例系数减小虽然未必符合人们的希望，但只要在 $G_1(s)$中加入适当的放大器就可以补救，所以无关紧要。

3. 微分反馈包围惯性环节

$$G_2(s)=\frac{K}{Ts+1},\quad G_c(s)=K_h s$$

则

$$G_{2c}(s)=\frac{\dfrac{K}{Ts+1}}{1+\dfrac{KK_h s}{Ts+1}}=\frac{K}{(T+KK_h)s+1} \tag{6.24}$$

结果仍为惯性环节，但时间常数增大了。反馈系数 K_h 越大，时间常数越大。

因此，利用反馈校正可使原系统中各环节的时间常数拉开，从而改善系统的动态平稳性。

4. 微分反馈包围振荡环节

$$G_2(s)=\frac{K}{T^2s^2+2\zeta Ts+1},\quad G_c(s)=K_h s$$

则

$$G_{2c}(s)=\frac{K}{T^2s^2+(2\zeta T+KK_h)s+1} \tag{6.25}$$

结果仍为振荡环节，但是阻尼系数却显著增大，从而有效地减弱小阻尼环节的不利影响。

微分反馈是将被包围的环节的输出量速度信号反馈至输入端，故常称速度反馈。速度反馈在随动系统中使用得极为广泛，而且在具有较高快速性的同时，还具有良好的平稳性。当然实际上理想的微分环节是难以得到的，如测速发电机还具有电磁时间常数，故速度反馈的传递函数可取为$\dfrac{K_h s}{T_i s+1}$，只要 T_i 足够小($10^{-2}\sim10^{-4}$ s)，阻尼效应仍是很明显的。

6.5.2 利用反馈校正取代局部结构

图 6-14 中局部反馈回路 $G_{2c}(s)$的频率特性为

$$G_{2c}(j\omega)=\frac{G_2(j\omega)}{1+G_2(j\omega)G_c(j\omega)} \tag{6.26}$$

在一定的频率范围内，如能选择结构参数，使

$$G_2(j\omega)G_c(j\omega)\gg 1$$

则

$$G_{2c}(j\omega)\approx\frac{1}{G_c(j\omega)} \tag{6.27}$$

这表明整个反馈回路的传递函数等效为

$$G_{2c}(s)\approx\frac{1}{G_c(s)} \tag{6.28}$$

和被包围的 $G_2(s)$全然无关，达到了以 $1/G_c(s)$取代 $G_2(s)$的效果。反馈校正的这种作用有一些重要的优点：

首先，$G_2(s)$是系统原有部分的传递函数，它可能测定得不准确，可能会受到运行条件的影响，甚至可能含有非线性因素等，直接对它设计控制器比较困难，而反馈校正 $G_c(s)$完全是设计者选定的，可以做得比较准确和稳定。所以，用 $G_c(s)$改造 $G_2(s)$可以使设计控制器的工作比较简单；而把 $G_2(s)$改造成 $1/G_c(s)$，所得的控制系统也比较稳定。也就是说，

有反馈校正的系统对于受控对象参数的变化敏感度低。这是反馈校正的重要优点。

其次，反馈校正是从系统的前向通道的某一元件的输出端引出反馈信号，构成反馈回路的，这就是说，信号是从功率电平较高的点传向功率电平较低的点。因而通常不必采用附加的放大器。因此，它所需的元件数目往往比串联校正少，所用的校正装置也比较简单。

还有，反馈校正在系统内部形成了一个局部闭环回路，作用在这个回路上的各种扰动，受到局部闭环负反馈的影响，往往被削弱。也就是说，系统对扰动的敏感度低，这样可以减轻测量元件的负担，提高测量的准确性，这对于控制系统的性能也是有利的。

6.6　复合校正

如前所述，设计反馈控制系统的校正装置时，经常遇到稳态和暂态性能难于兼顾的情况，例如为减小稳态误差，可以采用提高系统的开环增益 K，或是增加串联积分环节的办法，但由此可能导致系统的相对稳定性甚至稳定性难于保证。此外，通过适当选择频带宽度的方法，可以抑制高频扰动，但对低频扰动却无能为力。如果在系统的反馈控制回路中加入前馈通路，组成一个前馈控制和反馈控制相结合的系统，只要参数选择得当，不但可以保持系统稳定，极大地减小乃至消除稳态误差，而且可以抑制几乎所有的可量测扰动。这样的系统就称之为复合控制系统，相应的控制方式称为复合控制。把复合控制的思想用于系统设计，就是所谓复合校正。在高精度的控制系统中，复合控制得到了广泛的应用。

6.6.1　反馈与给定输入前馈复合校正

图 6－15 示出了增加按给定输入前馈控制的反馈校正系统框图。

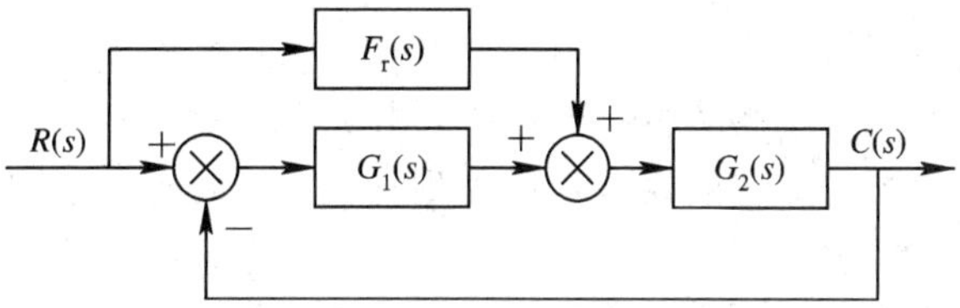

图 6－15　按输入补偿的复合控制系统

在此，除了原有的反馈控制外，给定的参考输入 $R(s)$ 还通过前馈(补偿)装置 $F_r(s)$ 对系统输出 $C(s)$ 进行开环控制。对于线性系统可以应用叠加原理，故有

$$C(s) = \{[R(s) - C(s)]G_1(s) + R(s)F_r(s)\}G_2(s)$$

或

$$C(s) = \frac{F_r(s)G_2(s) + G_1(s)G_2(s)}{1 + G_1(s)G_2(s)}R(s) \tag{6.29}$$

如选择前馈装置 $F_r(s)$ 的传递函数为

$$F_r(s) = \frac{1}{G_2(s)} \tag{6.30}$$

则可使输出响应 $C(s)$ 完全复现给定参考输入，于是系统的暂态和稳态误差都是零。

6.6.2 反馈与扰动前馈复合校正

图 6-16 所示为增加了按扰动前馈控制的反馈控制系统框图。

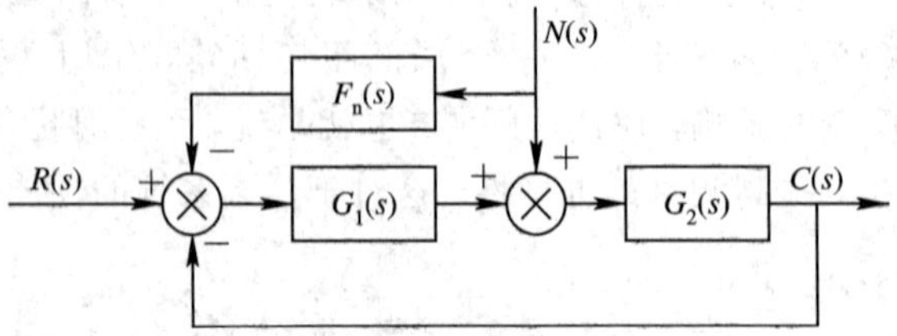

图 6-16 按扰动补偿的复合控制系统

此处除了原有的反馈控制外，还引入了扰动 $N(s)$的前馈(补偿)控制。前馈控制装置的传递函数是 $F_n(s)$。分析扰动时，可认为参考输入 $R(s)=0$，则有

$$C(s)=\{N(s)-[C(s)+F_n(s)N(s)]G_1(s)\}G_2(s)$$

或

$$C(s)=\frac{[1-F_n(s)G_1(s)]G_2(s)}{1+G_1(s)G_2(s)}N(s) \tag{6.31}$$

如选择前馈装置 $F_n(s)$的传递函数为

$$F_n(s)=\frac{1}{G_1(s)} \tag{6.32}$$

则可使输出响应 $C(s)$完全不受扰动 $N(s)$的影响。于是系统受扰动后的暂态和稳态误差都是零。

采用前馈控制补偿扰动信号对输出的影响，首先要求扰动信号可量测，其次要求前馈补偿装置在物理上是可实现的，并力求简单。一般来说，主要扰动引起的误差，由前馈控制进行全部或部分补偿；次要扰动引起的误差，由反馈控制予以抑制。这样，在不提高开环增益的情况下，各种扰动引起的误差均可得到补偿，从而有利于同时兼顾提高系统稳定性和减小系统稳态误差的要求。

但是以上结论仅在理想条件下成立，实际是做不到的。

(1) 以上所述结论，无论是输出响应完全复现输入或是完全不受扰动影响，都是在传递函数零、极点对消能够完全实现的基础上得到的。由于控制器和对象都是惯性的装置，故 $G_1(s)$和 $G_2(s)$的分母多项式的 s 阶数比分子多项式的 s 阶数高。据式(6.30)和式(6.32)可见，要求选择前馈装置的传递函数是它们的倒数，即 $F_r(s)$或 $F_n(s)$的分子多项式的 s 阶数应高于其分母多项式的 s 阶数，这就要求前馈装置是一个理想的(甚至是高阶的)微分环节。前已述及，理想的微分环节实际不存在，所以完全实现传递函数的零、极点对消在实际上也是做不到的。

(2) 从图 6-15 可见，前馈信号加入系统的作用点愈向后移，即愈靠近输出端，$G_2(s)$的分母多项式的 s 阶数愈低，则 $F_r(s)$愈易于实现。但这势必使前馈装置的功率等级迅速增加。通常功率愈大的装置惯性也愈大，实现微分也愈困难。而且大功率信号的叠加在技术上及经济上都存在障碍。

(3) 不能保证 $G_1(s)$、$G_2(s)$、$F_r(s)$和 $F_n(s)$中的元件参量及性能都不发生变化，随着

时间的推移，补偿愈难准确。因此，要求构成前馈补偿装置的元部件尽可能具有较高的参数稳定性，否则将削弱补偿效果。

从补偿原理来看，由于前馈补偿实际上是采用开环控制方式去补偿可量测的扰动信号，因此前馈补偿并不改变反馈控制系统的特性，式(6.29)和式(6.31)表明，加入前馈控制后并不影响系统传递函数的极点。从抑制扰动的角度来看，前馈控制可以减轻反馈控制的负担，所以反馈控制的增益可以取得小一些，以利于系统的稳定性。当扰动还没有在输出端量测出来并通过反馈产生校正作用时，对扰动的补偿就已通过前馈通道产生了，故前馈控制比通常的反馈控制更为及时。这些都是用复合校正方法设计控制系统的有利因素。

小　　结

控制系统的校正主要有两个目的：一是使不稳定的系统经过校正变为稳定，二是改善系统的动态和静态性能。但在具体采用何种校正方案时，应考虑被控对象的特点和控制的目的。例如，若未校正系统是一个一阶系统，希望校正后为无静差系统，则需增加积分环节的控制器。又如，若系统的期望指标是频域的，则用频域法校正。

线性系统的基本控制规律有比例控制、微分控制和积分控制。应用这些基本控制规律的组合构成校正装置，附加在系统中，可以达到校正系统特性的目的。

根据校正装置在系统中的位置划分，有串联校正和反馈校正；根据校正装置的构成元件划分，有无源校正和有源校正；根据校正装置的特性划分，有超前校正和滞后校正。串联校正设计比较简单，容易实现，应用广泛。从校正原理上说，无源校正和有源校正是相同的，只是实现方式上的差异。在设计串联校正装置时，应当掌握超前、滞后、滞后-超前校正三种校正的基本作用及各自适用的情况。根据系统原有部分的特点和设计的要求选择这三种校正中的一种，并用频域法进行设计。

反馈校正是工程中常用的校正手段，它的主要特点是在一定频率范围内用校正装置传递函数的倒数去改造对象。大多数情况下，反馈校正是与串联校正结合使用的。其中速度反馈是反馈校正的主要形式。

复合控制虽然在实际上不能使输出响应完全复现参考输入，或完全不受扰动影响，但如使用得当，对提高稳态精度有明显作用，亦能提高系统的快速性。

本章内容的重要特点是带有工程设计的性质。设计问题的解答从来不是惟一的，所以本章所述的许多内容都不是以充分必要的定理和准确的公式的形式表达出来的，而只是作为带指导性的方法和步骤出现。这是在学习本章时应当特别注意的。

习　　题

6-1　试回答下列问题，着重从物理概念说明。

(1) 有源校正装置与无源校正装置有何不同？在实现校正规律时它们的作用是否相同？

(2) 如果Ⅰ型系统经校正后希望成为Ⅱ型系统，应采用哪种校正规律才能满足要求，并保证系统稳定？

(3) 串联超前校正为什么可以改善系统的暂态性能？

(4) 在什么情况下加串联滞后校正可以提高系统的稳定程度？

(5) 若从抑制扰动对系统影响的角度考虑，最好采用哪种校正形式？

6-2 某单位反馈系统的开环传递函数为

$$G(s)=\frac{6}{s(s^2+4s+6)}$$

当串联校正装置的传递函数 $G_c(s)$ 如下所示时：

(1) $G_c(s)=1$

(2) $G_c(s)=\frac{5(s+1)}{s+5}$

(3) $G_c(s)=\frac{s+1}{5s+1}$

试求闭环系统的相角裕度 γ。

6-3 某单位反馈系统的开环传递函数为

$$G(s)=\frac{255\,000}{s^3+115s^2+1500s}$$

检验闭环系统是否稳定。如果保持系统的开环比例系数以及开环截止频率 ω_c 不变，为使系统具有足够的稳定裕度，应采用哪种形式的串联校正装置？为什么？

6-4 设有一单位反馈系统，其开环传递函数为

$$G(s)=\frac{K}{s(s+1)(2s+1)}$$

设计一个滞后-超前校正装置，使 $K_v=100\ \mathrm{s}^{-1}$，相角裕度 $\gamma=50°$，增益裕度大于 10 dB。

6-5 设控制系统的开环传递函数为

$$G(s)=\frac{10}{s(0.5s+1)(0.1s+1)}$$

(1) 绘制系统的伯德图，并求相角裕度。

(2) 采用传递函数为 $G_c(s)=\frac{0.33s+1}{0.033s+1}$ 的串联校正装置，试求校正后系统的相角裕度，并讨论校正后系统的性能有何改进。

6-6 单位反馈系统的开环传递函数为

$$G(s)=\frac{K}{s(s+1)(0.2s+1)}$$

设计滞后校正装置，以满足下列要求：

(1) 系统开环增益 $K=8$；

(2) 相角裕度 $\gamma=40°$。

6-7 单位反馈系统如图 6-17 所示，其中对象 $G_o(s)$ 和滞后-超前校正装置 $G_c(s)$ 的传递函数分别为

$$G_o(s)=\frac{20}{s(s+2)(s+3)},\quad G_c(s)=\frac{(s+0.15)(s+0.7)}{(s+0.015)(s+7)}$$

试证明校正后系统的相角裕度为 75°，增益裕度等于 24 dB。

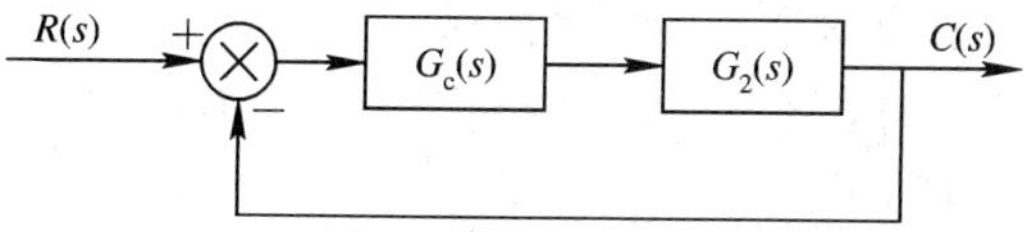

图 6-17 题 6-7 图

6-8 某最小相位系统校正前后开环幅频特性分别如图 6-18 中 $G_o(s)$和 $G_c(s)G_o(s)$所示，试确定校正前后的相角裕度，以及校正网络的传递函数。

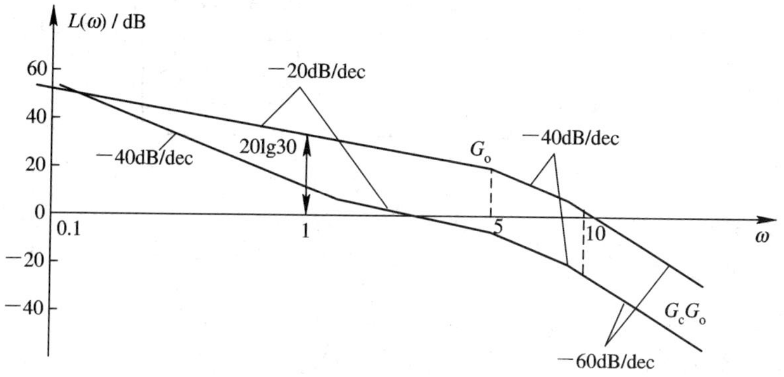

图 6-18 题 6-8 图

6-9 单位反馈系统的开环传递函数为

$$G(s)=\frac{4}{s(2s+1)}$$

设计一串联滞后网络，使系统的相角裕度 $\gamma \geqslant 40^\circ$，并保持原有的开环增益值。

6-10 设有一单位反馈系统，其开环传递函数为

$$G(s)=\frac{K_1}{s(s+3)(s+9)}$$

(1) 确定 K_1 值，使系统在阶跃输入信号作用下最大超调量为 20%；

(2) 在上述 K_1 值下，求出系统的调节时间和速度误差系数；

(3) 对系统进行串联校正，使其对阶跃响应的超调量为 15%，调节时间降低 2.5 倍，并使开环增益 $K \geqslant 20$。

6-11 已知控制系统的开环传递函数为

$$G(s)=\frac{10}{s(0.2s+1)(0.5s+1)}$$

要求相角裕度 $\gamma \geqslant 40^\circ$，$K_v = 10\ s^{-1}$。试分别设计出超前校正和滞后校正装置，并比较两种校正的效果有何不同。

6-12 为了满足要求的稳态性能指标，一单位反馈伺服系统的开环传递函数为

$$G(s)=\frac{200}{s(0.1s+1)}$$

试设计一个无源校正网络，使校正后系统的相角裕度不小于 45°，剪切频率小于 50 s^{-1}。

6-13 设单位反馈系统的开环传递函数为

$$G(s)=\frac{126}{s(s/10+1)(s/60+1)}$$

设计一串联校正装置，使系统满足下列性能指标：

(1) 单位斜坡输入信号时，稳态速度误差不大于1/126；

(2) 系统的开环增益不变；

(3) 相角裕度不小于45°，剪切频率为20 s^{-1}。

6-14 采用速度反馈的控制系统如图6-19所示。要求满足下列性能指标：

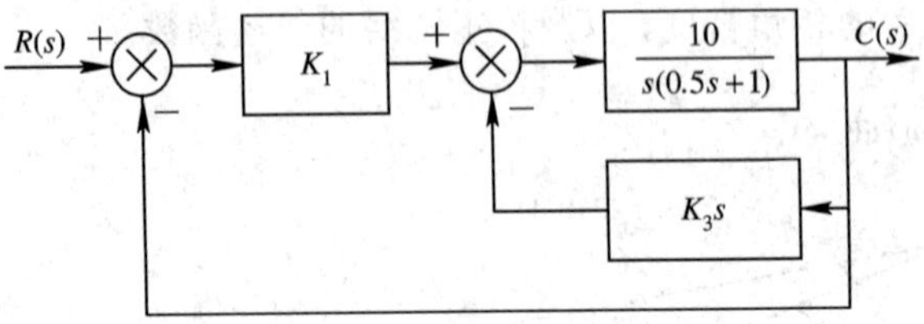

图6-19 题6-14图

(1) 闭环系统阻尼比 $\zeta=0.5$；

(2) 调整时间 $t_s\leqslant 5$ s；

(3) 速度误差系数 $K_v\geqslant 5$ s^{-1}。

用反馈校正确定参数 K_1 和 K_3。

6-15 系统框图如图6-20所示。要求测速反馈后满足下列性能指标：

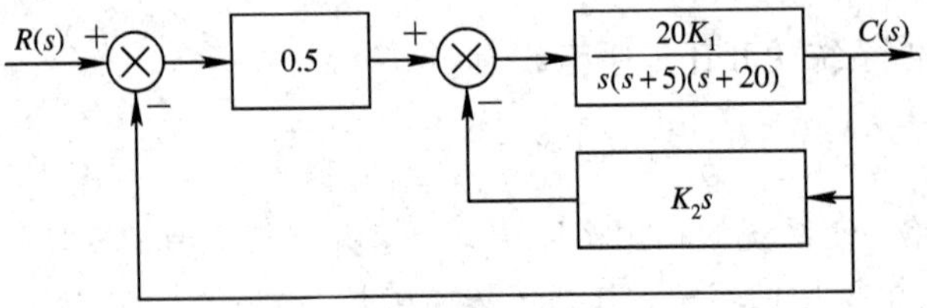

图6-20 题6-15图

(1) 超调量 $\sigma\leqslant 20\%$；

(2) 调整时间 $t_s\leqslant 1$ s；

(3) 速度误差系数 $K_v>4$ s^{-1}。

用反馈校正确定参数 K_1 和 K_2。

6-16 设复合控制系统如图6-21所示。图中 $G_n(s)$ 为前馈装置传递函数，$G_c(s)=K_t s$ 为测速发电机及分压器的传递函数，$G_1(s)=K_1$ 和 $G_2(s)=1/s^2$ 为前向通路中环节的传递函数，$N(s)$ 为测量干扰。试确定 $G_n(s)$、$G_c(s)$ 和 K_1，使系统输出量完全不受扰动信号 $N(s)$ 的影响，且单位阶跃响应的超调量等于25%，峰值时间等于2 s。

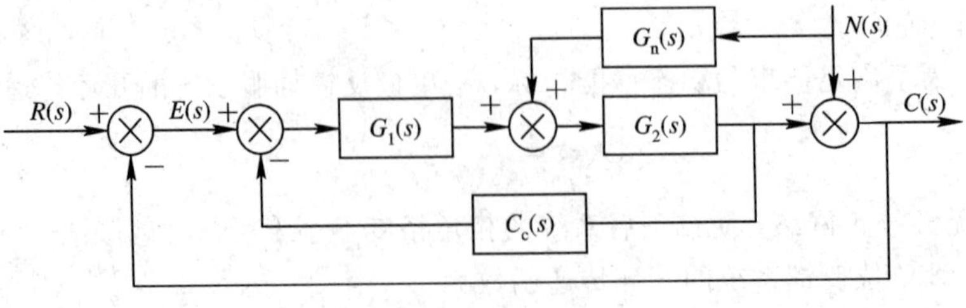

图6-21 题6-16图

第七章 线性离散系统分析与设计

7.1 引　　言

前面几章讨论了连续控制系统的基本问题。在连续系统中，各处的信号都是时间的连续函数。这种在时间上连续，在幅值上也连续的信号称为连续信号，又称模拟信号。

另有一类采样控制系统也叫离散控制系统，其特征是系统中有一处或多处采样开关，如图 7-1 所示。采样开关后的信号就不是连续的模拟信号，而是在时间上离散的脉冲序列，称为离散信号。采样的方式是多样的，例如周期采样、多速率采样、随机采样等，本章只讨论周期采样。

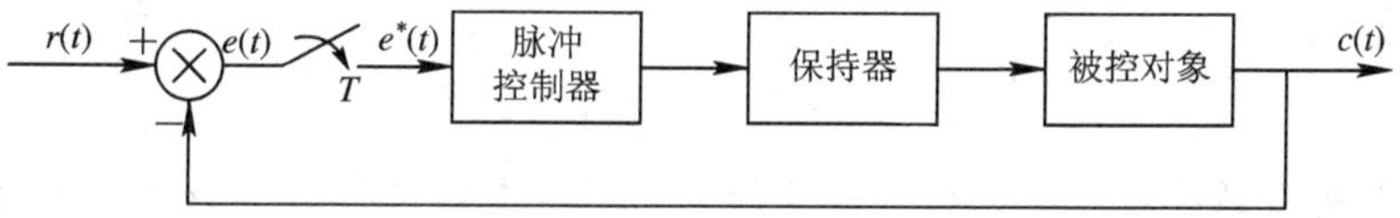

图 7-1　采样控制系统

当数字计算机加入到控制系统中，就构成了数字控制系统，如图 7-2 所示，工程上也称为计算机控制系统。注意，采样开关的功能是通过计算机程序来实现的。模拟信号经 A/D 转换器转换后，不仅在时间上离散，在幅值上也是离散的，称为数字信号。数字信号是离散信号的一种特殊形式，它能被计算机接收、处理和输出。

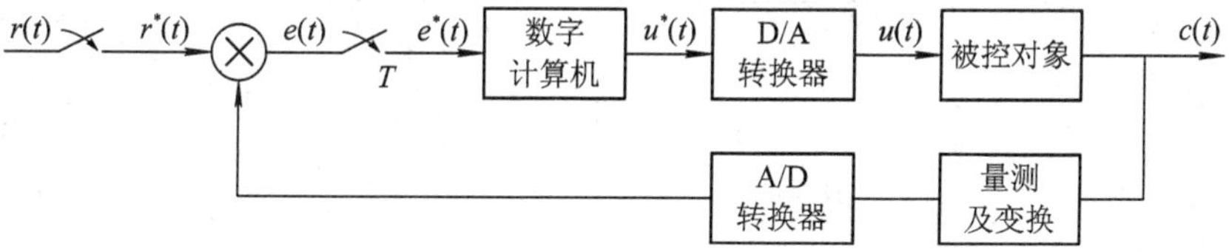

图 7-2　数字控制系统

数字控制系统在现代工业中应用非常广泛。计算机在控制精度、控制速度以及性能价格比等方面都比模拟控制器有着明显的优越性，同时计算机还具有很好的通用性，可以很方便地改变控制规律。随着计算机科学与技术的迅速发展，数字控制系统由直接数字控制发展到计算机分布控制，由对单一的生产过程进行控制到实现整个工业过程的控制，从简单的控制规律发展到更高级的优化控制、自适应控制、鲁棒控制等。本章将研究采样控制的基本理论、数学工具以及简单离散系统的分析与综合。在学习时请注意它们与连续系统对应方面的联系与区别。

7.2 信号的采样与保持

7.2.1 采样过程

把连续信号变换为脉冲序列的装置称为采样器，又叫采样开关。采样过程可以用一个周期性闭合的采样开关 S 来表示，如图 7－3 所示。假设采样开关每隔 T 秒闭合一次，闭合的持续时间为 τ。采样器的输入 $e(t)$为连续信号，输出 $e^*(t)$为宽度等于 τ 的调幅脉冲序列，在采样瞬间 $nT(n=0, 1, 2, \cdots)$时出现。即在 $t=0$ 时，采样器闭合 τ 秒，此时 $e^*(t)=e(t)$；$t=\tau$ 以后，采样器打开，输出 $e^*(t)=0$。以后每隔 T 秒重复一次这种过程。

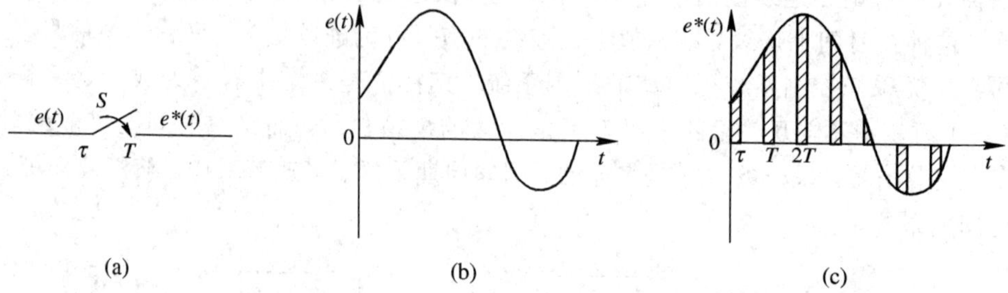

图 7－3 实际采样过程

对于具有有限脉冲宽度的采样控制系统来说，要准确进行数学分析是非常复杂的。考虑到采样开关的闭合时间 τ 非常小，一般远小于采样周期 T 和系统连续部分的最大时间常数，因此在分析时，可以认为 $\tau=0$。这样，采样器就可以用一个理想采样器来代替。理想的采样过程如图 7－4 所示。

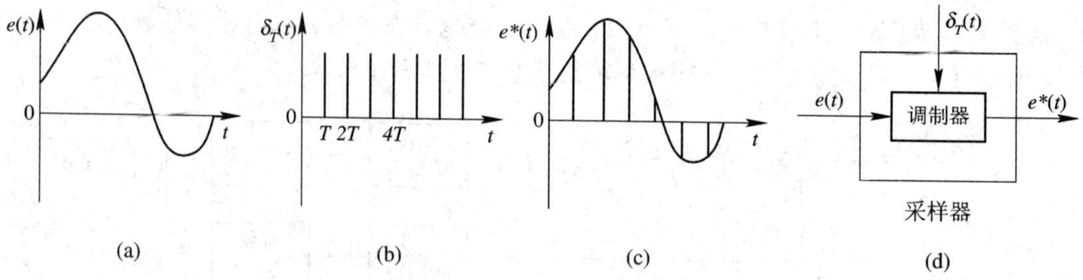

图 7－4 理想采样过程

采样开关的周期性动作相当于产生一串理想脉冲序列，是一个强度为 1 的采样序列，数学上可表示成如下形式：

$$\delta_T(t) = \sum_{n=0}^{\infty} \delta(t - nT) \tag{7.1}$$

输入模拟信号 $e(t)$经过理想采样器的过程相当于 $e(t)$调制在载波 $\delta_T(t)$上的结果，而各脉冲强度用其高度来表示，它们等于采样瞬间 $t=nT$ 时 $e(t)$的幅值。调制过程在数学上的表示为两者相乘，即调制后的采样信号可表示为

$$e^*(t) = e(t)\delta_T(t) = e(t)\sum_{n=0}^{\infty}\delta(t-nT)$$

$$= \sum_{n=0}^{\infty} e(t)\delta(t-nT) \tag{7.2}$$

因为 $e(t)$ 只在采样瞬间 $t=nT$ 时才有意义，故上式也可写成

$$e^*(t) = \sum_{n=0}^{\infty} e(nT)\delta(t-nT) \tag{7.3}$$

7.2.2 保持器

由图 7-1 可知，连续信号经过采样器后转换成离散信号，经由脉冲控制器处理后仍然是离散信号，而采样控制系统的连续部分只能接收连续信号，因此需要保持器来将离散信号转换为连续信号。最简单同时也是工程上应用最广的保持器是零阶保持器，这是一种采用恒值外推规律的保持器。它把前一采样时刻 nT 的 $u(nT)$ 不增不减地保持到下一个采样时刻 $(n+1)T$，其输入信号和输出信号的关系如图 7-5 所示。

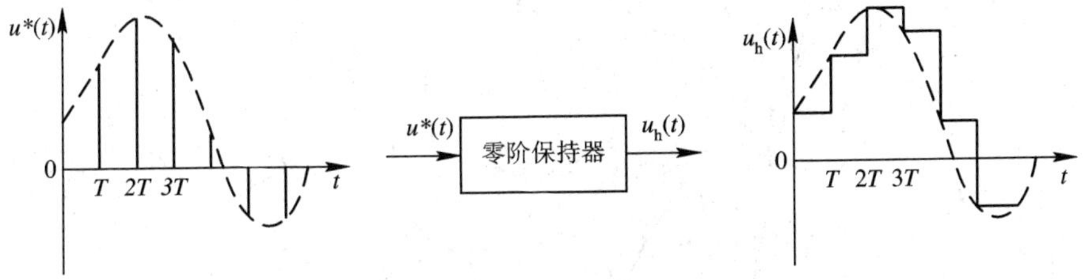

图 7-5　零阶保持器的输入和输出信号

零阶保持器的单位脉冲响应如图 7-6 所示，可表示为

$$g_h(t) = 1(t) - 1(t-T) \tag{7.4}$$

上式的拉氏变换式为

$$G_h(s) = \frac{1-e^{-Ts}}{s} \tag{7.5}$$

令上式中的 $s=j\omega$，可以求得零阶保持器的频率特性：

$$G_h(j\omega) = \frac{1-e^{-j\omega T}}{j\omega} = |G_h(j\omega)| \angle G_h(j\omega) \tag{7.6}$$

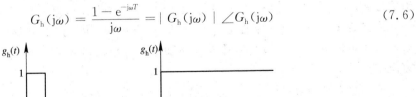

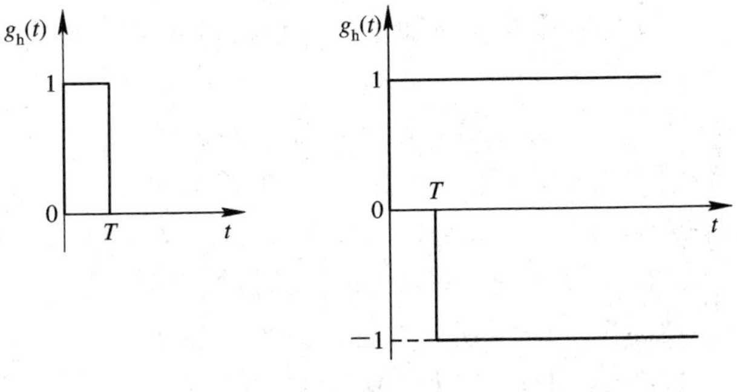

图 7-6　零阶保持器的单位脉冲响应

式中，

$$\begin{cases} |G_h(j\omega)| = T\dfrac{\sin(\omega T/2)}{\omega T/2} \\ \angle G_h(j\omega) = -\dfrac{\omega T}{2} \end{cases} \tag{7.7}$$

画出零阶保持器的幅频特性和相频特性如图 7－7 所示，其中 $\omega_s = 2\pi/T$。由图可见，它的幅值随角频率的增大而衰减，具有明显的低通特性。但除了主频谱外，还存在一些高频分量。输出信号为阶梯信号。如果将阶梯信号中的点连接起来，则可以得到与连续信号形状一致但时间上落后半个周期的响应(时间滞后)。因此，如果连续信号 $e(t)$经过采样器转换成 $e^*(t)$后，立刻进入零阶保持器，则其输出信号 $e'(t)$与原始信号 $e(t)$是有差别的。

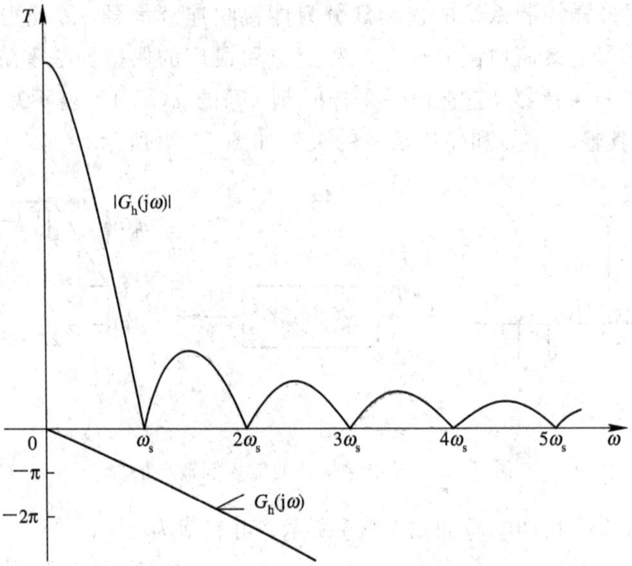

图 7－7　零阶保持器的幅频特性和相频特性

7.2.3　采样定理

连续信号 $e(t)$经过采样器转换成 $e^*(t)$后，如果立刻进入某种理想的保持器，则其输出信号 $e'(t)$与原始信号 $e(t)$是否就完全相同了呢？香农(Shannon)定理给出了答案。

采样定理　如果被采样的连续信号 $e(t)$的频谱为有限宽，且频谱的最大宽度为 ω_m，又如果采样角频率 $\omega_s \geqslant 2\omega_m$，并且采样后再加理想滤波器，则连续信号 $e(t)$可以不失真地恢复出来。

该定理简单的解释如下：一般来说，连续信号 $e(t)$的频谱是单一的连续频谱，如图7－8 所示，其中 ω_m 为频谱中的最大角频率。而采样信号 $e^*(t)$的频谱是以采样角频率 ω_s 为周期的无穷多个频谱之和，如图 7－9 所示。理想滤波器(即理想保持器)的频率特性如图 7－10 所示。在 $\omega_s \geqslant 2\omega_m$ 的情况下，可以理解为$|E^*(j\omega)|$和$|H(j\omega)|$相“乘”，其“积”正好等于$|E(j\omega)|$。

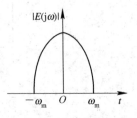

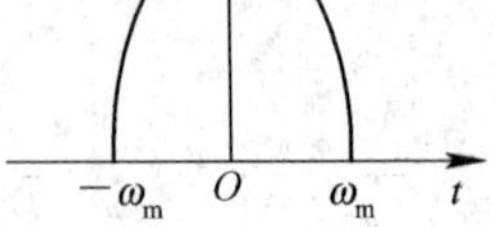

图 7－8　连续信号频谱

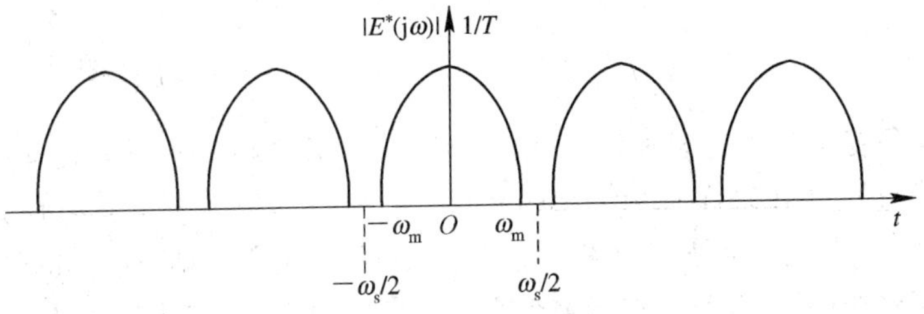

图 7－9　采样信号频谱($\omega_s \geqslant 2\omega_m$)

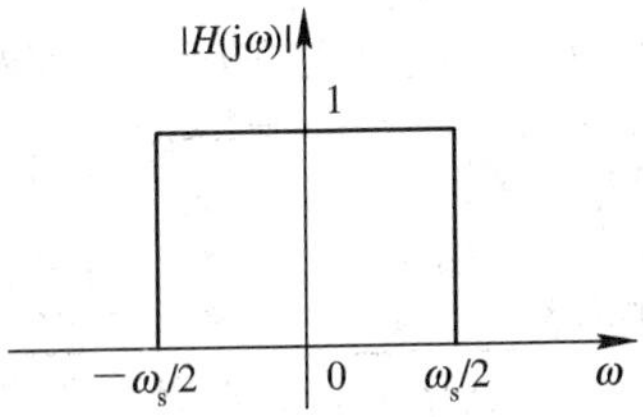

图 7－10　理想滤波器的频率特性

7.3　Z 变换理论

线性连续系统的动态和稳态性能，可以应用拉氏变换的方法进行分析。与此类似，线性离散系统的性能，可以采用 Z 变换的方法来分析。Z 变换是从拉氏变换直接引申出来的一种变换方法，它实际上是采样函数拉氏变换的变形。因此，Z 变换又称为采样拉氏变换，是研究线性离散系统的重要数学工具。

7.3.1　Z 变换定义

连续函数 $f(t)$的拉氏变换为

$$F(s) = \mathscr{L}[f(t)] = \int_0^{\infty} f(t)e^{-st}\,dt \tag{7.8}$$

设 $f(t)$的采样信号为

$$f^*(t) = \sum_{n=0}^{\infty} f(nT)\delta(t-nT) \tag{7.9}$$

其拉氏变换为

$$\begin{aligned} F^*(s) &= \int_0^{\infty}\left[\sum_{n=0}^{\infty} f(nT)\delta(t-nT)\right]e^{-st}\,dt \\ &= \sum_{n=0}^{\infty} f(nT)\left[\int_0^{\infty}\delta(t-nT)e^{-st}\,dt\right] \\ &= \sum_{n=0}^{\infty} f(nT)e^{-nTs} \end{aligned} \tag{7.10}$$

式中 e^{-Ts}是 s 的超越函数，为便于应用，令变量

$$z = e^{Ts} \tag{7.11}$$

将上式代入式(7.10)，则采样信号 $f^*(t)$的 Z 变换定义为

$$F(z)=\mathscr{Z}[f^*(t)]=\mathscr{Z}[f(t)]=\sum_{n=0}^{\infty}f(nT)z^{-n} \tag{7.12}$$

严格来说，Z 变换只适合于离散函数。这就是说，Z 变换式只能表征连续函数在采样时刻的特性，而不能反映在采样时刻之间的特性。$\mathscr{Z}[f(t)]$是为了书写方便，并不意味着是连续函数 $f(t)$的 Z 变换，而仍是指离散函数 $f^*(t)$的 Z 变换。即 $F(z)$和 $f^*(t)$是一一对应的，但 $f^*(t)$所对应的 $f(t)$可以有无穷多个。将式(7.9)和式(7.12)展开，有

$$\begin{aligned}f^*(t)&=\sum_{n=0}^{\infty}f(nT)\delta(t-nT)\\&=f(0)\delta(t)+f(1)\delta(t-T)+f(2)\delta(t-2T)+\cdots\end{aligned} \tag{7.13}$$

$$\begin{aligned}F(z)&=\sum_{n=0}^{\infty}f(nT)z^{-n}\\&=f(0)+f(1)z^{-1}+f(2)z^{-2}+\cdots\end{aligned} \tag{7.14}$$

可见，$F(z)$中，$f(nT)$决定幅值，z^{-n}决定时间。Z 变换和离散序列之间有着非常明确的“幅值”和“定时”的对应关系。

7.3.2 Z 变换性质

Z 变换有一些基本定理，可以使 Z 变换的应用变得简单和方便，其内容在许多方面与拉氏变换基本定理有相似之处。

1. 线性定理

设 c_i 为常数，如果有 $f(t)=\sum_{i=1}^{n}c_if_i(t)=c_1f_1(t)+c_2f_2(t)+\cdots+c_nf_n(t)$，则

$$F(z)=\sum_{i=1}^{n}c_iF_i(z)=c_1F_1(z)+c_2F_2(z)+\cdots+c_nF_n(z) \tag{7.15}$$

2. 实数位移定理

实数位移定理又称平移定理。实数位移的含义，是指整个采样序列在时间轴上左右平移若干个采样周期，其中向左平移为超前，向右平移为滞后。

$$\mathscr{Z}[f(t-kT)]=z^{-k}F(z) \tag{7.16}$$

$$\mathscr{Z}[f(t+kT)]=z^{k}F(z)-z^{k}\sum_{n=0}^{k-1}f(nT)z^{-n} \tag{7.17}$$

证明 根据 Z 变换定义有

$$\mathscr{Z}[f(t-kT)]=\sum_{n=0}^{\infty}f(nT-kT)z^{-n}=z^{-k}\sum_{n=0}^{\infty}f[(n-k)T]z^{-(n-k)}$$

令 $m=n-k$，则有

$$\mathscr{Z}[f(t-kT)]=z^{-k}\sum_{m=-k}^{\infty}f(mT)z^{-m}$$

由于 Z 变换的单边性，当 $m<0$ 时 $f(mT)=0$，所以上式可写为

$$\mathscr{Z}[f(t-kT)]=z^{-k}\sum_{m=0}^{\infty}f(mT)z^{-m}$$

再令 $m=n$，式(7.16)得证。

$$\begin{aligned}\mathscr{Z}[f(t+kT)] &= \sum_{n=0}^{\infty} f(nT+kT)z^{-n} \\ &= f(kT)z^{0} + f[(k+1)T]z^{-1} + \cdots + f[(k+n)T]z^{-n} + \cdots \\ &= z^{k}\{f(kT)z^{-k} + f[(k+1)T]z^{-(k+1)} + \cdots + f[(k+n)T]z^{-(k+n)} + \cdots\} \\ &= z^{k}\sum_{n=k}^{\infty} f(nT)z^{-n} \\ &= z^{k}\left[\sum_{n=0}^{\infty} f(nT)z^{-n} - \sum_{n=0}^{k-1} f(nT)z^{-n}\right] \\ &= z^{k}F(z) - z^{k}\sum_{n=0}^{k-1} f(nT)z^{-n}\end{aligned}$$

式(7.16)称为迟后定理，式(7.17)称为超前定理。算子 z 有明确的物理意义：z^{-k} 代表时域中的迟后环节，它将采样信号滞后 k 个周期，参见式(7.13)和式(7.14)。同理，z^{k} 代表时域中的超前环节，它将采样信号超前 k 个周期。但是，z^{k} 仅用于运算，在物理系统中并不存在。

3. 复数位移定理

$$\mathscr{Z}[f(t)e^{\mp at}] = F(ze^{\pm aT}) \tag{7.18}$$

证明　根据 Z 变换定义有

$$\mathscr{Z}[f(t)e^{\mp at}] = \sum_{n=0}^{\infty} f(nT)e^{\mp anT}z^{-n}$$

令 $z_1 = ze^{\pm aT}$，则上式可化为

$$\mathscr{Z}[f(t)e^{\mp at}] = \sum_{n=0}^{\infty} f(nT)z_1^{-n} = F(z_1) = F(ze^{\pm aT})$$

即式(7.18)成立。

4. 初值定理

设 $\lim\limits_{z\to\infty} F(z)$ 存在，则

$$f(0) = \lim_{z\to\infty} F(z) \tag{7.19}$$

证明　根据 Z 变换定义有

$$F(z) = \sum_{n=0}^{\infty} f(nT)z^{-n} = f(0) + f(T)z^{-1} + f(2T)z^{-2} + \cdots$$

当 $z\to\infty$ 时，上式右边除第一项外，其余各项均趋于 0，因此，式(7.19)得证。

5. 终值定理

如果 $f(t)$ 的 Z 变换为 $F(z)$，且 $f(nT)(n=0, 1, 2\cdots)$ 为有限值，且极限 $\lim\limits_{n\to\infty} f(nT)$ 存在，则

$$\lim_{t\to\infty} f(t) = \lim_{n\to\infty} f(nT) = \lim_{z\to 1}(z-1)F(z) \tag{7.20}$$

证明　因为采样信号 $f^{*}(t)$ 即为离散序列 $f(nT)$，故 $f(nT)$ 的 Z 变换就是

$$\mathscr{Z}[f(nT)] = \sum_{n=0}^{\infty} f(nT)z^{-n} = F(z)$$

而 $f[(n+1)T]$的 Z 变换为

$$\mathscr{Z}\{f[(n+1)T]\} = \sum_{n=0}^{\infty} f[(n+1)T]z^{-n}$$
$$= f(T) + f(2T)z^{-1} + f(3T)z^{-2} + \cdots + f(nT)z^{-(n-1)} + \cdots$$
$$= z[f(0) + f(T)z^{-1} + f(2T)z^{-2} + f(3T)z^{-3} + \cdots + f(nT)z^{-n} + \cdots - f(0)]$$
$$= zF(z) - zf(0)$$

上面两式相减，可得

$$\sum_{n=0}^{\infty}\{f[(n+1)T] - f(nT)\}z^{-n} + zf(0) = (z-1)F(z)$$

对上式两边取 $z\to1$ 的极限，得

$$\sum_{n=0}^{\infty}\{f[(n+1)T] - f(nT)\} + f(0) = \lim_{z\to1}(z-1)F(z)$$

当 $n=N$ 时为有限项，上式左边可写为

$$\sum_{n=0}^{N}\{f[(n+1)T] - f(nT)\} + f(0) = f[(N+1)T]$$

令 $N\to\infty$，则有

$$\sum_{n=0}^{\infty}\{f[(n+1)T] - f(nT)\} + f(0) = \lim_{N\to\infty} f[(N+1)T] = \lim_{n\to\infty} f(nT) = \lim_{t\to\infty} f(t)$$

式(7.20)得证。

6. 卷积定理

设

$$c(kT) = \sum_{n=0}^{k} g[(k-n)T]r(nT) \tag{7.21}$$

则卷积定理可以表示为

$$C(z) = G(z)R(z) \tag{7.22}$$

证明 根据 Z 变换定义

$$C(z) = \sum_{k=0}^{\infty} c(kT)z^{-k} \tag{7.23}$$

将式(7.21)代入式(7.23)，可得

$$C(z) = \sum_{k=0}^{\infty}\sum_{n=0}^{k} g[(k-n)T]r(nT)z^{-k}$$

由于 $k<n$ 时，$g[(k-n)T]=0$，上式可改写为

$$C(z) = \sum_{k=0}^{\infty}\sum_{n=0}^{\infty} g[(k-n)T]r(nT)z^{-k} = \sum_{n=0}^{\infty} r(nT)\sum_{k=0}^{\infty} g[(k-n)T]z^{-k}$$

令 $k-n=j$，则 $k=0$ 时，$j=-n$，上式化为

$$C(z) = \sum_{n=0}^{\infty} r(nT)\sum_{j=-n}^{\infty} g(jT)z^{-(n+j)} = \sum_{n=0}^{\infty} r(nT)z^{-n}\sum_{j=0}^{\infty} g(jT)z^{-j}$$
$$= G(z)R(z)$$

7.3.3 Z 变换方法

求 Z 变换有多种方法，下面介绍常用的两种。

1. 级数求和法

根据式(7.13)和式(7.14)，只要知道连续函数 $f(t)$在各个采样时刻的数值，即可按照式(7.14)求得其 Z 变换。这种级数展开式是开放式的，有无穷多项。但有一些常用的 Z 变换的级数展开式可以用闭合型函数表示。

【例 7－1】 求单位阶跃函数 $1(t)$的 Z 变换。

解　单位阶跃函数的采样函数为

$$1(nT)=1 \qquad (n=0,\ 1,\ 2,\ \cdots)$$

将 $f(nT)=1(nT)=1$ 代入式(7.14)，可得

$$\mathscr{Z}[1(t)]=1+1\cdot z^{-1}+1\cdot z^{-2}+\cdots+1\cdot z^{-n}+\cdots=\frac{z}{z-1}$$

注意：只要函数 Z 变换的无穷级数 $F(z)$在 z 平面的某个区域内收敛，则在应用时，就不需要指出 $F(z)$的收敛域。

【例 7－2】 求 $f(t)=e^{-at}$的 Z 变换。

解　$f^*(t)=f(nT)=e^{-anT}$，根据式(7.14)，可得

$$F(z)=1+e^{-aT}z^{-1}+e^{-2aT}z^{-2}+\cdots+e^{-naT}z^{-n}+\cdots$$

两边同乘 $e^{-aT}z^{-1}$得

$$e^{-aT}z^{-1}F(z)=e^{-aT}z^{-1}+e^{-2aT}z^{-2}+\cdots+e^{-naT}z^{-n}+\cdots$$

两式相减，可以求得

$$F(z)(1-e^{-aT}z^{-1})=1$$

即

$$F(z)=\frac{1}{1-e^{-aT}z^{-1}}=\frac{z}{z-e^{-aT}}$$

2. 部分分式法

当连续函数可以表示为指数函数之和时，可以利用上题的结果求得相应的 Z 变换。

设连续函数 $f(t)$的拉氏变换式为有理函数，可以展开为部分分式的形式，即

$$F(s)=\sum_{i=1}^{n}\frac{A_i}{s-p_i}$$

式中，p_i 为 $F(s)$的极点，A_i 为常系数。$A_i/(s-p_i)$对应的时间函数为 $A_i e^{p_i t}$，由例 7－2 可知，其 Z 变换为 $A_i z/(z-e^{p_i T})$。由此可得

$$F(z)=\sum_{i=1}^{n}\frac{A_i z}{z-e^{p_i T}}$$

【例 7－3】 设连续函数 $f(t)$的拉氏变换式为 $F(s)=a/[s(s+a)]$，求其 Z 变换。

解　将 $F(s)$展开为部分分式形式：

$$F(s)=\frac{a}{s(s+a)}=\frac{1}{s}-\frac{1}{s+a}$$

由例 7－1 和例 7－2 可知：

$$F(z)=\frac{1}{1-z^{-1}}-\frac{1}{1-e^{-aT}z^{-1}}=\frac{(1-e^{-aT})z^{-1}}{(1-z^{-1})(1-e^{-aT}z^{-1})}$$

【例 7-4】 求 $f(t)=\sin\omega t$ 的 Z 变换。

解 求 $F(s)$并将其展开为部分分式形式：

$$F(s)=\frac{\omega}{s^2+\omega^2}=\frac{1/(2\mathrm{j})}{s-\mathrm{j}\omega}+\frac{-1/(2\mathrm{j})}{s+\mathrm{j}\omega}$$

所以

$$F(z)=\frac{1}{2\mathrm{j}}\frac{1}{1-e^{\mathrm{j}\omega T}z^{-1}}-\frac{1}{2\mathrm{j}}\frac{1}{1-e^{-\mathrm{j}\omega T}z^{-1}}=\frac{(\sin\omega T)z^{-1}}{1-(2\cos\omega T)z^{-1}+z^{-2}}$$

$$=\frac{z\sin\omega T}{z^2-2z\cos\omega T+1}$$

附表中列出了一些常见函数及其相应的拉氏变换和 Z 变换。利用此表可以根据给定的函数或其拉氏变换式直接查出其对应的 Z 变换，不必再进行繁琐的计算。

7.3.4 Z 反变换

和拉氏反变换相类似，Z 反变换可表示为

$$\mathscr{Z}^{-1}[F(z)]=f^*(t) \tag{7.24}$$

下面介绍三种比较常用的 Z 反变换方法。

1. 长除法——幂级数法

如果 $F(z)$已是按 z^{-n}降幂次序排列的级数展开式，如式(7.14)，则根据式(7.13)即可写出 $f^*(t)$。如果 $F(z)$是有理分式，则用其分母去除分子，可以求出按 z^{-n}降幂次序排列的级数展开式，再写出 $f^*(t)$。虽然长除法以序列形式给出了 $f(0)$，$f(T)$，$f(2T)$，…的数值，但是从一组值中一般很难求出 $f^*(t)$或 $f(nT)$的解析表达式。

【例 7-5】 已知 $F(z)=\frac{5z}{z^2-3z+2}$，求 $f^*(t)$。

解 $F(z)$可以写为

$$F(z)=\frac{5z^{-1}}{1-3z^{-1}+2z^{-2}}$$

长除得

$$F(z)=5z^{-1}+15z^{-2}+35z^{-3}+75z^{-4}+\cdots$$

$$f(0)=0,\ f(T)=5,\ f(2T)=15,\ f(3t)=35,\ f(4T)=75,\ \cdots$$

即

$$f^*(t)=0\delta(t)+5\delta(t-T)+15\delta(t-2T)+35\delta(t-3T)+75\delta(t-4T)+\cdots$$

2. 部分分式法

采用部分分式法可以求出离散函数的闭合形式。其方法与拉氏反变换的部分分式法相类似，将 $F(z)$展开成部分分式 $F(z)=\sum_{i=1}^{n}\frac{a_i z}{z-p_i}$ 的形式，就可以通过查表求得 $f^*(t)$或 $f(nT)$。

【例 7-6】 用部分分式法求上例中 $F(z)$的 Z 反变换式。

解 将 $F(z)$展开成部分分式形式：

$$F(z)=\frac{5z}{z^2-3z+2}=\frac{-5z}{z-1}+\frac{5z}{z-2}$$

查表得

$$\mathscr{Z}^{-1}\left[\frac{z}{z-1}\right]=1,\quad \mathscr{Z}^{-1}\left[\frac{z}{z-2}\right]=2^{t/T}$$

故

$$f^*(t)=f(nT)=5(-1+2^n)\qquad (n=0,1,2,\cdots)$$

即

$$f(0)=0,\ f(T)=5,\ f(2T)=15,\ f(3T)=35,\ f(4T)=75,\ \cdots$$

$$f^*(t)=\sum_{n=0}^{+\infty}f(nT)\delta(t-nT)=\sum_{n=0}^{+\infty}5(-1+2^n)\delta(t-nT)$$

3. 留数计算法

当 $F(z)$为超越函数形式时，前面的两种求取 Z 反变换的方法都不适用。由于 $F(z)$具有复变函数中劳伦级数的形式，级数的各系数 $f(nT)$可通过积分的方法求出。由复变函数中的柯西留数定理有

$$f(nT)=\frac{1}{2\pi j}\int_c F(z)z^{n-1}\,dz=\sum \mathrm{Res}[F(z)z^{n-1}]\tag{7.25}$$

Res 表示 $F(z)z^{n-1}$在 $F(z)$的极点上的留数。

一阶极点的留数为

$$R=\lim_{z\to p}(z-p)[F(z)z^{n-1}]\tag{7.26}$$

q 阶重极点的留数为

$$R=\frac{1}{(q-1)!}\lim_{z\to p}\frac{d^{q-1}}{dz^{q-1}}[(z-p)^qF(z)z^{n-1}]\tag{7.27}$$

【例 7-7】 用留数法求

$$F(z)=\frac{0.5z}{(z-1)(z-0.5)}$$

的 Z 反变换。

解　根据式(7.25)有

$$f(nT)=\sum \mathrm{Res}[F(z)z^{n-1}]=\sum \mathrm{Res}\left[\frac{0.5z^n}{(z-1)(z-0.5)}\right]$$

因为 $F(z)z^{n-1}$在 $z=1$ 和 $z=0.5$ 处各有一个极点，所以

$$R_1=\left[\frac{0.5z^n}{(z-1)(z-0.5)}(z-1)\right]_{z=1}=1$$

$$R_2=\left[\frac{0.5z^n}{(z-1)(z-0.5)}(z-0.5)\right]_{z=0.5}=-(0.5)^n$$

由此得

$$f(nT)=1-(0.5)^n\qquad (n=0,1,2,\cdots)$$

$$f^*(t)=\sum_{n=0}^{+\infty}f(nT)\delta(t-nT)=\sum_{n=0}^{+\infty}(1-0.5)^n)\delta(t-nT)$$

【例 7-8】 用留数法求

$$F(z)=\frac{Tz}{(z-1)^2}$$

的 Z 反变换。

解 由于 $F(z)$ 在 $z=1$ 处有二重极点，因此

$$R=\frac{1}{(2-1)!}\lim_{z\to 1}\frac{\mathrm{d}}{\mathrm{d}z}\left[(z-1)^2\frac{Tz}{(z-1)^2}z^{n-1}\right]=(nTz^{n-1})_{z=1}=nT$$

由此可得

$$f(nT)=nT \qquad (n=0,1,2,\cdots)$$

$$f^*(t)=\sum_{n=0}^{+\infty}f(nT)\delta(t-nT)=\sum_{n=0}^{+\infty}nT\delta(t-nT)$$

7.4 脉冲传递函数

7.4.1 脉冲传递函数的基本概念

线性连续系统理论中，把初始条件为零的情况下系统输出信号的拉氏变换与输入信号的拉氏变换之比，定义为传递函数。与此类似，在线性采样系统理论中，把初始条件为零的情况下系统的离散输出信号的 Z 变换与离散输入信号的 Z 变换之比，定义为脉冲传递函数，或称 Z 传递函数。它是线性采样系统理论中的一个重要概念。

对于图 7-11(a)所示的采样系统，脉冲传递函数为

$$G(z)=\frac{C(z)}{R(z)} \tag{7.28}$$

由式(7.28)可求采样系统的离散输出信号

$$c^*(t)=\mathscr{Z}^{-1}[C(z)]=\mathscr{Z}^{-1}[G(z)R(z)]$$

实际上，许多采样系统的输出信号是连续信号，如图 7-11(b)所示。在这种情况下，为了应用脉冲传递函数的概念，可以在输出端虚设一个采样开关，并令其采样周期与输入端采样开关的相同。

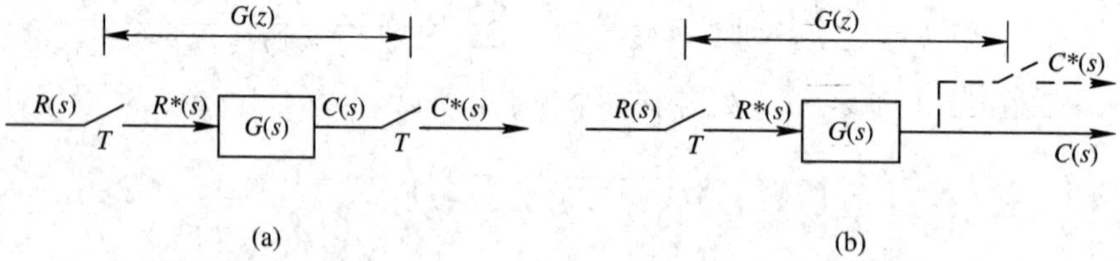

图 7-11 采样系统

下面讨论如何根据采样系统的单位脉冲响应来推导脉冲传递函数的公式。由线性连续系统理论已知，当输入信号为单位脉冲信号 $\delta(t)$ 时，其输出信号称为单位脉冲响应，以 $g(t)$ 表示。当输入信号为如下的脉冲序列时：

$$r^*(t)=\sum_{n=0}^{\infty}r(nT)\delta(t-nT)$$

根据叠加原理，输出信号为一系列脉冲响应之和，即

$$c(t)=r(0)g(t)+r(T)g(t-T)+\cdots+r(nT)g(t-nT)+\cdots$$

在 $t=kT$ 时刻，输出的脉冲值为

$$\begin{aligned}c(kT)&=r(0)g(kT)+r(T)g[(k-1)T]+\cdots+r(nT)g[(k-n)T]+\cdots\\&=\sum_{n=0}^{\infty}g[(k-n)T]r(nT)\end{aligned}$$

根据卷积定理，可得上式的 Z 变换

$$C(z)=G(z)R(z)$$

$C(z)$、$G(z)$ 和 $R(z)$分别是 $c(t)$、$g(t)$ 和 $r(t)$的 Z 变换。

由此可见，系统的脉冲传递函数即为系统的单位脉冲响应 $g(t)$经过采样后离散信号 $g^*(t)$ 的 Z 变换，可表示为

$$G(z)=\sum_{n=0}^{\infty}g(nT)z^{-n} \tag{7.29}$$

脉冲传递函数还可表示为

$$G(z)=\mathscr{Z}[g(t)]=\mathscr{Z}\{\mathscr{L}^{-1}[G(s)]\}=\mathscr{Z}[G(s)]$$

7.4.2　采样系统的开环脉冲传递函数

在介绍采样系统脉冲传递函数模型之前,先不加证明地给出采样拉氏变换的两个重要性质：

(1) 采样函数的拉氏变换具有周期性，即

$$G^*(s)=G^*(s+\mathrm{j}k\omega_s) \tag{7.30}$$

其中 ω_s 为采样角频率。

(2) 若采样函数的拉氏变换 $E^*(s)$与连续函数的拉氏变换 $G(s)$相乘后再离散化，则 $E^*(s)$可以从离散符号中提出来，即

$$[G(s)E^*(s)]^*=G^*(s)E^*(s) \tag{7.31}$$

$$Z[G(s)E^*(s)]=G(z)E(z) \tag{7.32}$$

这两个性质在建立采样系统脉冲传递函数时十分重要。

讨论采样系统的开环脉冲传递函数时，应该注意图 7－12 中所示的两种不同情况。

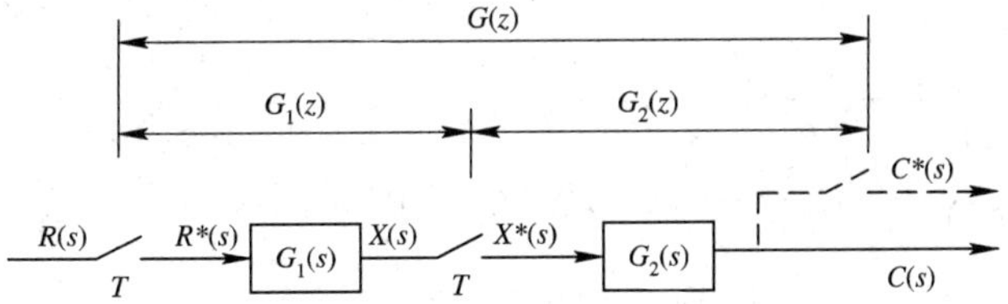

(a)

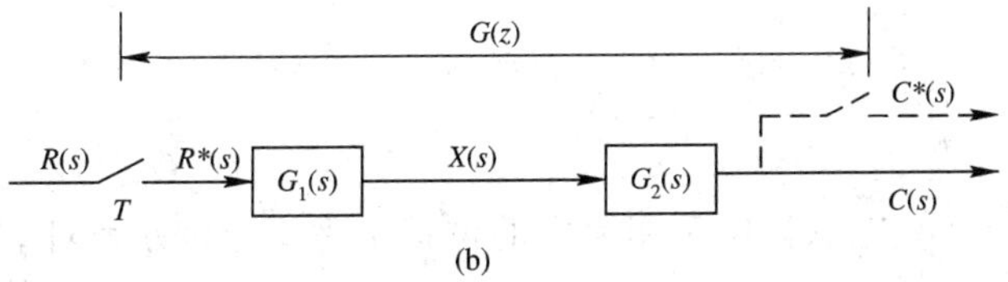

(b)

图 7－12　两种串联结构

在图 7-12(a)所示的开环系统中，两个串联环节之间有采样开关存在，这时

$$X(z)=G_1(z)R(z)$$

$$C(z)=G_2(z)X(z)=G_1(z)G_2(z)R(z)$$

由此可得

$$\frac{C(z)}{R(z)}=G_1(z)G_2(z)=G(z) \tag{7.33}$$

上式表明，有采样开关分隔的两个环节串联时，其脉冲传递函数等于两个环节的脉冲传递函数之积。上述结论可以推广到有采样开关分隔的 n 个环节串联的情况。

在图 7-12(b)所示的系统中，两个串联环节之间没有采样开关隔离。这时系统的开环脉冲传递函数为

$$G(z)=\frac{C(z)}{R(z)}=\mathscr{Z}[G_1(s)G_2(s)]=G_1G_2(z)=G_2G_1(z) \tag{7.34}$$

式(7.31)表示，没有采样开关分隔的两个环节串联时，其脉冲传递函数为这两个环节的传递函数之积的 Z 变换。另 $G_1G_2(z)=G_2G_1(z)$，是因为两个函数的拉氏变换相乘是可交换的。上述结论也可以推广到无采样开关分隔的 n 个环节串联的情况。

请注意式(7.30)和式(7.31)的区别，通常

$$G_1G_2(z)\neq G_1(z)G_2(z)$$

【例 7-9】 设图 7-12 中

$$G_1(s)=\frac{1}{s+1},\quad G_2(s)=\frac{1}{s+2}$$

求系统的开环脉冲传递函数。

解 对于图 7-12(a)，由式(7.30)得其开环脉冲传递函数为

$$G(z)=G_1(z)G_2(z)=\mathscr{Z}\left(\frac{1}{s+1}\right)\mathscr{Z}\left(\frac{1}{s+2}\right)$$

$$=\frac{z}{z-\mathrm{e}^{-T}}\frac{z}{z-\mathrm{e}^{-2T}}=\frac{z^2}{(z-\mathrm{e}^{-T})(z-\mathrm{e}^{-2T})}$$

而对于图 7-12(b)，由式(7.31)，其开环脉冲传递函数为

$$G(z)=G_1G_2(z)=\mathscr{Z}\left(\frac{1}{s+1}\cdot\frac{1}{s+2}\right)=\mathscr{Z}\left(\frac{1}{s+1}-\frac{1}{s+2}\right)$$

$$=\frac{z}{z-\mathrm{e}^{-T}}-\frac{z}{z-\mathrm{e}^{-2T}}=\frac{z(\mathrm{e}^{-T}-\mathrm{e}^{-2T})}{(z-\mathrm{e}^{-T})(z-\mathrm{e}^{-2T})}$$

假设在图 7-12(b)中 $G_1(s)=G_h(s)$是一个零阶保持器，即

$$G_1(s)=G_h(s)=\frac{1-\mathrm{e}^{-Ts}}{s}$$

则此时的串联传递函数为

$$G(s)=G_1(s)G_2(s)=(1-\mathrm{e}^{-Ts})\frac{G_2(s)}{s}$$

$$=(1-\mathrm{e}^{-Ts})G'(s)=G'(s)-\mathrm{e}^{-Ts}G'(s)$$

其中，$G'(s)=G_2(s)/s$。考虑到拉氏变换中的位移定理，上面方程对应在时间域内的关系可写为

$$g(t)=\mathscr{L}^{-1}[G(s)]=g'(t)-g'(t-T)$$

其中 $g(t)$ 和 $g'(t)$ 分别为 $G(s)$ 和 $G'(s)$ 的拉氏反变换。对上式离散化后取 Z 变换，并利用 Z 变换的实数位移定理，可以得到串联零阶保持器且中间无采样开关时的开环脉冲传递函数为

$$G(z) = G'(z) - z^{-1}G'(z) = (1 - z^{-1})G'(z) \tag{7.35}$$

其中

$$G'(z) = Z[G'(s)] = Z\left[\frac{G_2(s)}{s}\right]$$

7.4.3 采样系统的闭环脉冲传递函数

设一典型的闭环采样控制系统，如图 7－13 所示。图中输入端和输出端的采样开关是为了便于分析而虚设的。

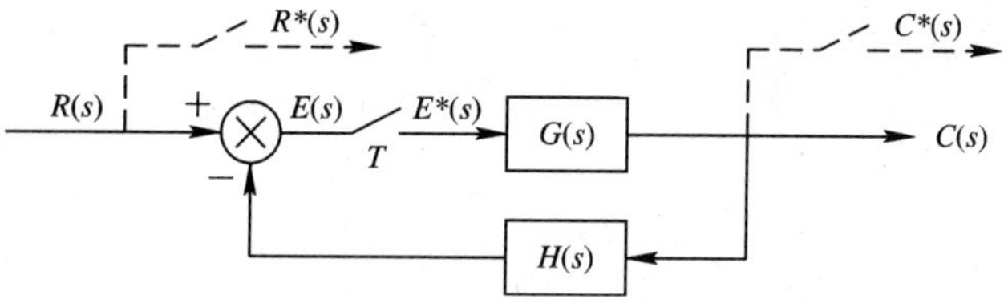

图 7－13 采样控制系统

由图可见

$$E(s) = R(s) - H(s)C(s)$$

$$C(s) = E^*(s)G(s)$$

合并以上两式，得到

$$E(s) = R(s) - H(s)G(s)E^*(s)$$

对上式作 Z 变换，注意到上式右端适用线性定理，则有

$$E(z) = R(z) - \mathscr{Z}[G(s)H(s)E^*(s)]$$

因 $G(s)$ 和 $H(s)$ 之间没有采样开关，而 $H(s)$ 和 $E^*(s)$ 之间有采样开关，根据式(7.34)和采样拉氏变换的性质(2)，得

$$E(z) = R(z) - GH(z)E(z)$$

于是

$$E(z) = \frac{R(z)}{1 + GH(z)}$$

$$C(z) = E(z)G(z) = \frac{G(z)}{1 + GH(z)}R(z)$$

即得闭环采样控制系统对输入量的脉冲传递函数为

$$\Phi(z) = \frac{C(z)}{R(z)} = \frac{G(z)}{1 + GH(z)} \tag{7.36}$$

与线性连续系统类似，闭环脉冲传递函数的分母 $1+GH(z)$ 即为闭环采样控制系统的特征多项式。

如果离散控制系统中控制器为数字计算机，则数字控制系统的方框图一般可用图 7－14 表示，其中 $D^*(s)$ 或 $D(z)$ 为数字控制器。

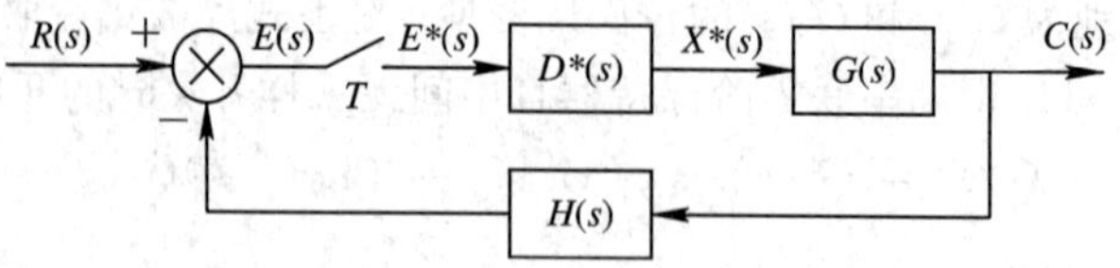

图 7－14 具有数字控制器的采样系统

由图可见

$$E(s)=R(s)-H(s)G(s)X^{*}(s)$$
$$X^{*}(s)=D^{*}(s)E^{*}(s)$$

两式合并，得

$$E(s)=R(s)-H(s)G(s)D^{*}(s)E^{*}(s)$$

对上式作 Z 变换，有

$$E(z)=R(z)-GH(z)D(z)E(z)$$

即
$$E(z)=\frac{1}{1+D(z)GH(z)}R(z)$$

由
$$C(s)=G(s)X^{*}(s)=G(s)D^{*}(s)E^{*}(s)$$

得
$$C(z)=E(z)D(z)G(z)=\frac{D(z)G(z)}{1+D(z)GH(z)}R(z)$$

即

$$\frac{C(z)}{R(z)}=\frac{D(z)G(z)}{1+D(z)GH(z)} \tag{7.37}$$

采样系统的闭环脉冲传递函数与连续系统闭环脉冲传递函数的不同之处在于采样开关的存在。图 7－11 和式(7.28)表明的是，当一个环节前后都有采样开关时，才有 $G(z)$。故而有式(7.33)和式(7.34)的区别。对于图 7－14，因为 $D^{*}(s)$是数字控制器，故可以认为 $D^{*}(s)$和 $G(s)$之间存在一个采样开关，$D^{*}(s)$出来的信号为 $X(s)$，经过采样开关变换为 $X^{*}(s)$。因此式(7.37)的分子可以写成 $D(z)G(z)$；而在图 7－13 和图 7－14 的闭环回路中，$H(s)$的两侧只有一个采样开关，所以式(7.36)和式(7.37)的分母中，总是写成 $GH(z)$。

对于图 7－15 所示的有干扰的采样系统，干扰 $N(s)$到输出 $C(s)$的通道上没有采样开关，所以，不能写出输出 $C(z)$对干扰 $N(z)$的闭环传递函数，而只能写出对于干扰 $N(z)$的输出 $C(z)$。此时，$R(s)=0$。

$$C(z)=\frac{G_2N(z)}{1+G_1G_2(z)}$$

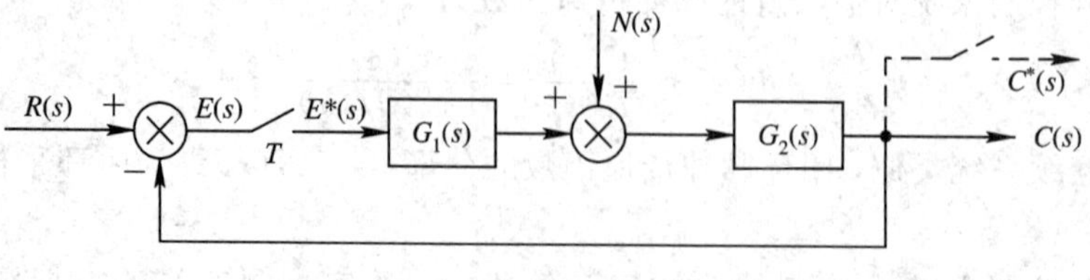

图 7－15 有干扰信号的采样系统

7.5 离散控制系统的性能分析

7.5.1 离散控制系统的稳定性

如前所述，Z 变换称为采样拉氏变换，它是从拉氏变换直接引申出来的一种变换方法，因此，为了把连续系统在 s 平面上分析稳定性的结果移植到 z 平面上分析离散系统的稳定性，首先需要研究这两个复平面的关系。

复变量 z 和 s 的关系为 $z=e^{Ts}$，其中 $s=\sigma+j\omega$，T 为采样周期。则

$$z = e^{T(\sigma+j\omega)} = e^{\sigma T}e^{jT\omega}$$

所以 $|z|=e^{\sigma T}$，$\angle z=\omega T$。

设 s 平面上的点沿虚轴移动，即 $s=j\omega$，对应 z 平面上的点 $z=e^{j\omega T}$，其轨迹是一个单位圆。当 s 平面上的点从 $-j\infty$ 移到 $j\infty$ 时，z 平面上相应的点已经沿着单位圆转过了无穷多圈。当 s 位于 s 平面虚轴的左半部($\sigma<0$)时，$|z|<1$，对应 z 平面上的单位圆内；当 s 位于 s 平面虚轴的右半部($\sigma>0$)时，$|z|>1$，对应 z 平面上的单位圆外部区域。见图 7-16。

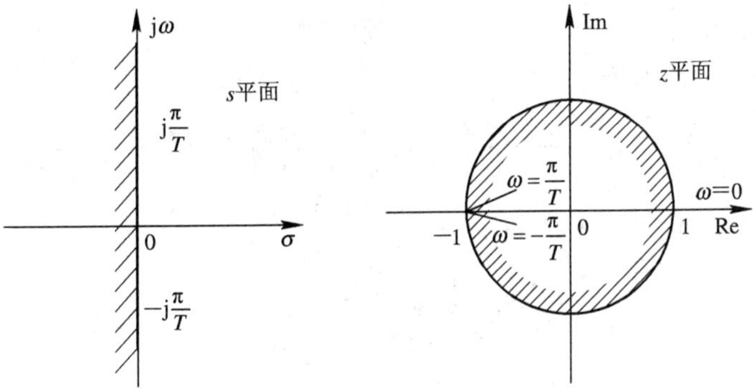

图 7-16 s 平面上虚轴在 z 平面上的映像

因此，对于图 7-13 所示的采样控制系统，其特征方程式为

$$1+GH(z)=0$$

系统的特征根为 z_1，z_2，…，z_n 即为闭环传递函数的极点。根据以上分析可知，闭环采样系统稳定的充分必要条件是：系统特征方程的所有根均分布在 z 平面的单位圆内，或者所有根的模均小于 1，即 $|z_i|<1(i=1, 2, \cdots, n)$。

与分析连续系统的稳定性一样，用直接求解特征方程式根的方法判断系统的稳定性往往比较困难，这时可利用劳斯判据来判断其稳定性。但对于线性采样系统，不能直接应用劳斯判据，因为劳斯判据只能判断系统特征方程式的根是否在 s 平面虚轴的左半部，而采样系统中希望判别的是特征方程式的根是否在 z 平面单位圆的内部。因此，必须采用一种线性变换方法，使 z 平面上的单位圆映射为新坐标系的虚轴。这种坐标变换称为双线性变换，又称为 W 变换。注意，因 $z=e^{Ts}$ 是超越方程，故不能将特征方程式变换为代数方程。令

$$z=\frac{w+1}{w-1} \tag{7.38}$$

则
$$w = \frac{z+1}{z-1} \tag{7.39}$$

式(7.38)和式(7.39)表明，复变量 z 与 w 互为线性变换。令复变量

$$z = x + \mathrm{j}y \qquad w = u + \mathrm{j}v$$

代入式(7.39)得

$$u + \mathrm{j}v = \frac{x + \mathrm{j}y + 1}{x + \mathrm{j}y - 1} = \frac{(x^2 + y^2 - 1) - 2y\mathrm{j}}{(x-1)^2 + y^2}$$

对于 w 平面上的虚轴，实部 $u=0$，即

$$x^2 + y^2 - 1 = 0$$

这就是 z 平面上以坐标原点为圆心的单位圆的方程。单位圆内 $x^2+y^2<1$，对应于 w 平面上 u 为负数的虚轴左半部；单位圆外 $x^2+y^2>1$，对应于 w 平面上 u 为正数的虚轴右半部。

【例 7－10】 判断图 7－17 所示系统在采样周期 $T=1$ s 和 $T=4$ s 时的稳定性。

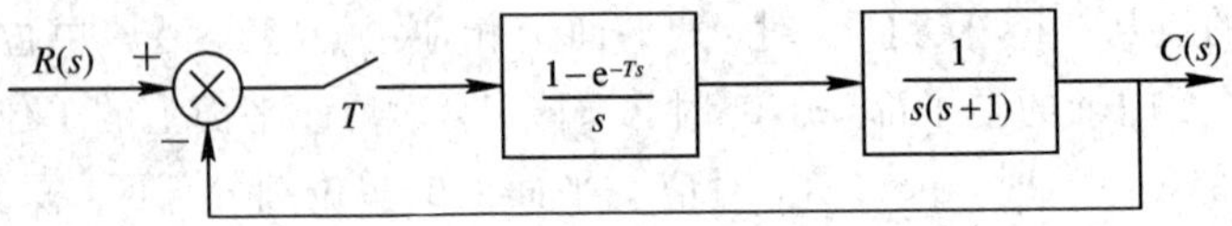

图 7－17 采样控制系统

解 开环脉冲传递函数为

$$\begin{aligned} G(z) &= \mathscr{Z}\left(\frac{1-\mathrm{e}^{-Ts}}{s} \cdot \frac{1}{s(s+1)}\right) = \mathscr{Z}\left((1-\mathrm{e}^{-Ts})\frac{1}{s^2(s+1)}\right) \\ &= (1-z^{-1})\mathscr{Z}\left(\frac{1}{s^2} - \frac{1}{s} + \frac{1}{s+1}\right) \\ &= (1-z^{-1})\left(\frac{Tz}{(z-1)^2} - \frac{z}{z-1} + \frac{z}{z-\mathrm{c}^{-T}}\right) \\ &= \frac{T(z-\mathrm{e}^{-T}) - (z-1)(z-\mathrm{e}^{-T}) + (z-1)^2}{(z-1)(z-\mathrm{e}^{-T})} \end{aligned}$$

闭环脉冲传递函数为

$$G_c(z) = \frac{G(z)}{1+G(z)}$$

闭环系统的特征方程为

$$T(z-\mathrm{e}^{-T}) + (z-1)^2 = 0$$

即
$$z^2 + (T-2)z + 1 - T\mathrm{e}^{-T} = 0$$

当 $T=1$ s 时，系统的特征方程为

$$z^2 - z + 0.632 = 0$$

因为方程是二阶，故直接解得极点为 $z_{1,2}=0.5\pm\mathrm{j}0.618$。由于极点都在单位圆内，所以系统稳定。

当 $T=4$ s 时，系统的特征方程为

$$z^2 + 2z + 0.927 = 0$$

解得极点为 $z_1=-0.73$，$z_2=-1.27$。有一个极点在单位圆外，所以系统不稳定。

从这个例子可以看出，一个原来稳定的系统，如果加长采样周期，超过一定程度后，

系统就会不稳定。通常，T 越大，系统的稳定性就越差。

用 MATLAB 解本例如下：

```
%example7_10
c1=[1    -1    0.632]
roots(c1)
c2=[1    2    0.927]
roots(c2)
```

【例 7-11】 设采样控制系统如图 7-18 所示，采样周期 $T=0.25$ s，求能使系统稳定的 K 值范围。

解　开环脉冲传递函数为

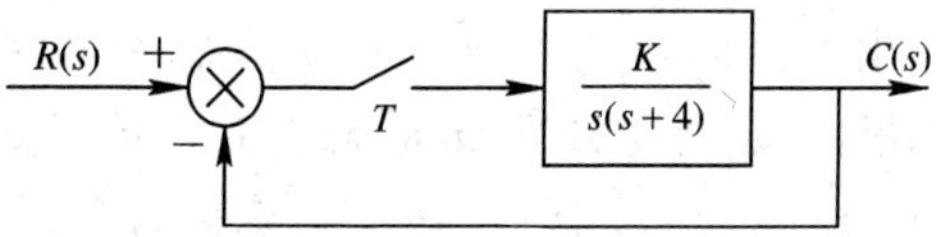

图 7-18　采样控制系统

$$\begin{aligned}G(z) &= \mathscr{Z}\left(\frac{K}{s(s+4)}\right)\\ &= \mathscr{Z}\left[\frac{K}{4}\left(\frac{1}{s}-\frac{1}{s+4}\right)\right]\\ &= \frac{K}{4}\left(\frac{z}{z-1}-\frac{z}{z-e^{-4T}}\right)\\ &= \frac{K}{4}\cdot\frac{(1-e^{-4T})z}{(z-1)(z-e^{-4T})}\end{aligned}$$

闭环脉冲传递函数为

$$G_c(z)=\frac{G(z)}{1+G(z)}$$

闭环系统的特征方程为

$$1+G(z)=(z-1)(z-e^{-4T})+\frac{K}{4}(1-e^{-4T})z=0$$

令 $z=\dfrac{w+1}{w-1}$，$T=0.25$ s，代入上式得

$$\left(\frac{w+1}{w-1}-1\right)\left(\frac{w+1}{w-1}-0.368\right)+0.158K\frac{w+1}{w-1}=0$$

整理后可得

$$0.158Kw^2+1.264w+(2.736-0.158K)=0$$

劳斯表为

$$\begin{array}{lll} w^2 & 0.158K & 2.736-0.158K \\ w^1 & 1.264 & \\ w^0 & 2.736-0.158K & \end{array}$$

要使系统稳定，必须使劳斯表中第一列各项大于零，即

$$0.158K>0 \quad 和 \quad 2.736-0.158K>0$$

所以使系统稳定的 K 值范围是 $0<K<17.3$。

7.5.2　离散控制系统的稳态误差

设单位反馈采样控制系统如图 7-19 所示。

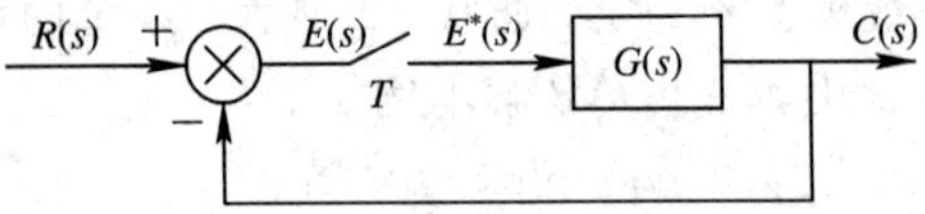

图 7-19 单位反馈采样控制系统

与连续系统类似，系统的误差

$$E(z)=\frac{1}{1+G(z)}R(z)$$

设闭环系统稳定，根据终值定理可以求出在输入信号作用下采样系统的稳态误差终值

$$e_{sr}=\lim_{t\to\infty}e(t)=\lim_{z\to1}(z-1)\frac{1}{1+G(z)}R(z) \tag{7.40}$$

在连续系统中，如果开环传递函数 $G(s)$ 具有 ν 个 $s=0$ 的极点，则由 $z=e^{Ts}$ 可知相应 $G(z)$ 必有 ν 个 $z=1$ 的极点。我们把开环传递函数 $G(s)$ 具有 $s=0$ 的极点数作为划分系统型别的标准，并分别把 $\nu=0, 1, 2, \cdots$ 的系统称为 0 型、Ⅰ型和Ⅱ型系统等。同样，在离散系统中，也可把开环传递函数 $G(z)$ 具有 $z=1$ 的极点数 ν 作为划分系统型别的标准，分别把 $G(z)$ 中 $\nu=0, 1, 2, \cdots$ 的系统称为 0 型、Ⅰ型和Ⅱ型(离散)系统等。

与连续系统对应的离散系统的 3 种误差系数以及不同型别的稳态误差(表 7-1)直接列出如下，不再推导。

表 7-1 单位反馈离散系统的稳态误差

系统型别	位置误差 $r(t)=1(t)$	速度误差 $r(t)=t$	加速度误差 $r(t)=t^2/2$
0 型	$\frac{1}{K_p}$	∞	∞
Ⅰ型	0	$\frac{T}{K_v}$	∞
Ⅱ型	0	0	$\frac{T^2}{K_a}$

稳态位置误差系数：

$$K_p=\lim_{z\to1}[1+G(z)] \tag{7.41}$$

稳态速度误差系数：

$$K_v=\lim_{z\to1}(z-1)G(z) \tag{7.42}$$

稳态加速度误差系数：

$$K_a=\lim_{z\to1}(z-1)^2G(z) \tag{7.43}$$

7.5.3 离散控制系统的动态性能

如果可以求出离散系统的闭环传递函数 $G_c(z)=C(z)/R(z)$，其中 $R(z)=z/(z-1)$ 通常为单位阶跃函数，则系统输出量的 Z 变换函数

$$C(z)=\frac{z}{z-1}G_c(z)$$

将上式展成幂级数，通过 Z 反变换，可以求出输出信号的脉冲序列 $c(k)$ 或 $c^*(t)$。由于离散系统的时域指标与连续系统相同，故根据单位阶跃响应曲线 $c(k)$ 可以方便地分析离散系统的动态性能。

【例 7-12】 设采样控制系统如图 7-19 所示，其中，

$$G(z)=\frac{1.264z}{z^2-1.368z+0.368}$$

采样周期 $T=0.1$ s，求系统指标 t_s 和 σ 的近似值。

解　闭环脉冲传递函数为

$$G_c(z)=\frac{G(z)}{1+G(z)}=\frac{1.264z}{z^2-0.104z+0.368}$$

系统的阶跃响应为

$$C(z)=G_c(z)R(z)=\frac{1.264z}{z^2-0.104z+0.368}\cdot\frac{z}{z-1}$$
$$=\frac{1.264z^2}{z^3-1.104z^2+0.472z-0.368}$$

用长除法得

$$C(z)=1.264z^{-1}+1.395z^{-2}+0.943z^{-3}+0.848z^{-4}$$
$$+1.004z^{-5}+1.055z^{-6}+1.003z^{-7}+\cdots$$

输出信号的脉冲序列为

$$c^*(t)=1.264\delta(t-T)+1.395\delta(t-2T)+0.943\delta(t-3T)+0.848\delta(t-4T)$$
$$+1.004\delta(t-5T)+1.055\delta(t-6T)+1.003\delta(t-7T)+\cdots$$

将 $c^*(t)$ 在各采样时刻的值用“*”标于图 7-20 中，光滑地连接图中各点，便得到了系统输出响应曲线 $c(t)$ 的大致波形，由该波形曲线可得

$$t_s\approx(6\sim7)T=0.6\sim0.7\text{ s},\ \sigma=40\%\sim50\%$$

用 MATLAB 可以方便地求出离散控制系统的阶跃响应，其程序如下：

```
%example7_12
num=[1.264   0]
den=[1   -0.104   0.368]
dstep(num, den)
```

由 MATLAB 画出的阶跃响应曲线如图 7-21 所示。

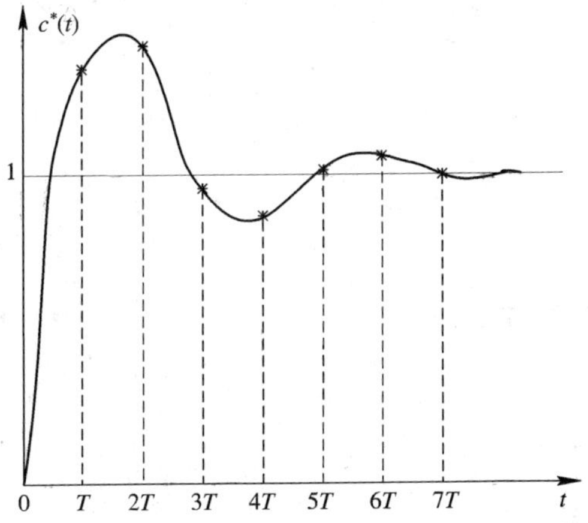

图 7-20　阶跃响应曲线

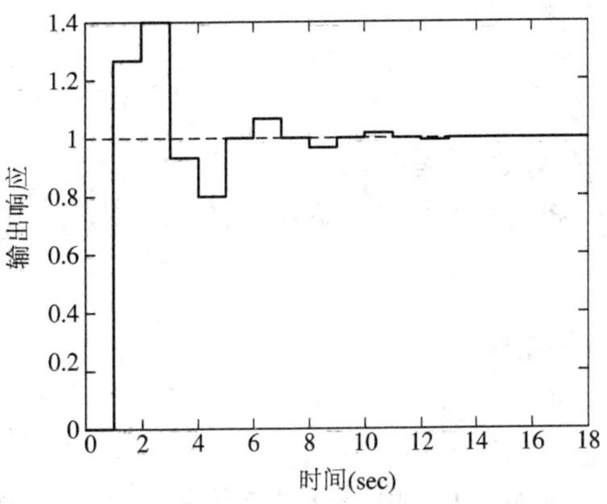

图 7-21　MATLAB绘制的阶跃响应曲线

7.5.4 数字控制系统的控制

当控制器用数字计算机实现时，此时的离散控制系统称为数字控制系统。数字控制系统是离散控制系统的一种表现形式。数字控制系统的控制问题实际上就是控制器的设计问题。设数字控制系统如图 7－22 所示。数字控制器的设计技术可分为连续化设计技术和离散化设计技术。

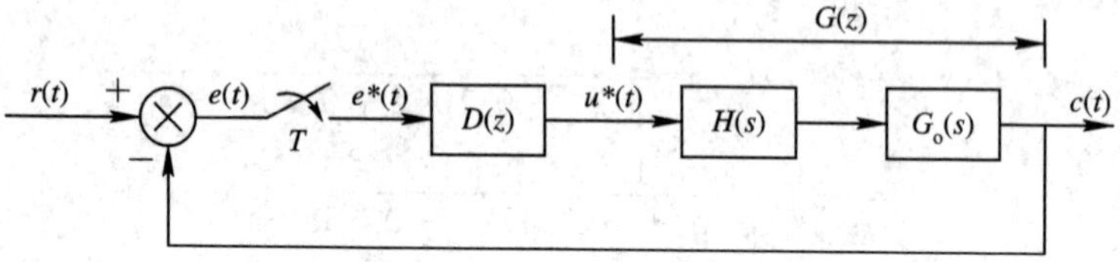

图 7－22 数字控制系统框图

1. 连续化设计技术

这是一种离散系统的等效设计方法，即假设系统是一个连续系统，没有采样开关，先设计一个模拟(连续时间)控制器 $G_c(s)$。再离散化得到数字控制器 $D(z)$。常用的离散化方法有三种。

(1) 双线性变换法。

由 Z 变换的定义可知，$z=e^{Ts}$，利用级数展开可得

$$z = e^{sT} = \frac{e^{\frac{1}{2}sT}}{e^{-\frac{1}{2}sT}} = \frac{1+\frac{1}{2}sT+\cdots}{1-\frac{1}{2}sT+\cdots} \approx \frac{1+\frac{1}{2}sT}{1-\frac{1}{2}sT} \tag{7.44}$$

由上式可得

$$s = \frac{2(z-1)}{T(z+1)} \tag{7.45}$$

(2) 前项差分法。

将 $z=e^{Ts}$ 写成以下形式：

$$z = e^{sT} = 1+sT+\cdots \approx 1+sT \tag{7.46}$$

由上式可得

$$s = \frac{z-1}{T} \tag{7.47}$$

(3) 后项差分法。

将 $z=e^{Ts}$ 写成以下形式：

$$z = e^{sT} = \frac{1}{e^{-sT}} \approx \frac{1}{1-sT} \tag{7.48}$$

由上式可得

$$s = \frac{z-1}{Tz} \tag{7.49}$$

例如，用后项差分法离散化模拟 PID 调节器

$$G_c(s) = \frac{U(s)}{E(s)} = K_p\left(1+\frac{1}{T_I s}+T_D s\right) \tag{7.50}$$

其中，K_p 为比例增益，T_I 为积分时间常数，T_D 为微分时间常数，则得

$$D(z)=G_c(s)\big|_{s=\frac{z-1}{Tz}}=K_p\left[1+\frac{Tz}{T_I(z-1)}+T_D\frac{z-1}{Tz}\right] \tag{7.51}$$

进一步可得

$$(1-z^{-1})U(z)=K_p\left[(1-z^{-1})+\frac{T}{T_I}+\frac{T_D}{T}(1-2z^{-1}+z^{-2})\right]E(z)$$

等式两边作 Z 反变换，得

$$\begin{aligned}u(k)=&u(k-1)+K_p[e(k)-e(k-1)]+\frac{K_pT}{T_I}e(k)\\&+\frac{K_pT_D}{T}[e(k)-2e(k-1)+e(k-2)]\end{aligned} \tag{7.52}$$

上式即为数字 PID 的控制算法，可直接用于计算机程序中。

2. 离散化设计技术

连续化设计技术要求相当短的采样周期，因此只能实现比较简单的控制算法。如果因控制任务的需要而选择比较大的采样周期，或者对控制质量要求比较高时，必须从被控对象的特性出发，即根据未控制(校正)系统的脉冲传递函数 $G(z)$ 选择合适的 $D(z)$，使得开环传递函数 $D(z)G(z)$ 或闭环传递函数 $\Phi(z)$ 符合要求。

例如，根据期望的闭环极点位置，可以用 z 平面的根轨迹方法进行设计。当给定频域指标时，可以采用伯德图的校正方法。但必须先将 $G(z)$ 进行双线性变换 $z=\frac{w+1}{w-1}$，得到 $G(w)$，然后根据给定的指标确定 w 域的传递函数 $D(w)$，最后进行 W 反变换，将 $D(\omega)$ 转换成 $D(z)$。

图 7 - 22 中闭环传递函数为

$$\Phi(z)=\frac{D(z)G(z)}{1+D(z)G(z)} \tag{7.53}$$

由上式可以导出数字控制器的脉冲传递函数为

$$D(z)=\frac{\Phi(z)}{G(z)[1-\Phi(z)]} \tag{7.54}$$

从上式可以看出，$G(z)$ 是零阶保持器和被控对象所固有的，不能改变。现在只需要确定满足系统性能指标要求的 $\Phi(z)$，就可以求得满足要求的数字控制器 $D(z)$。

下面以最少拍系统为例，说明式(7.54)的应用。通常把采样过程中的一个采样周期称为一拍。若在典型输入信号的作用下，经过最少采样周期，系统的采样误差信号减少到零，实现完全跟踪，则称系统为最少拍系统。

首先，最少拍系统要求稳态误差 $e(\infty)=0$。由图 7 - 22 可知：

$$E(z)=R(z)-C(z)=[1-\Phi(z)]R(z)$$

根据终值定理，系统的稳态偏差为

$$e(\infty)=\lim_{t\to\infty}e(t)=\lim_{z\to1}(z-1)E(z)=\lim_{z\to1}(z-1)[1-\Phi(z)]R(z) \tag{7.55}$$

当典型输入信号分别为单位阶跃信号、单位斜坡信号和单位加速度信号时，其 Z 变换分别如下所示：

$$R(z)=\frac{1}{1-z^{-1}},\ R(z)=\frac{Tz^{-1}}{(1-z^{-1})^2},\ R(z)=\frac{T^2z^{-1}(1+z^{-1})}{2(1-z^{-1})^3}$$

由此可得典型输入信号Z变换的一般形式为

$$R(z)=\frac{A(z)}{(1-z^{-1})^k} \tag{7.56}$$

其中，$A(z)$是不包含$(1-z^{-1})$的z^{-1}的多项式。将上式代入式(7.55)，则有

$$e(\infty)=\lim_{t\to\infty}e(t)=\lim_{z\to 1}(z-1)E(z)=\lim_{z\to 1}(z-1)[1-\Phi(z)]\frac{A(z)}{(1-z^{-1})^k}$$

由于$A(z)$不包含$(1-z^{-1})$因子，所以$[1-\Phi(z)]$中必定含有$(1-z^{-1})$的至少k次因子，才能使$e(\infty)=0$，即

$$[1-\Phi(z)]=(1-z^{-1})^pF(z)\qquad(p\geqslant k) \tag{7.57}$$

式中，$F(z)$是z^{-1}的n次多项式。另一方面，

$$E(z)=[1-\Phi(z)]R(z)=e(0)+e(1)z^{-1}+e(2)z^{-2}+\cdots$$

要使误差尽快为零，则上式右端应该是z^{-1}的最少多项式，因此应使$[1-\Phi(z)]$中$(1-z^{-1})^p$与$R(z)$分母中的$(1-z^{-1})^k$完全相约，即$p=k$，于是

$$[1-\Phi(z)]=(1-z^{-1})^kF(z) \tag{7.58}$$

不难看出，$\Phi(z)$具有的最高次幂为$k+n$，其中n为$F(z)$的最高幂次，则$\Phi(z)$可写成

$$\Phi(z)=\varphi_1z^{-1}+\varphi_2z^{-2}+\cdots+\varphi_{k+n}z^{-(k+n)} \tag{7.59}$$

式(7.59)表明，闭环系统在单位脉冲作用下，其输出响应将在$k+n$个采样周期后变为零，或者说，在典型输入信号作用下，系统将经过$k+n$个采样周期达到稳态并实现跟踪。当$n=0$，即$F(z)=1$时，系统可经过最短时间(k个采样周期)达到稳态。根据式(7.58)，此时便得到了既满足稳态要求，又满足快速性要求的闭环传递函数

$$\Phi(z)=1-(1-z^{-1})^k \tag{7.60}$$

【例 7-13】 设数字控制系统如图7-22所示，其中，

$$H(s)=\frac{1-e^{-Ts}}{s},\quad G_o(s)=\frac{10}{s(s+1)}$$

采样周期$T=1$ s。若要求系统在单位阶跃输入时实现最少拍控制，试求数字控制器$D(z)$。

解 系统开环传递函数

$$G(s)=G_o(s)H(s)=\frac{10(1-e^{-Ts})}{s^2(s+1)}=10(1-e^{-Ts})\left[\frac{1}{s^2}-\frac{1}{s}+\frac{1}{s+1}\right]$$

脉冲传递函数为

$$\begin{aligned}G(z)&=10(1-z^{-1})\left[\frac{Tz}{(z-1)^2}-\frac{z}{z-1}+\frac{z}{z-e^{-T}}\right]\\&=10\left[\frac{1}{z-1}-1+\frac{z-1}{z-0.368}\right]\\&=\frac{3.68z^{-1}(1+0.717z^{-1})}{(1-z^{-1})(1-0.368z^{-1})}\end{aligned}$$

因为$r(t)=1(t)$，式(7.56)中的$k=1$，则

$$\Phi(z)=1-(1-z^{-1})^k=z^{-1}$$

所以

$$D(z)=\frac{\Phi(z)}{G(z)[1-\Phi(z)]}=\frac{(1-z^{-1})(1-0.368z^{-1})}{3.68z^{-1}(1+0.717z^{-1})}\cdot\frac{z^{-1}}{1-z^{-1}}$$

$$=\frac{0.272(1-0.368z^{-1})}{(1+0.717z^{-1})}$$

小　　结

由于计算机的迅速发展，数字控制系统的应用日益广泛。本章介绍了线性采样(离散)控制系统的分析与设计方法。离散系统与连续系统在数学分析工具、稳定性、稳态特性、动态特性以及控制(校正)等各方面都具有一定的联系与区别。许多结论都具有类似的形式，在学习时要注意对照和比较，特别要注意它们不同的地方。

采样系统中具有采样开关，采样过程可视为一种脉冲调制过程。为能无失真地恢复连续信号，采样频率的选定应符合香农采样定理。为了将离散信号转换为连续信号，需要在连续对象前面加入保持器，常用的是零阶保持器。

处理离散系统的基本数学工具是Z变换。这一部分与拉氏变换类似。离散系统的脉冲传递函数与连续系统的一样重要。系统的环节间有无采样开关，其传递函数是不一样的。

离散系统的稳定性可由z平面和s平面的映射关系推导出，为了应用代数稳定判据，必须经过双线性变换。稳态特性和动态特性与连续系统基本上是一一对应的。数字控制系统控制器的设计则有两种方法：连续化设计和离散化设计。

习　　题

7-1　试求下列函数的初值和终值。

(1) $X(z)=\frac{2}{1-z^{-1}}$　　(2) $X(z)=\frac{10z^{-1}}{(1-z^{-1})^2}$

(3) $X(z)=\frac{5z^2}{(z-1)(z-2)}$

7-2　试求下列函数的Z反变换。

(1) $X(z)=\frac{z}{z-0.2}$　　(2) $X(z)=\frac{z}{(z-1)^2(z-2)}$

(3) $X(z)=\frac{z}{(z-2)(z-3)}$　　(4) $X(z)=\frac{z}{(z-e^{-T})(z-e^{-3T})}$

7-3　试判断如图7-23所示系统的稳定性。

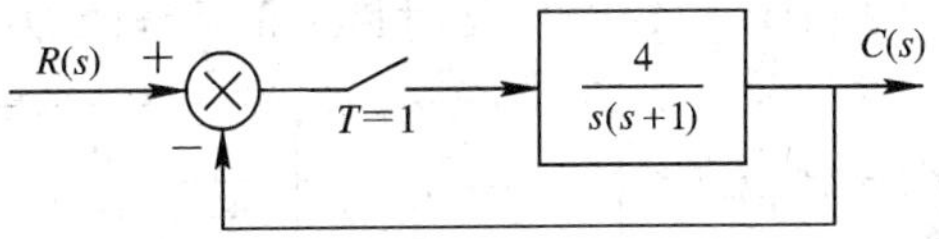

图7-23　题7-3图

7-4　试判断如图7-24所示系统的稳定性。

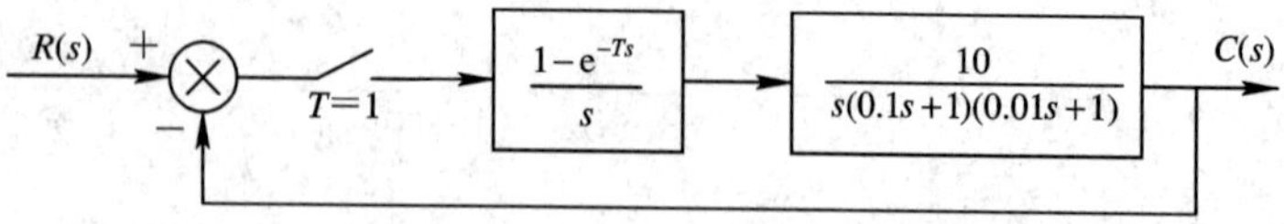

图 7-24　题 7-4 图

7-5　设离散系统如图 7-25 所示，要求：

(1) 当 $K=5$ 时，分别在 z 域和 w 域中分析系统的稳定性；

(2) 确定使系统稳定的 K 值范围。

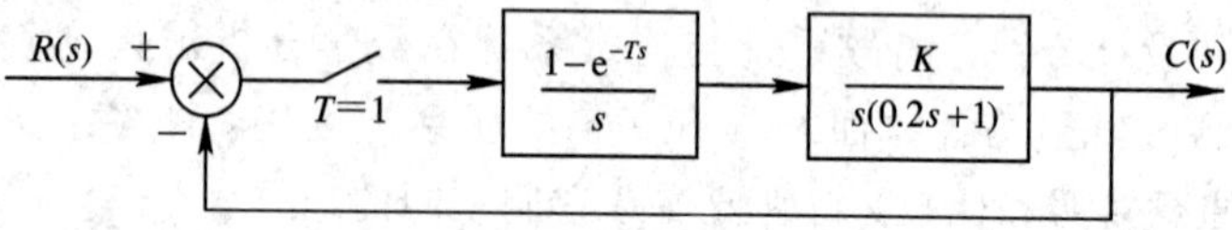

图 7-25　题 7-5 图

7-6　设离散系统如图 7-26 所示，其中 $r(t)=t$，试求稳态误差系数 K_p、K_v、K_a，并求系统的稳态误差 $e(\infty)$。

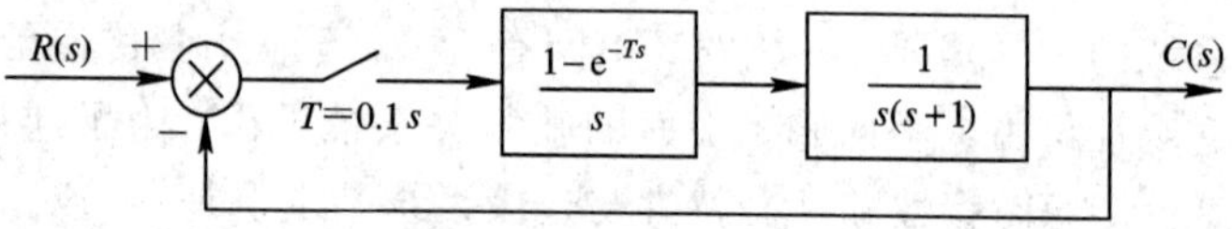

图 7-26　题 7-6 图

7-7　设采样系统的闭环脉冲传递函数为

$$G_c(z)=\frac{1}{z-p}$$

利用 MATLAB 的 dimpulse 命令研究下列 9 种情况下的脉冲响应：$p=\pm 1$，$p=\pm 0.8$，$p=\pm 0.5$，$p=\pm 0.3$，$p=0$。

7-8　设采样系统的闭环脉冲传递函数为

$$G_c(z)=\frac{1}{(z-p_1)(z-p_2)}$$

其中 p_1 和 p_2 是一对共轭极点。利用 MATLAB 的 dimpulse 命令研究下列情况下的脉冲响应：

(1) $p_{1,2}=-0.8\pm j0.6$，$p_{1,2}=0.8\pm j0.6$，$p_{1,2}=-0.8$，$p_{1,2}=0.8$；

(2) $p_{1,2}=-0.5\pm j0.866$，$p_{1,2}=0.5\pm j0.866$，$p_{1,2}=-0.5\pm j0.4$，$p_{1,2}=0.5\pm j0.4$，$p_{1,2}=-0.5$，$p_{1,2}=0.5$；

(3) $p_{1,2}=\pm j1$，$p_{1,2}=\pm j0.5$，$p_{1,2}=0$

7-9　系统如图 7-27 所示，求 $r(t)=t$ 时最少拍系统的 $D(z)$。

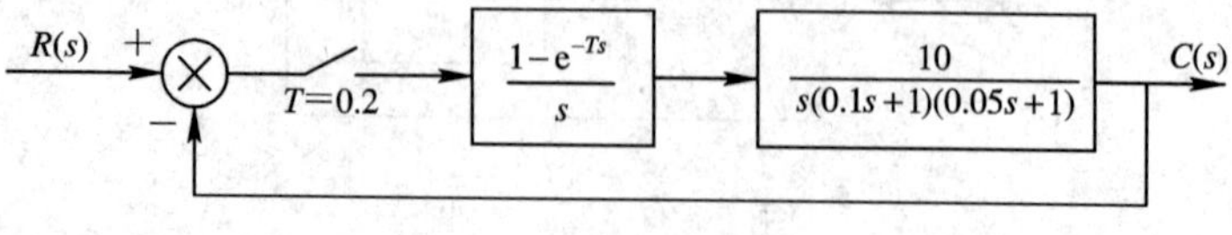

图 7-27　题 7-9 图

第八章　非线性控制系统分析

8.1　非线性控制系统概述

前面几章研究了线性系统的分析与设计问题。事实上，几乎所有的实际控制系统中都有非线性部件，或是部件特性中含有非线性。在一些系统中，人们甚至还有目的地应用非线性部件来改善系统性能和简化系统结构。因此，严格地讲，几乎所有的控制系统都是非线性的。

在构成系统的环节中有一个或一个以上的非线性特性时，即称此系统为非线性系统。用线性方程组来描述系统，只不过是在一定的范围内和一定的近似程度上对系统的性质所作的一种理想化的抽象。用线性方法研究控制系统，所得的结论往往是近似的，当控制系统中非线性因素较强时(称为本质非线性)，用线性方法得到的结论，必然误差很大，甚至完全错误。非线性对象的运动规律要用非线性代数方程和(或)非线性微分方程描述，而不能用线性方程组描述。一般地，非线性系统的数学模型可以表示为

$$f\left(t,\ \frac{\mathrm{d}^n y}{\mathrm{d}t^n},\ \cdots,\ \frac{\mathrm{d}y}{\mathrm{d}t},\ y\right)=g\left(t,\ \frac{\mathrm{d}^m r}{\mathrm{d}t^m},\ \cdots,\ \frac{\mathrm{d}r}{\mathrm{d}t},\ r\right) \tag{8.1}$$

其中，$f(\cdot)$和$g(\cdot)$为非线性函数。

8.1.1　非线性特性的分类

非线性特性种类很多，且对非线性系统尚不存在统一的分析方法，所以将非线性特性分类，然后根据各个非线性的类型进行分析得到具体的结论，才能用于实际。

按非线性环节的物理性能及非线性特性的形状划分，非线性特性有死区特性、饱和特性、间隙特性和继电器特性等，见图 8 - 1。

1. 死区特性

死区又称不灵敏区，通常以阈值、分辨率等指标衡量。死区特性如图 8 - 1(a)所示。常见于测量、放大元件中，一般的机械系统、电机等，都不同程度地存在死区。其特点是当输入信号在零值附近的某一小范围之内时，没有输出。只有当输入信号大于此范围时，才有输出。执行机构中的静摩擦影响也可以用死区特性表示。控制系统中存在死区特性，将导致系统产生稳态误差，其中测量元件的死区特性尤为明显。摩擦死区特性可能造成系统的低速不均匀，甚至使随动系统不能准确跟踪目标。

2. 饱和特性

饱和也是一种常见的非线性，在铁磁元件及各种放大器中都存在，其特点是当输入信号超过某一范围后，输出信号不再随输入信号变化而保持某一常值(参见图 8 - 1(b))。饱

和特性将使系统在大信号作用之下的等效增益降低，深度饱和情况下，甚至使系统丧失闭环控制作用。还有些系统中有意地利用饱和特性作信号限幅，限制某些物理参量，保证系统安全合理地工作。

3. 间隙特性

间隙又称回环。传动机构的间隙是一种常见的回环非线性特性(参见图 8－1(c))。在齿轮传动中，由于间隙存在，当主动齿轮方向改变时，从动轮保持原位不动，直到间隙消除后才改变转动方向。铁磁元件中的磁滞现象也是一种回环特性。间隙特性对系统影响较为复杂，一般来说，它将使系统稳态误差增大，频率响应的相位滞后也增大，从而使系统动态性能恶化。采用双片弹性齿轮(无隙齿轮)可消除间隙对系统的不利影响。

4. 继电器特性

由于继电器吸合电压与释放电压不等，使其特性中包含了死区、回环及饱和特性(参见图 8－1(d))。当 $a=0$ 时的特性称为理想继电器特性。继电器的切换特性使用得当可改善系统的性能。

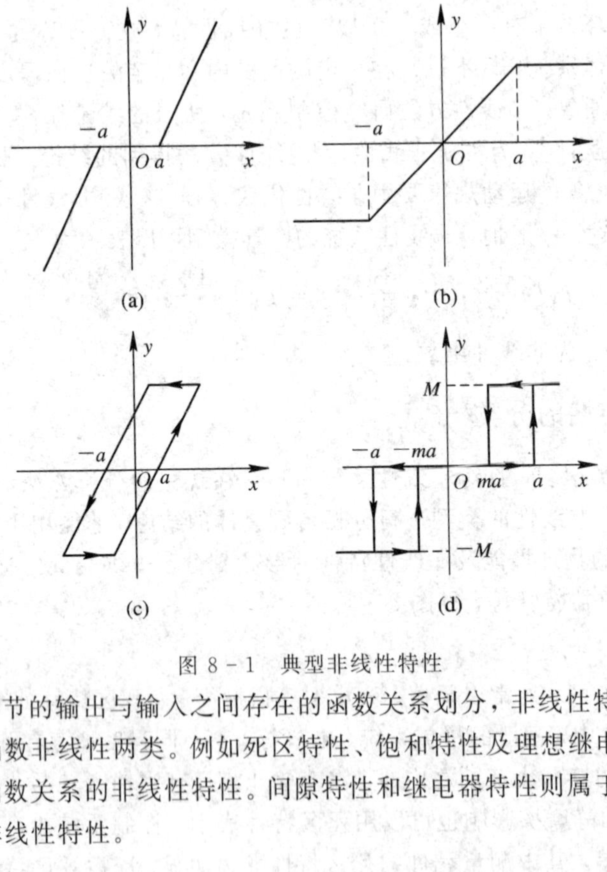

图 8－1 典型非线性特性

如从非线性环节的输出与输入之间存在的函数关系划分，非线性特性又可分为单值函数非线性与多值函数非线性两类。例如死区特性、饱和特性及理想继电器特性都属于输出与输入间为单值函数关系的非线性特性。间隙特性和继电器特性则属于输出与输入之间为多值函数关系的非线性特性。

8.1.2 非线性系统的特征

线性系统的重要特征是可以应用线性叠加原理。由于描述非线性系统运动的数学模型为非线性微分方程，因此叠加原理不能应用，故能否应用叠加原理是两类系统的本质区别。非线性系统的运动主要有以下特点。

1. 稳定性分析复杂

按照平衡状态的定义，在无外作用且系统输出的各阶导数等于零时，系统处于平衡状态。显然，对于线性系统只有一个平衡状态 $c=0$，线性系统的稳定性即为该平衡状态的稳定性，而且取决于系统本身的结构和参数，与外作用和初始条件无关。而非线性系统可能存在多个平衡状态，各平衡状态可能是稳定的也可能是不稳定的。非线性系统的稳定性不仅与系统的结构和参数有关，也与初始条件以及系统的输入信号的类型和幅值有关。

2. 可能存在自持振荡现象

所谓自持振荡是指没有外界周期变化信号的作用时，系统内部产生的具有固定振幅和频率的稳定周期运动。线性系统的运动状态只有收敛和发散，只有在临界稳定的情况下才能产生周期运动，但由于环境或装置老化等不可避免的因素存在，使这种临界振荡只可能是暂时的。而非线性系统则不同，即使无外加信号，系统也可能产生一定幅度和频率的持续性振荡，这是非线性系统所特有的。

必须指出，长时间大幅度的振荡会造成机械磨损，增加控制误差，因此许多情况下不希望自持振荡发生。但在控制中通过引入高频小幅度的颤振，可克服间歇、死区等非线性因素的不良影响。而在振动试验中，还必须使系统产生稳定的周期运动。因此研究自持振荡的产生条件与抑制，确定其频率与幅度，是非线性系统分析的重要内容。

3. 频率响应发生畸变

稳定的线性系统的频率响应，即正弦信号作用下的稳态输出量是与输入同频率的正弦信号，其幅值 A 和相位 φ 为输入正弦信号频率 ω 的函数。而非线性系统的频率响应除了含有与输入同频率的正弦信号分量(基波分量)外，还含有关于 ω 的高次谐波分量，使输出波形发生非线性畸变。若系统含有多值非线性环节，输出的各次谐波分量的幅值还可能发生跃变。

8.1.3　非线性系统的分析与设计方法

系统分析和设计的目的是通过求取系统的运动形式，以解决稳定性问题为中心，对系统实施有效的控制。由于非线性系统形式多样，受数学工具限制，一般情况下难以求得非线性方程的解析解，只能采用工程上适用的近似方法。在实际工程问题中，如果不需精确求解输出函数，往往把分析的重点放在以下三个方面：某一平衡点是否稳定，如果不稳定应如何校正；系统中是否会产生自持振荡，如何确定其周期和振幅；如何利用或消除自持振荡以获得需要的性能指标。比较基本的非线性系统的研究方法有如下几种：

1. 小范围线性近似法

这是一种在平衡点的近似线性化方法，通过在平衡点附近泰勒展开，可将一个非线性微分方程化为线性微分方程，然后按线性系统的理论进行处理。该方法局限于小区域研究。

2. 逐段线性近似法

将非线性系统近似为几个线性区域，每个区域用相应的线性微分方程描述，将各段的解合在一起即可得到系统的全解。

3. 相平面法

相平面法是非线性系统的图解法，由于平面在几何上是二维的，因此只适用于阶数最高为二阶的系统。

4. 描述函数法

描述函数法是非线性系统的频域法，适用于具有低通滤波特性的各种阶次的非线性系统。

5. 李雅普诺夫法

李雅普诺夫法是根据广义能量概念确定非线性系统稳定性的方法，原则上适用于所有非线性系统，但对于很多系统，寻找李雅普诺夫函数相当困难。

6. 计算机仿真

利用计算机模拟，可以满意地解决实际工程中相当多的非线性系统问题。这是研究非线性系统的一种非常有效的方法，但它只能给出数值解，无法得到解析解，因此缺乏对一般非线性系统的指导意义。

本章仅介绍相平面法和描述函数法。

8.2 相平面分析法

相平面法是求解一阶或二阶线性或非线性系统的一种图解方法。它可以给出某一平衡状态稳定性的信息和系统运动的直观图像。它可以看作状态空间法在一阶和二阶情况下的应用。所以，它属于时间域的分析方法。

设二阶线性系统如图 8-2(a)所示。设输入 r 为常数，误差 e 为变量，可以列写微分方程：

$$T\ddot{e}+\dot{e}+Ke=0 \tag{8.2}$$

取状态变量 $x_1=e$，$x_2=\dot{e}$，可列写状态方程：

$$\begin{bmatrix}\dot{x}_1\\ \dot{x}_2\end{bmatrix}=\begin{bmatrix}0 & 1\\ -\dfrac{K}{T} & -\dfrac{1}{T}\end{bmatrix}\begin{bmatrix}x_1\\ x_2\end{bmatrix} \tag{8.3}$$

给定初始条件 $x_1(0)=e(0)$，$x_2(0)=\dot{e}(0)$，就可以确定解 $e(t)$ 和 $\dot{e}(t)$。图 8-2(b)和(c)分别表示当系统平衡状态在原点 $x_1=x_2=0$，而输入为单位阶跃函数，即 $e(0)=1$、$\dot{e}(0)=0$ 时，上述状态方程的解 $e(t)$ 和 $\dot{e}(t)$。

现在以 e 和它的导数 $\dot{e}$ 为坐标轴，作二维状态平面，这平面又称相平面。$t=0$ 时的初始条件 $e(0)=1$、$\dot{e}(0)=0$，对应于相平面上的一个初始点。系统的每一状态(即“相”)均对应于相平面上的一点，将每一时刻的 $e(t)$ 和 $\dot{e}(t)$ 值构成的点都描绘在相平面上，并按时间先后连接起来，就得到这个系统状态的变化轨线，称为相轨迹。在相轨迹上用箭头标明时间增大的方向，如图 8-2(d)实线所示。它起始于平面上的(1，0)点，终于(0，0)点。如果以各种可能初始状态为初始点，则可以得到一簇相轨迹，如图 8-2(d)虚线所示。相平面和相轨迹曲线簇总称为相平面图。它直观地表明一阶或二阶系统在各种初始条件下的运动过程。

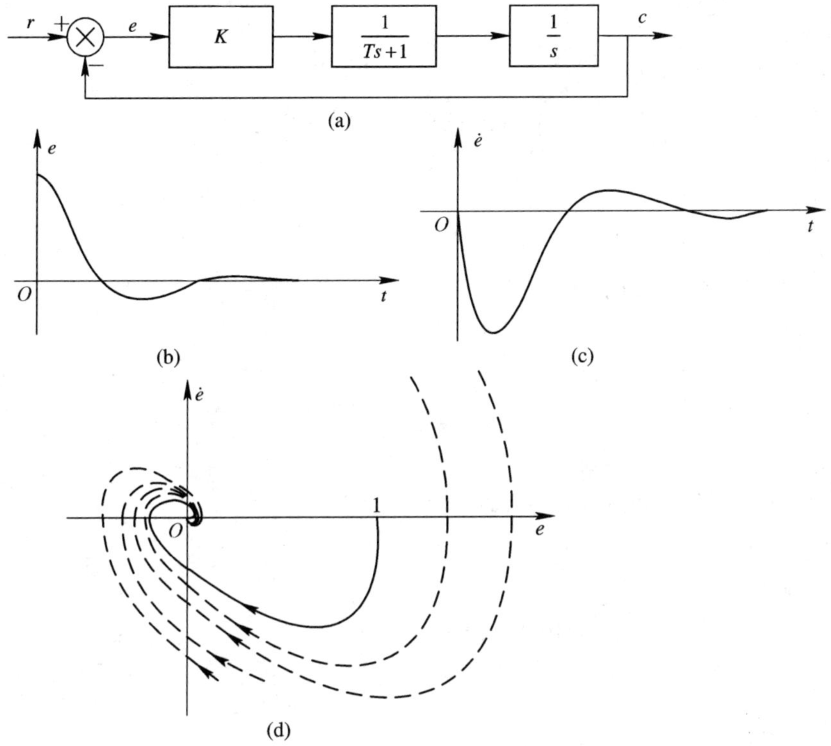

图 8－2　二阶线性系统及其状态图和相平面图

用 MATLAB 绘制图 8－2(b)、(c)和(d)的参考程序如下：

```
sys=tf([1 1 0], [1 1 1])
subplot(2, 1, 1); [x, t]=step(sys); plot(t, x)
subplot(2, 1, 2); [xx, t]=impulse(sys); plot(t, xx)

figure
t=0:0.1:50

x1=step(sys, t)
x2=impulse(sys, t)

a=[1 1 1]
n=length(a)-1
p=roots(a)
v=rot90(vander(p))

y0=[0 0]'
c=v\y0
y1=zeros(1, length(t))
```

```
y2=zeros(1, length(t))
for k=1:n
    y1=y1+c(k)*exp(p(k)*t)
    y2=y2+c(k)*p(k)*exp(p(k)*t)
end
plot(x1+y1', x2+y2')
hnd=plot(x1+y1', x2+y2')
set(hnd, 'linewidth', 1.3)
hold on

y0=[0.5  1]'
c=v\y0
y1=zeros(1, length(t))
y2=zeros(1, length(t))
for k=1:n
    y1=y1+c(k)*exp(p(k)*t)
    y2=y2+c(k)*p(k)*exp(p(k)*t)
end
plot(x1+y1', x2+y2', ':')

y0=[0.2  0.8]'
c=v\y0
y1=zeros(1, length(t))
y2=zeros(1, length(t))
for k=1:n
    y1=y1+c(k)*exp(p(k)*t)
    y2=y2+c(k)*p(k)*exp(p(k)*t)
end
plot(x1+y1', x2+y2', ':')

y0=[-0.5  -1]'
c=v\y0
y1=zeros(1, length(t))
y2=zeros(1, length(t))
for k=1:n
    y1=y1+c(k)*exp(p(k)*t)
    y2=y2+c(k)*p(k)*exp(p(k)*t)
end
plot(x1+y1', x2+y2', ':')
```

```
y0=[-0.8    -1]'
c=v\y0
y1=zeros(1, length(t))
y2=zeros(1, length(t))
for k=1:n
    y1=y1+c(k)*exp(p(k)*t)
    y2=y2+c(k)*p(k)*exp(p(k)*t)
end
plot(x1+y1', x2+y2', ':')
```

一般的二阶系统可以表示为

$$\ddot{x}+f(x,\dot{x})=0 \tag{8.4}$$

上式可改写为

$$\frac{\mathrm{d}\dot{x}}{\mathrm{d}x}=\frac{\mathrm{d}\dot{x}/\mathrm{d}t}{\mathrm{d}x/\mathrm{d}t}=\frac{\ddot{x}}{\dot{x}}=-\frac{f(x,\dot{x})}{\dot{x}} \tag{8.5}$$

取 x 为相平面图的横坐标，$\dot{x}$ 为纵坐标，则 $\mathrm{d}\dot{x}/\mathrm{d}x$ 是相轨迹的斜率，相轨迹上任何一点都满足这个方程。该方程的解 $\dot{x}=g(x)$表示相轨迹曲线方程。相平面法的主要工作是作相轨迹，有了相平面图，系统的性能也就表示出来了。

8.2.1 相平面图的绘制方法

1. 解析法

解析法适用于由较简单的微分方程描述的系统。

【例 8-1】 单位质量的自由落体运动。

解 以地面为参考零点，向上为正，则当忽略大气影响时，单位质量的自由落体运动为

$$\ddot{x}=-g$$

由式(8.5)得

$$\frac{\mathrm{d}\dot{x}}{\mathrm{d}x}=-\frac{g}{\dot{x}}$$

所以

$$\dot{x}\,\mathrm{d}\dot{x}=-g\,\mathrm{d}x$$

积分得

$$\dot{x}^2=-2gx+C\ (C\text{为常数})$$

作相平面图，如图 8-3 所示。

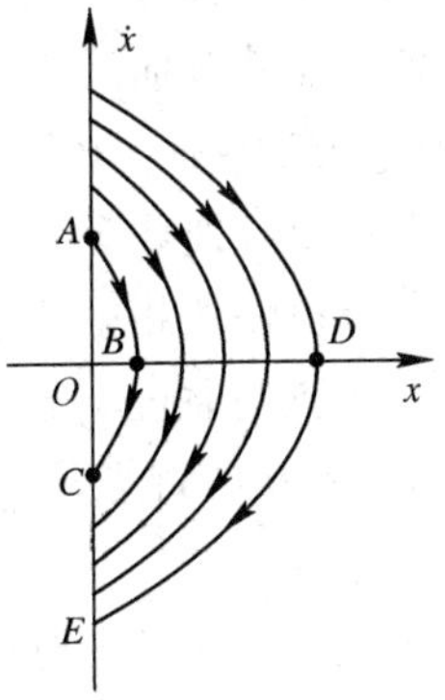

图 8-3　单位质量自由落体相平面图

由分析可知，其相平面图为一簇抛物线。在上半平面，由于速度为正，所以位移增大，箭头向右；在下半平面，由于速度为负，所以位移减小，箭头向左。设质量体从地面往上抛，此时位移量 x 为零，而速度量为正，设该初始点为 A 点，该质量体将沿由 A 点开始的相轨迹运动，随着质量体的高度增大，速度越来越小，到

达 B 点时质量体达最高点，而速度为零，然后又沿 BC 曲线自由落体下降，直至到达地面 C 点，此时位移量为零，而速度为负的最大值。如果初始点不同，质量体将沿不同的曲线运动。如设图中的 D 点为初始点，表示质量体从高度为 D 的地方放开，质量体将沿 DE 曲线自由落体下降到地面 E 点。

【例 8-2】 二阶系统的微分方程为

$$\ddot{x}+\omega^2 x=0$$

试绘制系统的相平面图。

解 根据式(8.5)，上述微分方程可以改写为

$$\dot{x}\frac{\mathrm{d}\dot{x}}{\mathrm{d}x}+\omega^2 x=0$$

用分离变量法对 x 和 $\dot{x}$ 分别积分，得

$$\dot{x}^2+(\omega x)^2=[\dot{x}(0)]^2+[\omega x(0)]^2$$

记等式右端由初始条件决定的非负的量为 $(\omega A)^2$，得相轨迹方程如下：

$$\left(\frac{\dot{x}}{\omega}\right)^2+x^2=A^2$$

这是以原点为中心的椭圆或圆簇的方程，相轨迹如图 8-4 所示。可见，该系统为自持振荡，初始条件不同，椭圆的大小也随之变化，中间的一个椭圆是初始条件为(1,0)的相轨迹。

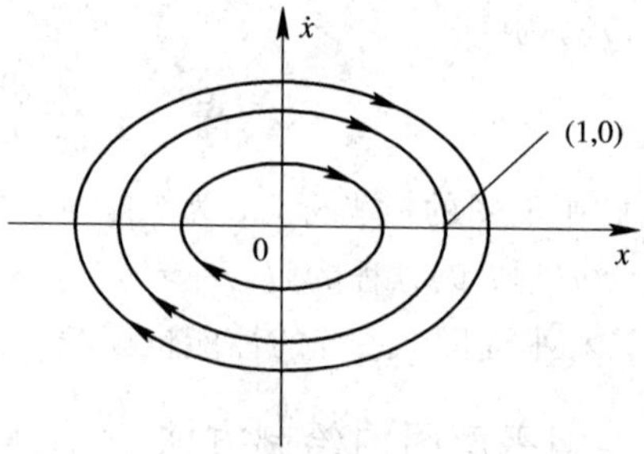

图 8-4 二阶系统相轨迹

由以上两例，可看到相平面图的一些性质：

(1) 当选择取 x 作为横坐标，$\dot{x}$ 作为纵坐标时，则在上半平面($\dot{x}>0$)，系统状态沿相轨迹曲线运动的方向是 x 增大的方向，即向右移动；类似地，在下半平面，相轨迹向左移动。

(2) 相轨迹的斜率由式(8.5)表示。相平面上的一个点$(x,\dot{x})$只要不同时满足 $\dot{x}=0$ 和 $f(x,\dot{x})=0$，则该点相轨迹的斜率就由式(8.5)唯一确定。也就是说，通过该点的相轨迹只有一条，各条相轨迹曲线不会在该点相交。同时满足 $\dot{x}=0$ 和 $f(x,\dot{x})=0$ 的点称为奇点。该点相轨迹的斜率是 0/0 型，是不定的。通过该点的相轨迹可能不止一条，且彼此斜率也不相同，即相轨迹曲线簇在该点发生相交。

(3) 自持振荡的相轨迹是封闭曲线。

(4) 在相轨迹通过 x 轴的点，相轨迹通常与 x 轴垂直相交。因为在 x 轴的点，$\dot{x}=0$，除去 $f(x,\dot{x})=0$ 的奇点外，在这些点相轨迹的斜率为 $\mathrm{d}\dot{x}/\mathrm{d}x=\infty$，即相轨迹与 x 轴垂直相交。

在作相轨迹时，考虑对称性往往能使作图简化。如果关于 x 轴对称的两个点$(x,\dot{x})$和$(x,-\dot{x})$，满足

$$f(x,\dot{x})=f(x,-\dot{x})$$

即 $f(x,\dot{x})$是 $\dot{x}$ 的奇函数，则相轨迹关于 x 轴对称。

如果关于 $\dot{x}$ 轴对称的两个点$(x,\dot{x})$和$(-x,\dot{x})$，满足

$$f(x,\dot{x}) = f(-x,\dot{x})$$

即 $f(x,\dot{x})$是 x 的偶函数，则相轨迹关于 $\dot{x}$ 轴对称。

如果关于原点对称的两个点$(x,\dot{x})$和$(-x,-\dot{x})$，满足

$$f(x,\dot{x}) = -f(-x,-\dot{x})$$

则相轨迹关于原点对称。

能用解析法作相平面图的系统只局限于比较简单的系统，对于大多数非线性系统很难用解析法求出解。从另一角度考虑，如果能够求出系统的解析解，系统的运动特性也已经清楚了，也就不必要用相平面法分析系统了。因此，对于分析非线性系统更实用的是图解法，我们介绍的是等倾线法。

2. 等倾线法

我们知道，平面上任一光滑的曲线都可以由一系列短的折线近似代替。等倾线是指相平面上相轨迹斜率相等的诸点的连线。设斜率为 k，则由式(8.5)得

$$k = \frac{d\dot{x}}{dx} = -\frac{f(x,\dot{x})}{\dot{x}}$$

即

$$k\dot{x} = -f(x,\dot{x}) \tag{8.6}$$

这是一条曲线，与该曲线相交的任何相轨迹在交点处的切线斜率均为 k，所以式(8.6)代表的曲线称为等倾线。给定不同的 k 值，可以画出不同切线斜率的等倾线。画在等倾线上斜率为 k 的短线段就给出了相轨迹切线的方向场，如图8-5 所示(参见下例)。这样，只要从某一初始点出发，沿着方向场各点的切线方向将这些短线段用光滑曲线连接起来，便可得到系统的一条相轨迹。

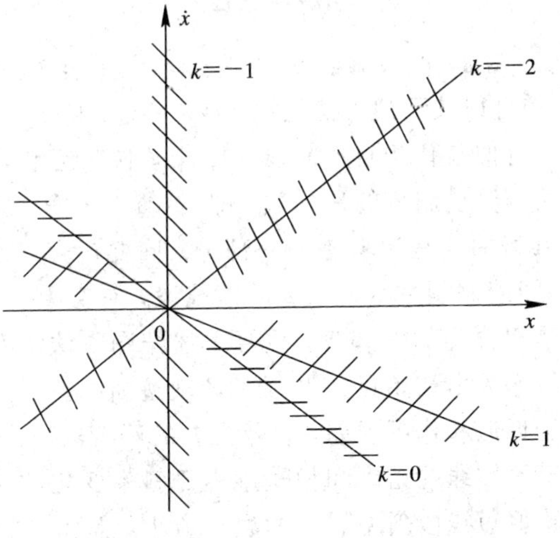

图 8-5　等倾线

【例 8-3】 绘制下列系统的相轨迹。

$$\ddot{x} + 2\zeta\omega\dot{x} + \omega^2 x = 0$$

解　系统方程可以改写为

$$\dot{x}\frac{d\dot{x}}{dx} + 2\zeta\omega\dot{x} + \omega^2 x = 0$$

令相轨迹斜率为 k，代入上式得到相轨迹的等倾线方程

$$\dot{x}=-\frac{\omega^2}{2\zeta\omega+k}x$$

可见，等倾线是通过原点的直线簇，等倾线的斜率等于 $-\omega^2/(2\zeta\omega+k)$，而 k 则是在相轨迹通过等倾线处的斜率。设系统参数 $\zeta=0.5$，$\omega=1$。求得对应于不同 k 值的等倾线，如图 8－6 所示。用 MATLAB 绘制图 8－6 的程序如下：

```
k=－1.2；x1=－5:0.1:10；x2=－x1/(1＋k)
plot(x1, x2)
```

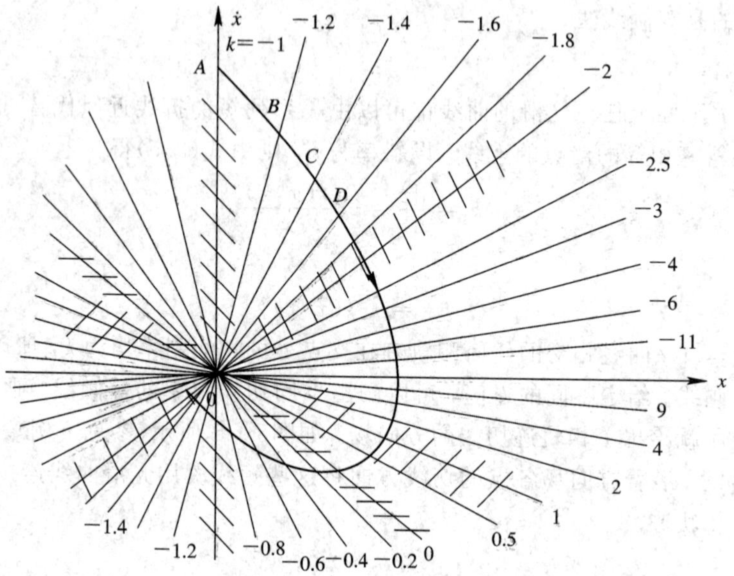

图 8－6　等倾线法绘制的二阶系统相轨迹

初始点为 A 的相轨迹可以按下述方法绘出。在 $k=-1$ 和 $k=-1.2$ 的两等倾线之间绘制相轨迹时，一条短线段近似替代相轨迹曲线，其斜率取为起始等倾线的斜率，即 -1（如果稍微精确一点，可取两等倾线斜率的平均数，即 -1.1）。此短线段交 $k=-1.2$ 的等倾线于 B 点，近似认为此短线段 AB 是相轨迹的一部分。同样，从 B 点出发，在 $k=-1.2$ 和 $k=-1.4$ 的两等倾线之间绘制斜率为 -1.2 的短线段，它交 $k=-1.4$ 的等倾线于 C 点，近似认为此短线段 BC 是相轨迹的一部分。重复上述作图方法，依次求得折线 $ABCDE\cdots$ 直至原点。就用这条折线作为由初始点 A 出发的相轨迹曲线。

上述作图方法，由于近似和作图误差，以及误差的逐步累积，因此结果可能误差较大。一般来说，精确度取决于等倾线的密度和相轨迹本身斜率变化的快慢。等倾线愈密，相邻等倾线的 k 值之差愈小，取短线段斜率引入的误差愈小，但作图的步骤增多，引入的累积作图误差增大，且作图的工作量增大。因此，等倾线的密度要适当，一般每隔 $5°\sim10°$ 画一条等倾线为宜。为提高作图精度，可采用平均斜率法，即取两条相邻等倾线所对应的斜率的平均值作为短线段的斜率。

对线性二阶系统，等倾线是一些直线。但一般来说，非线性系统的等倾线则是曲线或折线。

【例 8-4】 绘制下列系统的相轨迹。

$$\ddot{x}+0.2(x^2-1)\dot{x}+x=0$$

解　系统方程可以改写为

$$\dot{x}\frac{d\dot{x}}{dx}+0.2(x^2-1)\dot{x}+x=0$$

则 $k=-0.2(x^2-1)-x/\dot{x}$。相轨迹的等倾线方程为

$$\dot{x}=\frac{x}{0.2(1-x^2)-k} \tag{8.7}$$

当短线段的倾角为 0°时，其斜率 $k=0$，式(8.7)成为

$$\dot{x}=\frac{x}{0.2(1-x^2)}$$

该式表示的曲线上的每一点斜率均为 0。

当短线段的倾角为 45°时，其斜率 $k=1$，式(8.7)成为

$$\dot{x}=\frac{x}{0.2(1-x^2)-1}$$

该式表示的曲线上的每一点斜率均为 1。

如此可以作出其他斜率的等倾线，由等倾线方程可知，该系统的等倾线是曲线而非直线。这样就可以作出如图 8-7 所示的斜率的分布场，分别以 A 点(1.6，2)和 B 点(1.5，0.5)为初始点，绘制两条相轨迹如图 8-7 粗线所示。

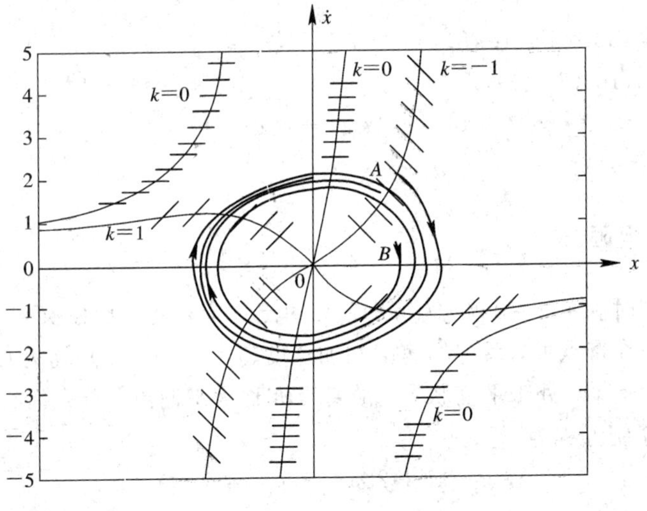

图 8-7　等倾线法绘制的非线性系统相轨迹

用 MATLAB 绘制图 8-7 的参考程序如下：

```
x1=-5:0.1:5
k=0
x2=x1./(0.2*(1-x1.*x1)-k)
plot(x1, x2, 'k')
hold on
x1=-2:0.1:2
```

```
k=-1
x2=x1./(0.2*(1-x1.*x1)-k)
plot(x1, x2, 'k')
x1=-5:0.1:5
k=1
x2=x1./(0.2*(1-x1.*x1)-k)
plot(x1, x2, 'k')
hnd=line([0, 0], [-5, 10])
set(hnd, 'color', 'black')
hnd=line([-5, 5], [0, 0])
set(hnd, 'color', 'black')
axis([-5, 5, -5, 5])
[t, x]=ode45(@figure_8_7, [0, 12], [1.6   2])
hnd=plot(x(:, 1), x(:, 2), 'k')
set(hnd, 'linewidth', 1.5)
[t, x]=ode45(@figure_8_7, [0, 12], [1.5   0.5])
hnd=plot(x(:, 1), x(:, 2), 'k')
set(hnd, 'linewidth', 1.5)

function xdot=figure_8_7(t, x)
xdot = zeros(2, 1);
xdot(2)=0.2*x(2)*(1-x(1)^2)-x(1)
xdot(1)=x(2)
```

8.2.2 奇点和极限环

前已提到，同时满足 $\dot{x}=0$ 和 $f(x,\dot{x})=0$ 的点称为奇点。由定义可知，奇点一定位于相平面的横轴上，在奇点处，系统的速度和加速度($\ddot{x}=-f(x,\dot{x})$)均为 0。对于二阶系统来说，系统不再发生运动，处于平衡状态，故奇点亦称为平衡点。首先研究线性系统的奇点。二阶线性系统的系统方程为

$$\ddot{x}+2\zeta\omega\dot{x}+\omega^2 x=0 \tag{8.8}$$

即

$$\dot{x}\frac{\mathrm{d}\dot{x}}{\mathrm{d}x}+2\zeta\omega\dot{x}+\omega^2 x=0$$

则

$$\frac{\mathrm{d}\dot{x}}{\mathrm{d}x}=-\frac{2\zeta\omega\dot{x}+\omega^2 x}{\dot{x}}$$

根据奇点定义，$\mathrm{d}\dot{x}/\mathrm{d}x=0$，解得$(x,\dot{x})=(0,0)$点为系统的奇点。可分为以下 6 种情况(见图 8-8)：

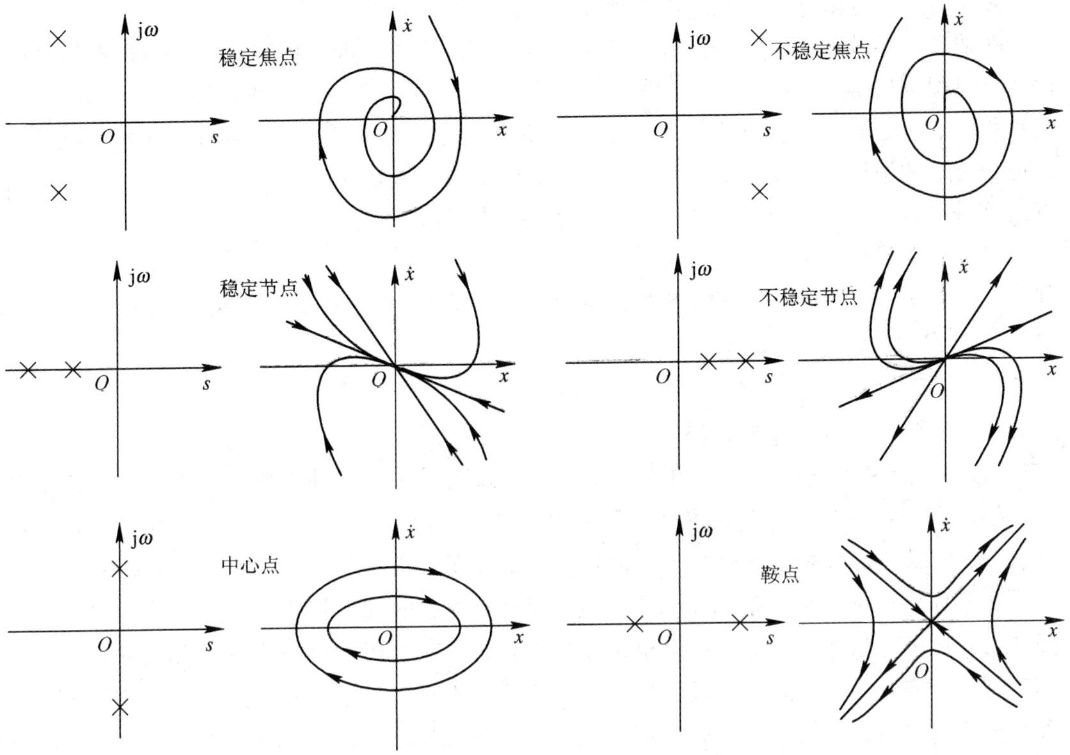

图 8-8 二阶线性系统的不同奇点

当阻尼比 $0<\zeta<1$ 时，系统有一对负实部的共轭复根，系统稳定，其相轨迹呈螺旋线型，轨迹簇收敛于奇点，这种奇点称为稳定焦点。

当阻尼比 $-1<\zeta<0$ 时，系统有一对正实部的共轭复根，系统不稳定，其相轨迹也呈螺旋线型，但轨迹簇发散至无穷，这种奇点称为不稳定焦点。

当阻尼比 $\zeta>1$ 时，系统有两个负实根，系统稳定，相平面内的相轨迹簇无振荡地收敛于奇点，这种奇点称为稳定节点。

当阻尼比 $\zeta<-1$ 时，系统有两个正实根，系统不稳定，相平面内的相轨迹簇直接从奇点发散出来，这种奇点称为不稳定节点。

当阻尼比 $\zeta=0$ 时，系统有一对共轭虚根，系统等幅振荡，其相轨迹为一簇围绕奇点的封闭曲线，这种奇点称为中心点。

如果二阶线性系统的 $\ddot{x}$ 项和 x 项异号，即

$$-\ddot{x}+2\zeta\omega\dot{x}+\omega^2x=0$$

则系统有一个正实根，有一个负实根，系统是不稳定的，其相轨迹呈鞍形，中心是奇点，这种奇点称为鞍点。

综上所述，对应不同的阻尼比 ζ，系统的两个特征根在复平面上的分布也不同，系统的运动以及相平面图也不同，换言之，特征根在复平面的位置决定了奇点的性质。二阶线性系统的相轨迹和奇点的性质，由系统本身的结构与参量决定，而与初始状态无关。不同的初始状态只能在相平面上形成一组几何形状相似的相轨迹，而不能改变相轨迹的性质。由于相轨迹的性质与系统的初始状态无关，相平面中局部范围内相轨迹的性质就有决定性意

义，从局部范围内相轨迹的性质可以推知全局。

在非线性系统中，稳定性分析是针对奇点而言的，在分析中特别关心的是奇点的稳定性和奇点附近的运动，相平面法的任务之一就是分析奇点附近运动的特性。对于非线性系统，可以用小范围线性化方法求出其在平衡点附近的线性化方程，然后再去分析系统的相轨迹和奇点的情况。设原点是平衡点，即 $f(0,0)=0$，则原点也是奇点。又设 $f(x,\dot{x})$在原点附近是 x 和 $\dot{x}$ 的解析函数，则可以在原点附近展成泰勒级数：

$$f(x,\dot{x}) = a\dot{x} + bx + g(x,\dot{x})$$

其中，$g(x,\dot{x})$是不低于二阶的各项。注意到在原点附近 x 和 $\dot{x}$ 都很小，因此可以略去 $g(x,\dot{x})$。代入式(8.4)，得

$$\ddot{x} + a\dot{x} + bx = 0$$

它对应于二阶线性微分方程式(8.8)。

另外，对于线性系统来说，奇点的类别完全确定了系统运动的性质。而对于非线性系统来说，奇点的类别只能确定系统在平衡状态附近的行为，而不能确定整个相平面上的运动状态。所以还要研究离平衡状态较远处的相平面图。其中极限环具有特别重要的意义。

相平面上如果存在一条孤立的相轨迹，而且它附近的其他相轨迹都无限地趋向或者离开这条封闭的相轨迹，则这条封闭相轨迹为极限环。极限环本身作为一条相轨迹来说，既不存在平衡点，也不趋向无穷远，而是一个封闭的环圈，它把相平面分隔成内部平面和外部平面两个部分。任何一条相轨迹都不能从内部平面穿过极限环而进入外部平面，也不能从外部平面穿过极限环而进入内部平面。

根据极限环邻近相轨迹的运动特点，可将极限环分为三种类型：

(1) 稳定的极限环。如果起始于极限环邻近范围的内部或外部的相轨迹最终均卷向极限环，则该极限环称为稳定的极限环，其内部及外部的相轨迹均为极限环的稳定区域。稳定的极限环对状态微小的扰动具有稳定性。系统沿极限环的运动表现为自持振荡。例 8-4 系统的相轨迹就是稳定的极限环。

(2) 不稳定的极限环。如果起始于极限环邻近范围的内部或外部的相轨迹最终均卷离极限环，则该极限环称为不稳定极限环。不稳定的极限所表示的周期运动是不稳定的。因为即使系统状态沿极限环运动，但状态的微小扰动都将使系统的运动偏离该闭合曲线，并将永远回不到闭合曲线。不稳定极限环的邻近范围其内部及外部均为该极限环的不稳定区域。

(3) 半稳定的极限环。如果起始于极限环邻近范围的内部相轨迹均卷向极限环，外部相轨迹均卷离极限环；或者内部相轨迹均卷离极限环，外部相轨迹均卷向极限环，则这种极限环称为半稳定极限环。对于半稳定极限环，相轨迹均卷向极限环的内部或外部邻域称为该极限环的稳定区域，相轨迹均卷离极限环的内部或外部邻域称为该极限环的不稳定区域。同样，半稳定极限环仪表的等幅振荡也是一种不稳定的运动。因为即使系统状态沿极限环运动，但状态的微小扰动都有可能使系统的运动偏离该闭合曲线，并将永远回不到闭合曲线。

【例 8-5】 已知非线性系统的微分方程为

$$\ddot{x} + 0.5\dot{x} + 2x + x^2 = 0$$

试求系统的奇点，并绘制系统的相平面图。

解 系统方程可以改写为

$$\frac{\mathrm{d}\dot{x}}{\mathrm{d}x}=-\frac{0.5\dot{x}+2x+x^2}{\dot{x}}$$

令 $\mathrm{d}\dot{x}/\mathrm{d}x=0$，求得系统的两个奇点(0,0)，(−2, 0)。

在(0, 0)点附近，因为$|x|$和$|\dot{x}|$很小，系统的微分方程可以近似为

$$\ddot{x}+0.5\dot{x}+2x=0$$

特征根为−0.25±j1.39，故奇点(0, 0)为稳定焦点。

在(−2,0)点附近，令 $x^*=x+2$，则系统方程为

$$\ddot{x}^*+0.5\dot{x}^*+2(x^*-2)+(x^*-2)^2=0$$

因为$|x^*|$和$|\dot{x}^*|$很小，所以系统可以近似为

$$\ddot{x}^*+0.5\dot{x}^*-2x^*=0$$

特征根为 1.19 和−1.69，故奇点(−2,0)为鞍点。

根据非线性系统奇点的位置和类型，结合线性系统奇点类型和系统运动形式的对应关系，绘制本系统在各奇点附近的相轨迹，再使用等倾线法，绘制其他区域的相轨迹，获得系统的相平面图，如图 8 - 9 所示。由图可知，该系统在有些初始状态下是稳定的，收敛于原点，而在有些初始状态下是不稳定的。该例说明，非线性系统的运动及稳定性与初始条件有关。

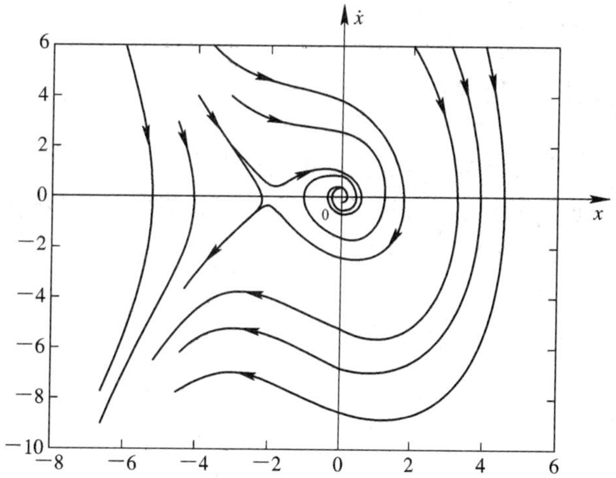

图 8 - 9 非线性系统的相平面图

用 MATLAB 绘制图 8 - 9 的参考程序如下：

```
[t, x]=ode45(@figure_8_9, [0, 1.5], [4 6])
hnd=plot(x(:, 1), x(:, 2), 'k')
set(hnd, 'linewidth', 1.5)
hold on
[t, x]=ode45(@figure_8_9, [0, 1.8], [3 6])
hnd=plot(x(:, 1), x(:, 2), 'k'); set(hnd, 'linewidth', 1.5)
[t, x]=ode45(@figure_8_9, [0, 2.3], [2 6])
```

```
hnd=plot(x(:, 1), x(:, 2), 'k'); set(hnd, 'linewidth', 1.5)
[t, x]=ode45(@figure_8_9, [0, 6], [-3.6 6])
hnd=plot(x(:, 1), x(:, 2), 'k'); set(hnd, 'linewidth', 1.5)
[t, x]=ode45(@figure_8_9, [0, 40], [-3 4])
hnd=plot(x(:, 1), x(:, 2), 'k'); set(hnd, 'linewidth', 1.5)
[t, x]=ode45(@figure_8_9, [0, 40], [-3 2])
hnd=plot(x(:, 1), x(:, 2), 'k'); set(hnd, 'linewidth', 1.5)
[t, x]=ode45(@figure_8_9, [0, 3.9], [-3.95 4])
hnd=plot(x(:, 1), x(:, 2), 'k'); set(hnd, 'linewidth', 1.5)
[t, x]=ode45(@figure_8_9, [0, 1.0], [-4.5 3])
hnd=plot(x(:, 1), x(:, 2), 'k'); set(hnd, 'linewidth', 1.5)
[t, x]=ode45(@figure_8_9, [0, 0.7], [-6 6])
hnd=plot(x(:, 1), x(:, 2), 'k'); set(hnd, 'linewidth', 1.5)
hnd=line([0, 0], [-10, 6]); set(hnd, 'color', 'black')
hnd=line([-8, 6], [0, 0]); set(hnd, 'color', 'black')
function xdot=figure_8_9(t, x)
xdot = zeros(2, 1);
xdot(2)=-0.5 * x(2)-2 * x(1)-x(1)^2
xdot(1)=x(2)
```

8.2.3 从相轨迹求时间信息

相轨迹是消去时间后画出的，尽管它直观地给出了系统状态的运动轨迹，但却将时间信息隐含其中，使时间信息变得不直观了。有时我们希望给出时间响应以便得到与时间有关的性能指标，这就需通过相轨迹求出时间信息。我们可通过以下方法求出时间信息。

因为 $\dot{x}=\mathrm{d}x/\mathrm{d}t$，所以

$$\mathrm{d}t=\frac{\mathrm{d}x}{\dot{x}} \tag{8.9}$$

通过积分可得

$$t_2-t_1=\int_{x_1}^{x_2}\frac{1}{\dot{x}}\,\mathrm{d}x \tag{8.10}$$

当然，对于无解析解的情况，式(8.9)也可以通过选取合理的增量，变成下式求出时间：

$$\Delta t=\frac{\Delta x}{\bar{\dot{x}}}=\frac{x_2-x_1}{(\dot{x}_2+\dot{x}_1)/2} \tag{8.11}$$

式中，$\bar{\dot{x}}$为对应 Δx 范围内的 $\dot{x}$ 平均值。

8.2.4 非线性系统的相平面分析

【例 8-6】 机械系统中的库仑摩擦力。对于如图 8-10 所示的机械系统，分析其运动特性，其中物体 m 受到弹簧力和库仑摩擦力。

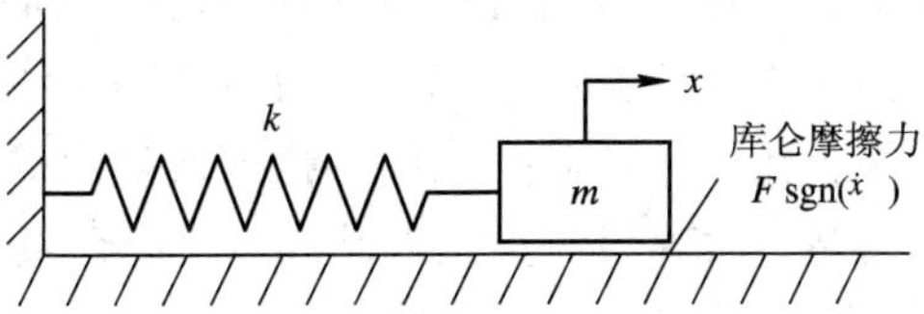

图 8-10 机械系统

解 系统可表示为

$$\begin{cases} m\ddot{x} = -kx - F & (\dot{x} > 0) \\ m\ddot{x} = -kx + F & (\dot{x} < 0) \end{cases}$$

即

$$\begin{cases} \dot{x}\dfrac{\mathrm{d}\dot{x}}{\mathrm{d}x} = -\dfrac{k}{m}\left(x + \dfrac{F}{k}\right) & (\dot{x} > 0) \\ \dot{x}\dfrac{\mathrm{d}\dot{x}}{\mathrm{d}x} = -\dfrac{k}{m}\left(x - \dfrac{F}{k}\right) & (\dot{x} < 0) \end{cases}$$

积分并整理得

$$\begin{cases} \dfrac{\dot{x}^2}{C^2} + \dfrac{\left(x + \dfrac{F}{k}\right)^2}{(C\sqrt{m/k})^2} = 1 & (\dot{x} > 0) \\ \dfrac{\dot{x}^2}{C^2} + \dfrac{\left(x - \dfrac{F}{k}\right)^2}{(C\sqrt{m/k})^2} = 1 & (\dot{x} < 0) \end{cases}$$

其中，C 为积分常数。

由此可见，当 $\dot{x}>0$ 时，系统相轨迹是中心在$(-F/k,\ 0)$的一簇椭圆；而当 $\dot{x}<0$ 时，其相轨迹是中心在$(F/k,\ 0)$的一簇椭圆(见图 8-11)。由图可见，当物体沿相轨迹运动到 x 轴的$(-F/k,\ 0)$和$(F/k,\ 0)$之间时将停止运动，这是库仑摩擦力造成的运动死区。x 轴从$(-F/k,\ 0)$到$(F/k,\ 0)$的部分为奇点。若初始点为 A 点，则相轨迹为 ABC，终止于 C 点。

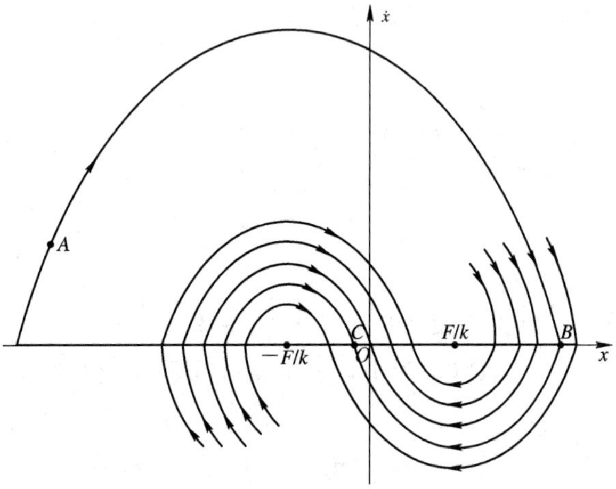

图 8-11 机械系统的相轨迹

许多与信号有关的非线性控制系统由分区线性系统构成。所以对这类非线性系统可以按照非线性特性将相平面划分为几个区域，每个区域对应一个线性系统。分析每一个线性系统奇点的性质，并结合某种作图方法就可以绘制出该区域内的相轨迹。线性系统的奇点如果在线性系统对应的区域内，就称为实奇点，否则称为虚奇点。因为虚奇点对应的运动方程不适用于该虚奇点所在的区域，所以即使虚奇点是稳定的，运动也无法到达该虚奇点。

【例 8－7】 分段线性的角度随动系统。图 8－12(a)所示的是某角度随动系统的方块图，其中执行电机近似为一阶惯性环节，增益 $K_1(e)$ 是随信号大小变化的，大信号时的增益为 1，小信号时的增益为 $k(k<1)$，其特性如图 8－12(b)所示。分析输入为阶跃信号和斜坡信号时的系统运动情况。

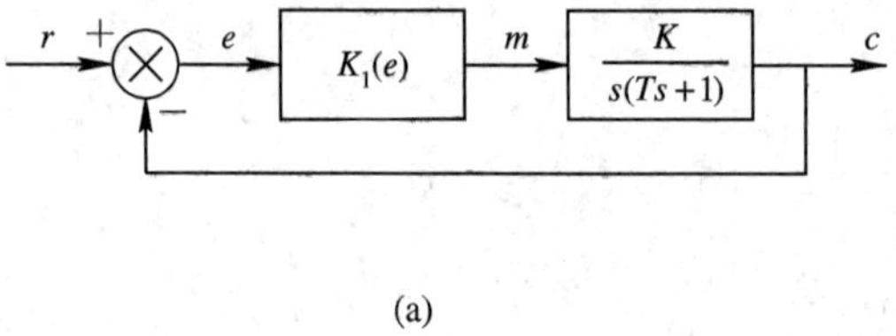

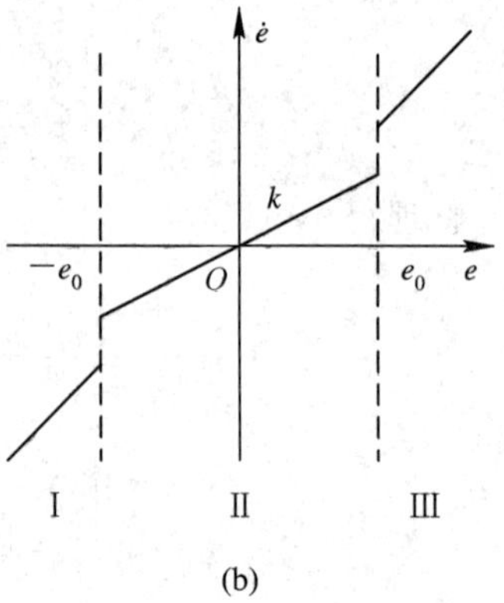

图 8－12　分段线性的角度随动系统

解　线性部分的系统方程为

$$\frac{C(s)}{M(s)}=\frac{K}{s(Ts+1)}$$

由图 8－12(a)可得

$$E(s)=R(s)-C(s)=R(s)-\frac{K}{s(Ts+1)}M(s)$$

所以微分方程为

$$T\ddot{e}+\dot{e}=T\ddot{r}+\dot{r}-Km$$

由图 8－12(b)可得非线性特性的表达式为

$$m=\begin{cases} e & |e|>e_0 \\ ke & |e|<e_0 \end{cases} \qquad k<1$$

由于 e 和 m 的关系分为 3 个线性段，在 $|e|>e_0$ 时斜率均为 1，在 $|e|<e_0$ 时斜率均为 $k<1$，所以尽管在相平面上有 3 个区域(记为Ⅰ，Ⅱ和Ⅲ)，但系统只有两个不同的微分方程。

(1) 阶跃输入 $r(t)=1(t)$ 的情形。由于 $\dot{r}=0$，$\ddot{r}=0$，故有

$$T\ddot{e}+\dot{e}+Ke=0 \qquad (区域 Ⅰ 和 Ⅲ) \tag{8.12}$$

$$T\ddot{e}+\dot{e}+kKe=0 \qquad (区域 Ⅱ) \tag{8.13}$$

奇点为 $e=0$，$\dot{e}=0$，即原点。所以对区域Ⅱ，它是实奇点；对区域Ⅰ和Ⅲ，它是虚奇点。

通过选 K 和 T 值，使 $1-4kKT>0$，且使 $1-4KT<0$。不妨设 $T=1$，$K=4$，$k=0.062$，$e_0=0.2$。输入较大时，如 $|e|>e_0$，运动方程为式(8.12)，$1-4KT<0$，为欠阻尼，所以原点是稳定焦点；输入较小时，如 $|e|<e_0$，运动方程为式(8.13)，$1-4kKT>0$，为过阻尼，故原点是稳定节点。其相轨迹如图 8-13 所示。

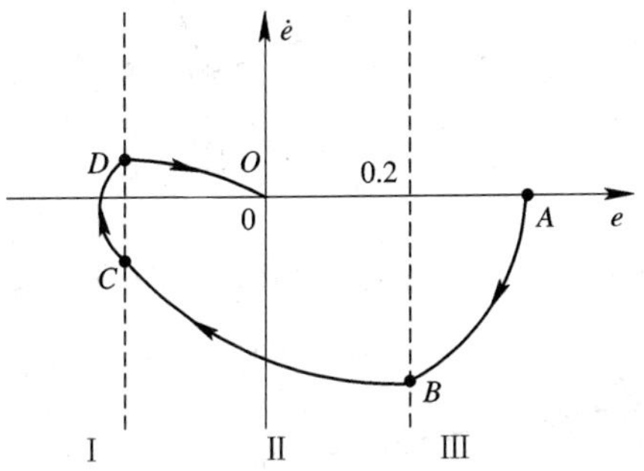

图 8-13 系统在阶跃输入下的相轨迹

由 A 点出发的运动以原点为稳定焦点，但到达边界的 B 点后，原点又变成了稳定节点。CD 段的运动方程又变为式(8.12)。如此每经过边界时，都改变运动的性质，只有最后进入区域Ⅱ，沿 DO 段渐近收敛到原点。在这种情况下，调节过程可以加快。因为误差信号较大时，系统为欠阻尼，运动速度较快，所以使误差很快变小；而误差变小后，系统为过阻尼，可以避免振荡。

(2) 斜坡输入 $r(t)=R+Vt$ 的情形。由于 $\dot{r}=V$，$\ddot{r}=0$，故有

$$T\ddot{e}+\dot{e}+Ke=V \quad （区域 Ⅰ 和 Ⅲ） \tag{8.14}$$

$$T\ddot{e}+\dot{e}+kKe=V \quad （区域 Ⅱ） \tag{8.15}$$

在区域Ⅱ，奇点为 $e=V/(kK)$，$\dot{e}=0$，记 $P_2=V/(kK)$。在区域Ⅰ和Ⅲ，奇点为 $e=V/(K)$，$\dot{e}=0$，记 $P_1=V/(K)$。显然，$P_2>P_1$。参数设置同上，则 $1-4kKT>0$，且 $1-4KT<0$。则 e 轴上的 P_2 点是稳定节点，P_1 点是稳定焦点。但它们的位置将与参数设定有关。下面分 3 种情况讨论：

① $V<kKe_0$。这时 $P_2=V/(kK)<e_0$，所以是实奇点；$P_1=V/(K)<ke_0<e_0$，所以是虚奇点。设 $r(t)=0.3+0.04t$，则

$$e(0)=r(0)-c(0)=0.3, \quad \dot{e}(0)=\dot{r}(0)-\dot{c}(0)=0.04$$

又 $V=0.04$，所以 $P_2=V/(kK)=0.16$，$P_1=V/(K)=0.01$。其相轨迹如图 8-14 所示。运动在到达边界进入区域Ⅱ后改变性质，P_2 代表稳定的实节点，所以运动收敛到 P_2，因此稳态误差 $e_{ss}=P_2$。

② $kKe_0<V<Ke_0$。这时 $P_2=V/(kK)>e_0$，所以是虚奇点；$P_1=V/(K)<e_0$，也是虚奇点。设 $r(t)=0.4t$，则

$$e(0)=r(0)-c(0)=0, \quad \dot{e}(0)=\dot{r}(0)-\dot{c}(0)=0.4$$

又 $V=0.4$，所以 $P_2=V/(kK)=1.6$，$P_1=V/(K)=0.1$。其相轨迹如图 8-15 所示。因为两个奇点都是虚奇点，运动无法收敛到任何奇点，每到达边界便改变运动方程，最后将终止在边界处，因此稳态误差 $e_{ss}=e_0$。

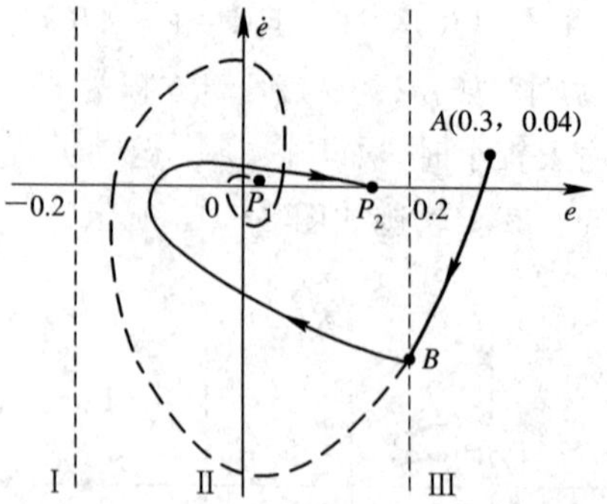

图 8-14 系统在斜坡输入①下的相轨迹

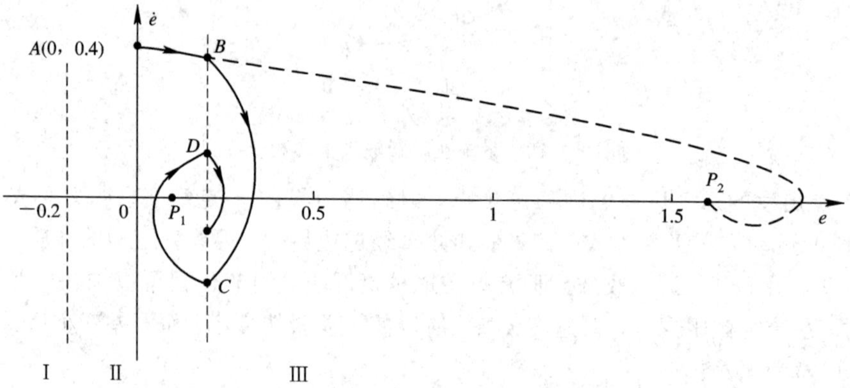

图 8-15 系统在斜坡输入②下的相轨迹

③ $V>Ke_0$。这时 $P_2=V/(kK)>V/K>e_0$ 是虚奇点；$P_1=V/(K)>e_0$ 是实奇点。设 $r(t)=1.2t$，则

$$e(0)=r(0)-c(0)=0,\quad \dot{e}(0)=\dot{r}(0)-\dot{c}(0)=1.2$$

又 $V=1.2$，所以 $P_2=V/(kK)=4.8$，$P_1=V/(K)=0.3$。其相轨迹如图 8-16 所示。初始点 A 在区域Ⅱ内，所以系统遵循式(8.15)向 P_2 稳定节点运动，而一旦运动到边界，进入区域Ⅲ后，系统便遵循式(8.14)向 P_1 稳定焦点运动，如此在 $e_0=0.2$ 线两边穿越，直至收敛到 P_1 点，因此稳态误差 $e_{ss}=P_1$。

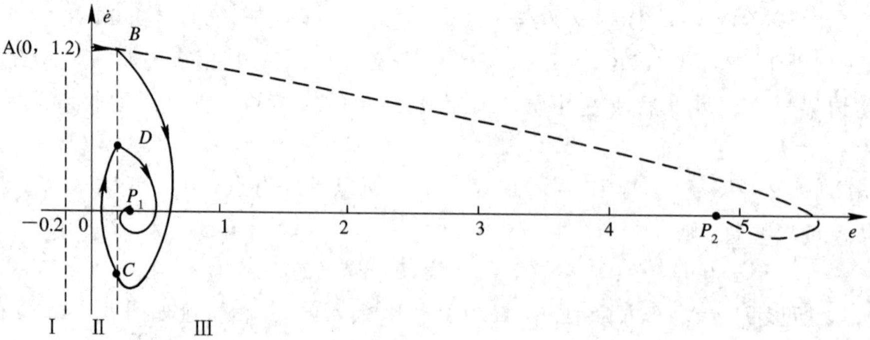

图 8-16 系统在斜坡输入③下的相轨迹

8.3 描述函数法

8.3.1 定义

对于线性系统，当输入是正弦信号时，输出稳定后是相同频率的正弦信号，其幅值和相位随着频率的变化而变化，这就是利用频率特性分析系统的频域法的基础。对于非线性系统，当输入是正弦信号时，输出稳定后通常不是正弦的，而是与输入同频率的周期非正弦信号，它可以分解成一系列正弦波的叠加，其基波频率与输入正弦信号的频率相同。

设非线性环节的正弦输入为 $x(t)=X\ \sin\omega t$，则输出为

$$y(t) = A_0 + \sum_{n=1}^{\infty}(A_n\ \cos n\omega t + B_n\ \sin n\omega t) \tag{8.16}$$

式中，

$$A_n = \frac{1}{\pi}\int_0^{2\pi} y(t)\ \cos n\omega t\,\mathrm{d}(\omega t) \tag{8.17}$$

$$B_n = \frac{1}{\pi}\int_0^{2\pi} y(t)\ \sin n\omega t\,\mathrm{d}(\omega t) \tag{8.18}$$

令

$$Y_n = \sqrt{A_n^2 + B_n^2} \tag{8.19}$$

$$\varphi_n = \arctan\frac{A_n}{B_n} \tag{8.20}$$

式(8.17)～(8.20)中，$n=1$，2，…。

由于系统通常具有低通滤波特性，其他谐波各项比基波小，所以可以用基波分量近似系统的输出。假定非线性特性关于原点对称，则输出的直流分量等于零，即 $A_0=0$，则

$$y(t) = A_1\ \cos\omega t + B_1\ \sin\omega t = Y_1\ \sin(\omega t + \varphi_1) \tag{8.21}$$

定义非线性环节的描述函数为非线性特性输出的基波与输入信号二者的复数符号的比值，即

$$N = \frac{Y_1}{X}\mathrm{e}^{\mathrm{j}\varphi_1} \tag{8.22}$$

式中，N 为描述函数，X 是正弦输入信号的幅值，Y_1 是输出信号基波的幅值，φ_1 为输出信号基波与输入信号的相位差。

如果非线性环节中不包含储能机构(即非记忆)，即 N 的特性可以用代数方程(而不是微分方程)描述，则 Y_1 与频率无关。描述函数只是输入信号幅值 X 的函数，即$N=N(X)$，而与 ω 无关。

8.3.2 典型非线性环节的描述函数

1. 饱和特性

若非线性环节具有饱和特性(如图 8－17(a)所示)，则：

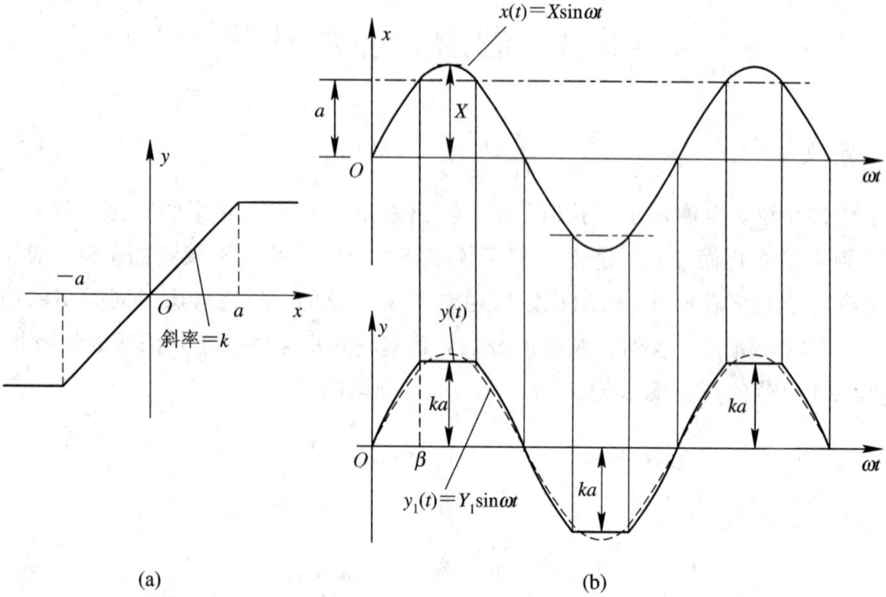

图 8-17 饱和特性及其正弦响应

(1) 当输入为正弦信号时，其输出波形如图 8-17(b)所示。根据输出波形，饱和非线性环节的输出由下式表示：

$$y(t)=\begin{cases}kX\ \sin\omega t & (\omega t<\beta)\\ ka & (\beta<\omega t<\pi-\beta)\\ kX\ \sin\omega t & (\pi-\beta<\omega t<\pi)\end{cases}\tag{8.23}$$

由式(8.17)和式(8.18)可求得

$$A_1=0$$

$$\begin{aligned}B_1&=\frac{1}{\pi}\int_0^{2\pi}y(t)\ \sin\omega t\ \mathrm{d}(\omega t)=\frac{4}{\pi}\int_0^{\beta}kX\ \sin^2\omega t\ \mathrm{d}(\omega t)+\frac{4}{\pi}\int_{\beta}^{\pi/2}ka\ \sin\omega t\ \mathrm{d}(\omega t)\\&=\frac{4k}{\pi}\left[\int_0^{\beta}X\frac{1-\cos(2\omega t)}{2}\ \mathrm{d}(\omega t)+a\int_{\beta}^{\pi/2}\sin\omega t\ \mathrm{d}(\omega t)\right]\\&=\frac{4k}{\pi}\left[\frac{X}{2}\beta-\frac{1}{2}X\ \sin\beta\cos\beta+a\ \cos\beta\right]\end{aligned}$$

因 $a=X\ \sin\beta$，将 $\beta=\arcsin\dfrac{a}{X}$，$\sin\beta=\dfrac{a}{X}$，$\cos\beta=\sqrt{1-(a/X)^2}$ 代入上式有

$$B_1=\frac{2kX}{\pi}\left[\arcsin\frac{a}{X}+\frac{a}{X}\sqrt{1-\left(\frac{a}{X}\right)^2}\right]$$

则

$$N=\frac{Y_1}{X}\angle\varphi_1=\frac{B_1}{X}\angle0^\circ=\frac{2k}{\pi}\left[\arcsin\frac{a}{X}+\frac{a}{X}\sqrt{1-\left(\frac{a}{X}\right)^2}\right]\tag{8.24}$$

(2) 当输入 X 幅值较小，不超出线性区时，该环节是个比例系数为 k 的比例环节，所以饱和特性的描述函数为

$$N=\begin{cases}\dfrac{2k}{\pi}\left[\arcsin\dfrac{a}{X}+\dfrac{a}{X}\sqrt{1-\left(\dfrac{a}{X}\right)^2}\right] & (X>a)\\ k & (X\leqslant a)\end{cases}\tag{8.25}$$

由此可见，饱和特性的描述函数 N 与频率无关，它仅仅是输入信号振幅的函数。

2. 死区特性

死区非线性环节的正弦输入时的输入输出关系如图 8-18 所示。输出的时间函数表示为

$$y(t)=\begin{cases}0 & (\omega t<\beta)\\ k(X\sin\omega t-a) & (\beta<\omega t<\pi-\beta)\\ 0 & (\pi-\beta<\omega t<\pi)\end{cases}\tag{8.26}$$

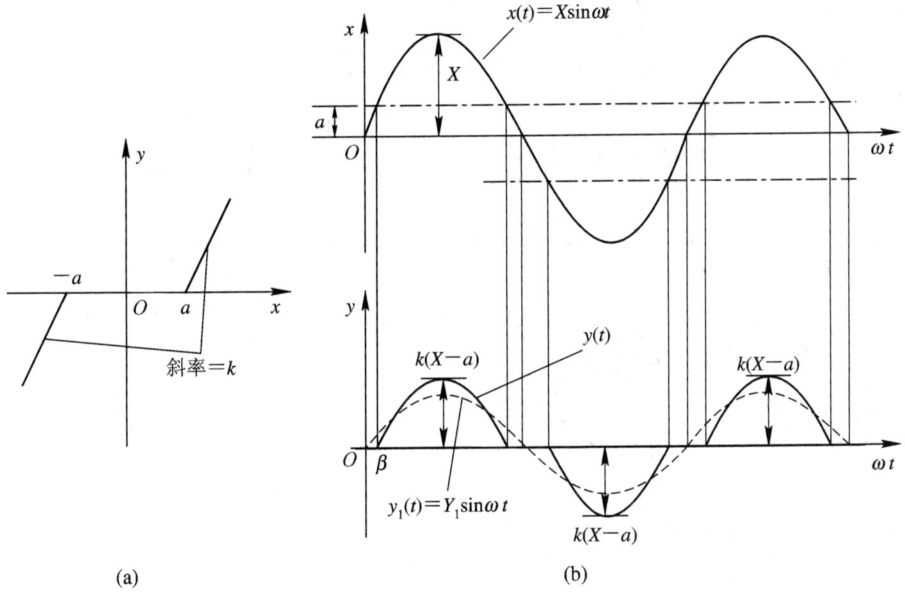

图 8-18 死区特性及其正弦响应

同样，根据式(8.17)和式(8.18)可求得

$$A_1=0$$

$$B_1=\frac{1}{\pi}\int_0^{2\pi}y(t)\sin\omega t\,\mathrm{d}(\omega t)=\frac{4}{\pi}\int_\beta^{\pi/2}k(X\sin\omega t-a)\sin\omega t\,\mathrm{d}(\omega t)$$

$$=\frac{4k}{\pi}\int_\beta^{\pi/2}\left[X\frac{1-\cos(2\omega t)}{2}-a\sin(\omega t)\right]\mathrm{d}(\omega t)$$

因 $a=X\sin\beta$，将 $\beta=\arcsin\left(\dfrac{a}{X}\right)$，$\sin\beta=\dfrac{a}{X}$，$\cos\beta=\sqrt{1-\left(\dfrac{a}{X}\right)^2}$ 代入上式有

$$B_1=\frac{4k}{\pi}\left\{\frac{X}{2}\left[\frac{\pi}{2}-\arcsin\frac{a}{X}+\frac{a}{X}\sqrt{1-\left(\frac{a}{X}\right)^2}\right]-a\sqrt{1-\left(\frac{a}{X}\right)^2}\right\}$$

$$=\frac{2kX}{\pi}\left[\frac{\pi}{2}-\arcsin\frac{a}{X}-\frac{a}{X}\sqrt{1-\left(\frac{a}{X}\right)^2}\right]$$

则

$$N=\frac{Y_1}{X}\angle\varphi_1=\frac{B_1}{X}\angle 0^\circ=k-\frac{2k}{\pi}\left[\arcsin\frac{a}{X}+\frac{a}{X}\sqrt{1-\left(\frac{a}{X}\right)^2}\right]$$

当输入 X 幅值小于死区 a 时，输出为零，因而描述函数 N 也为零，故死区特性描述函数为

$$N=\begin{cases}k-\dfrac{2k}{\pi}\left[\arcsin\dfrac{a}{X}+\dfrac{a}{X}\sqrt{1-\left(\dfrac{a}{X}\right)^2}\right] & (X>a)\\ 0 & (X\leqslant a)\end{cases}\tag{8.27}$$

可见，死区特性的描述函数 N 也与频率无关，只是输入信号振幅的函数。

3. 继电器特性

继电器非线性的输入输出特性可表示成如图 8-19 的形式。

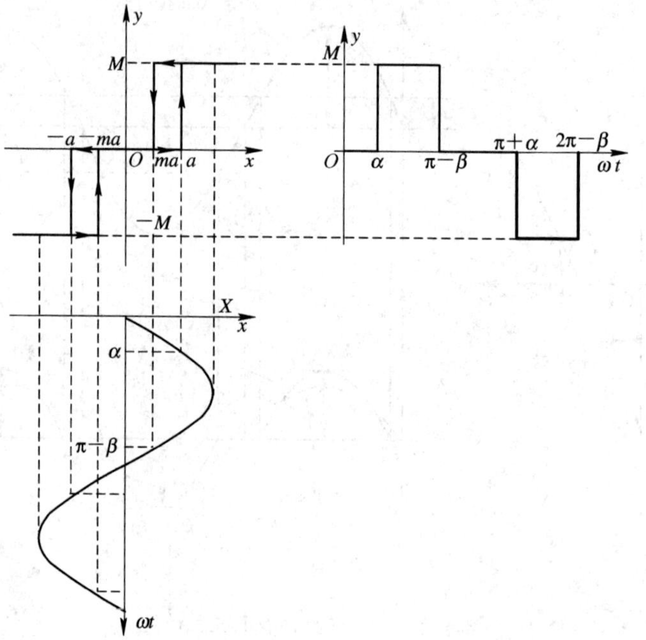

图 8-19　继电器特性及其正弦响应

输出的时间函数表示为

$$y(t)=\begin{cases}0 & (\omega t<\alpha)\\ M & (\alpha<\omega t<\pi-\beta)\\ 0 & (\pi-\beta<\omega t<\pi)\end{cases}\tag{8.28}$$

因 $a=X\sin\alpha$，$ma=X\sin\beta$，且 $X\geqslant a$。根据式(8.17)和式(8.18)可求得

$$\begin{aligned}A_1&=\frac{1}{\pi}\int_0^{2\pi}y(t)\cos\omega t\,\mathrm{d}(\omega t)=\frac{2}{\pi}\int_\alpha^{\pi-\beta}M\cos\omega t\,\mathrm{d}(\omega t)\\&=\frac{2}{\pi}M(\sin\beta-\sin\alpha)\\&=\frac{2aM}{\pi X}(m-1)\end{aligned}$$

$$B_1=\frac{1}{\pi}\int_0^{2\pi}y(t)\ \sin\omega t\ \mathrm{d}(\omega t)=\frac{2}{\pi}\int_{\alpha}^{\pi-\beta}M\ \sin\omega t\ \mathrm{d}(\omega t)=\frac{2}{\pi}M(\cos\beta+\cos\alpha)$$

$$=\frac{2M}{\pi}\left[\sqrt{1-\left(\frac{a}{X}\right)^2}+\sqrt{1-\left(\frac{ma}{X}\right)^2}\right]$$

因此，继电器特性的描述函数为

$$N=\frac{2M}{\pi X}\left[\sqrt{1-\left(\frac{a}{X}\right)^2}+\sqrt{1-\left(\frac{ma}{X}\right)^2}\right]+\mathrm{j}\,\frac{2aM}{\pi X^2}(m-1)\quad(X\geqslant a)\tag{8.29}$$

取 $a=0$，得理想继电器特性的描述函数为

$$N=\frac{4M}{\pi X}\tag{8.30}$$

取 $m=1$，得死区继电器特性的描述函数为

$$N=\frac{4M}{\pi X}\sqrt{1-\left(\frac{a}{X}\right)^2}\qquad(X\geqslant a)\tag{8.31}$$

取 $m=-1$，得滞环继电器特性的描述函数为

$$N=\frac{4M}{\pi X}\sqrt{1-\left(\frac{a}{X}\right)^2}-\mathrm{j}\,\frac{4aM}{\pi X^2}\qquad(X\geqslant a)\tag{8.32}$$

4. 间隙特性

对于如图 8-20 所示的间隙特性，其输出的时间函数表示为

$$y(t)=\begin{cases}k(X\ \sin\omega t-a) & (\omega t<\pi/2)\\ k(X-a) & (\pi/2<\omega t<\pi-\beta)\\ k(X\ \sin\omega t+a) & (\pi-\beta<\omega t<\pi)\end{cases}\tag{8.33}$$

式中，$\beta=\arcsin(1-2a/X)$。

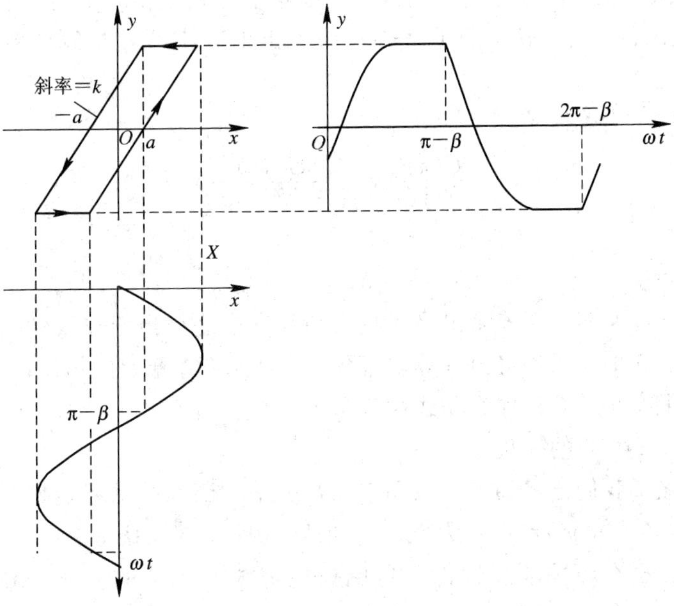

图 8-20　间隙特性及其正弦响应

根据式(8.17)和式(8.18)可求得

$$A_1=\frac{4ka}{\pi}\left(\frac{a}{X}-1\right)$$

$$B_1=\frac{k}{\pi}X\left[\frac{\pi}{2}+\arcsin\left(1-\frac{2a}{X}\right)+2\left(1-\frac{2a}{X}\right)\sqrt{\frac{a}{X}\left(1-\frac{a}{X}\right)}\right]$$

因此，间隙特性的描述函数为

$$N=\frac{B_1+jA_1}{X}\qquad(X\geqslant a)\tag{8.34}$$

8.3.3 利用描述函数法分析非线性系统稳定性

对于图 8-21 所示的非线性系统，$G(s)$表示的是系统线性部分的传递函数，线性部分具有低通滤波特性，N 表示系统非线性部分的描述函数。当非线性环节的输入为正弦信号时，实际输出必定含有高次谐波分量，但经线性部分传递之后，由于低通滤波的作用，高次谐波分量将被大大削弱，因此闭环通道内近似地只有一次谐波分量，从而保证应用描述函数分析方法所得的结果比较准确。对于实际的非线性系统，大部分都容易满足这一条件。线性部分的阶次越高，低通滤波性能越好。

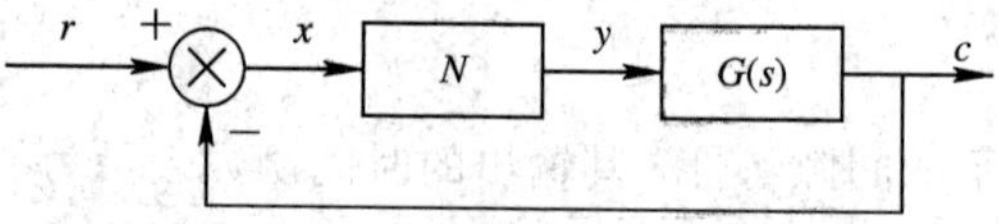

图 8-21　含非线性环节的闭环系统

线性系统的频率特性反映正弦信号作用下，系统稳态输出中与输入同频率的分量的幅值和相位相对于输入信号的变化，是输入正弦信号频率 ω 的函数；而非线性环节的描述函数则反映非线性系统正弦响应中一次谐波分量的幅值和相位相对于输入信号的变化，是输入正弦信号幅值 X 的函数，这正是非线性环节的近似频率特性与线性系统频率特性的本质区别。

对于图 8-21 的系统，有

$$\frac{C(j\omega)}{R(j\omega)}=\frac{NG(j\omega)}{1+NG(j\omega)}$$

其特征方程为

$$1+NG(j\omega)=0\tag{8.35}$$

当 $G(j\omega)=-1/N$ 时，系统输出将出现自持振荡。这相当于在线性系统中，当开环频率特性 $G_o(j\omega)=-1$ 时，系统将出现等幅振荡，此时为临界稳定的情况。

上述 $-1/N$ 即 $-1/N(X)$ 称为非线性环节的负倒描述函数，$-1/N(X)$ 曲线上箭头表示随 X 增大，$-1/N(X)$ 的变化方向。

对于线性系统，我们已经知道可以用奈氏判据来判断系统的稳定性。在非线性系统中运用奈氏判据时，$(-1,\ j0)$ 点扩展为 $-1/N$ 曲线。例如，对于图 8-22(a)，系统线性部分的频率特性 $G(j\omega)$ 没有包围非线性部分负倒描述函数 $-1/N$ 的曲线，系统是稳定的；图 8-22(b)系统 $G(j\omega)$ 轨迹包围了 $-1/N$ 的轨迹，系统不稳定；图 8-22(c)系统 $G(j\omega)$ 轨迹与 $-1/N$ 轨迹相交，系统存在极限环。

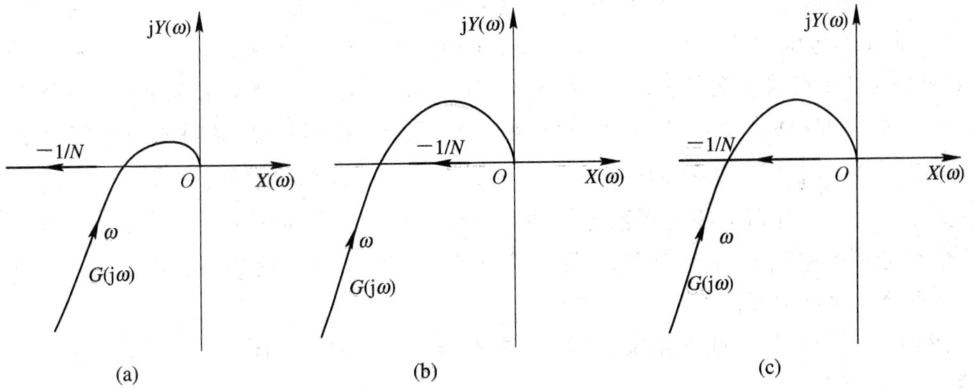

图 8－22 非线性系统奈氏判据应用

【例 8－8】 已知非线性系统的结构图如图 8－23 所示，试分析系统的稳定性。

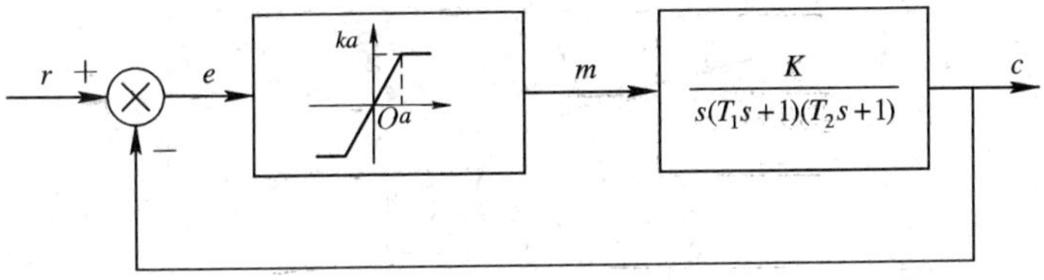

图 8－23 含饱和非线性的非线性系统

解 前面已推导出饱和非线性的描述函数为

$$N=\begin{cases}\dfrac{2k}{\pi}\left[\arcsin\dfrac{a}{X}+\dfrac{a}{X}\sqrt{1-\left(\dfrac{a}{X}\right)^2}\right] & (X>a)\\ k & (X\leqslant a)\end{cases}$$

则当 $X\leqslant a$ 时，$-1/N=-1/k$；当 $X\to\infty$时，$-1/N=-\infty$。对于线性部分，当 $\omega\to 0$ 时，$G(\mathrm{j}\omega)=\infty\angle-90°$；当 $\omega\to+\infty$时，$G(\mathrm{j}\omega)=0\angle-270°$。$G(\mathrm{j}\omega)$奈氏曲线与负实轴有一交点，交点坐标为$(-KT_1T_2/(T_1+T_2),\ \mathrm{j}0)$，交点频率为 $1/\sqrt{T_1T_2}$。本题饱和非线性描述函数的负倒特性曲线和线性部分频率特性的奈氏曲线如图 8－24 所示。

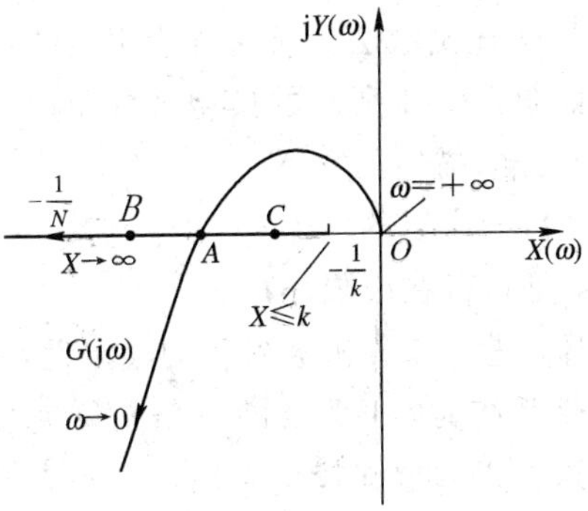

图 8－24 稳定极限环

当线性部分放大倍数 K 充分大，使得 $KT_1T_2/(T_1+T_2)>1/k$ 时，$G(\mathrm{j}\omega)$与$-1/N$ 曲

线相交，产生极限环。当扰动使得幅值 X 变大时，$-1/N$ 上该点 A 移到交点左侧 B 点，使得 $G(j\omega)$ 曲线不包围 B 点，系统稳定，于是其幅值逐渐变小，又回到交点 A。当扰动使得幅值 X 变小时，A 点移到交点右侧 C 点，使得 $G(j\omega)$ 曲线包围 C 点，系统不稳定，于是其幅值逐渐变大，同样回到交点 A。因此，该极限环为稳定极限环，其极限环的频率等于 A 点的频率 $\omega_A=1/\sqrt{T_1T_2}$，其极限环的幅值对应 $-1/N$ 的 A 点的 X 值。

无论是稳定极限环，还是不稳定极限环，都是系统所不希望的。对于上述系统，只要使线性部分放大倍数 K 小到使 $KT_1T_2/(T_1+T_2)<1/k$，则系统的 $G(j\omega)$ 与 $-1/N$ 没有交点，就不会产生极限环。

【例 8-9】 已知非线性系统的 $G(j\omega)$ 曲线与 $-1/N$ 曲线如图 8-25 所示，试分析其稳定性。

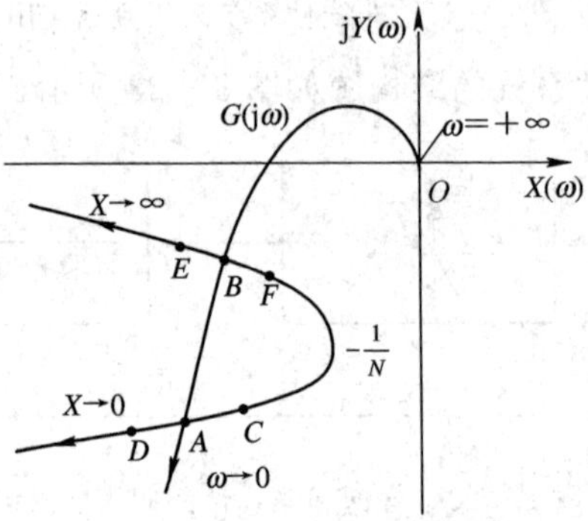

图 8-25　稳定极限环和不稳定极限环

解　如果系统工作在 A 点，当遇到扰动使工作点运动到 D 点附近，由于 $G(j\omega)$ 曲线没有包围该点，系统稳定，其幅值逐渐变小，越来越远离 A 点；当扰动使工作点离开 A 点到 C 点附近，由于 $G(j\omega)$ 曲线包围了该点，系统不稳定，其幅值逐渐变大，同样远离 A 点，向 B 点的方向运动，因此 A 点是不稳定的极限环。如果系统工作在 B 点，当遇到扰动使工作点运动到 E 点附近，由于 $G(j\omega)$ 曲线没有包围该点，系统稳定，其幅值变小，工作点又回到了 B 点；当扰动使工作点运动到 F 点附近，由于 $G(j\omega)$ 曲线包围了该点，系统不稳定，其幅值变大，同样回到 B 点，因此 B 点是稳定的极限环。

从以上例子可以归纳出用描述函数法分析系统稳定性的步骤：

(1) 将非线性系统化成如图 8-21 所示的典型结构图；

(2) 由定义求出非线性部分的描述函数 N；

(3) 在复平面作出 $G(j\omega)$ 和 $-1/N$ 的轨迹；

(4) 判断系统是否稳定，是否存在极限环；

(5) 如果系统存在极限环，进一步分析极限环的稳定性，确定它的频率和幅值。

用描述函数法设计非线性系统时，很重要的一条是避免线性部分的 $G(j\omega)$ 轨迹和非线性部分 $-1/N$ 的轨迹相交，这可以通过加校正实现。

例如一般闭环的工作台位置随动系统，通常存在着齿轮间隙，直流伺服电机从输入电压到输出转速的传递函数是二阶的，从转速到转角是纯积分环节，其他部分可以认为是比例环节，其系统结构图如图 8-26 所示。

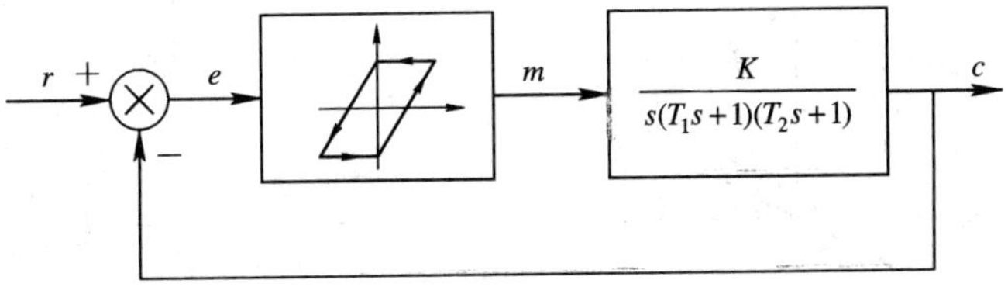

图 8-26　含齿轮间隙的位置随动系统

如果系统比例系数 K 充分大，则 $G(\mathrm{j}\omega)$ 与 $-1/N$ 曲线相交，如图 8-27(a)所示。如果减小系统比例系数 K，系统可以稳定且不存在极限环，如图 8-27(b)所示。如果系统加超前校正，系统也可以稳定并消除极限环，如图 8-27(c)所示。

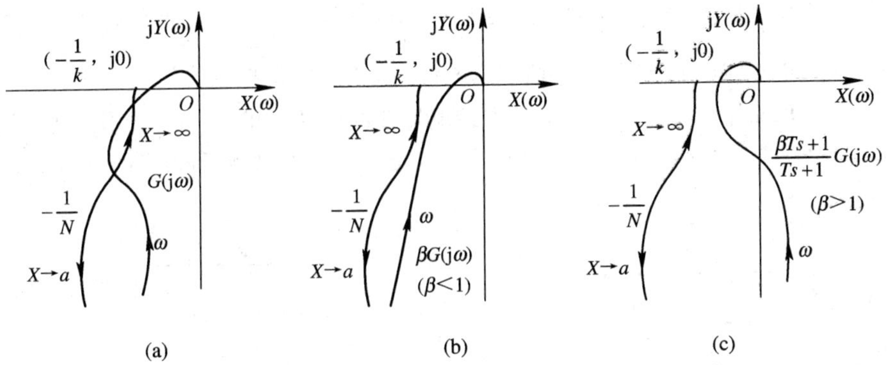

图 8-27　非线性系统稳定性的改进

小　　结

非线性系统不能运用叠加原理。在工程上目前还没有一种通用的方法可以顺利地解决所有非线性问题。本章介绍了非线性系统分析的两种方法：相平面法和描述函数法，它们都是用工程作图的方法分析解决问题。

相平面法适用于二阶系统，不仅可以判断稳定性、自持振荡，还可以计算动态响应。高于二阶的系统用相平面法就失去了它的直观性。应当会画系统的相轨迹，并应用相轨迹分析系统的性能。

描述函数法只适用于非线性程度较低和特性对称的非线性元件，还要求线性部分具有良好的低通滤波特性。描述函数的核心是计算非线性特性的描述函数和它的负倒特性。由于描述函数是对系统状态的周期运动的描述，一般没有考虑外作用，所以只能分析稳定性和自持振荡，而不能得到系统的响应。

习　　题

8-1　试求图 8-28 所示非线性特性的描述函数，画出 $-1/N$ 曲线，并指出 $X=0$，$X=1$ 和 $X=\infty$ 时的 $-1/N$ 值。

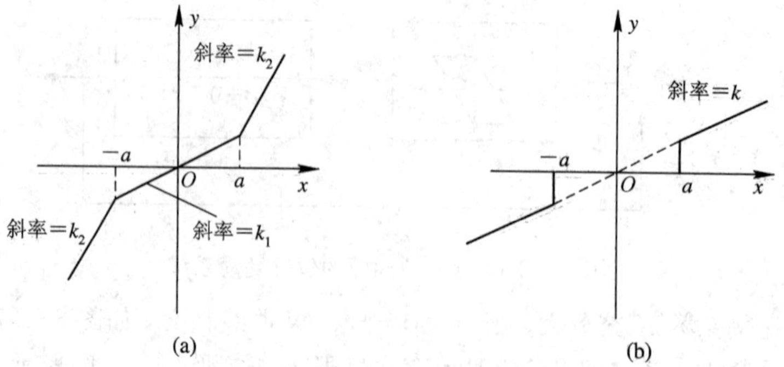

图 8－28 题 8－1 图

8－2 系统方框图如图 8－29 所示。图中 $G(s)=\dfrac{K\mathrm{e}^{-0.1s}}{s(0.1s+1)}$，请判定 $K=0.1$ 时系统的稳定性。试问 K 应限制在什么范围，系统才不会产生自持振荡？

8－3 设系统如图 8－30 所示，其中继电器非线性特性的 $a=1$。试用描述函数法分析系统是否会出现自持振荡，如存在，试求出系统自持振荡的振幅和频率的近似值。

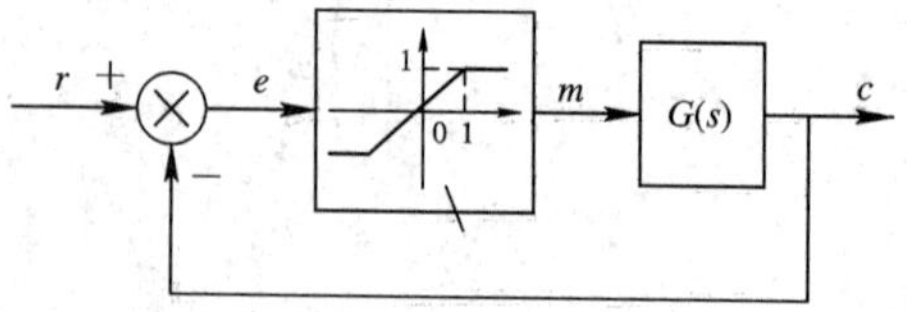

图 8－29 题 8－2 图

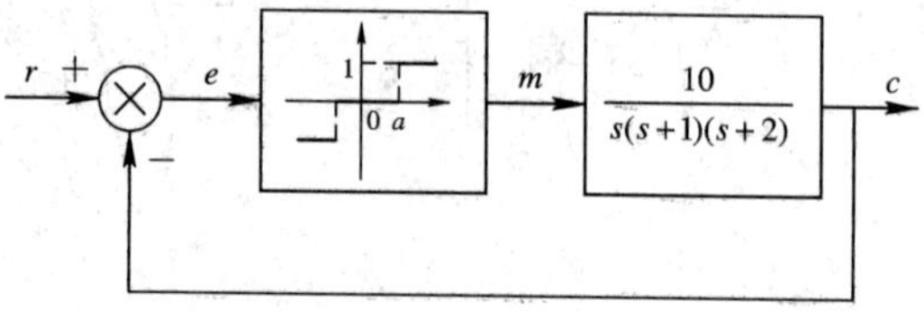

图 8－30 题 8－3 图

8－4 已知系统方程为 $\ddot{e}+\dot{e}+e=0$。

(1) 求该系统的等倾线方程式；

(2) 在 $e-\dot{e}$ 平面画出下列斜率的等倾线：$k=-1$，$k=-2$，$k=1$。

8－5 某非线性系统如图 8－31 所示，其中非线性部分的方程为 $m=e^2$，当输入 $r=0$ 时，

(1) 用描述函数法分析其运动；

(2) 用相平面法分析其运动。

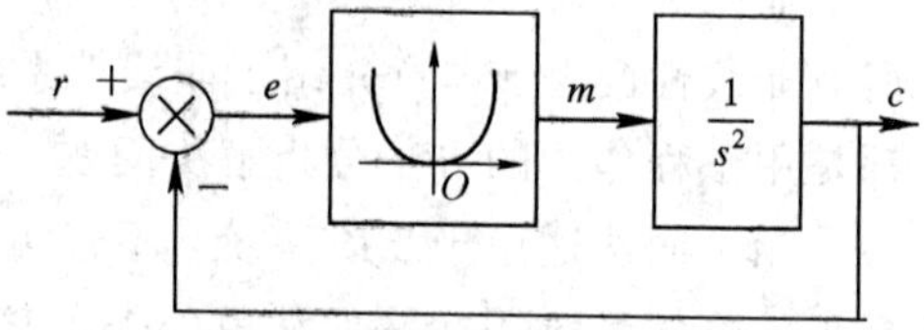

图 8－31 题 8－5 图

8－6 试画出 $T\ddot{x}+\dot{x}=A$ 的相轨迹。

8－7 试用描述函数法分析图 8－32 所示系统的稳定性。

8－8 试确定图 8－33 所示极限环对应的振幅和频率。

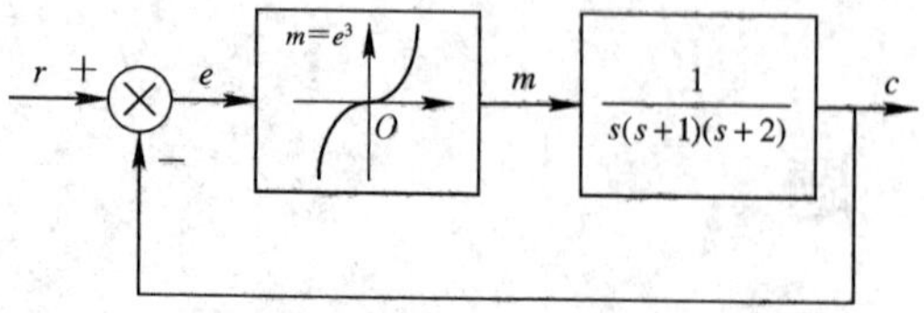

图 8－32 题 8－7 图

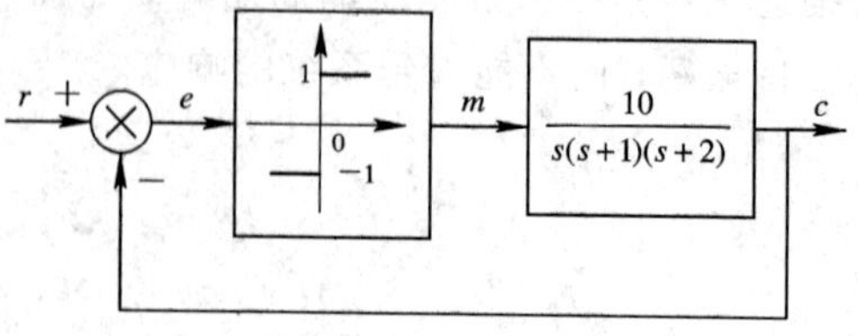

图 8－33 题 8－8 图

8－9 系统如图 8－34 所示。试画出 $\dot{c}(0)=-3$，$c(0)=0$ 的相轨迹和相应的时间响应曲线。

8－10 具有死区及滞环特性的二阶系统如图 8－35 所示。试绘制在初始条件 $\dot{e}(0)=0$，$e(0)=0.65$的情况下系统的相轨迹。系统是否有极限环？如有，试求其振幅和频率。

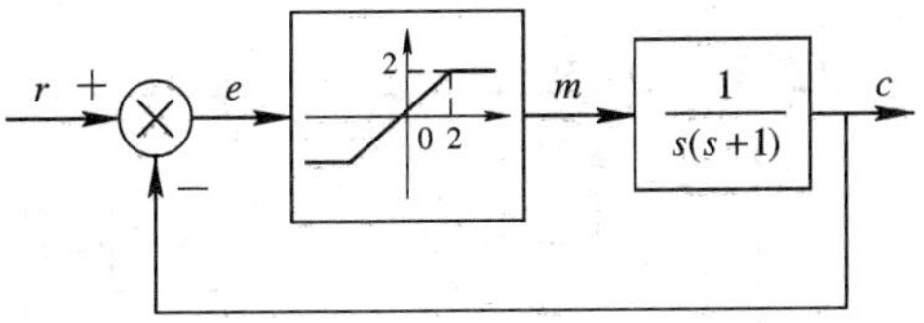

图 8－34 题 8－9 图

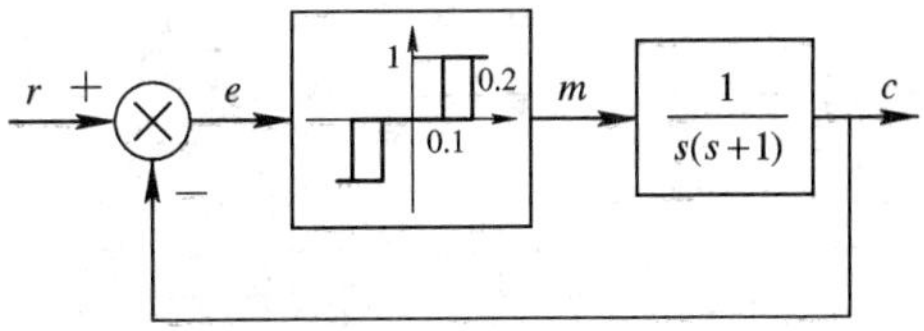

图 8－35 题 8－10 图

8－11 设控制系统如图 8－36 所示。已知初始条件及系统参数为 $\dot{e}(0)=0$，$e(0)=2$，$T=0.5\ \text{s}$，$K=8$，$a=0.5$。试绘出未加输出微分反馈时的系统相轨迹图。

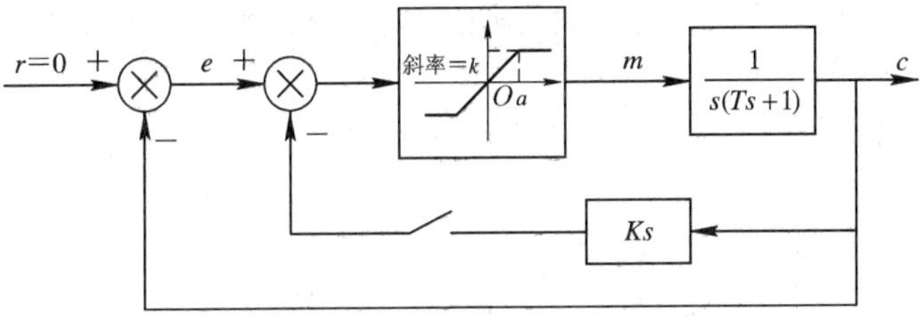

图 8－36 题 8－11 图

8－12 系统同题 8－11，试绘制加入输出微分反馈时的相轨迹，并讨论输出微分反馈作用。

8－13 画出下述系统的相平面图，令 $\dot{\theta}(0)=2$，$\theta(0)=0$，求时间解。

$$\ddot{\theta}+\dot{\theta}+\sin\theta=0$$

8－14 试确定下述系统的奇点的类型，并画出相平面图。

$$\ddot{x}-(1-x^2)\dot{x}+x=0$$

8－15 图 8－37 所示的系统，初始静止，试在 $e-\dot{e}$ 平面画出下列输入下的相轨迹。

（1）$r=0.1(t>0)$；

（2）$r=0.6t(t>0)$。

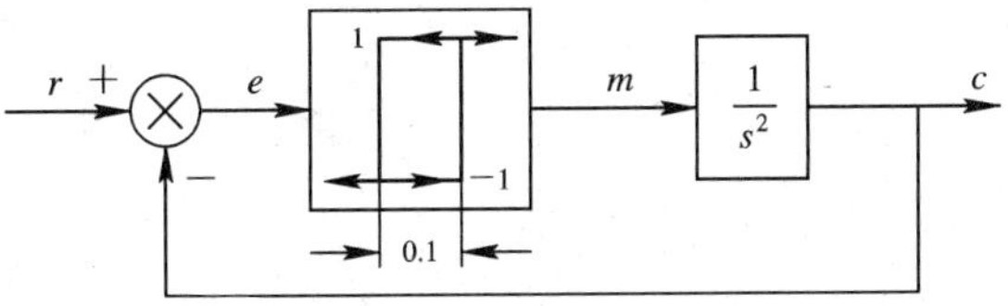

图 8－37 题 8－15 图

8－16 将图 8－38 所示的非线性系统分别化成如图 8－21 所示的标准形式，写出线性部分的传递函数。

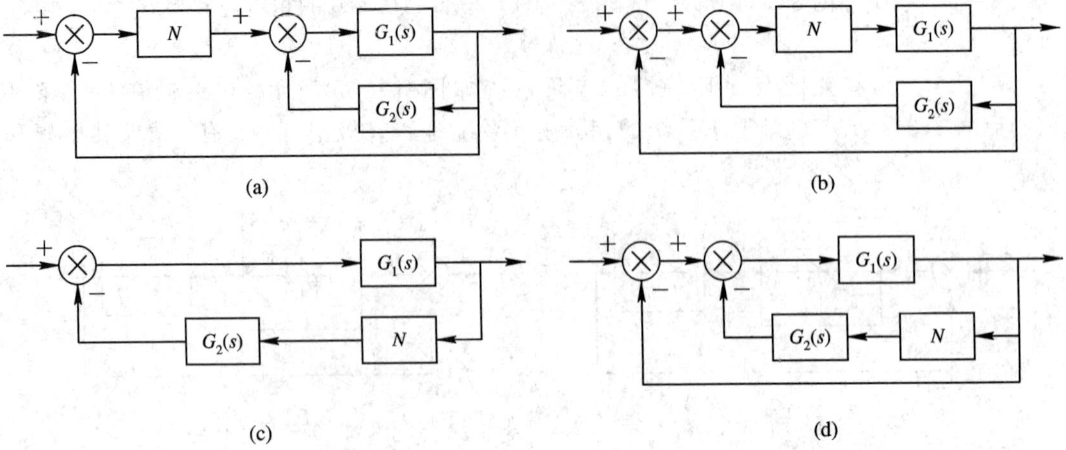

图 8－38 题 8－16 图

8－17 图 8－39(a)所示的系统，其非线性环节特性如图 8－39(b)所示。系统原来静止，设输入为 $r(t)=A\cdot 1(t)$，$A>e_1$，试画出下列情况的相轨迹的大致图形。

(1) $\beta=0$；

(2) $0<\beta<1$。

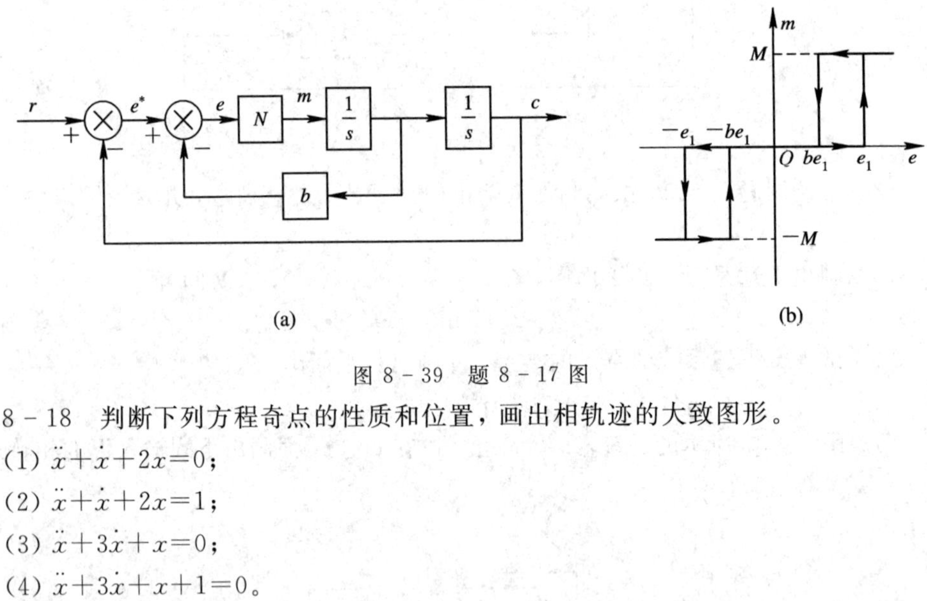

图 8－39 题 8－17 图

8－18 判断下列方程奇点的性质和位置，画出相轨迹的大致图形。

(1) $\ddot{x}+\dot{x}+2x=0$；

(2) $\ddot{x}+\dot{x}+2x=1$；

(3) $\ddot{x}+3\dot{x}+x=0$；

(4) $\ddot{x}+3\dot{x}+x+1=0$。

第九章　线性系统的状态空间描述与分析

前面几章主要讨论了单输入单输出系统的数学模型、时域分析、频域分析、系统校正、离散系统和非线性系统的分析等问题，这些研究内容属于经典控制理论的范畴。经典控制理论虽然对单变量线性定常系统非常有效，但它只能揭示输入和输出之间的外部特性，难以揭示系统内部的结构特性，也很难有效处理多变量控制系统和复杂的控制系统。

在 20 世纪 50 年代的航天技术和机器人技术的推动下，现代控制理论于 20 世纪 60 年代开始形成并得到了迅速的发展。现代控制理论用状态空间法描述输入、状态、输出等各种变量之间的因果关系，不但反映系统的输入与输出的外部特性，而且揭示了系统内部的结构特性。现代控制理论既适用于单变量控制系统，又适用于多变量控制系统；既适用于线性定常系统，又可用于线性时变系统，还可以用于复杂的非线性系统。状态空间描述是现代控制理论的基础，它不仅可以描述输入输出关系，而且可以描述系统的内部特性，特别适合于多输入多输出系统，也适用于时变系统、非线性系统和随机控制系统。从这个意义上讲，状态空间描述是对系统的一种完全描述。

本章和下一章将重点讨论现代控制理论的有关内容，重点介绍状态空间描述下控制系统的分析和综合问题。

9.1　状态空间描述的基本概念

状态　指系统的运动状态。设想有一个质点作直线运动，这个系统的状态就是质点每一个时刻的位置和速度。

状态变量　指足以完全表征系统运动状态的最小个数的一组变量。若知道这些变量在任何初始时刻 t_0 的值和 $t \geqslant t_0$ 时系统所加的输入函数，便可完全确定在任何 $t > t_0$ 时刻的状态。

一个用 n 阶微分方程描述的系统，有 n 个独立变量，当这 n 个独立变量的时间响应都求得时，系统的运动状态也就完全被揭示了。因此可以说，系统的状态变量就是 n 阶系统的 n 个独立变量。需要指出的是，对同一个系统，选取哪些变量作为状态变量并不是唯一的，但这些变量必须是互相独立的，且个数等于微分方程的阶数。对于一般物理系统，微分方程的阶数唯一地取决于系统中独立储能元件的个数。因此，系统状态变量的个数又可以说等于系统中独立储能元件的个数。

【例 9-1】　在图 9-1 所示的电路中，有两个受控量 $i(t)$，$u_2(t)$，两个储能元件电感和电容，这个电路可用二阶微分方程来描述，因而状态的数目必定是 2，但状态的选取不是唯一的，我们可以把 $i(t)$ 与 $u_2(t)$ 选为状态向量，同时也可以把 $u_2(t)$ 与 $\dot{u}_2(t)$ 选取为状态向量。根据电路原理，这两组状态都可以描述 RLC 电路运动特性。

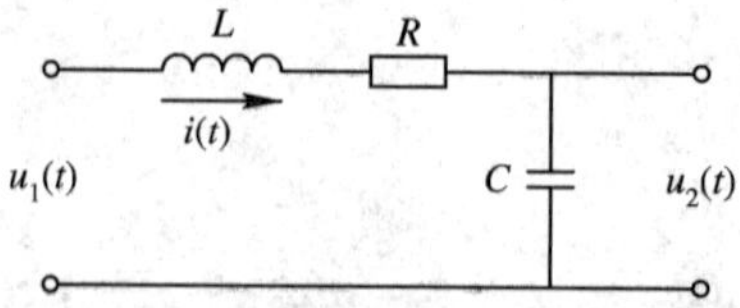

图 9-1 RLC电路

状态向量 如果 n 个状态变量用 $x_1(t)$，$x_2(t)$，…，$x_n(t)$表示，并把这些状态变量看作是向量 $\boldsymbol{x}(t)$的分量，则向量 $\boldsymbol{x}(t)$称为状态向量，记为

$$\boldsymbol{x}(t)=\begin{bmatrix}x_1(t)\\x_2(t)\\\vdots\\x_n(t)\end{bmatrix}$$

或

$$\boldsymbol{x}(t)=[x_1(t),\ x_2(t),\ \cdots,\ x_n(t)]^{\mathrm{T}}$$

状态空间 以状态变量 $x_1(t)$，$x_2(t)$，…，$x_n(t)$为坐标轴构成的 n 维空间称为状态空间。系统在任意时刻的状态 $\boldsymbol{x}(t)$都可用状态空间中的一个点来表示。已知初始时刻 t_0 的状态 $\boldsymbol{x}(t_0)$，可得到状态空间中的一个初始点。随着时间的推移，$\boldsymbol{x}(t)$将在状态空间中描绘出一条轨迹，称为状态轨迹线。

状态方程 描述系统的状态变量与系统输入量之间关系的一阶微分方程组，称为系统的状态方程。

【例 9-2】 在图 9-1 所示的电路中，如果选取 $u_2(t)$与 $i(t)$为状态向量，根据电学原理，可得

$$\begin{cases}i(t)=C\dfrac{\mathrm{d}u_2(t)}{\mathrm{d}t}\\[2ex]L\dfrac{\mathrm{d}i(t)}{\mathrm{d}t}+Ri(t)+u_2(t)=u_1(t)\end{cases}$$

可把上式表示为如下两个一阶微分方程：

$$\begin{cases}\dot{u}_2(t)=\dfrac{1}{C}i(t)\\[2ex]\dot{i}(t)=-\dfrac{1}{L}u_2(t)-\dfrac{R}{L}i(t)+\dfrac{1}{L}u_1(t)\end{cases}$$

取状态变量 $x_1=u_2(t)$，$x_2=i(t)$，则系统的状态方程为

$$\begin{cases}\dot{x}_1=\dfrac{1}{C}x_2\\[2ex]\dot{x}_2=-\dfrac{1}{L}x_1-\dfrac{R}{L}x_2+\dfrac{1}{L}u_1\end{cases}$$

输出方程 描述系统输出量与状态变量间的函数关系式，称为系统的输出方程。

【例 9-3】 在图 9-1 所示的电路中，假定系统的输出量为流过电感的电流 $i(t)$，则系统的输出方程为

$$y=x_2$$

状态空间表达式 状态方程与输出方程总合起来，就构成对一个系统动态的完整描

述，称之为状态空间表达式。

通常，对于单变量系统，状态方程习惯写成如下形式：

$$\begin{cases}\dot{x}_1 = a_{11}x_1 + a_{12}x_2 + \cdots + a_{1n}x_n + b_1 u \\ \dot{x}_2 = a_{21}x_1 + a_{22}x_2 + \cdots + a_{2n}x_n + b_2 u \\ \vdots \\ \dot{x}_n = a_{n1}x_1 + a_{n2}x_2 + \cdots + a_{nn}x_n + b_n u\end{cases} \tag{9.1}$$

输出方程为

$$y = c_1 x_1 + c_2 x_2 + \cdots + c_n x_n + du \tag{9.2}$$

写成矩阵向量形式为

$$\begin{cases}\dot{\boldsymbol{x}} = \boldsymbol{A}\boldsymbol{x} + \boldsymbol{B}u \\ y = \boldsymbol{C}\boldsymbol{x} + du\end{cases} \tag{9.3}$$

式中：$\boldsymbol{x}=[x_1, x_2, \cdots, x_n]^{\mathrm{T}}$，表示 n 维状态向量；

$$\boldsymbol{A} = \begin{bmatrix} a_{11} & a_{12} & \cdots & a_{1n} \\ a_{21} & a_{22} & \cdots & a_{2n} \\ \vdots & \vdots & & \vdots \\ a_{n1} & a_{n2} & \cdots & a_{nn}\end{bmatrix}_{n\times n}, \quad \boldsymbol{B} = \begin{bmatrix} b_1 \\ b_2 \\ \vdots \\ b_n\end{bmatrix}_{n\times 1}, \quad \boldsymbol{C} = [c_1 \quad c_2 \quad \cdots \quad c_n]_{1\times n}, \quad d$$

$\boldsymbol{A}$、$\boldsymbol{B}$、$\boldsymbol{C}$、d 分别表示系统内部状态的系数矩阵(系统矩阵)、输入对状态作用的输入矩阵、输出与状态关系的输出矩阵、直接联系输入量与输出量的直接传递函数(或称前馈系数)。

推广到 p 输入、q 输出的系统，其状态空间表达式为

$$\dot{x}_i = a_{i1}x_1 + a_{i2}x_2 + \cdots + a_{in}x_n + b_{i1}u_1 + b_{i2}u_2 + \cdots + b_{ip}u_p \quad (i = 1, 2, \cdots, n) \tag{9.4}$$

$$y_j = c_{j1}x_1 + c_{j2}x_2 + \cdots + c_{jn}x_n + d_{j1}u_1 + d_{j2}u_2 + \cdots + d_{jp}u_p \quad (j = 1, 2, \cdots, q) \tag{9.5}$$

写成矩阵向量形式为

$$\begin{cases}\dot{\boldsymbol{x}} = \boldsymbol{A}\boldsymbol{x} + \boldsymbol{B}\boldsymbol{u} \\ \boldsymbol{y} = \boldsymbol{C}\boldsymbol{x} + \boldsymbol{D}\boldsymbol{u}\end{cases} \tag{9.6}$$

式中 $\boldsymbol{x}$ 和 $\boldsymbol{A}$ 同单变量系统。

$\boldsymbol{u} = [u_1 \quad u_2 \quad \cdots \quad u_p]^{\mathrm{T}}$　　表示 p 维输入向量；

$$\boldsymbol{B} = \begin{bmatrix} b_{11} & b_{12} & \cdots & b_{1p} \\ b_{21} & b_{22} & \cdots & b_{2p} \\ \vdots & \vdots & & \vdots \\ b_{n1} & b_{n2} & \cdots & b_{np}\end{bmatrix}_{n\times p}$$　　表示输入矩阵；

$\boldsymbol{y} = [y_1 \quad y_2 \quad \cdots \quad y_q]^{\mathrm{T}}$　　表示 q 维输出向量；

$$\boldsymbol{C} = \begin{bmatrix} c_{11} & c_{12} & \cdots & c_{1n} \\ c_{21} & c_{22} & \cdots & c_{2n} \\ \vdots & \vdots & & \vdots \\ c_{q1} & c_{q2} & \cdots & c_{qn}\end{bmatrix}_{q\times n}$$　　表示输出矩阵；

$$\boldsymbol{D}=\begin{bmatrix} d_{11} & d_{12} & \cdots & d_{1p} \\ d_{21} & d_{22} & \cdots & d_{2p} \\ \vdots & \vdots & & \vdots \\ d_{q1} & d_{q2} & \cdots & d_{qp} \end{bmatrix}_{q\times p}$$ 表示直接传递函数矩阵。

上述系统可简称为系统($\boldsymbol{A}$, $\boldsymbol{B}$, $\boldsymbol{C}$, $\boldsymbol{D}$)。

【例 9-4】 在图 9-1 所示的电路中，系统的状态空间表达式为

$$\begin{cases} \dot{x}_1 = \dfrac{1}{C}x_2 \\ \dot{x}_2 = -\dfrac{1}{L}x_1 - \dfrac{R}{L}x_2 + \dfrac{1}{L}u_1 \end{cases}$$

$$y = x_2$$

写成矩阵向量形式为

$$\begin{bmatrix} \dot{x}_1 \\ \dot{x}_2 \end{bmatrix} = \begin{bmatrix} 0 & \dfrac{1}{C} \\ -\dfrac{1}{L} & -\dfrac{R}{L} \end{bmatrix} \begin{bmatrix} x_1 \\ x_2 \end{bmatrix} + \begin{bmatrix} 0 \\ \dfrac{1}{L} \end{bmatrix} u_1$$

$$y = [0 \quad 1] \begin{bmatrix} x_1 \\ x_2 \end{bmatrix}$$

若改选状态变量 $x_1 = u_2$，$x_2 = \dot{u}_2$，输出量为流过电感的电流 $i(t)$，也可以建立系统的状态空间表达式，描述为

$$\begin{cases} \dot{x}_1 = x_2 \\ \dot{x}_2 = -\dfrac{1}{LC}x_1 - \dfrac{R}{LC}x_2 + \dfrac{1}{LC}u_1 \end{cases}$$

$$y = Cx_2$$

这说明同一个系统状态变量的选取是不唯一的，所得出的状态空间描述也不唯一。但两个状态之间可以通过非奇异的线性变换实现互相转换。令

$$\mathbf{z}(t) = \begin{bmatrix} u_2 \\ \dot{u}_2 \end{bmatrix}, \quad \boldsymbol{x}(t) = \begin{bmatrix} u_2 \\ i \end{bmatrix}$$

则

$$\mathbf{z}(t) = \begin{bmatrix} u_2 \\ \dot{u}_2 \end{bmatrix} = \begin{bmatrix} u_2 \\ \dfrac{i}{C} \end{bmatrix} = \begin{bmatrix} 1 & 0 \\ 0 & 1/C \end{bmatrix} \begin{bmatrix} u_2 \\ i \end{bmatrix} = \boldsymbol{Tx}(t)$$

其中矩阵 $\boldsymbol{T} = \begin{bmatrix} 1 & 0 \\ 0 & 1/C \end{bmatrix}$，为一非奇异矩阵。

通过上面的推导我们可以得出如下的性质。

性质 9.1 同一个系统状态变量的选取是不唯一的，但状态之间可以通过非奇异的线性变换实现互相转换。

证明 可参考文献[11]，在此略去。

用状态空间表达式描述的系统也可以用框图 9-2 表示系统的结构和信号传递的关系。图中的双线箭头表示向量信号传递。

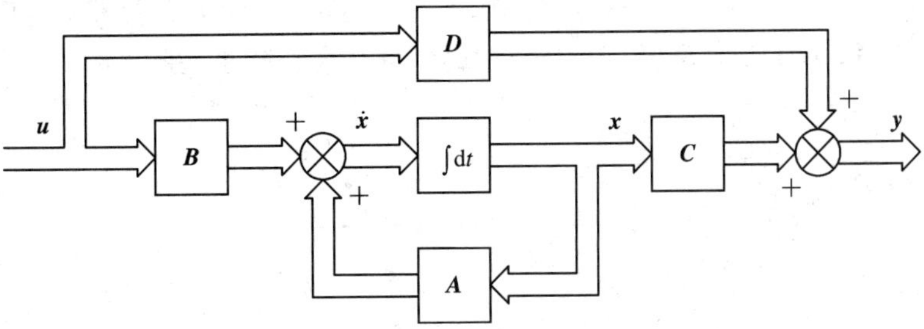

图 9-2　状态空间表达式的框图

9.2　状态空间表达式的建立

上节中，我们建立了 RLC 电路基于状态空间表达式的运动学方程，它的建立是根据电学的基础理论推导出来的，也就是说，对一些动态系统，我们可以根据一些基本定理，比如：牛顿定理，欧姆定理，基尔霍夫定理等推导出动态系统的状态空间表达式，这种方法我们称之为机理推导法，除了这种方法以外，我们还可以根据系统的方块图、高阶微分方程或传递函数建立系统的状态空间表达式。

下面我们通过三种方法，即机理推导法、系统的结构图或方块图、高阶微分方程或传递函数，来建立动态系统的状态空间表达式。

9.2.1　基于机理推导法建立状态空间表达式

一般常见的控制系统，如电气、机械、机电、气动液压等，可以根据其物理定律，如基尔霍夫定律、牛顿定律、能量守恒定律等，建立系统的状态方程。并且当系统输出指定后，也很容易写出系统的输出方程。

【例 9-5】　对图 2-3 所示的机械阻尼系统，试建立其状态空间模型。

解　根据系统的运动方程式(2.6)，选取状态变量 $x_1(t)=y(t)$，$x_2(t)=\dot{y}(t)$，令输入为系统所受的外力 $u(t)=f(t)$，输出为质量块的位移 $y(t)$，经过简单的推导可知系统的状态空间表达式为

$$\begin{bmatrix}\dot{x}_1\\ \dot{x}_2\end{bmatrix}=\begin{bmatrix}0 & 1\\ -\dfrac{k}{m} & -\dfrac{\mu}{m}\end{bmatrix}\begin{bmatrix}x_1\\ x_2\end{bmatrix}+\begin{bmatrix}0\\ \dfrac{1}{m}\end{bmatrix}u$$

$$y=[1\quad 0]\begin{bmatrix}x_1\\ x_2\end{bmatrix}$$

可将上述两个方程写成标准形式

$$\dot{\boldsymbol{x}}=\boldsymbol{A}\boldsymbol{x}+\boldsymbol{B}u$$

$$y=\boldsymbol{C}\boldsymbol{x}+du$$

式中

$$\boldsymbol{A}=\begin{bmatrix}0 & 1\\ -\dfrac{k}{m} & -\dfrac{\mu}{m}\end{bmatrix},\quad \boldsymbol{B}=\begin{bmatrix}0\\ \dfrac{1}{m}\end{bmatrix},\quad \boldsymbol{C}=[1\quad 0],\quad d=0$$

【例 9－6】 已知图 9－3 所示电路的输入量为电流 i，现指定电容 C_1 和 C_2 上的电压 u_{C1}、u_{C2} 为输出量，L_1、L_2、C_1 和 C_2 为已知的独立变量。试建立此电路网络的状态空间表达式。

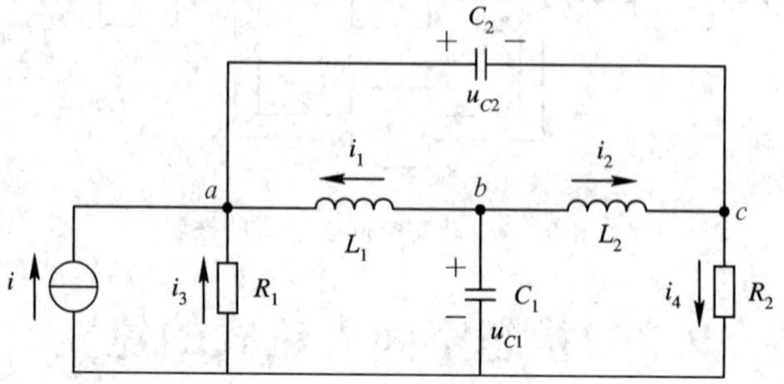

图 9－3 电路系统

解 根据基尔霍夫电流定律，可以得到 a、b 和 c 三个节点处的电流关系分别为

$$i+i_1+i_3-C_2\dot{u}_{C2}=0$$

$$C_1\dot{u}_{C1}+i_1+i_2=0$$

$$C_2\dot{u}_{C2}+i_2-i_4=0$$

再由基尔霍夫电压定律，可得到三个回路电压方程为

$$-L_1\frac{\mathrm{d}i_1}{\mathrm{d}t}+R_1i_3+u_{C1}=0$$

$$L_2\frac{\mathrm{d}i_2}{\mathrm{d}t}+R_2i_4-u_{C1}=0$$

$$L_2\frac{\mathrm{d}i_1}{\mathrm{d}t}-L_1\frac{\mathrm{d}i_1}{\mathrm{d}t}-u_{C2}=0$$

令 $u_{C1}=x_1$，$u_{C2}=x_2$，$i_1=x_3$，$i_2=x_4$，以上 6 个式子中消去非独立变量 i_3 和 i_4，得

$$\begin{cases}\dot{x}_1=-\dfrac{1}{C_1}x_3-\dfrac{1}{C_1}x_4\\ R_1C_2\dot{x}_2-L_1\dot{x}_3=-x_1+R_1x_3+R_1i\\ R_2C_2\dot{x}_2+L_2\dot{x}_4=x_1-R_2x_4\\ -L_1\dot{x}_3+L_2\dot{x}_4=x_2\end{cases}$$

解出 $\dot{x}_1$，$\dot{x}_2$，$\dot{x}_3$，$\dot{x}_4$，得到系统的状态空间表达式如下：

$$\begin{bmatrix}\dot{x}_1\\ \dot{x}_2\\ \dot{x}_3\\ \dot{x}_4\end{bmatrix}=\begin{bmatrix}0 & 0 & -\dfrac{1}{C_1} & -\dfrac{1}{C_1}\\ 0 & -\dfrac{1}{C_2(R_1+R_2)} & \dfrac{R_1}{C_2(R_1+R_2)} & -\dfrac{R_2}{C_2(R_1+R_2)}\\ \dfrac{1}{L_1} & -\dfrac{R_1}{L_1(R_1+R_2)} & -\dfrac{R_1R_2}{L_1(R_1+R_2)} & -\dfrac{R_1R_2}{L_1(R_1+R_2)}\\ \dfrac{1}{L_2} & \dfrac{R_2}{L_2(R_1+R_2)} & -\dfrac{R_1R_2}{L_2(R_1+R_2)} & -\dfrac{R_1R_2}{L_2(R_1+R_2)}\end{bmatrix}\begin{bmatrix}x_1\\ x_2\\ x_3\\ x_4\end{bmatrix}+\begin{bmatrix}0\\ \dfrac{R_1}{C_2(R_1+R_2)}\\ -\dfrac{R_1R_2}{L_1(R_1+R_2)}\\ \dfrac{R_1R_2}{L_2(R_1+R_2)}\end{bmatrix}i$$

$$\begin{bmatrix} y_1 \\ y_2 \end{bmatrix} = \begin{bmatrix} u_{c1} \\ u_{c2} \end{bmatrix} = \begin{bmatrix} 1 & 0 & 0 & 0 \\ 0 & 1 & 0 & 0 \end{bmatrix} \begin{bmatrix} x_1 \\ x_2 \\ x_3 \\ x_4 \end{bmatrix}$$

【例 9－7】 图 9－4 是电枢控制直流电动机的示意图，图中 R、L 分别为电枢回路电阻和电感，J 为机械旋转部分的转动惯量，B 为旋转部分的黏性摩擦系数。试列出该图在电枢电压作为控制作用时的状态空间表达式。

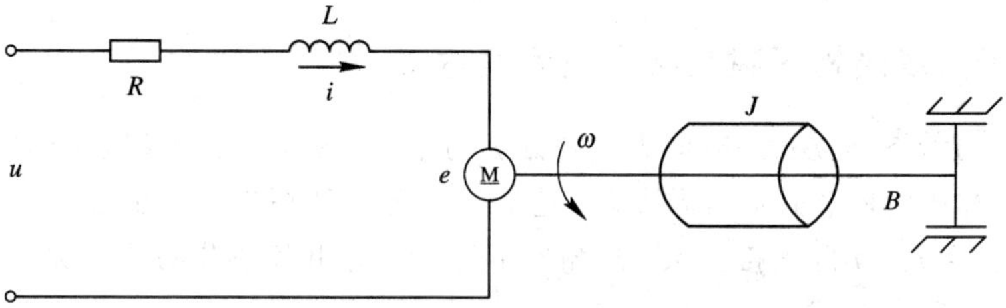

图 9－4　电枢控制直流电动机示意图

解　根据电机工作原理，可得到如下方程：

电枢回路的电压平衡方程为

$$Ri + L\frac{\mathrm{d}i}{\mathrm{d}t} + e = u$$

已知 K_{a} 为转矩常数，此系统机械旋转部分力矩平衡方程(根据牛顿定律)为

$$K_{\mathrm{a}}i - B\omega = J\frac{\mathrm{d}\omega}{\mathrm{d}t}$$

已知 K_{b} 为反电动势常数，电磁感应关系式为

$$e = K_{\mathrm{b}}\omega$$

选取状态变量 $x_1 = i$，$x_2 = \omega$，整理上述三个方程，消去中间变量 e，可得

$$\begin{cases} \dfrac{\mathrm{d}i}{\mathrm{d}t} = -\dfrac{R}{L}i - \dfrac{K_{\mathrm{b}}\omega}{L} + \dfrac{1}{L}u \\ \dfrac{\mathrm{d}\omega}{\mathrm{d}t} = \dfrac{K_{\mathrm{a}}i}{J} - \dfrac{B}{J}\omega \end{cases}$$

所以，系统的状态方程为

$$\begin{bmatrix} \dot{x}_1 \\ \dot{x}_2 \end{bmatrix} = \begin{bmatrix} -\dfrac{R}{L} & -\dfrac{K_{\mathrm{b}}}{L} \\ \dfrac{K_{\mathrm{a}}}{J} & -\dfrac{B}{J} \end{bmatrix} \begin{bmatrix} x_1 \\ x_2 \end{bmatrix} + \begin{bmatrix} \dfrac{1}{L} \\ 0 \end{bmatrix} u$$

若指定角速度 ω 为输出，则系统的输出方程为

$$y = \omega = x_2 = \begin{bmatrix} 0 & 1 \end{bmatrix} \begin{bmatrix} x_1 \\ x_2 \end{bmatrix}$$

若指定机械旋转部分转角 θ 为输出，则系统需增加一个状态量 $x_3 = \theta$，并且有

$$\dot{x}_3 = \dot{\theta} = \omega = x_2$$

则系统的状态空间表达式为

$$\begin{bmatrix}\dot{x}_1\\ \dot{x}_2\\ \dot{x}_3\end{bmatrix}=\begin{bmatrix}-\dfrac{R}{L} & -\dfrac{K_b}{L} & 0\\ \dfrac{K_a}{J} & -\dfrac{B}{J} & 0\\ 0 & 1 & 0\end{bmatrix}\begin{bmatrix}x_1\\ x_2\\ x_3\end{bmatrix}+\begin{bmatrix}\dfrac{1}{L}\\ 0\\ 0\end{bmatrix}u$$

$$y=x_3=\begin{bmatrix}0 & 0 & 1\end{bmatrix}\begin{bmatrix}x_1\\ x_2\\ x_3\end{bmatrix}$$

9.2.2 基于系统结构图建立状态空间表达式

基于系统方块图建立状态空间表达式方法的基本思想是：首先将系统的各个环节分解为积分、惯性和比例环节的基本形式，并选取积分环节和惯性环节的输出为系统状态，然后根据系统各环节的实际连接关系，从输出端开始，写出各环节的状态关系，最后整理写出系统的状态空间表达式。

【例 9－8】 如图 9－5(a)所示是一个单输入单输出线性时不变系统的结构图，试建立其对应的状态空间描述。

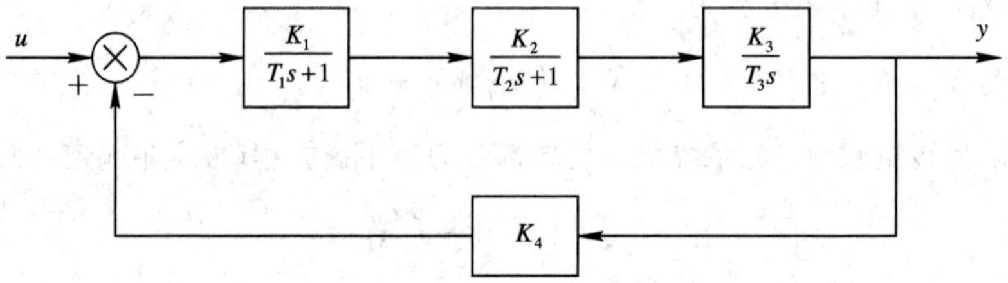

(a)

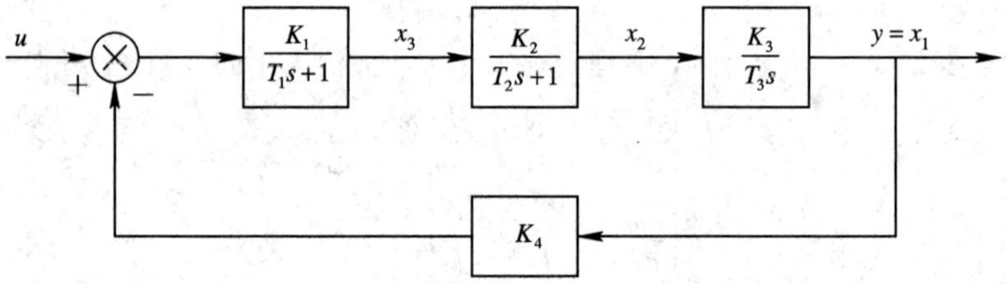

(b)

图 9－5 一个单输入单输出线性时不变系统的结构图

解 根据结构图选取积分和惯性环节的输出作为状态变量(如图 9－5(b)所示)，则可得到以下方程

$$\begin{cases} x_1=\dfrac{K_3}{T_3s}x_2\\ x_2=\dfrac{K_2}{T_2s+1}x_3\\ x_3=\dfrac{K_1}{T_1s+1}(u-K_4x_1)\end{cases}$$

整理上式可得

$$
\begin{cases}
\dot{x}_1 = \dfrac{K_3}{T_3}x_2 \\
\dot{x}_2 = -\dfrac{1}{T_2}x_2 + \dfrac{K_2}{T_2}x_3 \\
\dot{x}_3 = \dfrac{K_1}{T_1}u - \dfrac{K_1K_4}{T_1}x_1 - \dfrac{1}{T_1}x_3
\end{cases}
$$

输出方程为

$$y = x_1$$

所以，结构图 9 - 5(a)对应的状态空间描述为

$$
\begin{bmatrix} \dot{x}_1 \\ \dot{x}_2 \\ \dot{x}_3 \end{bmatrix} = \begin{bmatrix} 0 & \dfrac{K_3}{T_3} & 0 \\ 0 & -\dfrac{1}{T_2} & \dfrac{K_2}{T_2} \\ -\dfrac{K_1K_4}{T_1} & 0 & -\dfrac{1}{T_1} \end{bmatrix} \begin{bmatrix} x_1 \\ x_2 \\ x_3 \end{bmatrix} + \begin{bmatrix} 0 \\ 0 \\ \dfrac{K_1}{T_1} \end{bmatrix} u
$$

$$
y = \begin{bmatrix} 1 & 0 & 0 \end{bmatrix} \begin{bmatrix} x_1 \\ x_2 \\ x_3 \end{bmatrix}
$$

【例 9 - 9】 如图 9 - 6 所示，该系统结构图含有零点环节，试建立其状态空间描述。

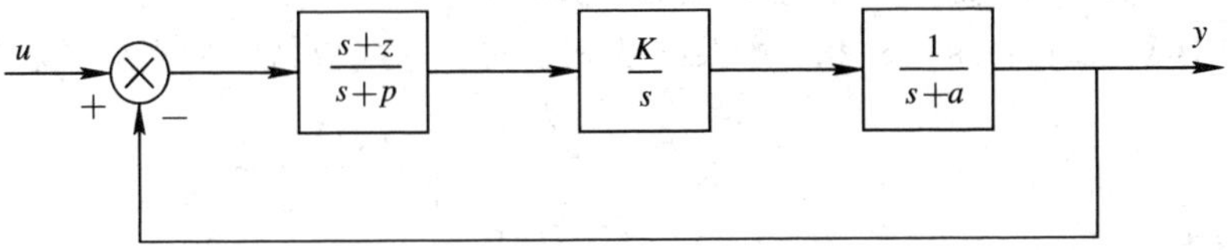

图 9 - 6　系统含有零点环节的结构图

解　对于含有零点的环节，可先将其展成部分分式，即

$$\frac{s+z}{s+p} = 1 + \frac{z-p}{s+p}$$

则可得到原系统的等效结构图，如图 9 - 7 所示。

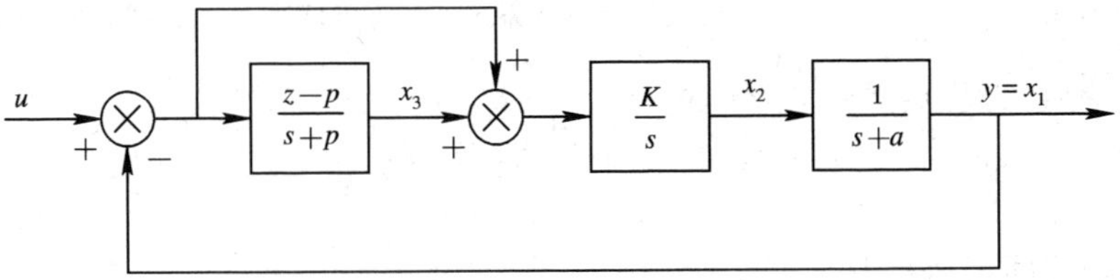

图 9 - 7　变换后的系统结构图

对图 9 - 7 表示的系统，可按照例 9 - 8 的方法得到如下状态关系：

$$\begin{cases} x_1 = \dfrac{1}{s+a}x_2 \\ x_2 = \dfrac{K}{s}x_3 \\ x_3 = \dfrac{z-p}{s+p}(u-x_1) \end{cases}$$

整理上式，可得系统状态方程为

$$\begin{cases} \dot{x}_1 = -ax_1 + x_2 \\ \dot{x}_2 = Kx_3 \\ \dot{x}_3 = (z-p)u + (p-z)x_1 - px_3 \end{cases}$$

输出方程为

$$y = x_1$$

则系统的状态空间表达式为

$$\begin{bmatrix} \dot{x}_1 \\ \dot{x}_2 \\ \dot{x}_3 \end{bmatrix} = \begin{bmatrix} -a & 1 & 0 \\ 0 & 0 & K \\ p-z & 0 & -p \end{bmatrix} \begin{bmatrix} x_1 \\ x_2 \\ x_3 \end{bmatrix} + \begin{bmatrix} 0 \\ 0 \\ z-p \end{bmatrix} u$$

$$y = \begin{bmatrix} 1 & 0 & 0 \end{bmatrix} \begin{bmatrix} x_1 \\ x_2 \\ x_3 \end{bmatrix}$$

另外，一个系统的状态空间表达式也可由其状态空间表达式的模拟结构图得到。

【例 9-10】 试由图 9-8 表示的系统状态空间表达式模拟结构图求其状态空间描述。

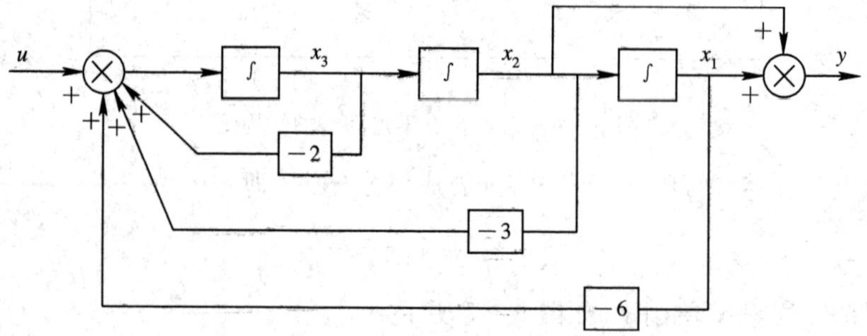

图 9-8 一个单输入单输出线性时不变系统的状态空间表达式的模拟结构图

解 由图 9-8 可得到如下表达式：

$$\dot{x}_1 = x_2,\ \dot{x}_2 = x_3,\ \dot{x}_3 = u - 6x_1 - 3x_2 - 2x_3$$

$$y = x_1 + x_2$$

则系统的状态空间表达式为

$$\begin{bmatrix} \dot{x}_1 \\ \dot{x}_2 \\ \dot{x}_3 \end{bmatrix} = \begin{bmatrix} 0 & 1 & 0 \\ 0 & 0 & 1 \\ -6 & -3 & -2 \end{bmatrix} \begin{bmatrix} x_1 \\ x_2 \\ x_3 \end{bmatrix} + \begin{bmatrix} 0 \\ 0 \\ 1 \end{bmatrix} u$$

$$y = \begin{bmatrix} 1 & 1 & 0 \end{bmatrix} \begin{bmatrix} x_1 \\ x_2 \\ x_3 \end{bmatrix}$$

9.2.3　基于传递函数建立状态空间表达式

1. 状态空间表达式与传递函数的关系

同一系统的两种不同模型(传递函数和状态空间表达式)之间存在内在的联系，并且可以互相转化。以下是对单输入、单输出系统的讨论。

设要研究的系统的传递函数为

$$G(s) = \frac{Y(s)}{U(s)}$$

该系统在状态空间可表示为

$$\dot{\boldsymbol{x}} = \boldsymbol{A}\boldsymbol{x} + \boldsymbol{B}u \tag{9.7}$$

$$y = \boldsymbol{C}\boldsymbol{x} + Du \tag{9.8}$$

式中 $\boldsymbol{x}$ 为状态向量，u，y 分别为输入量和输出量。在零初始条件假设下，式(9.7)和式(9.8)的拉氏变换分别为

$$s\boldsymbol{X}(s) = \boldsymbol{A}\boldsymbol{X}(s) + \boldsymbol{B}U(s)$$

$$Y(s) = \boldsymbol{C}\boldsymbol{X}(s) + DU(s)$$

所以有

$$(s\boldsymbol{I} - \boldsymbol{A})\boldsymbol{X}(s) = \boldsymbol{B}U(s)$$

其中 $\boldsymbol{I}$ 为单位矩阵。用$(s\boldsymbol{I}-\boldsymbol{A})^{-1}$乘上式两边，有

$$\boldsymbol{X}(s) = (s\boldsymbol{I} - \boldsymbol{A})^{-1}\boldsymbol{B}U(s)$$

因此有

$$\boldsymbol{Y}(s) = [\boldsymbol{C}(s\boldsymbol{I} - \boldsymbol{A})^{-1}\boldsymbol{B} + D]U(s) \tag{9.9}$$

根据传递函数的定义可知，系统的传递函数与状态空间描述之间的关系为

$$G(s) = \boldsymbol{C}(s\boldsymbol{I} - \boldsymbol{A})^{-1}\boldsymbol{B} + D \tag{9.10}$$

对于单输入单输出系统，采用式(9.10)可以求出系统的传递函数；对于多输入多输出系统，用式(9.10)求出的是用于描述多变量系统输入输出关系的传递函数矩阵。

性质 9.2　同一个动态系统状态空间表达式是不唯一的，但它们的传递函数是唯一的。

证明　由性质 9.1 可知，同一个动态系统状态空间表达式是不唯一的，但总存在一个非奇异线性变换使得两个状态之间实现互相转换，若令 $\boldsymbol{z}(t)$ 和 $\boldsymbol{x}(t)$ 表示不同的状态向量，则必定存在非奇异的矩阵 $\boldsymbol{T}$，使得

$$\boldsymbol{z}(t) = \boldsymbol{T}\boldsymbol{x}(t) \tag{9.11}$$

假定系统的状态空间表达式为式(9.7)和式(9.8)，将式(9.11)进行线性变换，则原系统可变换成如下形式：

$$\begin{aligned} \dot{\boldsymbol{z}} &= \boldsymbol{T}\boldsymbol{A}\boldsymbol{T}^{-1}\boldsymbol{z} + \boldsymbol{T}\boldsymbol{B}u \\ y &= \boldsymbol{C}\boldsymbol{T}^{-1}\boldsymbol{z} + Du \end{aligned} \tag{9.12}$$

根据传递函数与状态空间描述之间的关系式(9.11)可得系统的传递函数为

$$
\begin{aligned}
G_z(s) &= \boldsymbol{C}\boldsymbol{T}^{-1}(s\boldsymbol{I}-\boldsymbol{T}\boldsymbol{A}\boldsymbol{T}^{-1})^{-1}\boldsymbol{T}\boldsymbol{B}+D \\
&= \boldsymbol{C}\boldsymbol{T}^{-1}(\boldsymbol{T}(s\boldsymbol{I}-\boldsymbol{A})\boldsymbol{T}^{-1})^{-1}\boldsymbol{T}\boldsymbol{B}+D \\
&= \boldsymbol{C}(s\boldsymbol{I}-\boldsymbol{A})^{-1}\boldsymbol{B}+\boldsymbol{D}=G(s)
\end{aligned} \tag{9.13}
$$

因此，性质 9.2 成立(证毕)。

【例 9-11】 试根据例 9-5 中系统的状态空间描述求系统的传递函数。

解 将例 9-5 中系统状态空间表达式的系数矩阵($\boldsymbol{A}$, $\boldsymbol{B}$, $\boldsymbol{C}$, D)代入方程(9.13)可得

$$
\begin{aligned}
G(s) &= \boldsymbol{C}(s\boldsymbol{I}-\boldsymbol{A})^{-1}\boldsymbol{B}+D \\
&= \begin{bmatrix}1 & 0\end{bmatrix}\left\{\begin{bmatrix}s & 0\\ 0 & s\end{bmatrix}-\begin{bmatrix}0 & 1\\ -\dfrac{k}{m} & -\dfrac{\mu}{m}\end{bmatrix}\right\}^{-1}\begin{bmatrix}0\\ \dfrac{1}{m}\end{bmatrix}+0 \\
&= \begin{bmatrix}1 & 0\end{bmatrix}\begin{bmatrix}s & -1\\ \dfrac{k}{m} & s+\dfrac{\mu}{m}\end{bmatrix}^{-1}\begin{bmatrix}0\\ \dfrac{1}{m}\end{bmatrix}
\end{aligned}
$$

因为

$$
\begin{bmatrix}s & -1\\ \dfrac{k}{m} & s+\dfrac{\mu}{m}\end{bmatrix}^{-1}=\frac{1}{s^2+\dfrac{\mu}{m}s+\dfrac{k}{m}}\begin{bmatrix}s+\dfrac{\mu}{m} & 1\\ -\dfrac{k}{m} & s\end{bmatrix}
$$

所以系统的传递函数为

$$
G(s)=\begin{bmatrix}1 & 0\end{bmatrix}\frac{1}{s^2+\dfrac{\mu}{m}s+\dfrac{k}{m}}\begin{bmatrix}s+\dfrac{\mu}{m} & 1\\ -\dfrac{k}{m} & s\end{bmatrix}\begin{bmatrix}0\\ \dfrac{1}{m}\end{bmatrix}=\frac{1}{ms^2+\mu s+k}
$$

2. 状态空间表达式的建立

线性定常系统的状态空间表达式也可以由系统的微分方程或传递函数来建立。这种由描述系统输入—输出动态关系的微分方程或传递函数，来建立系统的状态空间表达式的问题，称为**实现问题**。所求得的状态空间表达式既保持了原传递函数所确定的输入—输出关系，又揭示了系统的某种内部关系。实现问题是一个比较复杂的问题，这是由于从系统外部描述确定的内部描述模型是不唯一的，会有无穷多个内部结构能得到相同的输入—输出关系。

情形一　线性微分方程中不含输入的导数项，传递函数没有零点。

考虑下列 n 阶系统

$$
y^{(n)}+a_1y^{(n-1)}+\cdots+a_{n-1}\dot{y}+a_ny=b_nu \tag{9.14}
$$

其对应的传递函数为

$$
\frac{Y(s)}{U(s)}=\frac{b_n}{s^n+a_1s^{n-1}+\cdots+a_{n-1}s+a_n} \tag{9.15}
$$

如果已知 $y(0)$, $\dot{y}(0)$, …, $y^{(n-1)}(0)$和 $t\geqslant 0$ 时的输入量 $u(t)$，就可以完全确定系统未来的行为。因此，可以将

$$
\frac{y(t)}{b_n},\ \frac{\dot{y}(t)}{b_n},\ \cdots,\ \frac{y^{(n-1)}(t)}{b_n}
$$

作为系统的状态变量，即

$$x_1=\frac{y}{b_n},\ x_2=\frac{\dot{y}}{b_n},\ \cdots,\ x_n=\frac{y^{(n-1)}}{b_n}$$

则方程(9.14)可表示为下列微分方程组：

$$\begin{aligned}\dot{x}_1&=x_2\\ \dot{x}_2&=x_3\\ &\vdots\\ \dot{x}_{n-1}&=x_n\\ \dot{x}_n&=-a_nx_1-a_{n-1}x_2-\cdots-a_1x_n+u\end{aligned}$$

即

$$\dot{\boldsymbol{x}}=\boldsymbol{A}\boldsymbol{x}+\boldsymbol{B}u \tag{9.16}$$

式中

$$\boldsymbol{x}=\begin{bmatrix}x_1\\x_2\\\vdots\\x_{n-1}\\x_n\end{bmatrix},\ \boldsymbol{A}=\begin{bmatrix}0&1&0&\cdots&0\\0&0&1&\cdots&0\\\vdots&\vdots&\vdots&&\vdots\\0&0&0&\cdots&1\\-a_n&-a_{n-1}&-a_{n-2}&\cdots&-a_1\end{bmatrix},\ B=\begin{bmatrix}0\\0\\\vdots\\0\\1\end{bmatrix}$$

输出量可由下式确定

$$y=[b_n\quad 0\quad\cdots\quad 0]\boldsymbol{x}$$

即

$$y=\boldsymbol{C}\boldsymbol{x} \tag{9.17}$$

式中

$$\boldsymbol{C}=[b_n\quad 0\quad\cdots\quad 0]$$

所以，当线性微分方程中不含输入的导数项，传递函数没有零点时，系统的一种状态空间表达式可由方程(9.16)和(9.17)给出。

顺便指出，具有式(9.16)中 **A** 矩阵形式的矩阵，称为友矩阵。此类矩阵的特点是主对角线上方的元素均为1；最后一行元素可取任何值；其余元素均为零。

情形二　线性微分方程含有输入的导数，传递函数有零点。

在这种情况下，系统的微分方程和相应的传递函数为

$$y^{(n)}+a_1y^{(n-1)}+\cdots+a_{n-1}\dot{y}+a_ny=b_0u^{(n)}+b_1u^{(n-1)}+\cdots+b_{n-1}\dot{u}+b_nu \tag{9.18}$$

$$\frac{Y(s)}{U(s)}=\frac{b_0s^n+b_1s^{n-1}+\cdots+b_{n-1}s+b_n}{s^n+a_1s^{n-1}+\cdots+a_{n-1}s+a_n} \tag{9.19}$$

此时，如果再取 $y(t)$，$\dot{y}(t)$，…，$y^{(n-1)}(t)$作为系统的状态变量，则构成的 n 个一阶微分方程不能唯一确定系统的状态，其主要原因是

$$\dot{x}_n=-a_nx_1-a_{n-1}x_2-\cdots-a_1x_n+b_0u^{(n)}+b_1u^{(n-1)}+\cdots+b_nu$$

中含有输入的导数项。因此，状态变量的设置，必须能消除状态方程中 u 的导数项。

方法一

构造如下 n 个状态变量：

$$\begin{cases} x_1 = y - \beta_0 u \\ x_2 = \dot{y} - \beta_0 \dot{u} - \beta_1 u = \dot{x}_1 - \beta_1 u \\ x_3 = \ddot{y} - \beta_0 \ddot{u} - \beta_1 \dot{u} - \beta_2 u = \dot{x}_2 - \beta_2 u \\ \vdots \\ x_n = y^{(n-1)} - \beta_0 u^{(n-1)} - \beta_1 u^{(n-2)} - \cdots - \beta_{n-2} \dot{u} - \beta_{n-1} u = \dot{x}_{n-1} - \beta_{n-1} u \end{cases} \tag{9.20}$$

式中

$$\begin{cases} \beta_0 = b_0 \\ \beta_1 = b_1 - a_1\beta_0 \\ \beta_2 = b_2 - a_1\beta_1 - a_2\beta_0 \\ \beta_3 = b_3 - a_1\beta_2 - a_2\beta_1 - a_3\beta_0 \\ \vdots \\ \beta_{n-1} = b_{n-1} - a_1\beta_{n-2} - a_3\beta_{n-3} - \cdots - a_{n-2}\beta_1 - a_{n-1}\beta_0 \end{cases} \tag{9.21}$$

又令

$$\beta_n = b_n - a_1\beta_{n-1} - a_2\beta_{n-2} - \cdots - a_{n-1}\beta_1 - a_n\beta_0$$

下面简单介绍一下式(9.21)的推导。类似于式(9.20)，假定变量

$$x_{n+1} = y^{(n)} - \beta_0 u^{(n)} - \beta_1 u^{(n-1)} - \cdots - \beta_{n-1}\dot{u} - \beta_n u = \dot{x}_n - \beta_n u$$

考虑式(9.18)与式(9.20)，得

$$\begin{aligned} x_{n+1} =& - a_1 y^{(n-1)} - a_2 y^{(n-2)} - \cdots - a_n y \\ & + b_0 u^{(n)} + b_1 u^{(n-1)} + \cdots + b_{n-1}\dot{u} + b_n u \\ & - \beta_0 u^{(n)} - \beta_1 u^{(n-1)} - \cdots - \beta_{n-1}\dot{u} - \beta_n u \\ =& - a_1(x_n + \beta_0 u^{(n-1)} + \beta_1 u^{(n-2)} + \cdots + \beta_{n-1} u) \\ & - a_2(x_{n-1} + \beta_0 u^{(n-2)} + \beta_1 u^{(n-3)} + \cdots + \beta_{n-2} u) - \cdots - a_n(x_1 + \beta_0 u) \\ & + b_0 u^{(n)} + b_1 u^{(n-1)} + \cdots + b_{n-1}\dot{u} + b_n u \\ & - \beta_0 u^{(n)} - \beta_1 u^{(n-1)} - \cdots - \beta_{n-1}\dot{u} - \beta_n u \\ =& - a_1 x_n - a_2 x_{n-1} - \cdots - a_n x_1 + (b_0 - \beta_0) u^{(n)} + (b_1 - \beta_1 - a_1\beta_0) u^{(n-1)} \\ & + \cdots + (b_n - \beta_n - a_1\beta_{n-1} - a_2\beta_{n-2} - \cdots - a_n\beta_0) u \end{aligned} \tag{9.22}$$

由于状态变量 x_1，x_2，…，x_n 是 n 维互相独立的变量，在状态空间里的任意状态都可以写成 x_1，x_2，…，x_n 的线性组合。因此，令式(9.22)最后一个等式右边括号内各项为零，即式(9.21)成立，则可以构造一个状态变量组合

$$x_{n+1} = - a_1 x_n - a_2 x_{n-1} - \cdots - a_n x_1 \tag{9.23}$$

并且

$$\dot{x}_n = x_{n+1} + \beta_n u = - a_1 x_n - a_2 x_{n-1} - \cdots - a_n x_1 + \beta_n u$$

因此，可以得到如下这组由状态变量描述的系统状态方程：

$$\begin{aligned} \dot{x}_1 &= x_2 + \beta_1 u \\ \dot{x}_2 &= x_3 + \beta_2 u \\ &\vdots \\ \dot{x}_{n-1} &= x_n + \beta_{n-1} u \\ \dot{x}_n &= - a_n x_1 - a_{n-1} x_2 - \cdots - a_1 x_n + \beta_n u \end{aligned}$$

写成向量—矩阵形式，则系统的状态方程和输出方程为：

$$\dot{\boldsymbol{x}} = \boldsymbol{A}\boldsymbol{x} + \boldsymbol{B}u \tag{9.24}$$

$$y = \boldsymbol{C}\boldsymbol{x} + Du \tag{9.25}$$

式中

$$\boldsymbol{x} = \begin{bmatrix} x_1 \\ x_2 \\ \vdots \\ x_{n-1} \\ x_n \end{bmatrix}, \boldsymbol{A} = \begin{bmatrix} 0 & 1 & 0 & \cdots & 0 \\ 0 & 0 & 1 & \cdots & 0 \\ \vdots & \vdots & \vdots & & \vdots \\ 0 & 0 & 0 & \cdots & 1 \\ -a_n & -a_{n-1} & -a_{n-2} & \cdots & -a_1 \end{bmatrix}, \quad \boldsymbol{B} = \begin{bmatrix} \beta_1 \\ \beta_2 \\ \vdots \\ \beta_{n-1} \\ \beta_n \end{bmatrix}$$

$$\boldsymbol{C} = [1 \quad 0 \quad \cdots \quad 0], \quad D = \beta_0 = b_0$$

在这种状态空间表达式中，矩阵 **A** 和 **C** 与方程(9.14)表示的系统的相应矩阵完全相同。方程(9.18)右端的导数项仅影响 **B** 矩阵的元素。

应当指出，对于情形二还有其他选取状态变量的方法，可以推出其他标准形式的状态空间表达式，有关内容将在本章线性系统的可控性和可观性部分介绍。

【例 9-12】 已知某控制系统的运动方程为

$$\ddot{y}(t) + 5\dot{y}(t) + 6y(t) = u(t)$$

其中，$u(t)$和 $y(t)$分别为系统的输入和输出。选取状态变量 $x_1=y$，$x_2=\dot{y}$，写出系统的状态空间表达式。

解 由已知条件容易得到：

$$\dot{x}_1 = \dot{y} = x_2$$

$$\dot{x}_2 = \ddot{y} = -6x_1 - 5x_2 + u$$

将其写成向量矩阵形式，并考虑到 $x_1=y$，可得系统状态空间表达式为

$$\begin{bmatrix} \dot{x}_1 \\ \dot{x}_2 \end{bmatrix} = \begin{bmatrix} 0 & 1 \\ -6 & -5 \end{bmatrix}\begin{bmatrix} x_1 \\ x_2 \end{bmatrix} + \begin{bmatrix} 0 \\ 1 \end{bmatrix}u$$

$$y = [1 \quad 0]\begin{bmatrix} x_1 \\ x_2 \end{bmatrix}$$

【例 9-13】 已知控制系统的微分方程为

$$\dddot{y} + 9\ddot{y} + 5\dot{y} + 3y = \ddot{u} + 4\dot{u} + u$$

试写出其状态空间表达式。

解 这是一个含输入导数的运动方程，由已知条件可知

$$a_1 = 9,\ a_2 = 5,\ a_3 = 3,\ b_0 = 0,\ b_1 = 1,\ b_2 = 4,\ b_3 = 1$$

状态变量按照情形二选取，则

$$\beta_0 = 0,\ \beta_1 = 1,\ \beta_2 = -5,\ \beta_3 = 41$$

于是得到系统的状态空间表达式为

$$\dot{\boldsymbol{x}} = \begin{bmatrix} 0 & 1 & 0 \\ 0 & 0 & 1 \\ -3 & -5 & -9 \end{bmatrix}\boldsymbol{x} + \begin{bmatrix} 1 \\ -5 \\ 41 \end{bmatrix}u$$

$$y = [1 \quad 0 \quad 0]\boldsymbol{x}$$

方法二

考虑式(9.19)，可得

$$Y(s)=b_0U(s)+\frac{(b_1-b_0a_1)s^{n-1}+(b_2-b_0a_2)s^{n-2}+\cdots+(b_{n-1}-b_0a_{n-1})s+(b_n-b_0a_n)}{s^n+a_1s^{n-1}+\cdots+a_{n-1}s+a_n}U(s) \tag{9.26}$$

令

$$Y_1(s)=\frac{1}{s^n+a_1s^{n-1}+\cdots+a_{n-1}s+a_n}U(s) \tag{9.27}$$

则式(9.27)是一个不包含零点的传递函数，取状态向量为

$$x_1=y_1,\ x_2=\dot{y}_1,\ \cdots,\ x_n=y_1^{(n-1)}$$

得状态方程为

$$\dot{\boldsymbol{x}}=\boldsymbol{Ax}+\boldsymbol{B}u \tag{9.28}$$

式中

$$\boldsymbol{x}=\begin{bmatrix}x_1\\x_2\\\vdots\\x_{n-1}\\x_n\end{bmatrix},\quad \boldsymbol{A}=\begin{bmatrix}0&1&0&\cdots&0\\0&0&1&\cdots&0\\\vdots&\vdots&\vdots&&\vdots\\0&0&0&\cdots&1\\-a_n&-a_{n-1}&-a_{n-2}&\cdots&-a_1\end{bmatrix},\quad \boldsymbol{B}=\begin{bmatrix}0\\0\\\vdots\\0\\1\end{bmatrix}$$

考虑式(9.26)得

$$Y(s)=b_0U(s)+[(b_1-b_0a_1)s^{n-1}+(b_2-b_0a_2)s^{n-2}+\cdots+(b_{n-1}-b_0a_{n-1})s+(b_n-b_0a_n)]Y_1(s)$$

把上式做拉氏反变换，并考虑

$$x_1=y_1,\ x_2=\dot{y}_1,\ \cdots,\ x_n=y_1^{(n-1)}$$

则输出方程

$$y=\boldsymbol{Cx}+Du \tag{9.29}$$

式中

$$\boldsymbol{C}=[b_n-b_0a_n\quad b_{n-1}-b_0a_{n-1}\quad\cdots\quad b_1-b_0a_1]$$
$$D=b_0$$

【例 9－14】 已知控制系统的微分方程为

$$\dddot{y}+12\ddot{y}+7\dot{y}+2y=\dddot{u}+2\ddot{u}+5\dot{u}+3u$$

试写出其状态空间表达式。

解 这是一个含输入导数的运动方程，由已知条件可知

$$a_1=12,\ a_2=7,\ a_3=2,\ b_0=1$$
$$b_1=2,\ b_2=5,\ b_3=3$$

根据状态空间表达式(9.28)和(9.29)，得到状态方程和输出方程分别为

$$\dot{\boldsymbol{x}}=\begin{bmatrix}0&1&0\\0&0&1\\-2&-7&-12\end{bmatrix}\boldsymbol{x}+\begin{bmatrix}0\\0\\1\end{bmatrix}u$$

$$y=[1\quad -2\quad -10]\boldsymbol{x}$$

9.3　线性定常系统的响应

当系统的数学模型建立以后，在一定的初始条件和某种输入信号作用下，就可以求解它的状态响应和输出响应。对于一般的线性定常系统，可以利用传递函数和状态方程求解系统的动态响应；对于复杂系统或非线性系统，难以求得解析解，甚至不存在解析解，只能借助计算机来求数值解。本节将介绍利用传递函数求解输出响应和从状态方程求解状态响应。

9.3.1　利用传递函数求解输出响应

已知系统的传递函数 $G(s)$，如果给定输入信号 $r(t)$ 的拉氏变换 $R(s)$ 也是有理函数，那么输出响应的拉氏变换为

$$Y(s)=G(s)R(s)=\frac{Q(s)}{\prod_{i=1}^{p}(s+\lambda_i)^{n_i}} \tag{9.30}$$

式中，λ_i 是 $G(s)R(s)$ 的相异极点，可以为实数和复数，如为复数极点必然共轭成对；n_i 为重极点数。

对 $Y(s)$ 用部分分式展开，可得

$$Y(s)=\sum_{i=1}^{p}\left[\frac{k_{i1}}{s+\lambda_i}+\frac{k_{i2}}{(s+\lambda_i)^2}+\cdots+\frac{k_{in_i}}{(s+\lambda_i)^{n_i}}\right] \tag{9.31}$$

式中 k_i 在复变函数中称为留数，并由下面的表达式确定：

$$\begin{aligned}
k_{in_i}&=G(s)R(s)(s+\lambda_i)^{n_i}\Big|_{s=-\lambda_i}\\
k_{i(n_i-1)}&=\frac{\mathrm{d}}{\mathrm{d}s}\left[G(s)R(s)(s+\lambda_i)^{n_i}\right]\Bigg|_{s=-\lambda_i}\\
&\ \ \vdots\\
k_{i1}&=\frac{1}{(n_i-1)!}\cdot\frac{\mathrm{d}^{n_i-1}}{\mathrm{d}s^{n_i-1}}\left[G(s)R(s)(s+\lambda_i)^{n_i}\right]\Bigg|_{s=-\lambda_i}
\end{aligned}$$

注意，与复数共轭极点相对应的系数也互为共轭复数。对式(9.31)取拉氏反变换，即可得输出响应 $y(t)$：

$$y(t)=\sum_{i=1}^{p}\left[k_{i1}\mathrm{e}^{-\lambda_i t}+k_{i2}t\mathrm{e}^{-\lambda_i t}+\cdots+\frac{k_{in_i}}{(n_i-1)!}t^{n_i-1}\mathrm{e}^{-\lambda_i t}\right] \tag{9.32}$$

由式(9.32)可以看出，输出响应 $y(t)$ 是 $t^{n_i-1}\mathrm{e}^{-\lambda_i t}$ $(i=1, 2, \cdots, p;\ n_i=1, 2, \cdots)$ 各项的线性组合，各项性质由 $G(s)R(s)$ 的极点决定，而其大小还与 $G(s)R(s)$ 的零点有关。

【例 9-15】 已知系统闭环传递函数为

$$G(s)=\frac{2}{s^2+2s+2}$$

求其在单位阶跃信号输入下的输出响应。

解　由已知条件得系统输出响应的拉氏变换为

$$Y(s)=G(s)R(s)=\frac{2}{s(s^2+2s+2)}$$

经部分分式展开有

$$Y(s)=\frac{1}{s}-\frac{s+2}{(s+1)^2+1}=\frac{1}{s}-\frac{s+1}{(s+1)^2+1}-\frac{1}{(s+1)^2+1}$$

采用拉氏反变换后则得输出响应为

$$y(t)=1-e^{-t}\cos t-e^{-t}\sin t$$

将一个有理分式进行部分分式展开，MATLAB 提供了一个函数 residue( )。读者可以通过查询 MATLAB 帮助获取有关函数的使用方法。另外，由于系统的传递函数是在零初始条件下定义的，因此，根据它求出的输出响应只是系统的零状态响应。

9.3.2 状态方程的解

通过求解系统的状态方程，可以获取系统中状态变量随时间的变化情况，即系统的状态响应。

已知线性定常连续系统状态方程的一般形式为

$$\dot{\boldsymbol{x}}(t)=\boldsymbol{A}\boldsymbol{x}(t)+\boldsymbol{B}\boldsymbol{u}(t),\ \boldsymbol{x}(0)=\boldsymbol{x}_0 \tag{9.33}$$

状态变量的初始值为 $\boldsymbol{x}_0$，控制作用为 $\boldsymbol{u}(t)$。

状态方程是一阶微分方程组，它的求解方法和解的形式都与标量一阶微分方程相似。标量一阶微分方程的齐次方程为

$$\dot{x}(t)=ax(t),\ x(0)=x_0$$

其解为

$$x(t)=e^{at}x(0)$$

其中，指数函数 e^{at} 可以展成如下无穷级数形式：

$$e^{at}=1+at+\frac{1}{2!}a^2t^2+\cdots+\frac{1}{k!}a^kt^k+\cdots=\sum_{k=0}^{\infty}\frac{1}{k!}a^kt^k$$

与此类似，一阶向量微分方程的齐次方程 $\dot{\boldsymbol{x}}=\boldsymbol{A}\boldsymbol{x}$ 的解也具有如下形式：

$$\boldsymbol{x}(t)=e^{\boldsymbol{A}t}\boldsymbol{x}(0)$$

其中

$$e^{\boldsymbol{A}t}=\boldsymbol{I}+\boldsymbol{A}t+\frac{1}{2!}\boldsymbol{A}^2t^2+\cdots+\frac{1}{k!}\boldsymbol{A}^kt^k+\cdots=\sum_{k=0}^{\infty}\frac{1}{k!}\boldsymbol{A}^kt^k \tag{9.34}$$

式(9.34)无穷矩阵级数的收敛式 $e^{\boldsymbol{A}t}$ 叫作矩阵指数，$\boldsymbol{I}$ 为单位矩阵。

下面讨论非齐次状态方程(9.33)的求解。用 $\boldsymbol{x}(t)$左乘 $e^{-\boldsymbol{A}t}$ 之后求导得

$$\frac{d}{dt}[e^{-\boldsymbol{A}t}\boldsymbol{x}(t)]=e^{-\boldsymbol{A}t}[\dot{\boldsymbol{x}}(t)-\boldsymbol{A}\boldsymbol{x}(t)]=e^{-\boldsymbol{A}t}\boldsymbol{B}\boldsymbol{u}(t) \tag{9.35}$$

对上式两边进行积分，积分限从 0 到 t，即

$$\int_0^t\left\{\frac{d}{d\tau}[e^{-\boldsymbol{A}\tau}\boldsymbol{x}(\tau)]\right\}d\tau=\int_0^t[e^{-\boldsymbol{A}\tau}\boldsymbol{B}\boldsymbol{u}(\tau)]d\tau$$

可得

$$e^{-\boldsymbol{A}t}\boldsymbol{x}(t)-\boldsymbol{x}(0)=\int_0^t e^{-\boldsymbol{A}\tau}\boldsymbol{B}\boldsymbol{u}(\tau)\,d\tau$$

所以

$$\boldsymbol{x}(t)=e^{\boldsymbol{A}t}\boldsymbol{x}(0)+\int_0^t e^{\boldsymbol{A}(t-\tau)}\boldsymbol{B}\boldsymbol{u}(\tau)\,d\tau \tag{9.36}$$

从式(9.36)可以看出，系统的动态响应由两部分组成：一部分由状态初始值 $\boldsymbol{x}(0)$引起，叫作零输入响应；另一部分由输入信号 $\boldsymbol{u}(t)$引起，叫作零状态响应。

9.4　状态转移矩阵

一般情况下，线性系统(包括定常和时变)的状态响应方程可以写为

$$\boldsymbol{x}(t)=\boldsymbol{\Phi}(t)\boldsymbol{x}(0)+\int_0^t \boldsymbol{\Phi}(t-\tau)\boldsymbol{B}\boldsymbol{u}(\tau)\,\mathrm{d}\tau \tag{9.37}$$

式(9.37)又称状态转移方程，并称 $\boldsymbol{\Phi}(t)$为状态转移矩阵，它表征系统从 $t=0$ 的初始状态 $\boldsymbol{x}(0)$转移到 $t>0$ 的任意状态 $\boldsymbol{x}(t)$的转移特性。显然，状态的转移性能完全取决于系统的 $\boldsymbol{A}$ 阵。对于线性定常系统有 $\boldsymbol{\Phi}(t)=\mathrm{e}^{\boldsymbol{A}t}$。

9.4.1　矩阵指数和状态转移矩阵的性质

数学上可以证明，矩阵指数 $\mathrm{e}^{\boldsymbol{A}t}$ 和状态转移矩阵 $\boldsymbol{\Phi}(t)$具有下述性质，它们与指数函数 e^{at} 的性质相似。

(1) $\dfrac{\mathrm{d}}{\mathrm{d}t}\mathrm{e}^{\boldsymbol{A}t}=\boldsymbol{A}\mathrm{e}^{\boldsymbol{A}t}=\mathrm{e}^{\boldsymbol{A}t}\boldsymbol{A}$，$\dfrac{\mathrm{d}}{\mathrm{d}t}\boldsymbol{\Phi}(t)=\boldsymbol{A}\boldsymbol{\Phi}(t)=\boldsymbol{\Phi}(t)\boldsymbol{A}$；

(2) $\mathrm{e}^{\boldsymbol{A}t}\big|_{t=0}=\boldsymbol{I}$，$\boldsymbol{\Phi}(t)\big|_{t=0}=\boldsymbol{\Phi}(0)=\boldsymbol{I}$；

(3) $(\mathrm{e}^{\boldsymbol{A}t})^{-1}=\mathrm{e}^{-\boldsymbol{A}t}$，$\boldsymbol{\Phi}^{-1}(t)=\boldsymbol{\Phi}(-t)$；

(4) $\mathrm{e}^{\boldsymbol{A}(t_1+t_2)}=\mathrm{e}^{\boldsymbol{A}t_1}\mathrm{e}^{\boldsymbol{A}t_2}$，$\boldsymbol{\Phi}(t_1+t_2)=\boldsymbol{\Phi}(t_1)\boldsymbol{\Phi}(t_2)$；

(5) 对于正实数 n，$(\mathrm{e}^{\boldsymbol{A}t})^n=\mathrm{e}^{n\boldsymbol{A}t}$，$\boldsymbol{\Phi}^n(t)=\boldsymbol{\Phi}(nt)$；

(6) 若 $\boldsymbol{AB}=\boldsymbol{BA}$(即矩阵 $\boldsymbol{A}$、$\boldsymbol{B}$ 乘法可交换)，则 $\mathrm{e}^{(\boldsymbol{A}+\boldsymbol{B})t}=\mathrm{e}^{\boldsymbol{A}t}\mathrm{e}^{\boldsymbol{B}t}$；

(7) 若 $\boldsymbol{P}$ 为非奇异矩阵，则 $\mathrm{e}^{\boldsymbol{P}^{-1}\boldsymbol{AP}t}=\boldsymbol{P}^{-1}\mathrm{e}^{\boldsymbol{A}t}\boldsymbol{P}$。

9.4.2　矩阵指数和状态转移矩阵的计算

在求解线性定常系统的状态方程时，首先要计算矩阵指数 $\mathrm{e}^{\boldsymbol{A}t}$ 或状态转移矩阵 $\boldsymbol{\Phi}(t)$。仅在一些特殊情况下，可以利用定义式(9.34)计算矩阵指数。下面介绍两种常用的计算矩阵指数的方法。

1. 拉氏变换法

设有线性定常齐次状态方程

$$\dot{\boldsymbol{x}}(t)=\boldsymbol{A}\boldsymbol{x}(t),\ \boldsymbol{x}(0)=\boldsymbol{x}_0 \tag{9.38}$$

对上式进行拉氏变换，则有

$$s\boldsymbol{X}(s)-\boldsymbol{x}(0)=\boldsymbol{A}\boldsymbol{X}(s)$$

从而有

$$\boldsymbol{X}(s)=(s\boldsymbol{I}-\boldsymbol{A})^{-1}\boldsymbol{x}(0) \tag{9.39}$$

对式(9.39)求拉氏反变换，得

$$\begin{aligned}\boldsymbol{x}(t)&=\mathscr{L}^{-1}[\boldsymbol{X}(s)]=\mathscr{L}^{-1}[(s\boldsymbol{I}-\boldsymbol{A})^{-1}\boldsymbol{x}(0)]\\&=\mathscr{L}^{-1}[(s\boldsymbol{I}-\boldsymbol{A})^{-1}]\boldsymbol{x}(0)=\mathrm{e}^{\boldsymbol{A}t}\boldsymbol{x}(0)\end{aligned} \tag{9.40}$$

因此有

$$\boldsymbol{\Phi}(t)=\mathrm{e}^{\boldsymbol{A}t}=\mathscr{L}^{-1}[(s\boldsymbol{I}-\boldsymbol{A})^{-1}] \tag{9.41}$$

这种方法实际上是用拉氏变换在频域中求解状态方程。矩阵$(s\boldsymbol{I}-\boldsymbol{A})^{-1}$称为预解矩阵。

【例 9-16】 已知系统的系数矩阵为

$$\boldsymbol{A}=\begin{bmatrix}0 & 1\\ -2 & -3\end{bmatrix}$$

求矩阵指数 $\mathrm{e}^{\boldsymbol{A}t}$。

解 由矩阵求逆的公式可知：

$$(s\boldsymbol{I}-\boldsymbol{A})^{-1}=\frac{\mathrm{adj}(s\boldsymbol{I}-\boldsymbol{A})}{|s\boldsymbol{I}-\boldsymbol{A}|}=\frac{1}{(s+1)(s+2)}\cdot\begin{bmatrix}s+3 & 1\\ -2 & s\end{bmatrix}$$

$$=\begin{bmatrix}\dfrac{2}{s+1}-\dfrac{1}{s+2} & \dfrac{1}{s+1}-\dfrac{1}{s+2}\\ -\dfrac{2}{s+1}+\dfrac{2}{s+2} & -\dfrac{1}{s+1}+\dfrac{2}{s+2}\end{bmatrix}$$

由式(9.41)得

$$\mathrm{e}^{\boldsymbol{A}t}=\mathscr{L}^{-1}[(s\boldsymbol{I}-\boldsymbol{A})^{-1}]=\begin{bmatrix}\mathscr{L}^{-1}\left(\dfrac{2}{s+1}-\dfrac{1}{s+2}\right) & \mathscr{L}^{-1}\left(\dfrac{1}{s+1}-\dfrac{1}{s+2}\right)\\ \mathscr{L}^{-1}\left(-\dfrac{2}{s+1}+\dfrac{2}{s+2}\right) & \mathscr{L}^{-1}\left(-\dfrac{1}{s+1}+\dfrac{2}{s+2}\right)\end{bmatrix}$$

$$=\begin{bmatrix}2\mathrm{e}^{-t}-\mathrm{e}^{-2t} & \mathrm{e}^{-t}-\mathrm{e}^{-2t}\\ -2\mathrm{e}^{-t}+2\mathrm{e}^{-2t} & -\mathrm{e}^{-t}+2\mathrm{e}^{-2t}\end{bmatrix}$$

求解过程中的 $\mathrm{adj}(s\boldsymbol{I}-\boldsymbol{A})$表示矩阵$(s\boldsymbol{I}-\boldsymbol{A})$的伴随矩阵。

2. 化矩阵 A 为对角线矩阵和约当矩阵法

如果状态方程的系数矩阵 $\boldsymbol{A}$ 为对角线矩阵，即

$$\boldsymbol{A}=\begin{bmatrix}a_{11} & 0 & \cdots & 0\\ 0 & a_{22} & \cdots & 0\\ \vdots & \vdots & & \vdots\\ 0 & 0 & \cdots & a_{nn}\end{bmatrix}$$

可以证明，相应于矩阵 $\boldsymbol{A}$ 的矩阵指数 $\mathrm{e}^{\boldsymbol{A}t}$ 为

$$\mathrm{e}^{\boldsymbol{A}t}=\begin{bmatrix}\mathrm{e}^{a_{11}t} & 0 & \cdots & 0\\ 0 & \mathrm{e}^{a_{22}t} & \cdots & 0\\ \vdots & \vdots & & \vdots\\ 0 & 0 & \cdots & \mathrm{e}^{a_{nn}t}\end{bmatrix}$$

也就是说，如果系数矩阵 $\boldsymbol{A}$ 具有对角线形式，则其对应的矩阵指数是很容易计算的，并且也为对角线矩阵。

根据矩阵指数的性质(7)和矩阵相似理论，如果矩阵 $\boldsymbol{A}$ 通过相似变换 $\boldsymbol{A}'=\boldsymbol{P}^{-1}\boldsymbol{A}\boldsymbol{P}$ 可以转化为对角线矩阵 $\boldsymbol{A}'$，则有

$$\mathrm{e}^{\boldsymbol{A}t}=\boldsymbol{P}\mathrm{e}^{\boldsymbol{P}^{-1}\boldsymbol{A}\boldsymbol{P}t}\boldsymbol{P}^{-1}=\boldsymbol{P}\mathrm{e}^{\boldsymbol{A}'t}\boldsymbol{P}^{-1} \tag{9.42}$$

这样，如果已知非奇异变换矩阵 $\boldsymbol{P}$，则矩阵指数的计算就迎刃而解了。

从线性代数的结论可知，计算将矩阵 $\boldsymbol{A}$ 对角化的非奇异变换矩阵 $\boldsymbol{P}$ 需要先求出矩阵 $\boldsymbol{A}$ 的特征值和每个特征值对应的特征向量。

矩阵 $(s\boldsymbol{I}-\boldsymbol{A})$ 称为系数矩阵 $\boldsymbol{A}$ 的特征矩阵，它的行列式 $|s\boldsymbol{I}-\boldsymbol{A}|$ 则称为系数矩阵 $\boldsymbol{A}$ 的特征多项式，方程 $|s\boldsymbol{I}-\boldsymbol{A}|=0$ 称为系统的特征方程，特征方程的根就是系统的特征值。如果由一个 n 阶系统的特征方程

$$|s\boldsymbol{I}-\boldsymbol{A}|=\prod_{i=1}^{n}(s-\lambda_i)=0$$

可以解得系统的 n 个两两相异的特征值 λ_1，λ_2，…，λ_n，则此系统的系数矩阵可以对角化，并且非奇异变换矩阵 $\boldsymbol{P}$ 可以由下式确定：

$$(\lambda_i\boldsymbol{I}-\boldsymbol{A})\boldsymbol{p}_i=0,\ (i=1,\ 2,\ \cdots,\ n) \tag{9.43}$$

其中 $\boldsymbol{p}_i$ 称为对应特征值 λ_i 的特征向量。由线性代数知识可知，如果 n 阶矩阵的 n 个特征值两两互异，则这 n 个特征值对应的 n 个特征向量是独立的。因此如下构成的矩阵 $\boldsymbol{P}$ 是非奇异的：

$$\boldsymbol{P}=[\boldsymbol{p}_1\quad \boldsymbol{p}_2\quad \cdots\quad \boldsymbol{p}_n]$$

并且可以证明，用这样构造的变换矩阵 $\boldsymbol{P}$ 对 $\boldsymbol{A}$ 进行相似变换，可以得到一个对角线矩阵 $\boldsymbol{A}'$。若系统矩阵 $\boldsymbol{A}$ 具有如下友矩阵形式：

$$\boldsymbol{A}=\begin{bmatrix} 0 & 1 & 0 & \cdots & 0 \\ 0 & 0 & 1 & \cdots & 0 \\ \vdots & \vdots & \vdots & & \vdots \\ 0 & 0 & 0 & \cdots & 1 \\ -a_n & -a_{n-1} & -a_{n-2} & \cdots & -a_1 \end{bmatrix}$$

并且具有互异的实特征根 λ_1，λ_2，…，λ_n，则选取如下范德蒙矩阵 $\boldsymbol{P}$ 可使 $\boldsymbol{A}$ 对角化：

$$\boldsymbol{P}=\begin{bmatrix} 1 & 1 & 1 & \cdots & 1 \\ \lambda_1 & \lambda_2 & \lambda_3 & \cdots & \lambda_n \\ \lambda_1^2 & \lambda_2^2 & \lambda_3^2 & \cdots & \lambda_n^2 \\ \vdots & \vdots & \vdots & & \vdots \\ \lambda_1^{n-1} & \lambda_2^{n-1} & \lambda_3^{n-1} & \cdots & \lambda_n^{n-1} \end{bmatrix}$$

需要注意的是，如果 $\boldsymbol{A}$ 存在重特征值，且线性无关的特征向量少于 n 个时，矩阵 $\boldsymbol{A}$ 不可以对角化，只能化为约当矩阵，约当矩阵的一般形式为

$$\boldsymbol{A}'=\begin{bmatrix} \boldsymbol{A}_1' & 0 & \cdots & 0 \\ 0 & \boldsymbol{A}_2' & \ddots & \vdots \\ \vdots & \ddots & \ddots & 0 \\ 0 & \cdots & 0 & \boldsymbol{A}_k' \end{bmatrix}_{n\times n}$$

式中，

$$\boldsymbol{A}_1'=\begin{bmatrix} \lambda_1 & 1 & \cdots & 0 \\ 0 & \lambda_1 & \ddots & \vdots \\ \vdots & \ddots & \ddots & 1 \\ 0 & \cdots & 0 & \lambda_1 \end{bmatrix}_{m_1\times m_1}$$

$$\boldsymbol{A}_2' = \begin{bmatrix} \lambda_2 & 1 & \cdots & 0 \\ 0 & \lambda_2 & \ddots & \vdots \\ \vdots & \ddots & \ddots & 1 \\ 0 & \cdots & 0 & \lambda_2 \end{bmatrix}_{m_2 \times m_2}$$

$$\vdots$$

$$\boldsymbol{A}_k' = \begin{bmatrix} \lambda_k & 1 & \cdots & 0 \\ 0 & \lambda_k & \ddots & \vdots \\ \vdots & \ddots & \ddots & 1 \\ 0 & \cdots & 0 & \lambda_k \end{bmatrix}_{m_k \times m_k}$$

称为约当块。$\sum_{i=1}^{k} m_i = n$，m_i 为 λ_i 的重特征数。约当块 $\boldsymbol{A}_i'$ 的矩阵指数有如下形式：

$$e^{\boldsymbol{A}_i' t} = \begin{bmatrix} e^{\lambda_i t} & t e^{\lambda_i t} & \frac{1}{2!} t^2 e^{\lambda_i t} & \cdots & \frac{1}{(m-1)!} t^{m-1} e^{\lambda_i t} \\ 0 & e^{\lambda_i t} & t e^{\lambda_i t} & \cdots & \frac{1}{(m-2)!} t^{m-2} e^{\lambda_i t} \\ \vdots & \ddots & \ddots & \ddots & \vdots \\ \vdots & & \ddots & \ddots & t e^{\lambda_i t} \\ 0 & \cdots & \cdots & 0 & e^{\lambda_i t} \end{bmatrix} \tag{9.44}$$

为了方便讨论变换矩阵 $\boldsymbol{P}$ 的确定，假设 $\boldsymbol{A}$ 矩阵只有一个 m 重特征根 λ_1，其余为互异的实根。变换矩阵 $\boldsymbol{P}$ 的求取可以由系统矩阵 $\boldsymbol{A}$ 的特征向量确定。对于 $n-m$ 个彼此不相等的特征值对应的特征向量 $\boldsymbol{p}_{m+1}$，$\boldsymbol{p}_{m+2}$，…，$\boldsymbol{p}_n$，可根据式

$$\boldsymbol{A}\boldsymbol{p}_i = \lambda_i \boldsymbol{p}_i \quad (i = m+1, m+2, \cdots, n)$$

确定。对于 m 重特征根 λ_1，可以基于其对应的约当块 $\boldsymbol{A}_1'$，根据下式构造 m 个线性无关向量 $\boldsymbol{p}_1$，$\boldsymbol{p}_2$，…，$\boldsymbol{p}_m$：

$$[\boldsymbol{p}_1 \quad \boldsymbol{p}_2 \quad \cdots \quad \boldsymbol{p}_m] \begin{bmatrix} \lambda_1 & 1 & \cdots & 0 \\ 0 & \lambda_1 & \ddots & \vdots \\ \vdots & \ddots & \ddots & 1 \\ 0 & \cdots & 0 & \lambda_1 \end{bmatrix} = \boldsymbol{A}[\boldsymbol{p}_1 \quad \boldsymbol{p}_2 \quad \cdots \quad \boldsymbol{p}_m]$$

即

$$\begin{cases} \lambda_1 \boldsymbol{p}_1 = \boldsymbol{A}\boldsymbol{p}_1 \\ \boldsymbol{p}_1 + \lambda_1 \boldsymbol{p}_2 = \boldsymbol{A}\boldsymbol{p}_2 \\ \vdots \\ \boldsymbol{p}_{m-1} + \lambda_1 \boldsymbol{p}_m = \boldsymbol{A}\boldsymbol{p}_m \end{cases} \tag{9.45}$$

并称 $\boldsymbol{p}_2$，…，$\boldsymbol{p}_m$ 为广义特征值向量。

【例 9-17】 试用对角化的方法计算例 9-16 所给矩阵的矩阵指数。

解 系统的特征方程为

$$|s\boldsymbol{I} - \boldsymbol{A}| = \begin{vmatrix} s & -1 \\ 2 & s+3 \end{vmatrix} = s^2 + 3s + 2 = (s+1)(s+2) = 0$$

所以系统的特征值为 $\lambda_1=-1$，$\lambda_2=-2$。因为 $\lambda_1\neq\lambda_2$，所以必存在变换矩阵 $\boldsymbol{P}$ 能使系数矩阵 $\boldsymbol{A}$ 对角化。将 $\lambda_1=-1$，$\lambda_2=-2$ 分别代入方程(9.43)，结合线性代数关于线性齐次方程的解法，可以得到如下两个特征向量：

$$\boldsymbol{p}_1=[1\quad -1]^{\mathrm{T}}$$

$$\boldsymbol{p}_2=[1\quad -2]^{\mathrm{T}}$$

显然 $\boldsymbol{p}_1$，$\boldsymbol{p}_2$ 是线性无关的，由它们组成的非奇异矩阵 $\boldsymbol{P}$ 为

$$\boldsymbol{P}=\begin{bmatrix}1 & 1\\ -1 & -2\end{bmatrix}$$

其逆矩阵为

$$\boldsymbol{P}^{-1}=\begin{bmatrix}2 & 1\\ -1 & -1\end{bmatrix}$$

所以有

$$\boldsymbol{A}'=\boldsymbol{P}^{-1}\boldsymbol{A}\boldsymbol{P}=\begin{bmatrix}2 & 1\\ -1 & -1\end{bmatrix}\begin{bmatrix}0 & 1\\ -2 & -3\end{bmatrix}\begin{bmatrix}1 & 1\\ -1 & -2\end{bmatrix}$$

利用式(9.42)可求得矩阵指数为

$$\begin{aligned}\mathrm{e}^{\boldsymbol{A}t}&=\boldsymbol{P}\mathrm{e}^{\boldsymbol{A}'t}\boldsymbol{P}^{-1}=\begin{bmatrix}1 & 1\\ -1 & -2\end{bmatrix}\begin{bmatrix}\mathrm{e}^{-t} & 0\\ 0 & \mathrm{e}^{-2t}\end{bmatrix}\begin{bmatrix}2 & 1\\ -1 & -1\end{bmatrix}\\ &=\begin{bmatrix}2\mathrm{e}^{-t}-\mathrm{e}^{-2t} & \mathrm{e}^{-t}-\mathrm{e}^{-2t}\\ -2\mathrm{e}^{-t}+2\mathrm{e}^{-2t} & -\mathrm{e}^{-t}+2\mathrm{e}^{-2t}\end{bmatrix}\end{aligned}$$

9.5　线性离散系统的响应

正如第七章所述，线性离散系统可以用脉冲传递函数来描述。和连续系统的传递函数类似，脉冲传递函数也只反映了离散系统的外部特性，即输入、输出关系，而不能刻画系统的内部特性，因此需要研究离散系统的状态空间描述。

对于单变量系统，从离散系统的差分方程和脉冲传递函数的一般形式

$$\begin{aligned}&y(k+n)+a_1y(k+n-1)+\cdots+a_{n-1}y(k+1)+a_ny(k)\\ &=b_1u(k+n-1)+\cdots+b_{n-1}u(k+1)+b_nu(k)\end{aligned}\tag{9.46}$$

和

$$W(z)=\frac{b_1z^{n-1}+\cdots+b_{n-1}z+b_n}{z^n+a_1z^{n-1}+\cdots+a_{n-1}z+a_n}\tag{9.47}$$

可按照第二章建立线性连续系统状态方程的方法建立如下的单变量离散系统状态空间描述：

$$\begin{cases}\boldsymbol{x}(k+1)=\boldsymbol{G}\boldsymbol{x}(k)+\boldsymbol{H}u(k)\\ y(k)=\boldsymbol{C}\boldsymbol{x}(k)+du(k)\end{cases}\tag{9.48}$$

推广到多变量系统，有

$$\begin{cases}\boldsymbol{x}(k+1)=\boldsymbol{G}\boldsymbol{x}(k)+\boldsymbol{H}\boldsymbol{u}(k)\\ \boldsymbol{y}(k)=\boldsymbol{C}\boldsymbol{x}(k)+\boldsymbol{D}\boldsymbol{u}(k)\end{cases}\tag{9.49}$$

与连续情况类似，可以画出离散系统的状态空间表达式框图(见图 9-9)。

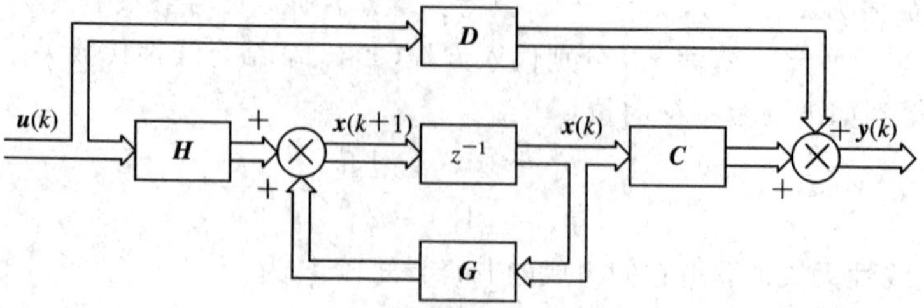

图 9-9 线性离散系统状态空间表达式框图

9.5.1 线性连续系统的离散化

由线性连续系统离散化得到的线性离散系统是一类常见的、十分重要的离散系统。在一定的假设条件下，我们可以由线性系统的连续状态空间描述离散化得到离散系统的状态空间描述。

1. 离散化条件

这里将在如下三个假设的前提下，讨论线性连续系统的离散化问题：

(1) 离散方式是普通的周期性采样。采样是等间隔的，采样周期为 T；采样脉冲宽度远小于采样周期，因而忽略不计；在采样间隔内函数值为零值。

(2) 采样周期 T 的选择满足香农采样定理，即离散函数可以完全复原为连续函数的条件为：$\omega_s > 2\omega_c$ 或 $T < \pi/\omega_c$，其中 $\omega_s = 2\pi/T$ 为采样角频率，ω_c 为连续函数频谱的上限频率。

(3) 保持器为零阶保持器，即当 $kT \leqslant t \leqslant (k+1)T$ 时，$\boldsymbol{u}(t)=\boldsymbol{u}(kT)$。

2. 线性离散系统的状态空间描述

已知线性连续系统的状态方程为

$$\dot{\boldsymbol{x}}(t) = \boldsymbol{A}\boldsymbol{x}(t) + \boldsymbol{B}\boldsymbol{u}(t)\text{，给定 } \boldsymbol{x}(t_0) \tag{9.50}$$

由式(9.37)可得以 t_0 为初始时刻的状态转移方程为

$$\boldsymbol{x}(t) = \boldsymbol{\Phi}(t-t_0)\boldsymbol{x}(t_0) + \int_{t_0}^{t} \boldsymbol{\Phi}(t-\tau)\boldsymbol{B}\boldsymbol{u}(\tau)\,\mathrm{d}\tau \tag{9.51}$$

令

$$t_0 = kT,\ t = (k+1)T,\ \tau = kT + \Delta t$$

使式(9.51)离散化，则有

$$\boldsymbol{x}[(k+1)T] = \boldsymbol{\Phi}(T)\boldsymbol{x}(kT) + \int_{0}^{T} \boldsymbol{\Phi}(T-\Delta t)\boldsymbol{B}\boldsymbol{u}(kT+\Delta t)\,\mathrm{d}\Delta t \tag{9.52}$$

由零阶保持器假设，得

$$\begin{aligned}\boldsymbol{x}[(k+1)T] &= \boldsymbol{\Phi}(T)\boldsymbol{x}(kT) + \int_{0}^{T} \boldsymbol{\Phi}(T-t)\,\mathrm{d}t \cdot \boldsymbol{B}\boldsymbol{u}(kT) \\ &= \boldsymbol{G}\boldsymbol{x}(kT) + \boldsymbol{H}\boldsymbol{u}(kT)\end{aligned} \tag{9.53}$$

其中，

$$\boldsymbol{G} = \boldsymbol{\Phi}(T) = \mathrm{e}^{\boldsymbol{A}T} = \sum_{n=0}^{\infty} \frac{\boldsymbol{A}^n T^n}{n!} \tag{9.54}$$

$$\boldsymbol{H}=\int_{0}^{T}\boldsymbol{\Phi}(T-t)\,\mathrm{d}t\cdot\boldsymbol{B}=\int_{0}^{T}\mathrm{e}^{\boldsymbol{A}(T-t)}\,\mathrm{d}t\cdot\boldsymbol{B} \tag{9.55}$$

要注意的是，离散状态方程中矩阵 $\boldsymbol{G}$、$\boldsymbol{H}$ 都与采样周期 T 有关。另外，如果采用其他形式的保持器，则方程中的积分项是不同的。

线性连续系统的输出方程 $\boldsymbol{y}(t)=\boldsymbol{C}\boldsymbol{x}(t)+\boldsymbol{D}\boldsymbol{u}(t)$ 离散化后的方程为

$$\boldsymbol{y}(kT)=\boldsymbol{C}\boldsymbol{x}(kT)+\boldsymbol{D}\boldsymbol{u}(kT) \tag{9.56}$$

式(9.53)和式(9.56)就是线性定常离散系统的状态方程，且通常将采样周期 T 省略，写成式(9.49)的形式。

【例 9-18】 采样离散控制系统中，如果被控对象的传递函数为

$$G(s)=\frac{1}{s(s+1)}$$

保持器是零阶的，采样周期 $T=1$ s，试求其离散状态方程。

解 由传递函数可得连续系统的状态方程为

$$\dot{\boldsymbol{x}}(t)=\begin{bmatrix}0 & 1\\ 0 & -1\end{bmatrix}\boldsymbol{x}(t)+\begin{bmatrix}0\\ 1\end{bmatrix}u(t)$$

所以有

$$\boldsymbol{G}=\mathrm{e}^{\boldsymbol{A}T}=L^{-1}[(s\boldsymbol{I}-\boldsymbol{A})^{-1}]\big|_{t=T}=\begin{bmatrix}1 & 1-\mathrm{e}^{-T}\\ 0 & \mathrm{e}^{-T}\end{bmatrix}=\begin{bmatrix}1 & 0.63\\ 0 & 0.37\end{bmatrix}$$

$$\boldsymbol{H}=\int_{0}^{T}\mathrm{e}^{\boldsymbol{A}(T-t)}\,\mathrm{d}t\cdot\boldsymbol{B}=\int_{0}^{T}\begin{bmatrix}1 & 1-\mathrm{e}^{-(T-t)}\\ 0 & \mathrm{e}^{-(T-t)}\end{bmatrix}\mathrm{d}t\cdot\begin{bmatrix}0\\ 1\end{bmatrix}$$

$$=\begin{bmatrix}T+\mathrm{e}^{-T}-1\\ 1-\mathrm{e}^{-T}\end{bmatrix}=\begin{bmatrix}0.37\\ 0.63\end{bmatrix}$$

因此，所求的离散状态方程为

$$\boldsymbol{x}(k+1)=\boldsymbol{G}\boldsymbol{x}(k)+\boldsymbol{H}u(k)=\begin{bmatrix}1 & 0.63\\ 0 & 0.37\end{bmatrix}\boldsymbol{x}(k)+\begin{bmatrix}0.37\\ 0.63\end{bmatrix}u(k)$$

9.5.2 离散时间系统状态方程的求解

线性离散系统状态响应可以通过求解系统状态方程得到。离散时间系统状态方程的求解方法主要有两类：基于矩阵差分方程的迭代法和基于 Z 变换的求解方法。

1. 迭代法求解离散系统状态方程

迭代法求解离散状态方程对离散时变和离散定常系统都适用。设状态方程为

$$\boldsymbol{x}(k+1)=\boldsymbol{G}(k)\boldsymbol{x}(k)+\boldsymbol{H}(k)\boldsymbol{u}(k) \tag{9.57}$$

给定 $k=0$ 的初始状态 $\boldsymbol{x}(0)$，以及 $k=0, 1, 2, \cdots$ 时的控制作用 $\boldsymbol{u}(k)$，对任意 $k>0$，方程(9.57)的解均可由迭代法求出，即

$$\begin{aligned}\boldsymbol{x}(1)&=\boldsymbol{G}(0)\boldsymbol{x}(0)+\boldsymbol{H}(0)\boldsymbol{u}(0)\\ \boldsymbol{x}(2)&=\boldsymbol{G}(1)\boldsymbol{x}(1)+\boldsymbol{H}(1)\boldsymbol{u}(1)\\ \boldsymbol{x}(3)&=\boldsymbol{G}(2)\boldsymbol{x}(2)+\boldsymbol{H}(2)\boldsymbol{u}(2)\\ &\ \ \vdots\end{aligned}$$

对于时变系统只能采用这种方法求解系统的响应。对于定常系统由于 $\boldsymbol{G}$、$\boldsymbol{H}$ 是定常矩阵，

则迭代方程可以简化。

$$\begin{aligned}
\boldsymbol{x}(1) &= \boldsymbol{G}\boldsymbol{x}(0) + \boldsymbol{H}\boldsymbol{u}(0) \\
\boldsymbol{x}(2) &= \boldsymbol{G}\boldsymbol{x}(1) + \boldsymbol{H}\boldsymbol{u}(1) = \boldsymbol{G}^2\boldsymbol{x}(0) + \boldsymbol{G}\boldsymbol{H}\boldsymbol{u}(0) + \boldsymbol{H}\boldsymbol{u}(1) \\
\boldsymbol{x}(3) &= \boldsymbol{G}\boldsymbol{x}(2) + \boldsymbol{H}\boldsymbol{u}(2) = \boldsymbol{G}^3\boldsymbol{x}(0) + \boldsymbol{G}^2\boldsymbol{H}\boldsymbol{u}(0) + \boldsymbol{G}\boldsymbol{H}\boldsymbol{u}(1) + \boldsymbol{H}\boldsymbol{u}(2) \\
&\ \vdots
\end{aligned}$$

因此有

$$\boldsymbol{x}(k) = \boldsymbol{G}^k\boldsymbol{x}(0) + \sum_{i=0}^{k-1}\boldsymbol{G}^{k-i-1}\boldsymbol{H}\boldsymbol{u}(i) \tag{9.58}$$

由式(9.58)可以看出，线性离散定常系统的状态响应由两部分组成：第一项只与系统的初始状态有关，称为由初始状态引起的自由运动分量；第二项是由输入的各次采样信号引起的强迫运动分量，其值与控制输入作用有关。并且可以看出，第 k 时刻的状态只取决于所有此时刻前的输入采样值，与第 k 个时刻的输入采样无关，这说明惯性是一切物理系统的基本特性。如果从状态转移角度来讲的话，定常离散系统的状态转移矩阵为 $\boldsymbol{\Phi}(k)=\boldsymbol{G}^k$。

2. Z 变换求解离散系统状态方程

线性定常离散系统的状态方程可采用 Z 变换方法求解。设线性定常离散系统的状态方程为

$$\boldsymbol{x}(k+1) = \boldsymbol{G}\boldsymbol{x}(k) + \boldsymbol{H}\boldsymbol{u}(k) \tag{9.59}$$

对上式两侧进行 Z 变换，得

$$z\boldsymbol{X}(z) - z\boldsymbol{x}(0) = \boldsymbol{G}\boldsymbol{X}(z) + \boldsymbol{H}\boldsymbol{U}(z)$$

所以有

$$\boldsymbol{X}(z) = (z\boldsymbol{I} - \boldsymbol{G})^{-1}z\boldsymbol{x}(0) + (z\boldsymbol{I} - \boldsymbol{G})^{-1}\boldsymbol{H}\boldsymbol{U}(z)$$

对上式两边取 Z 反变换，可得

$$\boldsymbol{x}(k) = \mathscr{Z}^{-1}[(z\boldsymbol{I} - \boldsymbol{G})^{-1}z]\boldsymbol{x}(0) + \mathscr{Z}^{-1}[(z\boldsymbol{I} - \boldsymbol{G})^{-1}\boldsymbol{H}\boldsymbol{U}(z)] \tag{9.60}$$

比较式(9.58)和式(9.60)可得

$$\boldsymbol{G}^k = \mathscr{Z}^{-1}[(z\boldsymbol{I} - \boldsymbol{G})^{-1}z] \tag{9.61}$$

$$\sum_{i=0}^{k-1}\boldsymbol{G}^{k-i-1}\boldsymbol{H}\boldsymbol{u}(i) = \mathscr{Z}^{-1}[(z\boldsymbol{I} - \boldsymbol{G})^{-1}\boldsymbol{H}\boldsymbol{U}(z)] \tag{9.62}$$

【例 9-19】 已知定常离散系统的状态方程为

$$\boldsymbol{x}(k+1) = \boldsymbol{G}\boldsymbol{x}(k) + \boldsymbol{H}\boldsymbol{u}(k)$$

式中，

$$\boldsymbol{G} = \begin{bmatrix} 0 & 1 \\ -0.16 & -1 \end{bmatrix}, \quad \boldsymbol{H} = \begin{bmatrix} 1 \\ 1 \end{bmatrix}$$

给定初始状态 $\boldsymbol{x}(0)=[1\quad -1]^{\mathrm{T}}$，以及控制作用 $u(k)=1(k=0,1,2,\cdots)$，试用迭代法求解状态响应 $\boldsymbol{x}(k)$。

解 利用式(9.58)得

$$\boldsymbol{x}(1) = \boldsymbol{G}\boldsymbol{x}(0) + \boldsymbol{H}u(0) = \begin{bmatrix} 0 & 1 \\ -0.16 & -1 \end{bmatrix}\begin{bmatrix} 1 \\ -1 \end{bmatrix} + \begin{bmatrix} 1 \\ 1 \end{bmatrix} = \begin{bmatrix} 0 \\ 1.84 \end{bmatrix}$$

$$\boldsymbol{x}(2) = \boldsymbol{G}\boldsymbol{x}(1) + \boldsymbol{H}u(1) = \begin{bmatrix} 0 & 1 \\ -0.16 & -1 \end{bmatrix}\begin{bmatrix} 0 \\ 1.84 \end{bmatrix} + \begin{bmatrix} 1 \\ 1 \end{bmatrix} = \begin{bmatrix} 2.84 \\ -0.84 \end{bmatrix}$$

$$\boldsymbol{x}(3)=\boldsymbol{G}\boldsymbol{x}(2)+\boldsymbol{H}u(2)=\begin{bmatrix}0 & 1\\ -0.16 & -1\end{bmatrix}\begin{bmatrix}2.84\\ -0.84\end{bmatrix}+\begin{bmatrix}1\\ 1\end{bmatrix}=\begin{bmatrix}0.16\\ 1.386\end{bmatrix}$$

反复迭代将得到一个序列解，而不是一个封闭解。

【例 9－20】 对例 9－19 用 Z 变换法求解系统的状态方程。

解　由矩阵求逆公式可知

$$(z\boldsymbol{I}-\boldsymbol{G})^{-1}=\frac{\operatorname{adj}(z\boldsymbol{I}-\boldsymbol{G})}{|z\boldsymbol{I}-\boldsymbol{G}|}=\frac{1}{(z+0.2)(z+0.8)}\begin{bmatrix}z+1 & 1\\ -0.16 & z\end{bmatrix}$$

$$=\frac{1}{3}\begin{bmatrix}\dfrac{4}{z+0.2}-\dfrac{1}{z+0.8} & \dfrac{5}{z+0.2}-\dfrac{5}{z+0.8}\\ -\dfrac{0.8}{z+0.2}+\dfrac{0.8}{z+0.8} & -\dfrac{1}{z+0.2}+\dfrac{4}{z+0.8}\end{bmatrix}$$

因为，$u(k)=1$，所以 $U(z)=\dfrac{z}{z-1}$，则

$$z\boldsymbol{x}(0)+\boldsymbol{H}U(z)=\begin{bmatrix}z\\ -z\end{bmatrix}+\begin{bmatrix}\dfrac{z}{z-1}\\ \dfrac{z}{z-1}\end{bmatrix}=\begin{bmatrix}\dfrac{z^2}{z-1}\\ \dfrac{-z^2+2z}{z-1}\end{bmatrix}$$

于是

$$\boldsymbol{X}(z)=(z\boldsymbol{I}-\boldsymbol{G})^{-1}[z\boldsymbol{x}(0)+\boldsymbol{H}U(z)]$$

$$=\begin{bmatrix}\dfrac{(z^2+2)z}{(z+0.2)(z+0.8)(z-1)}\\ \dfrac{(-z^2+1.84z)z}{(z+0.2)(z+0.8)(z-1)}\end{bmatrix}=\begin{bmatrix}\dfrac{-\frac{17}{6}z}{z+0.2}+\dfrac{\frac{22}{9}z}{z+0.8}+\dfrac{\frac{25}{18}z}{z-1}\\ \dfrac{\frac{3.4}{6}z}{z+0.2}-\dfrac{\frac{17.6}{9}z}{z+0.8}+\dfrac{\frac{7}{18}z}{z-1}\end{bmatrix}$$

根据 Z 变换公式可知 $\mathscr{Z}^{-1}\left[\dfrac{z}{z+a}\right]=(-a)^k$，所以上式取 Z 反变换得

$$\boldsymbol{x}(k)=\begin{bmatrix}-\dfrac{17}{6}(-0.2)^k+\dfrac{22}{9}(-0.8)^k+\dfrac{25}{18}\\ \dfrac{3.4}{6}(-0.2)^k-\dfrac{17.6}{9}(-0.8)^k+\dfrac{7}{18}\end{bmatrix}$$

如果将 $k=0, 1, 2, \cdots$代入上式将得到与例 9－19 相同的结果。

9.6　可控性和可观性

经典控制理论中用传递函数描述系统输入、输出特性，通常被控量就是输出量，只要系统是稳定的，输出量就可以被控制，而且输出量总是可以被测量的，因此没有所谓的可控性和可观测性问题。现代控制理论中用状态方程和输出方程描述系统，系统输入量和输出量构成系统的外部变量，而状态为系统的内部变量，这就存在系统内部的所有状态是否可由系统输入量控制和是否可由系统输出量反映的问题，这就是系统可控性和可观性问题。

可控性和可观性(又称能控性和能观性)的概念是卡尔曼于 20 世纪 60 年代首先提出来的，是用状态空间描述系统引申出来的新概念，在现代控制理论中起着重要作用。下面通过一个简单的例子来直观说明可控性和可观性的物理概念。

已知某系统的状态空间描述为

$$\begin{bmatrix}\dot{x}_1\\ \dot{x}_2\end{bmatrix}=\begin{bmatrix}-2 & 0\\ 1 & -3\end{bmatrix}\begin{bmatrix}x_1\\ x_2\end{bmatrix}+\begin{bmatrix}2\\ 0\end{bmatrix}u$$

$$y=\begin{bmatrix}3 & 0\end{bmatrix}\begin{bmatrix}x_1\\ x_2\end{bmatrix}$$

将其表示为标量形式为

$$\dot{x}_1=-2x_1+2u,\ \dot{x}_2=x_1-3x_2,\ y=3x_1$$

从上述方程组可以直观地看出，控制作用 u 直接施加于状态 x_1，并且输出 y 能够反映该状态的变化，所以状态 x_1 是可控可观的；对于状态 x_2，由于输出没有反映该状态变化的任何信息，因此是不可观测的，由于 x_2 可以受到间接控制($u\rightarrow x_1\rightarrow x_2$)，对于其可控性，还需进一步判断。

9.6.1 线性定常系统的可控性

这一小节将给出线性系统可控性的严格定义，以及讨论线性系统可控性的基本判据。

1. 线性系统可控性的定义

线性系统的状态方程为

$$\dot{\boldsymbol{x}}=\boldsymbol{A}(t)\boldsymbol{x}+\boldsymbol{B}\boldsymbol{u}(t)$$

如果存在一个控制作用 $\boldsymbol{u}(t)$，能在有限时间间隔 $t_0\leqslant t\leqslant t_f$ 内，把系统从任意初始状态 $\boldsymbol{x}(t_0)\neq 0$ 转移到终止状态 $\boldsymbol{x}(t_f)=0$，则称系统状态完全可控，简称系统可控。若系统中哪怕只有一个状态变量不可控，则称系统状态不完全可控，简称系统不可控。所以，系统的可控性指的是控制作用 $\boldsymbol{u}(t)$对状态变量 $\boldsymbol{x}(t)$的影响程度。

对于线性定常离散系统

$$\boldsymbol{x}(k+1)=G\boldsymbol{x}(k)+H\boldsymbol{u}(k)$$

如果存在控制作用序列 $u(k)$，$u(k+1)$，…，$u(l-1)$能把系统从任意初始状态 $x(k)\neq 0$ 转移到终止状态 $\boldsymbol{x}(l)=0$，其中 l 是大于 k 的有限数，则称系统状态完全可控，简称系统可控。若系统中哪怕只有一个状态变量不可控，则称系统状态不完全可控，简称系统不可控。

2. 线性定常系统可控性的基本判据

对于简单系统，可以根据可控性的定义，从系统状态方程的解来判断系统的可控性。但是对于比较复杂的系统，求解往往比较困难，因此，需借助可控性的判据来判别。

定理 9-1(可控性的代数判据) 设 n 阶线性定常连续系统的状态方程为

$$\dot{\boldsymbol{x}}=\boldsymbol{A}\boldsymbol{x}+\boldsymbol{B}\boldsymbol{u} \tag{9.63}$$

式中，$\boldsymbol{x}$、$\boldsymbol{u}$ 分别为 n 维、p 维向量，$\boldsymbol{A}$、$\boldsymbol{B}$ 分别为 $n\times n$ 维和 $n\times p$ 维实数矩阵。则系统完全可控的充要条件是系统的可控性矩阵

$$\boldsymbol{Q}_{\mathrm{k}}=[\boldsymbol{B}\quad \boldsymbol{A}\boldsymbol{B}\quad \boldsymbol{A}^2\boldsymbol{B}\quad \cdots\quad \boldsymbol{A}^{n-1}\boldsymbol{B}]$$

的秩为 n，即

$$\mathrm{rank}\boldsymbol{Q}_{\mathrm{k}} = \mathrm{rank}[\boldsymbol{B} \quad \boldsymbol{AB} \quad \boldsymbol{A}^2\boldsymbol{B} \quad \cdots \quad \boldsymbol{A}^{n-1}\boldsymbol{B}] = n \tag{9.64}$$

此时称($\boldsymbol{A}$，$\boldsymbol{B}$)为可控矩阵对。否则，当 $\mathrm{rank}\boldsymbol{Q}_k < n$ 时，系统为不可控的。

证明　不失一般性，设终止状态为状态空间原点，并设初始时刻为零，即 $t_0=0$。方程(9.63)的解为

$$\boldsymbol{x}(t) = \mathrm{e}^{\boldsymbol{A}t}\boldsymbol{x}(0) + \int_0^t \mathrm{e}^{\boldsymbol{A}(t-\tau)}\boldsymbol{B}u(\tau)\mathrm{d}\tau$$

根据可控性定义，对于任意的初始状态 $\boldsymbol{x}(t_0)$，应能找到一个控制作用 $\boldsymbol{u}(t)$，使之在有限时间内转移到零状态，即 $\boldsymbol{x}(t_f)=0$。因此，如果系统完全可控，则应有

$$\boldsymbol{x}(t_f) = \mathrm{e}^{\boldsymbol{A}t_f}\boldsymbol{x}(0) + \int_0^{t_f} \mathrm{e}^{\boldsymbol{A}(t_f-\tau)}\boldsymbol{B}u(\tau)\mathrm{d}\tau = 0$$

即

$$\boldsymbol{x}(0) = -\int_0^{t_f} \mathrm{e}^{-\boldsymbol{A}\tau}\boldsymbol{B}u(\tau)\mathrm{d}\tau \tag{9.65}$$

根据凯莱-哈密顿定理：矩阵 $\boldsymbol{A}$ 的任何次幂，可由其 0，1，…，$(n-1)$次幂的和表示。参照矩阵指数的定义(9.34)可知，$\mathrm{e}^{\boldsymbol{A}t}$ 和 $\mathrm{e}^{-\boldsymbol{A}t}$ 都可表示为 $\boldsymbol{A}$ 的 0，1，…，$(n-1)$次幂的和，即

$$\mathrm{e}^{-\boldsymbol{A}\tau} = \sum_{k=0}^{n-1} \alpha_k(\tau)\boldsymbol{A}^k \tag{9.66}$$

其中，$\alpha_k(\tau)$与矩阵 $\boldsymbol{A}$ 的元素有关。将方程(9.66)代入方程(9.65)，可得

$$\boldsymbol{x}(0) = -\sum_{k=0}^{n-1} \boldsymbol{A}^k\boldsymbol{B}\int_0^{t_f} \alpha_k(\tau)u(\tau)\mathrm{d}\tau \tag{9.67}$$

记

$$\beta_k = \int_0^{t_f} \alpha_k(\tau)u(\tau)\mathrm{d}\tau$$

则方程(9.67)可重写为

$$\begin{aligned}\boldsymbol{x}(0) &= -\sum_{k=0}^{n-1} \boldsymbol{A}^k\boldsymbol{B}\beta_k \\ &= -[\boldsymbol{B} \quad \boldsymbol{AB} \quad \boldsymbol{AB}^2 \quad \cdots \quad \boldsymbol{A}^{n-1}\boldsymbol{B}]\begin{bmatrix}\beta_0 \\ \beta_1 \\ \beta_2 \\ \vdots \\ \beta_{n-1}\end{bmatrix}\end{aligned} \tag{9.68}$$

如果系统是完全可控的，那么给定任一初始状态 $\boldsymbol{x}(0)$，都应保证方程(9.68)有解。这就要求 $n\times np$ 维矩阵

$$\boldsymbol{Q}_{\mathrm{k}} = [\boldsymbol{B} \quad \boldsymbol{AB} \quad \boldsymbol{A}^2\boldsymbol{B} \quad \cdots \quad \boldsymbol{A}^{n-1}\boldsymbol{B}]$$

为满秩的，即

$$\mathrm{rank}\boldsymbol{Q}_{\mathrm{k}} = \mathrm{rank}[\boldsymbol{B} \quad \boldsymbol{AB} \quad \boldsymbol{A}^2\boldsymbol{B} \quad \cdots \quad \boldsymbol{A}^{n-1}\boldsymbol{B}] = n$$

证毕。

一般情况下，可控阵 $\boldsymbol{Q}_{\mathrm{k}}$ 是一个 $n\times np$ 维的矩阵，在计算其秩是否为 n 时，并非一定要将可控性矩阵全部算完，只要中间某一步矩阵的秩为 n，就可以确定系统是可控的。对于单输入系统 $p=1$，$\boldsymbol{Q}_{\mathrm{k}}$ 为 $n\times n$ 的方阵，$\mathrm{rank}\boldsymbol{Q}_{\mathrm{k}}=n$ 说明 $\boldsymbol{Q}_{\mathrm{k}}$ 是非奇异的，其逆矩阵存在。

【例 9-21】 线性定常连续系统的状态方程为

$$\dot{\boldsymbol{x}}=\begin{bmatrix}-4 & 1\\ 2 & -3\end{bmatrix}\boldsymbol{x}+\begin{bmatrix}1\\ 2\end{bmatrix}\boldsymbol{u}$$

试判断系统状态的可控性。

解 系统可控性矩阵 $\boldsymbol{Q}_{\mathrm{k}}$ 为

$$\boldsymbol{Q}_{\mathrm{k}}=[\boldsymbol{B}\quad \boldsymbol{AB}]=\begin{bmatrix}1 & -2\\ 2 & -4\end{bmatrix}$$

由于

$$\mathrm{rank}\boldsymbol{Q}_{\mathrm{k}}=\mathrm{rank}\begin{bmatrix}1 & -2\\ 2 & -4\end{bmatrix}=1<n=2$$

所以系统的状态不是完全可控的。

【例 9-22】 一个单输入线性定常连续系统的状态方程为

$$\dot{\boldsymbol{x}}=\begin{bmatrix}-2 & 1\\ 0 & -3\end{bmatrix}\boldsymbol{x}+\begin{bmatrix}0 & 1\\ 1 & -1\end{bmatrix}u$$

试判断系统的状态可控性。

解 系统可控性矩阵 $\boldsymbol{Q}_{\mathrm{k}}$ 为

$$\boldsymbol{Q}_{\mathrm{k}}=[\boldsymbol{B}\quad \boldsymbol{AB}]=\begin{bmatrix}0 & 1 & 1 & -3\\ 1 & -1 & -3 & 3\end{bmatrix}$$

$$\mathrm{rank}\boldsymbol{Q}_{\mathrm{k}}=\mathrm{rank}\begin{bmatrix}0 & 1 & 1 & -3\\ 1 & -1 & -3 & 3\end{bmatrix}=n=2$$

所以系统的状态是完全可控的。

对于线性定常离散系统也存在类似的可控性代数判据。

定理 9-2(可控性的代数判据) 设 n 阶线性定常离散系统的状态方程为

$$\boldsymbol{x}(k+1)=\boldsymbol{Gx}(k)+\boldsymbol{Hu}(k)\tag{9.69}$$

状态完全可控的充要条件是，系统的可控性矩阵 $\boldsymbol{Q}_{\mathrm{k}}$ 的秩为 n，即

$$\mathrm{rank}\boldsymbol{Q}_{\mathrm{k}}=\mathrm{rank}[\boldsymbol{H}\quad \boldsymbol{GH}\quad \boldsymbol{G}^2\boldsymbol{H}\quad\cdots\quad \boldsymbol{G}^{n-1}\boldsymbol{H}]=n\tag{9.70}$$

证明 状态方程(9.69)的解为

$$\boldsymbol{x}(k)=\boldsymbol{G}^k\boldsymbol{x}(0)+\sum_{i=0}^{k-1}\boldsymbol{G}^{k-i-1}\boldsymbol{Hu}(i)\tag{9.71}$$

根据可控性定义，假定 $k=n$ 时，$x(n)=0$，将式(9.71)两端左乘 $\boldsymbol{G}^{-n}$，则有

$$\begin{aligned}x(0)&=-\sum_{i=0}^{n-1}\boldsymbol{G}^{-i-1}\boldsymbol{Hu}(i)\\&=-[\boldsymbol{G}^{-1}\boldsymbol{H}u(0)+\boldsymbol{G}^{-2}\boldsymbol{H}u(1)+\cdots+\boldsymbol{G}^{-n}\boldsymbol{H}u(n-1)]\\&=-[\boldsymbol{G}^{-1}\boldsymbol{H}\quad \boldsymbol{G}^{-2}\boldsymbol{H}\quad\cdots\quad \boldsymbol{G}^{-n}\boldsymbol{H}]\begin{bmatrix}u(0)\\ u(1)\\ \vdots\\ u(n-1)\end{bmatrix}\end{aligned}\tag{9.72}$$

记

$$\boldsymbol{Q}_{\mathrm{k}}^{*}=[\boldsymbol{G}^{-1}\boldsymbol{H}\quad \boldsymbol{G}^{-2}\boldsymbol{H}\quad\cdots\quad \boldsymbol{G}^{-n}\boldsymbol{H}]$$

如果系统是完全可控的，那么给定任一初始状态 $\boldsymbol{x}(0)$，都应保证方程(9.72)有解。这就要求 $n\times np$ 维矩阵 $\boldsymbol{Q}_{\mathrm{k}}^{*}$ 是满秩的，即

$$\mathrm{rank}\boldsymbol{Q}_{\mathrm{k}}^{*}=n \tag{9.73}$$

由于对矩阵作非奇异变换并不改变矩阵的秩，故(9.73)等价于

$$\begin{aligned}\mathrm{rank}\boldsymbol{Q}_{\mathrm{k}}&=\mathrm{rank}[\boldsymbol{H}\quad \boldsymbol{GH}\quad \boldsymbol{G}^2\boldsymbol{H}\quad \cdots\quad \boldsymbol{G}^{n-1}\boldsymbol{H}]\\&=\mathrm{rank}[\boldsymbol{G}^n\boldsymbol{Q}_{\mathrm{k}}^{*}]=n\end{aligned} \tag{9.74}$$

由于式(9.74)避免了矩阵求逆，在判断系统的可控性时，使用式(9.74)比较方便。证毕。

【例 9-23】 已知一单输入线性离散系统的状态方程为

$$\boldsymbol{x}(k+1)=\begin{bmatrix}1&0&0\\0&2&-2\\-1&1&0\end{bmatrix}\boldsymbol{x}(k)+\begin{bmatrix}1\\2\\1\end{bmatrix}u(k)$$

试判断系统状态的可控性。

解 系统的可控性矩阵为

$$\boldsymbol{Q}_{\mathrm{k}}=[\boldsymbol{H}\quad \boldsymbol{GH}\quad \boldsymbol{G}^2\boldsymbol{H}]=\begin{bmatrix}1&1&1\\2&2&2\\1&1&1\end{bmatrix}$$

由于

$$\mathrm{rank}\boldsymbol{Q}_{\mathrm{k}}=\mathrm{rank}\begin{bmatrix}1&1&1\\2&2&2\\1&1&1\end{bmatrix}=1<3=n$$

所以，系统是不可控的。

可控性的代数判据使用很方便，但是当 $\mathrm{rank}\boldsymbol{Q}_{\mathrm{k}}<n$，状态不完全可控时，具体不知道哪个状态失控，这个问题可由下面的判据回答。

定理 9-3(特征值规范型判据) 设线性定常连续系统 $\dot{\boldsymbol{x}}=\boldsymbol{Ax}+\boldsymbol{Bu}$ 具有互异的特征值 $\lambda_1, \lambda_2, \cdots, \lambda_n$，则系统状态完全可控的充要条件是：系统经非奇异变换后的对角规范形式

$$\dot{\tilde{\boldsymbol{x}}}=\begin{bmatrix}\lambda_1&&\boldsymbol{0}\\&\ddots&\\\boldsymbol{0}&&\lambda_n\end{bmatrix}\tilde{\boldsymbol{x}}+\tilde{\boldsymbol{B}}\boldsymbol{u}$$

中 $\tilde{\boldsymbol{B}}$ 不包含元素全为 0 的行。

这种方法可以根据变换后输入矩阵 $\tilde{\boldsymbol{B}}$ 是否存在全为零的行来判断每行对应状态的可控性。但是这种方法的不足之处是变换复杂。

定理 9-4(特征值规范型判据) 设线性定常连续系统 $\dot{\boldsymbol{x}}=\boldsymbol{Ax}+\boldsymbol{Bu}$ 具有重特征值 $\lambda_1(m_1$ 重$), \lambda_2(m_2$ 重$), \cdots, \lambda_k(m_k$ 重$)$，$\sum_{i=1}^{k}m_i=n$，$\lambda_i\neq\lambda_j(i\neq j)$，则系统状态完全可控的充要条件是：经非奇异变换后的约当规范形式

$$\dot{\tilde{\boldsymbol{x}}}=\begin{bmatrix}\boldsymbol{A}_1'&&\boldsymbol{0}\\&\ddots&\\\boldsymbol{0}&&\boldsymbol{A}_k'\end{bmatrix}\tilde{\boldsymbol{x}}+\tilde{\boldsymbol{B}}\boldsymbol{u}$$

中 $\widetilde{\boldsymbol{B}}$ 与每一个约当块 $\boldsymbol{A}_i'$（$i=1, 2, \cdots, k$）的最后一行相应的那些行的所有元素不完全为0。

【例 9-24】 试分析如下系统的可控性：

(1) $$\begin{bmatrix}\dot{x}_1\\\dot{x}_2\\\dot{x}_3\end{bmatrix}=\begin{bmatrix}-7&0&0\\0&-5&0\\0&0&-1\end{bmatrix}\begin{bmatrix}x_1\\x_2\\x_3\end{bmatrix}+\begin{bmatrix}2\\5\\7\end{bmatrix}u$$

$$y=[1\quad 2\quad 3]\,\boldsymbol{x}$$

(2) $$\begin{bmatrix}\dot{x}_1\\\dot{x}_2\\\dot{x}_3\end{bmatrix}=\begin{bmatrix}-7&0&0\\0&-5&0\\0&0&-1\end{bmatrix}\begin{bmatrix}x_1\\x_2\\x_3\end{bmatrix}+\begin{bmatrix}2&1\\0&0\\3&-2\end{bmatrix}\boldsymbol{u}$$

$$\boldsymbol{y}=\begin{bmatrix}0&1&2\\0&2&3\end{bmatrix}\boldsymbol{x}$$

(3) $$\begin{bmatrix}\dot{x}_1\\\dot{x}_2\\\dot{x}_3\end{bmatrix}=\begin{bmatrix}-3&1&0\\0&-3&0\\0&0&-1\end{bmatrix}\begin{bmatrix}x_1\\x_2\\x_3\end{bmatrix}+\begin{bmatrix}0\\5\\7\end{bmatrix}u$$

$$y=[2\quad 3\quad 1]\,\boldsymbol{x}$$

(4) $$\begin{bmatrix}\dot{x}_1\\\dot{x}_2\\\dot{x}_3\end{bmatrix}=\begin{bmatrix}-3&1&0\\0&-3&0\\0&0&-1\end{bmatrix}\begin{bmatrix}x_1\\x_2\\x_3\end{bmatrix}+\begin{bmatrix}1&2\\0&0\\2&-3\end{bmatrix}\boldsymbol{u}$$

$$y=[1\quad 0\quad 3]\,\boldsymbol{x}$$

解 根据特征值规范型判据可知：(1) 状态完全可控；(2) 状态不完全可控，且状态 x_2 不可控；(3) 状态完全可控；(4) 状态不完全可控，且状态 x_2 不可控。

9.6.2 线性定常系统的可观性

与线性系统可控性相对应的一个重要概念是系统的可观性，也称能观性。本小节将介绍可观性的定义和两个判断系统可观性的基本判据。

1. 线性系统可观性的定义

线性系统的动态方程为

$$\dot{\boldsymbol{x}}=\boldsymbol{A}(t)\boldsymbol{x}+\boldsymbol{B}\boldsymbol{u}(t)$$
$$\boldsymbol{y}(t)=\boldsymbol{C}\boldsymbol{x}$$

系统在给定控制输入 $\boldsymbol{u}(t)$ 作用下，对于任意初始时刻 t_0，若能在有限时间 $T>t_0$ 内，根据 t_0 到 T 的系统输出 $\boldsymbol{y}(t)$ 的量测值，唯一地确定系统在 t_0 时刻的状态 $\boldsymbol{x}(t_0)$，则称系统是状态完全可观的，简称系统可观。若系统哪怕有一个状态变量初始时刻的值不能由系统输出唯一确定，则称系统状态不完全可观，简称系统不可观。所以系统的可观性指的是系统的输出量 $\boldsymbol{y}(t)$ 对状态变量 $\boldsymbol{x}(t)$ 的反应能力。

同理，对于线性定常离散系统，如果根据有限采样周期内的输出 $\boldsymbol{y}(k)$，能唯一地确定任意初始状态矢量 $\boldsymbol{x}(0)$，则系统是完全可观的，简称系统可观。若系统哪怕有一个状态变量初始时刻的值不能由系统输出唯一确定，则称系统状态不完全可观，简称系统不可观。

2. 线性定常系统可观性基本判据

定理 9－5(可观性代数判据) 设线性定常连续系统和线性定常离散系统的状态空间表达式分别为

$$\dot{\boldsymbol{x}} = \boldsymbol{A}\boldsymbol{x} + \boldsymbol{B}\boldsymbol{u}$$
$$\boldsymbol{y} = \boldsymbol{C}\boldsymbol{x}$$

和

$$\boldsymbol{x}(k+1) = \boldsymbol{G}\boldsymbol{x}(k) + \boldsymbol{H}\boldsymbol{u}(k)$$
$$\boldsymbol{y}(k) = \boldsymbol{C}\boldsymbol{x}(k)$$

构造系统的可观性矩阵

$$\boldsymbol{Q}_{g1} = \begin{bmatrix} \boldsymbol{C} \\ \boldsymbol{CA} \\ \vdots \\ \boldsymbol{CA}^{n-1} \end{bmatrix}, \quad \boldsymbol{Q}_{g2} = \begin{bmatrix} \boldsymbol{C} \\ \boldsymbol{CG} \\ \vdots \\ \boldsymbol{CG}^{n-1} \end{bmatrix}$$

则线性定常连续和离散系统状态完全可观的充分必要条件是其可观性矩阵满秩，即

$$\mathrm{rank}\boldsymbol{Q}_{g1} = n, \quad \mathrm{rank}\boldsymbol{Q}_{g2} = n$$

并称矩阵对$[\boldsymbol{A} \quad \boldsymbol{C}]$或$[\boldsymbol{G} \quad \boldsymbol{C}]$为可观的。

证明 在此只证明线性定常连续系统的可观性判据。线性定常离散系统的可观性判据可类似得证。

不失一般性，假定输入 $u=0$，初始状态为 $\boldsymbol{x}(0)$，则有

$$\begin{aligned}\boldsymbol{y}(t) &= \boldsymbol{C}\mathrm{e}^{\boldsymbol{A}t}\boldsymbol{x}(0) = \boldsymbol{C}\sum_{k=0}^{n-1} \alpha_k(t)\boldsymbol{A}^k\boldsymbol{x}(0) \\ &= [C\alpha_0(t) + C\alpha_1(t)A + \cdots + C\alpha_{n-1}(t)\boldsymbol{A}^{n-1}]\boldsymbol{x}(0) \\ &= [\alpha_0(t)\boldsymbol{I}_m \quad \alpha_1(t)\boldsymbol{I}_m \quad \cdots \quad \alpha_{n-1}(t)\boldsymbol{I}_m] \begin{bmatrix} \boldsymbol{C} \\ \boldsymbol{CA} \\ \vdots \\ \boldsymbol{CA}^{n-1} \end{bmatrix} \boldsymbol{x}(0)\end{aligned}$$

式中 $\boldsymbol{I}_m$ 为 m 阶单位阵，m 为输出向量的维数。由于$[\alpha_0(t)\boldsymbol{I}_m \quad \alpha_1(t)\boldsymbol{I}_m \quad \cdots \quad \alpha_{n-1}(t)\boldsymbol{I}_m]$的 nm 列线性无关，于是根据测得的 $\boldsymbol{y}(t)$可惟一确定 $\boldsymbol{x}(0)$的充要条件是

$$\mathrm{rank}\boldsymbol{Q}_{g1} = \mathrm{rank}\begin{bmatrix} \boldsymbol{C} \\ \boldsymbol{CA} \\ \vdots \\ \boldsymbol{CA}^{n-1} \end{bmatrix} = n$$

证毕。

与判别系统的可控性类似，同样可以利用线性变换将系统矩阵 $\boldsymbol{A}$ 化为对角线矩阵或约当矩阵，再根据变换后相应的输出矩阵来判断系统的可观性。

定理 9－6(特征值规范型判据) 设线性定常连续系统的系统矩阵和输出矩阵分别为 $\boldsymbol{A}$ 和 $\boldsymbol{C}$，如果系统具有两两互异的特征值，则其为状态完全可观的充分必要条件是系统经线性非奇异变换后的对角线规范型。

$$\dot{x}=\begin{bmatrix}\lambda_1 & & \mathbf{0}\\ & \ddots & \\ \mathbf{0} & & \lambda_n\end{bmatrix}x+\widetilde{\boldsymbol{B}}\boldsymbol{u}$$

$$\boldsymbol{y}=\widetilde{\boldsymbol{C}}\boldsymbol{x}$$

的输出矩阵 $\widetilde{\boldsymbol{C}}$ 中不包含元素全为 0 的列。

对于系统存在重特征根的情况，也有类似可控性判据的结论。

定理 9－7(特征值规范型判据) 设线性定常连续系统的系统矩阵和输出矩阵分别为 $\boldsymbol{A}$ 和 $\boldsymbol{C}$，如果系统具有重特征值 λ_1(m_1 重)，λ_2(m_2 重)，…，λ_k(m_k 重)，$\sum_{i=1}^{k} m_i=n$，$\lambda_i\neq\lambda_j$ $(i\neq j)$，则系统状态完全可观的充要条件是：系统经非奇异变换后的约当规范形式

$$\dot{\tilde{x}}=\begin{bmatrix}\boldsymbol{A}_1' & & \mathbf{0}\\ & \ddots & \\ \mathbf{0} & & \boldsymbol{A}_k'\end{bmatrix}\tilde{x}+\widetilde{\boldsymbol{B}}\boldsymbol{u}$$

$$\boldsymbol{y}=\widetilde{\boldsymbol{C}}\boldsymbol{x}$$

中 $\widetilde{\boldsymbol{C}}$ 与每一个约当块 $\boldsymbol{A}_i'$ $(i=1, 2, \cdots, k)$的首列相应的那些列的所有元素不全为 0。

【例 9－25】 试分析例 9－24 所给系统的可观性。

解 由可观性特征值规范型判据可知，系统(1)是状态完全可观的；系统(2)是状态不完全可观的，且状态 x_1 不可观；系统(3)是状态完全可观的；系统(4)是状态完全可观的。

9.7 线性定常系统的线性变换

由前面的讨论可以看出，线性变换在系统分析中起着很重要的作用。从矩阵指数(状态转移矩阵)的计算到系统可控性和可观性的判据都涉及线性变换问题。并且经过一定的线性变换可以将系统化为可控标准型和可观标准型，还可以实现系统的结构分解。

1. 线性系统的非奇异变换及不变性

考虑下列方程描述的系统：

$$\begin{cases}\dot{\boldsymbol{x}}=\boldsymbol{A}\boldsymbol{x}+\boldsymbol{B}\boldsymbol{u}\\ \boldsymbol{y}=\boldsymbol{C}\boldsymbol{x}+\boldsymbol{D}\boldsymbol{u}\end{cases}\tag{9.75}$$

线性变换指的是对线性空间的向量作如下变换：

$$\tilde{x}=\boldsymbol{P}\boldsymbol{x}\quad \text{或}\quad \boldsymbol{x}=\boldsymbol{P}^{-1}\tilde{x}$$

其中 $\boldsymbol{P}$ 是 $n\times n$ 的非奇异变换矩阵，则用 $\tilde{x}$ 描述的系统状态空间表达式为

$$\begin{cases}\dot{\tilde{x}}=\widetilde{\boldsymbol{A}}\tilde{x}+\widetilde{\boldsymbol{B}}\boldsymbol{u}\\ \boldsymbol{y}=\widetilde{\boldsymbol{C}}\tilde{x}+\widetilde{\boldsymbol{D}}\boldsymbol{u}\end{cases}\tag{9.76}$$

并且可以推出，变换前后系统的系数矩阵之间的关系为

$$\widetilde{\boldsymbol{A}}=\boldsymbol{P}\boldsymbol{A}\boldsymbol{P}^{-1},\quad \widetilde{\boldsymbol{B}}=\boldsymbol{P}\boldsymbol{B},\quad \widetilde{\boldsymbol{C}}=\boldsymbol{C}\boldsymbol{P}^{-1},\quad \widetilde{\boldsymbol{D}}=\boldsymbol{D}$$

可以证明，式系统(9.75)的系统经过非奇异变换后存在一些不变量，即

① $|\lambda\boldsymbol{I}-\widetilde{\boldsymbol{A}}|=|\lambda\boldsymbol{I}-\boldsymbol{A}|$(特征值不变)；

② $\mathrm{rank}\boldsymbol{Q}_{\mathrm{k}}=\mathrm{rank}\widetilde{\boldsymbol{Q}}_{\mathrm{k}}$(可控性不变)；

③ $\mathrm{rank}\boldsymbol{Q}_g=\mathrm{rank}\widetilde{\boldsymbol{Q}}_g$（可观性不变）；

④ $\widetilde{G}(s)=\widetilde{\boldsymbol{C}}[(s\boldsymbol{I}-\widetilde{\boldsymbol{A}})^{-1}]\widetilde{\boldsymbol{B}}+\widetilde{\boldsymbol{D}}=\boldsymbol{C}[(s\boldsymbol{I}-\boldsymbol{A})^{-1}]\boldsymbol{B}+\boldsymbol{D}=G(s)$（传递函数不变）。

2. 化系统为可控标准型

对于具有如下状态方程形式的单变量控制系统：

$$\begin{bmatrix}\dot{x}_1\\ \dot{x}_2\\ \vdots\\ \dot{x}_{n-1}\\ \dot{x}_n\end{bmatrix}=\begin{bmatrix}0&1&0&\cdots&0\\ 0&0&1&\cdots&0\\ \vdots&\vdots&\vdots&&\vdots\\ 0&0&0&\cdots&1\\ -a_n&-a_{n-1}&-a_{n-2}&\cdots&-a_1\end{bmatrix}\begin{bmatrix}x_1\\ x_2\\ \vdots\\ x_{n-1}\\ x_n\end{bmatrix}+\begin{bmatrix}0\\ 0\\ \vdots\\ 0\\ 1\end{bmatrix}\boldsymbol{u}\tag{9.77}$$

其中 $a_i(i=1, 2, \cdots, n)$为常数。可以验证该系统的可控矩阵 $\boldsymbol{Q}_k=[\boldsymbol{B}\quad \boldsymbol{AB}\quad \cdots\quad \boldsymbol{A}^{n-1}\boldsymbol{B}]$是一个副对角线全为 1 的下三角形矩阵，其行列式总为−1，因此 $\mathrm{rank}\boldsymbol{Q}_k=n$，即系统状态完全可控。称式(9.77)表示的矩阵对$[\boldsymbol{A}\quad \boldsymbol{B}]$为单输入线性定常系统的可控标准型。

单输入线性定常系统的状态若完全可控，则可以通过线性非奇异变换将其系统矩阵和输入矩阵变换为可控标准型。

定理 9－8　设单输入线性定常系统的状态方程为

$$\dot{\boldsymbol{x}}=\boldsymbol{Ax}+\boldsymbol{Bu}\tag{9.78}$$

若其状态完全可控，则必存在线性非奇异变换

$$\tilde{\boldsymbol{x}}=\boldsymbol{Px}\quad \text{或}\quad \boldsymbol{x}=\boldsymbol{P}^{-1}\tilde{\boldsymbol{x}}\tag{9.79}$$

将状态方程(9.78)变换成式(9.77)的可控标准型形式。并且非奇异变换矩阵 $\boldsymbol{P}$ 由

$$\boldsymbol{P}=\begin{bmatrix}\boldsymbol{p}_1\\ \boldsymbol{p}_1\boldsymbol{A}\\ \vdots\\ \boldsymbol{p}_1\boldsymbol{A}^{n-1}\end{bmatrix}\tag{9.80}$$

确定，其中 $1\times n$ 的矩阵 $\boldsymbol{p}_1$ 为

$$\boldsymbol{p}_1=[0\quad \cdots\quad 0\quad 1][\boldsymbol{B}\quad \boldsymbol{AB}\quad \cdots\quad \boldsymbol{A}^{n-1}\boldsymbol{B}]^{-1}\tag{9.81}$$

即行向量 $\boldsymbol{p}_1$ 为系统可控性矩阵 $\boldsymbol{Q}_k$ 逆矩阵的最后一行。

证明　将式(9.79)代入式(9.78)可得

$$\dot{\tilde{\boldsymbol{x}}}=\boldsymbol{PAP}^{-1}\tilde{\boldsymbol{x}}+\boldsymbol{PBu}$$

依据可控标准型形式，要求：

$$\boldsymbol{PAP}^{-1}=\begin{bmatrix}0&1&0&\cdots&0\\ 0&0&1&\cdots&0\\ \vdots&\vdots&\vdots&&\vdots\\ 0&0&0&\cdots&1\\ -a_n&-a_{n-1}&-a_{n-2}&\cdots&-a_1\end{bmatrix},\quad \boldsymbol{PB}=\begin{bmatrix}0\\ 0\\ \vdots\\ 0\\ 1\end{bmatrix}\tag{9.82}$$

设变换矩阵 $\boldsymbol{P}$ 为

$$\boldsymbol{P}=[\boldsymbol{p}_1^{\mathrm{T}}\quad \boldsymbol{p}_2^{\mathrm{T}}\quad \cdots\quad \boldsymbol{p}_{n-1}^{\mathrm{T}}\quad \boldsymbol{p}_n^{\mathrm{T}}]^{\mathrm{T}}$$

依据式(9.82)中 $\boldsymbol{A}$ 阵变换要求有

$$\begin{bmatrix} \boldsymbol{p}_1 \\ \boldsymbol{p}_2 \\ \vdots \\ \boldsymbol{p}_{n-1} \\ \boldsymbol{p}_n \end{bmatrix} \boldsymbol{A} = \begin{bmatrix} 0 & 1 & 0 & \cdots & 0 \\ 0 & 0 & 1 & \cdots & 0 \\ \vdots & \vdots & \vdots & & \vdots \\ 0 & 0 & 0 & \cdots & 1 \\ -a_n & -a_{n-1} & -a_{n-2} & \cdots & -a_1 \end{bmatrix} \begin{bmatrix} \boldsymbol{p}_1 \\ \boldsymbol{p}_2 \\ \vdots \\ \boldsymbol{p}_{n-1} \\ \boldsymbol{p}_n \end{bmatrix}$$

将上式展开并整理得

$$\begin{aligned} \boldsymbol{p}_1\boldsymbol{A} &= \boldsymbol{p}_2 \\ \boldsymbol{p}_2\boldsymbol{A} &= \boldsymbol{p}_1\boldsymbol{A}^2 = \boldsymbol{p}_3 \\ &\vdots \\ \boldsymbol{p}_{n-2}\boldsymbol{A} &= \boldsymbol{p}_1\boldsymbol{A}^{n-2} = \boldsymbol{p}_{n-1} \\ \boldsymbol{p}_{n-1}\boldsymbol{A} &= \boldsymbol{p}_1\boldsymbol{A}^{n-1} = \boldsymbol{p}_n \end{aligned}$$

由此可得变换矩阵

$$\boldsymbol{P} = \begin{bmatrix} \boldsymbol{p}_1 \\ \boldsymbol{p}_1\boldsymbol{A} \\ \vdots \\ \boldsymbol{p}_1\boldsymbol{A}^{n-2} \\ \boldsymbol{p}_1\boldsymbol{A}^{n-1} \end{bmatrix}$$

依据式(9.82)中 B 阵变换要求有

$$\boldsymbol{PB} = \begin{bmatrix} \boldsymbol{p}_1 \\ \boldsymbol{p}_1\boldsymbol{A} \\ \vdots \\ \boldsymbol{p}_1\boldsymbol{A}^{n-2} \\ \boldsymbol{p}_1\boldsymbol{A}^{n-1} \end{bmatrix} \boldsymbol{B} = \boldsymbol{p}_1 \begin{bmatrix} \boldsymbol{B} \\ \boldsymbol{AB} \\ \vdots \\ \boldsymbol{A}^{n-2}\boldsymbol{B} \\ \boldsymbol{A}^{n-1}\boldsymbol{B} \end{bmatrix} = \begin{bmatrix} 0 \\ 0 \\ \vdots \\ 0 \\ 1 \end{bmatrix}$$

即

$$\boldsymbol{p}_1[\boldsymbol{B} \quad \boldsymbol{AB} \quad \cdots \quad \boldsymbol{A}^{n-1}\boldsymbol{B}] = [0 \quad \cdots \quad 0 \quad 1]$$

由于系统完全可控，矩阵 $\boldsymbol{Q}$ 满秩，故有

$$\boldsymbol{p}_1 = [0 \quad \cdots \quad 0 \quad 1][\boldsymbol{B} \quad \boldsymbol{AB} \quad \cdots \quad \boldsymbol{A}^{n-1}\boldsymbol{B}]^{-1}$$

该式表明 $\boldsymbol{p}_1$ 为系统可控性矩阵 $\boldsymbol{Q}_k$ 逆矩阵的最后一行。证毕。

【例 9-26】 已知一线性定常系统的状态方程为

$$\dot{\boldsymbol{x}} = \begin{bmatrix} 1 & -1 \\ 0 & -1 \end{bmatrix} \boldsymbol{x} + \begin{bmatrix} 1 \\ 1 \end{bmatrix} \boldsymbol{u}$$

试将其状态方程化为可控标准型。

解 由于系统的可控性矩阵

$$\boldsymbol{Q}_k = [\boldsymbol{B} \quad \boldsymbol{AB}] = \begin{bmatrix} 1 & 0 \\ 1 & -1 \end{bmatrix}$$

非奇异，所以系统可以化为可控标准型。

$$\boldsymbol{p}_1 = [0 \quad 1]\boldsymbol{Q}_k^{-1} = [1 \quad -1]$$

变换矩阵 $\boldsymbol{P}$ 为

$$\boldsymbol{P}=\begin{bmatrix}\boldsymbol{p}_1\\ \boldsymbol{p}_1\boldsymbol{A}\end{bmatrix}=\begin{bmatrix}1 & -1\\ 1 & 0\end{bmatrix}$$

因此

$$\widetilde{\boldsymbol{A}}=\boldsymbol{PAP}^{-1}=\begin{bmatrix}0 & 1\\ 1 & 0\end{bmatrix},\quad \widetilde{\boldsymbol{B}}=\boldsymbol{PB}=\begin{bmatrix}0\\ 1\end{bmatrix}$$

故原系统可化为如下可控标准型：

$$\dot{\tilde{\boldsymbol{x}}}=\widetilde{\boldsymbol{A}}\tilde{\boldsymbol{x}}+\widetilde{\boldsymbol{B}}\boldsymbol{u}=\begin{bmatrix}0 & 1\\ 1 & 0\end{bmatrix}\tilde{\boldsymbol{x}}+\begin{bmatrix}0\\ 1\end{bmatrix}\boldsymbol{u}$$

3. 化系统为可观标准型

单输出的控制系统，如果其状态完全可观，则可以经过一定的线性非奇异变换化为如下形式的可观标准型：

$$\dot{\boldsymbol{x}}=\begin{bmatrix}0 & \cdots & 0 & -a_n\\ 1 & & 0 & -a_{n-1}\\ & \ddots & & \vdots\\ 0 & & 1 & -a_1\end{bmatrix}\boldsymbol{x}+\boldsymbol{Bu}\tag{9.83}$$

$$\boldsymbol{y}=[0\quad\cdots\quad 0\quad 1]\boldsymbol{x}\tag{9.84}$$

定理 9－9　设单输出系统的状态空间表达式为

$$\begin{cases}\dot{\boldsymbol{x}}=\boldsymbol{Ax}+\boldsymbol{Bu}\\ \boldsymbol{y}=\boldsymbol{Cx}\end{cases}\tag{9.85}$$

若系统状态完全可观，则存在非奇异变换

$$\tilde{\boldsymbol{x}}=\boldsymbol{T}^{-1}\boldsymbol{x}\quad 或\quad \boldsymbol{x}=\boldsymbol{T}\tilde{\boldsymbol{x}}\tag{9.86}$$

可将由式(9.85)表示的系统化为式(9.83)和式(9.84)表示的可观标准型。变换矩阵 $\boldsymbol{T}$ 为

$$\boldsymbol{T}=[\boldsymbol{t}_1\quad \boldsymbol{At}_1\quad\cdots\quad \boldsymbol{A}^{n-1}\boldsymbol{t}_1]\tag{9.87}$$

其中，$n\times 1$ 矩阵 $\boldsymbol{t}_1$ 由下式确定：

$$\boldsymbol{t}_1=\begin{bmatrix}\boldsymbol{C}\\ \boldsymbol{CA}\\ \vdots\\ \boldsymbol{CA}^{n-1}\end{bmatrix}^{-1}\begin{bmatrix}0\\ 0\\ \vdots\\ 1\end{bmatrix}\tag{9.88}$$

即 $\boldsymbol{t}_1$ 为系统可观性矩阵 $\boldsymbol{Q}_g$ 逆矩阵的最后一列。

证明　将式(9.86)代入式(9.85)可得

$$\dot{\hat{\boldsymbol{x}}}=\boldsymbol{T}^{-1}\boldsymbol{AT}\hat{\boldsymbol{x}}+\boldsymbol{T}^{-1}\boldsymbol{Bu}$$

$$\boldsymbol{y}=\hat{\boldsymbol{y}}=\boldsymbol{CT}\hat{\boldsymbol{x}}$$

依据可观标准型形式，要求：

$$\boldsymbol{T}^{-1}\boldsymbol{AT}=\begin{bmatrix}0 & \cdots & 0 & -a_n\\ 1 & & 0 & -a_{n-1}\\ & \ddots & & \vdots\\ 0 & & 1 & -a_1\end{bmatrix},\ \boldsymbol{CT}=[0\quad\cdots\quad 0\quad 1]\tag{9.89}$$

设变换矩阵 $\boldsymbol{T}$ 为

$$\boldsymbol{T}=[\boldsymbol{t}_1 \quad \boldsymbol{t}_2 \quad \cdots \quad \boldsymbol{t}_n]$$

依据式(9.89)中 $\boldsymbol{A}$ 阵变换要求有

$$\boldsymbol{A}[\boldsymbol{t}_1 \quad \boldsymbol{t}_2 \quad \cdots \quad \boldsymbol{t}_n]=[\boldsymbol{t}_1 \quad \boldsymbol{t}_2 \quad \cdots \quad \boldsymbol{t}_n]\begin{bmatrix}0 & \cdots & 0 & -a_n \\ 1 & & 0 & -a_{n-1} \\ & \ddots & & \vdots \\ 0 & & 1 & -a_1\end{bmatrix}$$

将上式展开并整理得

$$\begin{aligned}&\boldsymbol{A}\boldsymbol{t}_1=\boldsymbol{t}_2\\&\boldsymbol{A}\boldsymbol{t}_2=\boldsymbol{A}^2\boldsymbol{t}_1=\boldsymbol{t}_3\\&\vdots\\&\boldsymbol{A}\boldsymbol{t}_{n-1}=\boldsymbol{A}^{n-1}\boldsymbol{t}_1=\boldsymbol{t}_n\end{aligned}$$

由此可得变换矩阵

$$\boldsymbol{T}=[\boldsymbol{t}_1 \quad \boldsymbol{A}\boldsymbol{t}_1 \quad \cdots \quad \boldsymbol{A}^{n-1}\boldsymbol{t}_1]$$

依据式(9.89)中 $\boldsymbol{C}$ 阵变换要求有

$$\boldsymbol{C}\boldsymbol{T}=\boldsymbol{C}[\boldsymbol{t}_1 \quad \boldsymbol{A}\boldsymbol{t}_1 \quad \cdots \quad \boldsymbol{A}^{n-1}\boldsymbol{t}_1]=[\boldsymbol{C} \quad \boldsymbol{C}\boldsymbol{A} \quad \cdots \quad \boldsymbol{C}\boldsymbol{A}^{n-1}]\boldsymbol{t}_1=[0 \quad \cdots \quad 0 \quad 1]$$

即

$$\begin{bmatrix}\boldsymbol{C}\\ \boldsymbol{C}\boldsymbol{A}\\ \vdots \\ \boldsymbol{C}\boldsymbol{A}^{n-1}\end{bmatrix}\boldsymbol{t}_1=\begin{bmatrix}0\\0\\ \vdots\\1\end{bmatrix}$$

由于系统完全可观，矩阵 $\boldsymbol{Q}_g$ 满秩，故有

$$\boldsymbol{t}_1=\begin{bmatrix}\boldsymbol{C}\\ \boldsymbol{C}\boldsymbol{A}\\ \vdots \\ \boldsymbol{C}\boldsymbol{A}^{n-1}\end{bmatrix}^{-1}\begin{bmatrix}0\\0\\ \vdots\\1\end{bmatrix}$$

该式表明 $\boldsymbol{t}_1$ 是可观性矩阵 $\boldsymbol{Q}_g$ 逆矩阵的最后一列。证毕。

【例 9-27】 设系统的状态空间表达式为

$$\dot{\boldsymbol{x}}=\begin{bmatrix}1 & -1\\0 & 2\end{bmatrix}\boldsymbol{x}+\begin{bmatrix}1\\1\end{bmatrix}u$$

$$y=\begin{bmatrix}-1 & -\frac{1}{2}\end{bmatrix}\boldsymbol{x}$$

试将其化为可观标准型。

解 由于系统的可观性矩阵

$$\boldsymbol{Q}_g=\begin{bmatrix}\boldsymbol{C}\\ \boldsymbol{C}\boldsymbol{A}\end{bmatrix}=\begin{bmatrix}-1 & -\frac{1}{2}\\ -1 & 0\end{bmatrix}$$

非奇异，由此可得

$$t_1 = Q_g^{-1}\begin{bmatrix}0\\1\end{bmatrix} = \begin{bmatrix}-1\\2\end{bmatrix}$$

变换矩阵为

$$T = [t_1 \quad At_1] = \begin{bmatrix}-1 & -3\\2 & 4\end{bmatrix}, \quad T^{-1} = \frac{1}{2}\begin{bmatrix}4 & 3\\-2 & -1\end{bmatrix}$$

因此，原系统经变换后的状态空间描述为

$$\dot{\tilde{x}} = T^{-1}AT\tilde{x} + T^{-1}Bu$$
$$y = CT\tilde{x}$$

即

$$\dot{\tilde{x}} = \begin{bmatrix}0 & -2\\1 & 3\end{bmatrix}\tilde{x} + \begin{bmatrix}7/2\\-3/2\end{bmatrix}u$$
$$y = [0 \quad 1]\tilde{x}$$

9.8 对偶原理

从前面对线性系统可控性和可观性的讨论可以发现，系统的可控性和可观性存在着某种相似性。这种相似性可以用本节给出的对偶原理进一步说明。

考虑由下述状态空间表达式描述的系统 S_1：

$$\dot{x} = Ax + Bu$$
$$y = Cx$$

式中，x 为 n 维状态向量，u 为 r 维控制向量，y 为 m 维输出向量，矩阵 A、B 和 C 的维数分别为 $n\times n$、$n\times r$ 和 $m\times n$。

对偶系统 S_2 由下述状态空间表达式定义：

$$\dot{z} = A^{\mathrm{T}}z + C^{\mathrm{T}}v$$
$$w = B^{\mathrm{T}}z$$

式中，z 为 n 维状态向量，v 为 m 维控制向量，w 为 r 维输出向量，矩阵 A^{T}、B^{T} 和 C^{T} 的维数分别为 $n\times n$、$r\times n$ 和 $n\times m$。

定理 9-10(对偶原理) 当且仅当系统 S_2 状态完全可观(状态完全可控)时，系统 S_1 才是状态完全可控(状态完全可观)的。

为了验证这个原理，下面写出系统 S_1 和 S_2 的状态可控和可观的充要条件。

对于系统 S_1：

状态完全可控的充要条件是 $n\times nr$ 维可控性矩阵

$$[B \quad AB \quad \cdots \quad A^{n-1}B]$$

的秩为 n。

状态完全可观的充要条件是 $n\times nm$ 维可观性矩阵

$$[C^{\mathrm{T}} \quad A^{\mathrm{T}}C^{\mathrm{T}} \quad \cdots \quad (A^{\mathrm{T}})^{n-1}C]$$

的秩为 n。

对于系统 S_2：

状态完全可控的充要条件是 $n\times nm$ 维可控性矩阵

$$[\boldsymbol{C}^{\mathrm{T}} \quad \boldsymbol{A}^{\mathrm{T}}\boldsymbol{C}^{\mathrm{T}} \quad \cdots \quad (\boldsymbol{A}^{\mathrm{T}})^{n-1}\boldsymbol{C}]$$

的秩为 n。

状态完全可观的充要条件是 $n\times nr$ 维可观性矩阵

$$[\boldsymbol{B} \quad \boldsymbol{AB} \quad \cdots \quad \boldsymbol{A}^{n-1}\boldsymbol{B}]$$

的秩为 n。

为了方便比较，在表示系统的可观性条件时，用到了以下线性代数知识：矩阵的秩等于其转置矩阵的秩，以及分块矩阵的转置等于整个矩阵转置后，每个子矩阵再转置。因此，对比上述两系统的可控性和可观性条件，可以很明显地看出对偶原理的正确性。利用此原理，一个给定系统的状态可观性可用其对偶系统的状态可控性来检验和判断。

简单地说，对偶性有如下关系：

$$\boldsymbol{A}\Rightarrow\boldsymbol{A}^{\mathrm{T}},\quad \boldsymbol{B}\Rightarrow\boldsymbol{C}^{\mathrm{T}},\quad \boldsymbol{C}\Rightarrow\boldsymbol{B}^{\mathrm{T}}$$

9.9 线性定常系统的结构分解

根据对系统可控性和可观性的讨论可知，实际系统总是可以由以下四个子系统的部分或全部组成：可控可观子系统、可控不可观子系统、不可控可观子系统和不可控不可观子系统。对于任何系统，无论其动态方程为何种形式，都可以通过线性非奇异变换使系统按上述四个部分实现分解，称之为系统的结构分解。

下面的三个定理说明了通过线性非奇异变换进行系统结构分解的可行性。

定理 9-11 若系统[$\boldsymbol{A}$, $\boldsymbol{B}$, $\boldsymbol{C}$]状态不完全可控，则必存在适当的线性非奇异变换，使之化为按可控性分解的显表达式[$\widetilde{\boldsymbol{A}}$, $\widetilde{\boldsymbol{B}}$, $\widetilde{\boldsymbol{C}}$]：

$$\begin{bmatrix}\dot{\tilde{\boldsymbol{x}}}_1\\ \dot{\tilde{\boldsymbol{x}}}_2\end{bmatrix}=\begin{bmatrix}\widetilde{\boldsymbol{A}}_{11} & \widetilde{\boldsymbol{A}}_{12}\\ \boldsymbol{0} & \widetilde{\boldsymbol{A}}_{22}\end{bmatrix}\begin{bmatrix}\tilde{\boldsymbol{x}}_1\\ \tilde{\boldsymbol{x}}_2\end{bmatrix}+\begin{bmatrix}\widetilde{\boldsymbol{B}}_1\\ \boldsymbol{0}\end{bmatrix}\boldsymbol{u} \tag{9.90}$$

$$\boldsymbol{y}=[\widetilde{\boldsymbol{C}}_1 \quad \widetilde{\boldsymbol{C}}_2]\begin{bmatrix}\tilde{\boldsymbol{x}}_1\\ \tilde{\boldsymbol{x}}_2\end{bmatrix} \tag{9.91}$$

其中，$\tilde{\boldsymbol{x}}_1$ 为可控状态向量，$\tilde{\boldsymbol{x}}_2$ 为不可控状态向量。

定理 9-12 若系统[$\boldsymbol{A}$, $\boldsymbol{B}$, $\boldsymbol{C}$]状态不完全可观，则必存在适当的线性非奇异变换，使之化为按可观性分解的显表达式[$\widetilde{\boldsymbol{A}}$, $\widetilde{\boldsymbol{B}}$, $\widetilde{\boldsymbol{C}}$]：

$$\begin{bmatrix}\dot{\tilde{\boldsymbol{x}}}_1\\ \dot{\tilde{\boldsymbol{x}}}_2\end{bmatrix}=\begin{bmatrix}\widetilde{\boldsymbol{A}}_{11} & \boldsymbol{0}\\ \widetilde{\boldsymbol{A}}_{21} & \widetilde{\boldsymbol{A}}_{22}\end{bmatrix}\begin{bmatrix}\tilde{\boldsymbol{x}}_1\\ \tilde{\boldsymbol{x}}_2\end{bmatrix}+\begin{bmatrix}\widetilde{\boldsymbol{B}}_1\\ \widetilde{\boldsymbol{B}}_2\end{bmatrix}\boldsymbol{u} \tag{9.92}$$

$$\boldsymbol{y}=[\widetilde{\boldsymbol{C}}_1 \quad \boldsymbol{0}]\begin{bmatrix}\tilde{\boldsymbol{x}}_1\\ \tilde{\boldsymbol{x}}_2\end{bmatrix} \tag{9.93}$$

其中，$\tilde{\boldsymbol{x}}_1$ 为可观状态向量，$\tilde{\boldsymbol{x}}_2$ 为不可观状态向量。

定理 9-13 若系统[$\boldsymbol{A}$, $\boldsymbol{B}$, $\boldsymbol{C}$]状态不完全可控且不完全可观，则必存在适当的线性非奇异变换，使之化为按可控性和可观性分解的显表达式[$\widetilde{\boldsymbol{A}}$, $\widetilde{\boldsymbol{B}}$, $\widetilde{\boldsymbol{C}}$]：

$$\begin{bmatrix}\dot{\tilde{\boldsymbol{x}}}_1\\ \dot{\tilde{\boldsymbol{x}}}_2\\ \dot{\tilde{\boldsymbol{x}}}_3\\ \dot{\tilde{\boldsymbol{x}}}_4\end{bmatrix}=\begin{bmatrix}\tilde{\boldsymbol{A}}_{11} & \boldsymbol{0} & \tilde{\boldsymbol{A}}_{13} & \boldsymbol{0}\\ \tilde{\boldsymbol{A}}_{21} & \tilde{\boldsymbol{A}}_{22} & \tilde{\boldsymbol{A}}_{23} & \tilde{\boldsymbol{A}}_{24}\\ \boldsymbol{0} & \boldsymbol{0} & \tilde{\boldsymbol{A}}_{33} & \boldsymbol{0}\\ \boldsymbol{0} & \boldsymbol{0} & \tilde{\boldsymbol{A}}_{43} & \tilde{\boldsymbol{A}}_{44}\end{bmatrix}\begin{bmatrix}\tilde{\boldsymbol{x}}_1\\ \tilde{\boldsymbol{x}}_2\\ \tilde{\boldsymbol{x}}_3\\ \tilde{\boldsymbol{x}}_4\end{bmatrix}+\begin{bmatrix}\tilde{\boldsymbol{B}}_1\\ \tilde{\boldsymbol{B}}_2\\ \boldsymbol{0}\\ \boldsymbol{0}\end{bmatrix}\boldsymbol{u} \tag{9.94}$$

$$\boldsymbol{y}=[\tilde{\boldsymbol{C}}_1 \quad \boldsymbol{0} \quad \tilde{\boldsymbol{C}}_3 \quad \boldsymbol{0}]\begin{bmatrix}\tilde{\boldsymbol{x}}_1\\ \tilde{\boldsymbol{x}}_2\\ \tilde{\boldsymbol{x}}_3\\ \tilde{\boldsymbol{x}}_4\end{bmatrix} \tag{9.95}$$

其中，$\tilde{\boldsymbol{x}}_1$ 为既可控又可观状态向量，$\tilde{\boldsymbol{x}}_2$ 为可控不可观状态向量，$\tilde{\boldsymbol{x}}_3$ 为不可控可观状态向量，$\tilde{\boldsymbol{x}}_4$ 为不可控不可观状态向量。

上述定理证明略去。现举例说明如何选取变换矩阵使系统实现结构分解。

【例 9－28】 已知一单输入单输出系统的状态空间描述如下：

$$\dot{\boldsymbol{x}}=\begin{bmatrix}1 & 2 & -1\\ 0 & 1 & 0\\ 1 & -4 & 3\end{bmatrix}\boldsymbol{x}+\begin{bmatrix}0\\ 0\\ 1\end{bmatrix}u$$

$$y=[1 \quad -1 \quad 1]\,\boldsymbol{x}$$

试分别按可控性和可观性将系统进行分解。

解 系统的可控性矩阵

$$\boldsymbol{Q}_{\mathrm{k}}=[\boldsymbol{B} \quad \boldsymbol{AB} \quad \boldsymbol{A}^2\boldsymbol{B}]=\begin{bmatrix}0 & -1 & -4\\ 0 & 0 & 0\\ 1 & 3 & 8\end{bmatrix}$$

$$\mathrm{rank}\boldsymbol{Q}_{\mathrm{k}}=2<n=3$$

所以系统状态不完全可控。将系统按可控性分解，由于可控性矩阵的秩为 2，表明其存在两个线性无关的列向量。取 $\boldsymbol{Q}_{\mathrm{k}}$ 中的前两列(取其线性无关列)作为变换矩阵 $\boldsymbol{P}$ 的前两列，$\boldsymbol{P}$ 的第三列(其余的列)在保证 $\boldsymbol{P}$ 矩阵非奇异的条件下可以任意选取。于是可得变换矩阵 $\boldsymbol{P}$：

$$\boldsymbol{P}=\begin{bmatrix}0 & -1 & 0\\ 0 & 0 & 1\\ 1 & 3 & 0\end{bmatrix},\quad \boldsymbol{P}^{-1}=\begin{bmatrix}3 & 0 & 1\\ -1 & 0 & 0\\ 0 & 1 & 0\end{bmatrix}$$

令 $\boldsymbol{x}=\boldsymbol{P}\tilde{\boldsymbol{x}}$，则变换后系统的状态空间描述为

$$\begin{aligned}\dot{\tilde{\boldsymbol{x}}}&=\boldsymbol{P}^{-1}\boldsymbol{AP}\,\tilde{\boldsymbol{x}}+\boldsymbol{P}^{-1}\boldsymbol{B}u\\ &=\begin{bmatrix}3 & 0 & 1\\ -1 & 0 & 0\\ 0 & 1 & 0\end{bmatrix}\begin{bmatrix}1 & 2 & -1\\ 0 & 1 & 0\\ 1 & -4 & 3\end{bmatrix}\begin{bmatrix}0 & -1 & 0\\ 0 & 0 & 1\\ 1 & 3 & 0\end{bmatrix}\tilde{\boldsymbol{x}}+\begin{bmatrix}3 & 0 & 1\\ -1 & 0 & 0\\ 0 & 1 & 0\end{bmatrix}\begin{bmatrix}0\\ 0\\ 1\end{bmatrix}u\\ &=\begin{bmatrix}0 & -4 & 2\\ 1 & 4 & -2\\ 0 & 0 & 1\end{bmatrix}\begin{bmatrix}\tilde{x}_1\\ \tilde{x}_2\\ \tilde{x}_3\end{bmatrix}+\begin{bmatrix}1\\ 0\\ 0\end{bmatrix}u\end{aligned}$$

$$y = \boldsymbol{CP}\tilde{\boldsymbol{x}} = [1 \quad 2 \quad -1]\,\tilde{\boldsymbol{x}}$$

$\tilde{x}_1$，$\tilde{x}_2$ 为系统的可控部分，$\tilde{x}_3$ 为不可控部分。

系统的可观性矩阵为

$$\boldsymbol{Q}_g = \begin{bmatrix} \boldsymbol{C} \\ \boldsymbol{CA} \\ \boldsymbol{CA}^2 \end{bmatrix} = \begin{bmatrix} 1 & -1 & 1 \\ 2 & -3 & 2 \\ 4 & -7 & 4 \end{bmatrix}$$

$$\text{rank}\boldsymbol{Q}_g = 2 < n = 3$$

显然系统不可观，可将系统按可观性分解。取 $\boldsymbol{Q}_g$ 的前两行（取其线性无关行）作为变换矩阵 $\boldsymbol{T}$ 的前两行，并任意选取与此可观性矩阵前两行线性无关的行作为矩阵 $\boldsymbol{T}$ 的第三行。于是得到变换矩阵 $\boldsymbol{T}$ 为

$$\boldsymbol{T} = \begin{bmatrix} 1 & -1 & 1 \\ 2 & -3 & 2 \\ 0 & 0 & 1 \end{bmatrix}, \quad \boldsymbol{T}^{-1} = \begin{bmatrix} 3 & -1 & -1 \\ 2 & -1 & 0 \\ 0 & 0 & 1 \end{bmatrix}$$

令 $\tilde{\boldsymbol{x}} = \boldsymbol{Tx}$，代入原方程可得

$$\dot{\tilde{\boldsymbol{x}}} = \boldsymbol{TAT}^{-1}\tilde{\boldsymbol{x}} + \boldsymbol{TB}u = \begin{bmatrix} 0 & 1 & 0 \\ -2 & 3 & 0 \\ -5 & 3 & 2 \end{bmatrix} \begin{bmatrix} \tilde{x}_1 \\ \tilde{x}_2 \\ \tilde{x}_3 \end{bmatrix} + \begin{bmatrix} 1 \\ 2 \\ 1 \end{bmatrix} u$$

$$y = \boldsymbol{CT}^{-1}\tilde{\boldsymbol{x}} = [1 \quad 0 \quad 0] \begin{bmatrix} \tilde{x}_1 \\ \tilde{x}_2 \\ \tilde{x}_3 \end{bmatrix}$$

$\tilde{x}_1$，$\tilde{x}_2$ 为系统的可观部分，$\tilde{x}_3$ 为不可观部分。

当系统状态既不可控也不可观时，按照定理 9 - 13，只要确定了变换矩阵，就可以对系统进行可控可观性结构分解。这个分解一般采用逐步分解的方法：首先将系统进行可控性分解，得到可控子系统和不可控子系统；然后对两个子系统再分别按可观性分解，便可得到所要求的四个子系统。

9.10 线性系统状态空间描述的 MATLAB 实现

在 2.5 节我们介绍了控制系统传递函数模型的 MATLAB 实现。同样，对于线性系统的状态空间模型，MATLAB 也可以实现，并且可以实现不同模型之间的转化。

已知系统的状态空间模型：

$$\dot{\boldsymbol{x}} = \boldsymbol{Ax} + \boldsymbol{B}u, \quad y = \boldsymbol{Cx} + \boldsymbol{D}u$$

用 MATLAB 建立上述模型时，可采用 ss(A,B,C,D)。但应注意，系统状态空间表达式的实现不是唯一的，具体实现视不同情况而定。

【例 9 - 29】 试将第 2 章中【例 2 - 12】的传递函数转化为 ss 模型（采用最小实现方式）。

解 模型转化的程序为

```
Gss=ss(G,'min')
```

程序运行结果如下

```
a =
            x1        x2         x3          x4
   x1       -2        -0.75      -0.125      -0.125
   x2       4         0          0           0
   x3       0         2          0           0
   x4       0         0          1           0
b =
            u1
   x1       4
   x2       0
   x3       0
   x4       0
c =
            x1      x2      x3       x4
   y1       1.5     0.75    0.1875   0.3125
d =
   u1
   y1       0
```

在以状态空间描述为基础的现代控制理论中，矩阵分析和处理起着十分重要的作用。MATLAB 提供了许多与状态空间描述有关的矩阵运算和处理函数，使得系统线性非奇异变换、可控性和可观性的判别都十分方便。下面通过两个例子来说明相关函数的运用。

【例 9-30】 已知系统矩阵

$$\boldsymbol{A}=\begin{bmatrix}0 & 1\\ -2 & -3\end{bmatrix}$$

用 MATLAB 求矩阵指数 e^{At}。

解　可用如下 MATLAB 程序求解：

```
%ex_9-30
a=[0 1; -2 -3];
t=sym('t');
eat=expm(a*t)
```

运行结果为

```
eat =
[-exp(-2*t)+2*exp(-t),         exp(-t)-exp(-2*t)]
[-2*exp(-t)+2*exp(-2*t),     2*exp(-2*t)-exp(-t)]
```

程序中 sym( )是符号定义函数，expm( )是矩阵指数计算函数。

【例 9-31】 已知系统($\boldsymbol{A}$, $\boldsymbol{B}$, $\boldsymbol{C}$)为

$$\boldsymbol{A}=\begin{bmatrix}2 & 0 & 0\\ 0 & 4 & 1\\ 0 & 0 & 4\end{bmatrix},\quad \boldsymbol{B}=\begin{bmatrix}1\\ 0\\ 1\end{bmatrix},\quad \boldsymbol{C}=\begin{bmatrix}1 & 1 & 0\end{bmatrix}$$

试判断其可控性，如果可控，请将其化为可控标准型。

解　求解此例的 MATLAB 程序如下：

```
%ex_9 - 31
A=[2 0 0; 0 4 1; 0 0 4]; [ra, ca]=size(A);
B=[1; 0; 1]; C=[1 1 0]; D=[0];
sys1=ss(A, B, C, D);
Qk=ctrb(A, B); rc=rank(Qk);
if (rc==ra)
    iQk=inv(Qk);
    P(1, :)=iQk(ra, :);
    for i=2: ra
        P(i, :)=P(1, :) * A^(i-1);
    end
    Ac=P * A * inv(P); Bc=P * B; Cc=C * inv(P); Dc=D;
    sysc=ss(Ac, Bc, Cc, Dc)
else
    disp('can not be controlled');
end
```

运行结果为

```
a =
         x1    x2    x3
    x1    0     1     0
    x2    0     0     1
    x3   32   -32    10
b =
         u1
    x1    0
    x2    0
    x3    1
c =
         x1   x2   x3
    y1   14   -7    1
d =
         u1
    y1    0
```

本例中用到的有关 MATLAB 函数说明如下：

size( )——获取矩阵的行和列的数目；

ctrb(A, B)——求取系统的可控性矩阵(可观性矩阵求取用函数 obsv( ))；

rank( )——求矩阵的秩；

inv( )——求矩阵的逆。

另外还有一个常用的函数是 eig( )，它可以用来获得相应矩阵的特征值和特征向量。具体参数输入输出参见 MATLAB 软件的联机帮助。

小 结

本章所讨论的内容是现代控制理论的重要组成部分。以状态空间描述来分析系统的内部特性可以揭示许多传递函数不能反映的系统特征。本章具体讨论了如下内容：

(1) 状态空间的基本概念。状态、状态向量、状态方程、输出方程、状态空间表达式等基本概念，是现代控制理论研究的基础。同一个系统，其状态的选取是不唯一的，但不同方法选取的状态变量之间存在某种变换关系。

(2) 线性定常系统状态空间表达式的建立方法。通过机理分析法、传递函数或微分方程、方块图三种途径都可以建立系统的状态空间模型，并且传递函数或微分方程表示的系统外部描述与状态空间表达式表示的系统内部描述之间存在一定的转换关系，其中由传递函数求取状态空间表达式的问题称为系统实现问题，其结果具有不唯一性。

(3) 线性定常系统的响应。线性系统的响应可以通过求解系统的状态方程来实现，在求解状态方程时，最重要的是确定系统的状态转移矩阵(对于定常系统就是矩阵指数)。线性定常离散系统的响应可以通过迭代法和 Z 变换法求出。

(4) 线性定常系统的可控性和可观性。系统的可控性指的是控制作用对状态变量的影响，可观性则指的是能否从输出量中获得状态变量的信息。这两个概念是现代控制理论的两个基本概念。在给出这两个基本概念的定义后，重点讨论了线性定常连续和离散系统可控性和可观性的基本判据。

(5) 线性非奇异变换。状态空间描述是以矩阵理论为数学基础的，线性非奇异变换是系统标准型的实现和结构分解的基础，为此本章简要介绍了线性非奇异变换的结论，以及系统标准型的实现。

(6) 结构分解和对偶原理。对于状态不完全可控和不完全可观的系统，可以通过线性非奇异变换将其按照可控性和可观性分解，这就是线性系统的结构分解。这对直观地分析系统状态变量的可控性和可观性很有帮助。对偶原理揭示了系统可控性和可观性之间的相似关系，使对这两个问题的研究可以相互转换。

习 题

9-1 设描述系统输入输出关系的微分方程为

$$\ddot{y}(t)+5\dot{y}(t)+4y(t)=u(t)$$

其中 $y(t)$为输出量，$u(t)$为控制量，要求：

(1) 选取状态变量 $x_1=y(t)$，$x_2=\dot{y}(t)$，写出系统的状态空间表达式；

(2) 重选一组状态变量 x_1'，x_2'，且满足 $x_1=x_1'+x_2'$，$x_2=-x_1'-4x_2'$，写出系统在 x_1'，x_2'坐标下的状态空间表达式。

9-2 已知控制系统的微分方程如下，试写出系统的状态空间表达式，各式中 y 为输出量，u 为控制量。

(1) $\dddot{y}+6\ddot{y}+41\dot{y}+7y=6u$

(2) $\dddot{y}-3\ddot{y}+4\dot{y}-2y=u$

(3) $\dddot{y}-3a\ddot{y}+3a^2\dot{y}-a^3y=u$

(4) $2\dddot{y}-3y=\ddot{u}-2\dot{u}$

(5) $\dddot{y}+2\ddot{y}+z\dot{y}+4y=5\ddot{u}+6\dot{u}+7u$

(6) $\dddot{y}+6\ddot{y}+11\dot{y}+6y=\dddot{u}+8\ddot{u}+17\dot{u}+u$

9-3 已知系统的传递函数如下，试求其状态空间表达式。

(1) $\dfrac{Y(s)}{U(s)}=\dfrac{2s^2+18s+40}{s^3+6s^2+11s+6}$

(2) $\dfrac{Y(s)}{U(s)}=\dfrac{s^2+4s+1}{s^3+9s^2+8s}$

(3) $\dfrac{Y(s)}{U(s)}=\dfrac{2s^2+6s+5}{s^3+4s^2+5s+2}$

(4) $\dfrac{Y(s)}{U(s)}=\dfrac{s^2+7s+12}{s^2+3s+2}$

9-4 已知系统的状态空间表达式为

$$\dot{\boldsymbol{x}}=\boldsymbol{A}\boldsymbol{x}+\boldsymbol{B}u$$
$$y=\boldsymbol{C}\boldsymbol{x}+Du$$

其中

(1) $\boldsymbol{A}=\begin{bmatrix}-2 & 2 & 1\\ 0 & -2 & 0\\ 1 & -4 & 0\end{bmatrix}$，$\boldsymbol{B}=\begin{bmatrix}0\\0\\1\end{bmatrix}$，$\boldsymbol{C}=[1\quad -1\quad 1]$，$D=0$

(2) $\boldsymbol{A}=\begin{bmatrix}3 & 2\\ -4 & -4\end{bmatrix}$，$\boldsymbol{B}=\begin{bmatrix}4\\3\end{bmatrix}$，$\boldsymbol{C}=[2\quad 2]$，$D=1$

(3) $\boldsymbol{A}=\begin{bmatrix}-1 & -1\\ 3 & -2\end{bmatrix}$，$\boldsymbol{B}=\begin{bmatrix}2\\1\end{bmatrix}$，$\boldsymbol{C}=[1\quad 4]$，$D=0$

试求各系统的传递函数。

9-5 给定线性定常系统

$$\dot{\boldsymbol{x}}=\boldsymbol{A}\boldsymbol{x}=\begin{bmatrix}0 & 1\\ -3 & -2\end{bmatrix}\boldsymbol{x},\quad \boldsymbol{x}(0)=\begin{bmatrix}1\\ -1\end{bmatrix}$$

试求该齐次状态方程的解 $\boldsymbol{x}(t)$。

9-6 已知线性定常系统的系统矩阵为

$$\boldsymbol{A}=\begin{bmatrix}0 & 1 & 0\\ 0 & 0 & 1\\ -6 & -11 & -6\end{bmatrix}$$

试计算该系统的矩阵指数。

9-7 已知系统状态方程为

$$\dot{\boldsymbol{x}}=\begin{bmatrix}0 & 1\\ -6 & -5\end{bmatrix}\boldsymbol{x}+\begin{bmatrix}1\\1\end{bmatrix}u$$

当 $\boldsymbol{x}(0)=\boldsymbol{0}$，$u(t)=1(t)$时，求状态方程的解。

9-8　若线性定常系统的矩阵指数为

$$e^{At}=\begin{bmatrix} e^{-t} & 0 & 0 \\ 0 & (1-2t)e^{-2t} & 4te^{-2t} \\ 0 & -te^{-2t} & (1+2t)e^{-2t} \end{bmatrix}$$

试求系统的系统矩阵 $\boldsymbol{A}$。

9-9　已知控制系统状态方程为

$$\dot{\boldsymbol{x}}=\boldsymbol{A}\boldsymbol{x}$$

且知，当

(1) $\boldsymbol{x}(0)=\begin{bmatrix} 1 \\ -1 \end{bmatrix}$时，有 $\boldsymbol{x}(t)=\begin{bmatrix} e^{-2t} \\ -e^{-2t} \end{bmatrix}$

$\boldsymbol{x}(0)=\begin{bmatrix} 2 \\ -1 \end{bmatrix}$时，有 $\boldsymbol{x}(t)=\begin{bmatrix} 2e^{-t} \\ -e^{-t} \end{bmatrix}$

(2) $\boldsymbol{x}(0)=\begin{bmatrix} 2 \\ 1 \end{bmatrix}$时，有 $\boldsymbol{x}(t)=\begin{bmatrix} 2e^{-t} \\ e^{-t} \end{bmatrix}$

$\boldsymbol{x}(0)=\begin{bmatrix} 1 \\ 1 \end{bmatrix}$时，有 $\boldsymbol{x}(t)=\begin{bmatrix} e^{-t}+2te^{-t} \\ e^{-t}+te^{-t} \end{bmatrix}$

(3) $\boldsymbol{x}(0)=\begin{bmatrix} 2 \\ 1 \end{bmatrix}$时，有 $\boldsymbol{x}(t)=\begin{bmatrix} 6e^{-t}-4e^{-2t} \\ -3e^{-t}+4e^{-2t} \end{bmatrix}$

$\boldsymbol{x}(0)=\begin{bmatrix} 0 \\ 1 \end{bmatrix}$时，有 $\boldsymbol{x}(t)=\begin{bmatrix} 2e^{-t}-2e^{-2t} \\ -e^{-t}+2e^{-2t} \end{bmatrix}$

试确定系统的矩阵指数 e^{At} 和系统矩阵 $\boldsymbol{A}$。

9-10　试求取下列状态方程的离散化方程(采样周期 $T=1$ s)：

(1) $\dot{\boldsymbol{x}}=\begin{bmatrix} 0 & 1 \\ 0 & 0 \end{bmatrix}\boldsymbol{x}+\begin{bmatrix} 0 \\ 1 \end{bmatrix}u$

(2) $\dot{\boldsymbol{x}}=\begin{bmatrix} 0 & 1 \\ 0 & -2 \end{bmatrix}\boldsymbol{x}+\begin{bmatrix} 0 \\ 1 \end{bmatrix}u$

(3) $\dot{\boldsymbol{x}}=\begin{bmatrix} 0 & 1 \\ -4 & 0 \end{bmatrix}\boldsymbol{x}+\begin{bmatrix} 0 \\ 2 \end{bmatrix}u$

9-11　已知离散时间系统的状态方程和初态：

$$\boldsymbol{x}(k+1)=\begin{bmatrix} 1 & 0.5 \\ 0 & 0.1 \end{bmatrix}\boldsymbol{x}(k)+\begin{bmatrix} 0.3 \\ 0.4 \end{bmatrix}u(k),\quad \boldsymbol{x}(0)=\begin{bmatrix} 1 \\ 1 \end{bmatrix}$$

试求 $u(k)$，使系统能在第二个采样时刻转移到原点。

9-12　考虑下列矩阵：

$$\boldsymbol{A}=\begin{bmatrix} 0 & 1 & 0 & 0 \\ 0 & 0 & 1 & 0 \\ 0 & 0 & 0 & 1 \\ 1 & 0 & 0 & 0 \end{bmatrix}$$

试求矩阵 $\boldsymbol{A}$ 的特征值 λ_1、λ_2、λ_3 和 λ_4。再求变换矩阵 $\boldsymbol{P}$，使得

$$\boldsymbol{P}^{-1}\boldsymbol{A}\boldsymbol{P}=\mathrm{diag}(\lambda_1,\lambda_2,\lambda_3,\lambda_4)$$

其中 diag 表示对角线矩阵。

9－13 试判断下述系统是否状态可控：

(1) $\dot{\boldsymbol{x}}=\begin{bmatrix}1 & 0\\ -1 & 2\end{bmatrix}\boldsymbol{x}+\begin{bmatrix}1\\ 0\end{bmatrix}u$

(2) $\dot{\boldsymbol{x}}=\begin{bmatrix}-3 & 1 & 0\\ 0 & -3 & 0\\ 0 & 0 & -1\end{bmatrix}\boldsymbol{x}+\begin{bmatrix}1 & -1\\ 0 & 0\\ 2 & 0\end{bmatrix}\boldsymbol{u}$

(3) $\dot{\boldsymbol{x}}=\begin{bmatrix}1 & 0 & 0\\ 0 & 2 & -2\\ -1 & 1 & 0\end{bmatrix}\boldsymbol{x}+\begin{bmatrix}1\\ 0\\ 0\end{bmatrix}u$

(4) $\dot{\boldsymbol{x}}=\begin{bmatrix}-2 & 0 & 0 & 0\\ 0 & -5 & 1 & 0\\ 0 & 0 & -5 & 1\\ 0 & 0 & 0 & -5\end{bmatrix}\boldsymbol{x}+\begin{bmatrix}2\\ 0\\ 0\\ 1\end{bmatrix}u$

(5) $\dot{\boldsymbol{x}}=\begin{bmatrix}-4 & 0 & 0\\ 0 & -4 & 2\\ 0 & 0 & 1\end{bmatrix}\boldsymbol{x}+\begin{bmatrix}1\\ 2\\ 1\end{bmatrix}u$

9－14 试判断下列系统是否状态完全可观：

(1) $\dot{\boldsymbol{x}}=\begin{bmatrix}-1 & 0\\ 0 & -2\end{bmatrix}\boldsymbol{x}$，$y=[1\quad 0]\,\boldsymbol{x}$

(2) $\dot{\boldsymbol{x}}=\begin{bmatrix}2 & -1\\ 2 & -1\end{bmatrix}\boldsymbol{x}$，$y=[1\quad 1]\,\boldsymbol{x}$

(3) $\dot{\boldsymbol{x}}=\begin{bmatrix}2 & 1 & 0\\ 0 & 2 & 0\\ 0 & 0 & -3\end{bmatrix}\boldsymbol{x}$，$y=[0\quad 1\quad 1]\,\boldsymbol{x}$

(4) $\dot{\boldsymbol{x}}=\begin{bmatrix}1 & 0 & -1\\ -1 & -2 & 0\\ 3 & 0 & 1\end{bmatrix}\boldsymbol{x}$，$y=\begin{bmatrix}1 & 0 & 0\\ 0 & -1 & 0\end{bmatrix}\boldsymbol{x}$

(5) $\dot{\boldsymbol{x}}=\begin{bmatrix}-2 & 1 & 0 & 0\\ 0 & -2 & 0 & 0\\ 0 & 0 & -3 & 1\\ 0 & 0 & 0 & -3\end{bmatrix}\boldsymbol{x}$，$y=\begin{bmatrix}1 & 0 & 0 & 0\\ 0 & 0 & -1 & 0\end{bmatrix}\boldsymbol{x}$

9－15 给定二阶系统：

$$\dot{\boldsymbol{x}}=\begin{bmatrix}a & 1\\ 0 & b\end{bmatrix}\boldsymbol{x}+\begin{bmatrix}1\\ 1\end{bmatrix}u$$

$$y=[1\quad -1]\,\boldsymbol{x}$$

a、b 取何值时，系统状态既完全可控又完全可观？

9-16 设连续系统的状态空间表达式为

$$\dot{\boldsymbol{x}}=\begin{bmatrix}1 & 0\\0 & -1\end{bmatrix}\boldsymbol{x}+\begin{bmatrix}1\\0\end{bmatrix}u$$

$$y=\begin{bmatrix}0 & 1\end{bmatrix}\boldsymbol{x}$$

(1) 判断状态的可控性和可观性；

(2) 求离散化后的状态空间表达式；

(3) 判断离散化后系统的可控性和可观性。

9-17 考虑由下式定义的系统：

$$\dot{\boldsymbol{x}}=\boldsymbol{A}\boldsymbol{x}+\boldsymbol{B}u$$

$$y=\boldsymbol{C}\boldsymbol{x}$$

式中，

$$\boldsymbol{A}=\begin{bmatrix}1 & 2\\-4 & -3\end{bmatrix},\quad \boldsymbol{B}=\begin{bmatrix}1\\2\end{bmatrix},\quad \boldsymbol{C}=\begin{bmatrix}1 & 1\end{bmatrix}$$

试判断此系统状态是否完全可控，如果是请将该系统的状态空间表达式变换为可控标准型。

9-18 已知一个状态完全可观系统：

$$\dot{\boldsymbol{x}}=\begin{bmatrix}3 & 2\\1 & -1\end{bmatrix}\boldsymbol{x}+\begin{bmatrix}1\\2\end{bmatrix}u$$

$$y=\begin{bmatrix}1 & 1\end{bmatrix}\boldsymbol{x}$$

试将其化为可观标准型。

9-19 已知线性系统的状态方程为

$$\dot{\boldsymbol{x}}=\begin{bmatrix}1 & 0 & 0\\0 & 2 & 0\\0 & 0 & 3\end{bmatrix}\boldsymbol{x}+\begin{bmatrix}1\\1\\0\end{bmatrix}u,\quad y=\begin{bmatrix}1 & 0 & 1\end{bmatrix}\boldsymbol{x}$$

试将其进行结构分解。

9-20 试用 MATLAB 求取如下系统矩阵对应的矩阵指数：

(1) $\boldsymbol{A}=\begin{bmatrix}1 & 0 & -1\\-1 & -2 & 0\\3 & 0 & 1\end{bmatrix}$

(2) $\boldsymbol{A}=\begin{bmatrix}-4 & 0 & 0\\0 & -4 & 2\\0 & 0 & 1\end{bmatrix}$

(3) $\boldsymbol{A}=\begin{bmatrix}-2 & 1 & 0 & 0\\0 & -2 & 0 & 0\\0 & 0 & -3 & 1\\0 & 0 & 0 & -3\end{bmatrix}$

9-21 试用 MATLAB 编程求解习题 9-9。

9-22 试用 MATLAB 编程求解习题 9-10。

第十章 线性反馈系统的时间域综合

研究控制系统主要有两大类问题：一是已知控制系统，通过各种手段(时域、频域、根轨迹、状态空间)对系统的各种性能进行分析，这就是控制系统的分析问题；二是对未知的控制系统进行设计，使其满足某种性能指标要求，这称为控制系统综合问题。

无论是经典控制理论还是现代控制理论，反馈都是控制系统设计的主要方式。经典控制理论用传递函数描述系统，因此只能采用输出反馈；而在现代控制理论中由于采用系统内部的状态变量来描述系统的特征，所以除了可以采用输出反馈外，还大量使用状态反馈。在进行控制系统设计时，由于状态反馈能提供更多的校正信息，对于控制系统性能的改善和提高具有很重要的意义。

为了利用系统状态作为反馈量，必须使用传感器来测量状态变量，但由于并不是所有状态变量在物理上均可量测，所以需要用状态观测器来估计系统状态的值。因此，状态反馈与状态观测器的设计就构成了用状态空间法综合设计控制系统的主要内容。

另外，如果对控制系统的性能要求用一组给定的极点来描述，控制系统的综合问题就称为极点配置问题；如果控制系统的性能要求是由某个最优指标描述，这时的控制系统综合就称为最优控制问题。

本章主要讨论状态反馈、极点配置、状态观测器的设计问题，对于最优控制问题仅作简单介绍。

10.1 输出反馈与状态反馈

反馈是控制系统设计的主要手段。经典控制理论采用输出作为反馈量，现代控制理论除了输出反馈外，广泛采用状态作为反馈量，这就是状态反馈。状态反馈可以提供更多的补偿信息，所以可以获得更为优良的控制性能。

考虑 n 维线性定常系统(没有引入反馈)：

$$\dot{\boldsymbol{x}} = \boldsymbol{A}\boldsymbol{x} + \boldsymbol{B}\boldsymbol{u} \quad \boldsymbol{y} = \boldsymbol{C}\boldsymbol{x} \tag{10.1}$$

$\boldsymbol{x}, \boldsymbol{u}, \boldsymbol{y}$ 分别为 n 维、p 维和 q 维向量，$\boldsymbol{A}$，$\boldsymbol{B}$，$\boldsymbol{C}$ 分别为 $n\times n$、$n\times p$ 和 $q\times n$ 维的实数矩阵。

下面给出系统的两种反馈形式：输出反馈和状态反馈。

1. 输出反馈

在经典控制中，都用输出量作为反馈量。输出反馈的目的首先是使系统闭环稳定，然后在此基础上进一步改善闭环系统的性能。

输出反馈的系统结构图如图 10－1 所示。输出反馈系统的状态空间表达式为

$$\dot{\boldsymbol{x}} = (\boldsymbol{A} - \boldsymbol{BFC})\boldsymbol{x} + \boldsymbol{B}\boldsymbol{u} \quad \boldsymbol{y} = \boldsymbol{C}\boldsymbol{x} \tag{10.2}$$

为方便起见，用$(\boldsymbol{A}-\boldsymbol{BFC}, \boldsymbol{B}, \boldsymbol{C})$表示输出反馈系统，该系统对应的传递函数(矩阵)为

$$\boldsymbol{G}_F(s) = \boldsymbol{C}(s\boldsymbol{I} - \boldsymbol{A} + \boldsymbol{BFC})^{-1}\boldsymbol{B} \tag{10.3}$$

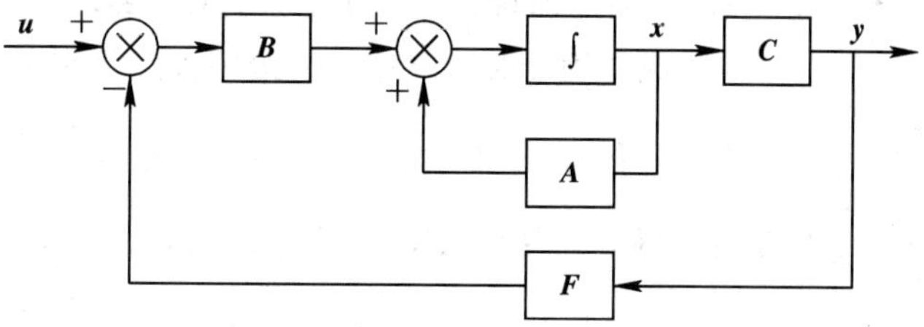

图 10-1 输出反馈系统结构图

2. 状态反馈

若将系统的控制量 $\boldsymbol{u}$ 取为状态变量的线性函数

$$\boldsymbol{u} = \boldsymbol{r} - \boldsymbol{K}\boldsymbol{x} \tag{10.4}$$

式中，$\boldsymbol{r}$ 为与 $\boldsymbol{u}$ 同维的参考输入向量，$\boldsymbol{K}$ 为 $p\times n$ 的反馈增益矩阵。状态反馈系统的结构图见图 10-2。

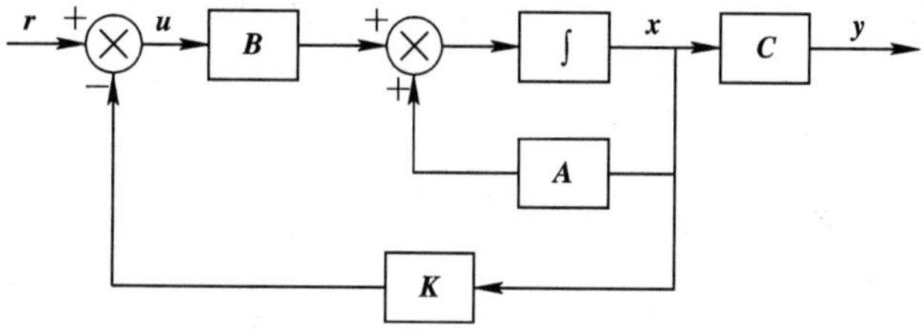

图 10-2 状态反馈系统结构图

引入状态反馈后系统的状态方程和输出方程为

$$\dot{\boldsymbol{x}} = (\boldsymbol{A} - \boldsymbol{B}\boldsymbol{K})\boldsymbol{x} + \boldsymbol{B}\boldsymbol{r} \quad \boldsymbol{y} = \boldsymbol{C}\boldsymbol{x} \tag{10.5}$$

系统($\boldsymbol{A}-\boldsymbol{B}\boldsymbol{K}$, $\boldsymbol{B}$, $\boldsymbol{C}$)对应的传递函数(矩阵)为

$$\boldsymbol{G}_K(s) = \boldsymbol{C}(s\boldsymbol{I} - \boldsymbol{A} + \boldsymbol{B}\boldsymbol{K})^{-1}\boldsymbol{B} \tag{10.6}$$

可以证明，由输出反馈和状态反馈构成的闭环系统均能保持反馈引入前系统的可控性，而对于可观性不存在类似的结论，并且状态反馈不改变原传递函数的零点。

10.2 极点配置问题

系统的动态特性与系统极点在复平面上的分布密切相关。合理地配置极点的位置能获得满意的动态性能。所谓的极点配置问题，就是通过选取适当的状态反馈增益矩阵 $\boldsymbol{K}$，使闭环系统($\boldsymbol{A}-\boldsymbol{B}\boldsymbol{K}$, $\boldsymbol{B}$, $\boldsymbol{C}$)的极点，即 $\boldsymbol{A}-\boldsymbol{B}\boldsymbol{K}$ 的特征值恰好位于所希望的一组极点位置上。因为希望的极点具有任意性，所以极点的配置也应当做到具有任意性。事实上，经典控制理论中采用的综合法，无论是根轨迹法还是频域法，从本质上讲都是一种极点配置方法。

本节仅讨论单输入、单输出系统的极点任意配置问题，这时状态反馈增益矩阵 $\boldsymbol{K}$ 将退化为一个 $1\times n$ 的向量。对于多输入系统，其实现极点任意配置的状态反馈增益矩阵 $\boldsymbol{K}$ 是不唯一的。

1. 极点任意配置的条件

单变量系统可以任意配置极点的条件可由定理 10-1 给出。

定理 10-1(极点配置定理) 对于单输入、单输出系统($\boldsymbol{A}$, $\boldsymbol{B}$, $\boldsymbol{C}$)，给定任意的 n 个极点 $s_i(i=1, 2, \cdots, n)$，s_i 为实数或共轭复数。以这 n 个给定极点为根的多项式为

$$f^*(s)=\prod_{i=1}^{n}(s-s_i)=s^n+a_1^*s^{n-1}+\cdots+a_{n-1}^*s+a_n^*$$

那么存在 $1\times n$ 矩阵 $\boldsymbol{K}$，使闭环系统($\boldsymbol{A}-\boldsymbol{BK}$, $\boldsymbol{B}$, $\boldsymbol{C}$)以 $s_i(i=1, 2, \cdots, n)$为极点，即

$$\det[s\boldsymbol{I}-(\boldsymbol{A}-\boldsymbol{BK})]=\prod_{i=1}^{n}(s-s_i)=s^n+a_1^*s^{n-1}+\cdots+a_{n-1}^*s+a_n^*$$

的充分必要条件为受控系统($\boldsymbol{A}$, $\boldsymbol{B}$, $\boldsymbol{C}$)是状态完全可控的。

证明 重点证明充分性。

由于线性非奇异变换不改变矩阵的特征值，所以不妨设状态完全可控系统($\boldsymbol{A}$, $\boldsymbol{B}$, $\boldsymbol{C}$)的系数矩阵已经为可控标准型，即

$$\boldsymbol{A}=\begin{bmatrix}0 & 1 & 0 & \cdots & 0\\ 0 & 0 & 1 & \cdots & 0\\ \vdots & \vdots & \vdots & \cdots & \vdots\\ 0 & 0 & 0 & \cdots & 1\\ -a_n & -a_{n-1} & -a_{n-2} & \cdots & -a_1\end{bmatrix},\quad \boldsymbol{B}=\begin{bmatrix}0\\0\\ \vdots\\0\\1\end{bmatrix}$$

$$\boldsymbol{C}=[b_n\quad b_{n-1}\quad \cdots\quad b_2\quad b_1]$$

其传递函数为

$$G_0(s)=\frac{b_1s^{n-1}+b_2s^{n-2}+\cdots+b_{n-1}s+b_n}{s^n+a_1s^{n-1}+\cdots+a_{n-1}s+a_n}$$

设状态反馈矩阵为 $\boldsymbol{K}=[k_n\quad k_{n-1}\quad \cdots\quad k_1]$，于是有

$$\boldsymbol{A}-\boldsymbol{BK}=\begin{bmatrix}0 & 1 & 0 & \cdots & 0\\ 0 & 0 & 1 & \cdots & 0\\ \vdots & \vdots & \vdots & \cdots & \vdots\\ 0 & 0 & 0 & \cdots & 1\\ -(a_n+k_n) & -(a_{n-1}+k_{n-1}) & -(a_{n-2}+k_{n-2}) & \cdots & -(a_1+k_1)\end{bmatrix}$$

因此，闭环系统($\boldsymbol{A}-\boldsymbol{BK}$, $\boldsymbol{B}$, $\boldsymbol{C}$)的传递函数为

$$G_K(s)=\frac{b_1s^{n-1}+b_2s^{n-2}+\cdots+b_{n-1}s+b_n}{s^n+(a_1+k_1)s^{n-1}+\cdots+(a_{n-1}+k_{n-1})s+(a_n+k_n)}$$

所以取 $\boldsymbol{K}$ 阵为

$$\boldsymbol{K}=[a_n^*-a_n\quad a_{n-1}^*-a_{n-1}\quad \cdots\quad a_1^*-a_1] \tag{10.7}$$

就可以使

$$\det[s\boldsymbol{I}-(\boldsymbol{A}-\boldsymbol{BK})]=f^*(s)$$

即以任意给定的 $s_i(i=1, 2, \cdots, n)$为极点(充分性证毕)。

定理的必要性可以这样解释：如果受控系统不是状态完全可控的，那么其中必然有一些状态变量不受控制，这样企图通过控制作用来影响那些不可控的状态是不可能的。换句话说，极点如果能够任意配置，受控系统必须是完全可控的。

从以上充分性的证明可以得出如下结论：

(1) 如果受控系统是可控标准型，则状态反馈增益矩阵可由式(10.7)直接求出。

(2) 如果状态完全可控受控系统的一般形式为($\widetilde{A}$, $\widetilde{B}$, $\widetilde{C}$)，经过线性非奇异变换 $\widetilde{x}=Px$ 或 $x=P^{-1}\widetilde{x}$，可得可控标准型(A,B,C)，则有如下关系：

$$\widetilde{A}=PAP^{-1},\ \widetilde{B}=PB,\ \widetilde{C}=CP^{-1}$$

从而有

$$\widetilde{A}-\widetilde{B}\widetilde{K}=P(A-BK)P^{-1}=PAP^{-1}-PBKP^{-1}=\widetilde{A}-\widetilde{B}KP^{-1}$$

所以

$$\widetilde{K}=KP^{-1}=[a_n^*-a_n\quad a_{n-1}^*-a_{n-1}\quad\cdots\quad a_1^*-a_1]P^{-1}\tag{10.8}$$

(3) 由受控系统和闭环系统的传递函数 $G_0(s)$ 和 $G_K(s)$ 的表达式可知，对状态完全可控系统引入状态反馈，任意配置极点，并不改变其零点在复平面上的位置，即在按状态反馈组成的闭环系统中，其闭环零点等同于开环零点。

2. 极点配置的设计步骤

设单变量系统的状态空间表达式为

$$\dot{x}=Ax+Bu\quad y=Cx\tag{10.9}$$

若采用状态反馈控制律，即

$$u=r-Kx\tag{10.10}$$

则可由如下步骤求取状态反馈增益矩阵 K，使得系统($A-BK$, B, C)的极点位于任意给定的一组希望极点 s_i($i=1, 2, \cdots, n$)的位置。

第一步：判定受控系统(A, B, C)的可控性。如果状态完全可控，继续下一步，否则，此系统不可实现极点任意配置；

第二步：从矩阵 A 的特征多项式

$$|sI-A|=s^n+a_1s^{n-1}+\cdots+a_{n-1}s+a_n$$

确定系数 a_i($i=1, 2, \cdots, n$)；

第三步：求取使系统化为可控标准型的线性非奇异变换矩阵 P(如果给出的受控系统已是可控标准型，则 $P=I$)。

第四步：根据期望的极点 s_i($i=1, 2, \cdots, n$)，写出期望特征多项式

$$f^*(s)=\prod_{i=1}^{n}(s-s_i)=s^n+a_1^*s^{n-1}+\cdots+a_{n-1}^*s+a_n^*$$

第五步：按照式(10.8)求取状态反馈增益矩阵。

【例 10-1】 给定系统的传递函数为

$$G_0(s)=\frac{10}{s(s+1)(s+2)}$$

要求利用状态反馈把系统的闭环极点配置在 -2，$-1\pm j$ 处。

解　由给定的传递函数可以写出系统的状态方程：

$$\dot{x}=\begin{bmatrix}0&1&0\\0&0&1\\0&-2&-3\end{bmatrix}x+\begin{bmatrix}0\\0\\1\end{bmatrix}u$$

由于系统具有可控标准型的形式，所以系统可控，可以任意配置闭环极点。令状态反馈增益矩阵为

$$K=[k_3\quad k_2\quad k_1]$$

则经 $\boldsymbol{K}$ 引入状态反馈后的系统矩阵为

$$\boldsymbol{A}-\boldsymbol{BK}=\begin{bmatrix} 0 & 1 & 0 \\ 0 & 0 & 1 \\ -k_3 & -k_2-2 & -k_1-3 \end{bmatrix}$$

其特征多项式为

$$|s\boldsymbol{I}-(\boldsymbol{A}-\boldsymbol{BK})|=s^3+(k_1+3)s^2+(k_2+2)s+k_3$$

由期望的闭环极点给出的特征多项式为

$$(s+2)(s+1-\mathrm{j})(s+1+\mathrm{j})=s^3+4s^2+6s+4$$

比较上述两个特征方程式可得状态反馈矩阵为

$$\boldsymbol{K}=[4 \quad 4 \quad 1]$$

另外，离散系统状态反馈配置闭环极点的方法和连续系统类似，离散系统期望的闭环极点位于 z 平面的单位圆内。

10.3 状态重构与状态观测器设计

利用状态反馈能够任意配置系统的闭环极点，有效地改善控制系统的性能。最优控制、自适应控制、变结构控制、解耦控制等都离不开状态反馈。然而，前面讨论的用状态反馈实现极点配置，是假设每一个状态分量都可以测量到的，并可以提供作为反馈信号。实际上，不是所有的状态都能够很容易地用物理方法测量到的，或者受到经济上和使用上的限制，不能设置太多的传感器。因此，必须设法利用已知信息（输入量 $\boldsymbol{u}$ 和输出量 $\boldsymbol{y}$）通过一个模型重构系统的状态变量。这种重构状态的方法称为状态重构或状态估计，而重构状态的装置在确定性系统中称为观测器。利用状态观测器，可以用状态的估计值来代替系统的实际状态作为反馈量，从而使状态反馈成为一种现实的控制规律。

10.3.1 状态重构问题

1. 状态重构的可行性分析

所谓的状态重构问题，指的是能否从系统的可量测参量，如输出 $\boldsymbol{y}$ 和输入 $\boldsymbol{u}$，来重新构造一个状态 $\tilde{\boldsymbol{x}}$，使之在一定的指标下和系统的真实状态 $\boldsymbol{x}$ 等价。这种状态重构在一定条件下是可能的。因为如果线性定常系统

$$\dot{\boldsymbol{x}}=\boldsymbol{Ax}+\boldsymbol{Bu} \quad \boldsymbol{y}=\boldsymbol{Cx} \tag{10.11}$$

状态完全可观，就可以由输出量 $\boldsymbol{y}$ 唯一地确定出系统的初始状态 $\boldsymbol{x}_0$，从而系统在任何时刻的状态可以表示为

$$\boldsymbol{x}(t)=\mathrm{e}^{\boldsymbol{A}t}\boldsymbol{x}_0+\int_0^t \mathrm{e}^{\boldsymbol{A}(t-\tau)}\boldsymbol{Bu}(\tau)\,\mathrm{d}\tau, \quad t\geqslant 0$$

上式表明，只要满足一定的条件，从可量测参量输出 $\boldsymbol{y}$ 和输入 $\boldsymbol{u}$ 间接重构状态 $\boldsymbol{x}$ 是可能的，这就是状态观测器理论的出发点。

2. 等价性指标

要把上述想法变为物理事实，一个直观的想法是人为地构造一个动态系统，以原系统的输入和输出作为它的输入，而动态系统的状态就是原系统的重构状态。如果构造的动态

系统和原系统在结构和参数上相同，即

$$\dot{\tilde{\boldsymbol{x}}} = \boldsymbol{A}\tilde{\boldsymbol{x}} + \boldsymbol{B}\boldsymbol{u} \qquad \tilde{\boldsymbol{y}} = \boldsymbol{C}\tilde{\boldsymbol{x}}$$

则有

$$\dot{\boldsymbol{x}} - \dot{\tilde{\boldsymbol{x}}} = \boldsymbol{A}(\boldsymbol{x} - \tilde{\boldsymbol{x}})$$

这个齐次方程的解为

$$\boldsymbol{x} - \tilde{\boldsymbol{x}} = \mathrm{e}^{\boldsymbol{A}t}(\boldsymbol{x}_0 - \tilde{\boldsymbol{x}}_0), \quad t \geqslant 0$$

式中 $\boldsymbol{x}_0$，$\tilde{\boldsymbol{x}}_0$ 分别为原系统和重构系统的初始状态。如果恰有 $\boldsymbol{x}_0 = \tilde{\boldsymbol{x}}_0$，则必有 $\boldsymbol{x} = \tilde{\boldsymbol{x}}$，即原系统的实际状态等价于重构状态。但是由于一般情况下无法保证两系统的初始状态相等，所以实际状态与重构状态不可能完全等价。但是如果系统是稳定的，即 $\boldsymbol{A}$ 的特征根均具有负实部，就可以做到原系统的实际状态与重构状态稳态等价，即

$$\lim_{t \to \infty}[\boldsymbol{x}(t) - \tilde{\boldsymbol{x}}(t)] = 0 \tag{10.12}$$

式(10.12)就是重构状态与真实状态之间的等价性指标。

3. 系统的重构方程

由于系统状态有时不可直接测量，因此很难用式(10.12)判断实际状态和重构状态的逼近程度，并且也不能保证系统矩阵 $\boldsymbol{A}$ 的特征根均具有负实部。为此可以用输出值之间的差值

$$\boldsymbol{y} - \tilde{\boldsymbol{y}} = \boldsymbol{C}\boldsymbol{x} - \boldsymbol{C}\tilde{\boldsymbol{x}} = \boldsymbol{C}(\boldsymbol{x} - \tilde{\boldsymbol{x}})$$

来代替 $\boldsymbol{x} - \tilde{\boldsymbol{x}}$，而且当式(10.12)成立时，必有

$$\lim_{t \to \infty}(\boldsymbol{y} - \tilde{\boldsymbol{y}}) = \lim_{t \to \infty}[\boldsymbol{y}(t) - \tilde{\boldsymbol{y}}(t)] = 0$$

将实际系统输出与重构系统输出的偏差作为反馈量，就可以得到如下重构状态方程：

$$\dot{\tilde{\boldsymbol{x}}} = \boldsymbol{A}\tilde{\boldsymbol{x}} + \boldsymbol{B}\boldsymbol{u} + \boldsymbol{G}(\boldsymbol{y} - \tilde{\boldsymbol{y}})$$

即

$$\dot{\tilde{\boldsymbol{x}}} = (\boldsymbol{A} - \boldsymbol{G}\boldsymbol{C})\tilde{\boldsymbol{x}} + \boldsymbol{B}\boldsymbol{u} + \boldsymbol{G}\boldsymbol{y} \tag{10.13}$$

式(10.13)就是系统的重构状态方程，并且由于重构状态数等于实际状态数，故式(10.13)也称之为全维状态观测器的状态方程。状态观测器的结构图如图 10－3 所示。

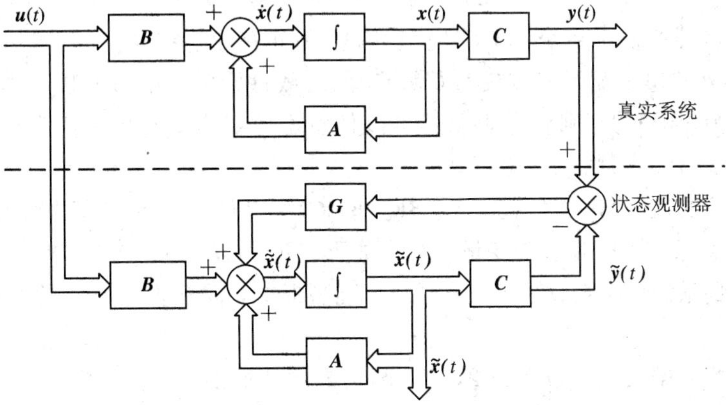

图 10－3　状态观测器结构图

从式(10.11)和式(10.13)得

$$\dot{x} - \dot{\tilde{x}} = (A - GC)(x - \tilde{x}) \tag{10.14}$$

式(10.14)可视为以$(x-\tilde{x})$为状态变量的齐次状态方程，其系统矩阵与重构方程的系统矩阵相同。该齐次方程的解为

$$[x(t) - \tilde{x}(t)] = e^{(A-GC)(t-t_0)}[x(t_0) - \tilde{x}(t_0)] \tag{10.15}$$

可见，若$x(t_0)=\tilde{x}(t_0)$，则重构状态$\tilde{x}(t)$与对象的实际状态$x(t)$相同。若$x(t_0)\neq\tilde{x}(t_0)$，只要式(10.14)描述的系统具有渐近稳定性(受扰系统在扰动消失后，系统的状态响应逐渐衰减到平衡点的性质，详见第十一章)，即$(A-GC)$的特征值均在复平面的左半平面，则齐次方程(10.14)的解(10.15)随着时间的推移逐渐衰减为零，即

$$\lim_{t\to\infty}[x(t) - \tilde{x}(t)] = 0 \tag{10.16}$$

10.3.2 状态观测器的设计问题

1. 状态观测器极点任意配置的条件

由前一小节的分析可知，系统状态重构的可能性，或者说是状态观测器的存在性，是与系统本身的状态可观性有关系的。下面的定理就是阐述这一关系的。

定理 10-2(观测器的存在条件) 线性定常系统(10.11)具有式(10.13)形式的状态观测器的充分必要条件是系统不可观部分是渐近稳定的。

这个定理说明了一个线性定常系统如果其不可观部分的状态是渐近稳定的，则可以构造一个状态观测器来重构系统的实际状态，从而实现状态反馈。但是通常情况下，要求齐次方程(10.14)的解(10.15)尽快衰减，即希望重构状态$\tilde{x}(t)$能在足够短的时间内趋近于$x(t)$。从线性系统时域分析的角度讲，这一过渡过程要求是由系统(10.14)的系统矩阵$(A-GC)$的特征值(或系统极点)决定的。为了实现这一快速性要求，希望$(A-GC)$的特征值或状态观测器的极点可以任意配置。

从线性代数的知识可知，矩阵$(A-GC)$的特征值与其转置矩阵$(A^T-C^TG^T)$的特征值相同。若记$A^T=A_1$，$C^T=B_1$，$G^T=K$，则$(A^T-C^TG^T)$的特征值就是(A_1-B_1K)的特征值。由10.2节的极点配置定理可知，存在一个线性状态反馈矩阵K使系统极点可以任意配置的充分必要条件是系统(A_1, B_1)完全可控，即(A^T, C^T)完全可控。根据对偶原理，系统(A^T, C^T)完全可控等价于系统(A, C)完全可观。因此有如下定理：

定理 10-3(状态观测器极点任意配置定理) 线性定常系统(10.11)，如果其状态观测器的状态方程为(10.13)，则状态观测器可以任意配置极点，即具有任意逼近速度的充分必要条件是系统(10.11)状态完全可观。

这个定理是线性状态反馈系统$(A-BK, B, C)$极点任意配置定理的对偶形式，其证明与定理10-1类似，并且对于单变量系统有如下结论：

如果单变量系统(A, B, C)已经为可观标准型形式，设系统矩阵A的特征方程式为

$$|sI - A| = s^n + a_1 s^{n-1} + \cdots + a_{n-1}s + a_n$$

由状态观测器的希望极点$\lambda_i(i=1, 2, \cdots, n)$构成的特征多项式为

$$f^*(s) = \prod_{i=1}^{n}(s-\lambda_i) = s^n + a_1^* s^{n-1} + \cdots + a_{n-1}^* s + a_n^*$$

则 $n\times1$ 维的反馈矩阵 $\boldsymbol{G}$ 为

$$\boldsymbol{G}=\begin{bmatrix}g_n\\g_{n-1}\\\vdots\\g_1\end{bmatrix}=\begin{bmatrix}a_n^*-a_n\\a_{n-1}^*-a_{n-1}\\\vdots\\a_1^*-a_1\end{bmatrix}\tag{10.17}$$

如果给出的实际系统并非可观标准型形式，其状态观测器的设计可由例 10 - 2 说明。

【例 10 - 2】 设线性定常系统的状态方程和输出方程为

$$\dot{\boldsymbol{x}}=\boldsymbol{A}\boldsymbol{x}+\boldsymbol{B}u\qquad y=\boldsymbol{C}\boldsymbol{x}$$

其中，

$$\boldsymbol{A}=\begin{bmatrix}1&0&0\\0&2&1\\0&0&2\end{bmatrix},\quad\boldsymbol{B}=\begin{bmatrix}1\\0\\1\end{bmatrix},\quad\boldsymbol{C}=\begin{bmatrix}1&1&0\end{bmatrix}$$

试设计一个状态观测器，要求将其极点配置在 $\lambda_1=-3$，$\lambda_2=-4$，$\lambda_3=-5$ 上。

解 状态观测器的任意极点配置要求系统是状态完全可观的。所以首先应当检测系统的状态可观性。如果系统可观，并已经具有可观标准型，则可以利用系统的特征方程和以希望配置极点为根的多项式，根据式(10.17)就可以确定状态观测器的反馈矩阵 $\boldsymbol{G}$，从而确定系统的状态观测器方程。对于不具有可观标准型的系统，可采用如下的方法设计状态观测器：

① 检测系统的状态可观性。

系统的可观性矩阵 $\boldsymbol{Q}_g$ 及其秩为

$$\boldsymbol{Q}_g=\begin{bmatrix}\boldsymbol{C}\\\boldsymbol{CA}\\\boldsymbol{CA}^2\end{bmatrix}=\begin{bmatrix}1&1&0\\1&2&1\\1&4&4\end{bmatrix},\quad\mathrm{rank}\boldsymbol{Q}_g=3=n$$

所以系统状态完全可观，但不具有规范形式。对于阶数较高的系统，设计其状态观测器需要将其转化为可观标准型。

② 确定变换矩阵 $\boldsymbol{T}$。

根据第九章化可观标准型的方法，变换矩阵 $\boldsymbol{T}$ 可确定如下：

$$\boldsymbol{t}_1=\boldsymbol{Q}_g^{-1}\begin{bmatrix}0\\0\\1\end{bmatrix}=\begin{bmatrix}1\\-1\\1\end{bmatrix}$$

$$\boldsymbol{T}=[\boldsymbol{t}_1\quad\boldsymbol{A}\boldsymbol{t}_1\quad\boldsymbol{A}^2\boldsymbol{t}_1]=\begin{bmatrix}1&1&1\\-1&-1&0\\1&2&4\end{bmatrix}$$

$$\boldsymbol{T}^{-1}=\begin{bmatrix}4&2&-1\\-4&-3&1\\1&1&0\end{bmatrix}$$

③ 化系统为可观标准型。

引入线性非奇异变换 $\tilde{\boldsymbol{x}}=\boldsymbol{T}^{-1}\boldsymbol{x}$，则原系统的可观标准型为

$$\dot{\tilde{\boldsymbol{x}}}=\tilde{\boldsymbol{A}}\tilde{\boldsymbol{x}}+\tilde{\boldsymbol{B}}u\qquad y=\tilde{\boldsymbol{C}}\tilde{\boldsymbol{x}}$$

其中，

$$\widetilde{A}=T^{-1}AT=\begin{bmatrix}0&0&4\\1&0&-8\\0&1&5\end{bmatrix}$$

$$\widetilde{B}=T^{-1}B=\begin{bmatrix}3\\-3\\1\end{bmatrix}$$

$$\widetilde{C}=CT=[0\quad 0\quad 1]$$

④ 确定可观标准型所对应的反馈矩阵 $\widetilde{G}$。

设在可观标准型表示下，系统的状态观测器的反馈矩阵为

$$\widetilde{G}=[\widetilde{g}_3\quad \widetilde{g}_2\quad \widetilde{g}_1]^{\mathrm{T}}$$

则可观标准型下，状态观测器的特征方程为

$$|sI-(\widetilde{A}-\widetilde{G}\widetilde{C})|=s^3+(\widetilde{g}_1-5)s^2+(\widetilde{g}_2+8)s+(\widetilde{g}_3-4)$$

再根据极点配置要求 $\lambda_1=-3$，$\lambda_2=-4$，$\lambda_3=-5$ 建立对应的特征多项式为

$$f^*(s)=(s+3)(s+4)(s+5)=s^3+12s^2+47s+60$$

比较上述两个特征多项式，令其对应系数相等，则有

$$\widetilde{g}_3-4=60$$
$$\widetilde{g}_2+8=47$$
$$\widetilde{g}_1-5=12$$

所以可观标准型所对应的反馈矩阵 $\widetilde{G}$ 为

$$\widetilde{G}=[\widetilde{g}_3\quad \widetilde{g}_2\quad \widetilde{g}_1]^{\mathrm{T}}=[64\quad 39\quad 17]^{\mathrm{T}}$$

此外，还可以利用式(10.17)确定反馈矩阵 $\widetilde{G}$，求出的结果与上述结果相同。

⑤ 确定给定系统状态方程的状态观测器反馈矩阵 G。

$$G=T\widetilde{G}=\begin{bmatrix}1&1&1\\-1&-1&0\\1&2&4\end{bmatrix}\begin{bmatrix}64\\39\\17\end{bmatrix}=\begin{bmatrix}120\\-103\\210\end{bmatrix}$$

所以原系统的状态观测器的状态方程为

$$\dot{\hat{x}}=(A-GC)\hat{x}+Bu+Gy=\begin{bmatrix}-119&-120&0\\103&105&1\\-210&-210&2\end{bmatrix}x+\begin{bmatrix}1\\0\\1\end{bmatrix}u+\begin{bmatrix}120\\-103\\210\end{bmatrix}y$$

因为状态观测器的输出为重构状态，所以状态观测器的输出方程为

$$\hat{y}=\hat{x}$$

从以上的理论分析以及例 10-2 可知，如果要求重构系统的所有 n 个状态，则系统状态观测器的阶数与真实系统的阶数相同，即状态观测器的阶数为 n，这样的状态观测器称为全维状态观测器。如果实际系统的某些状态可以直接测量或状态可由独立的输出变量线性表示，则可以减少重构状态的数目，实现重构状态数目少于系统阶数的状态观测器称为降维状态观测器。本书仅讨论全维状态观测器。

2. 带状态观测器的闭环控制系统

通过状态观测器就可以重构系统的状态，从而实现系统的闭环控制。带状态观测器的

闭环控制系统结构图如图 10－4 所示。

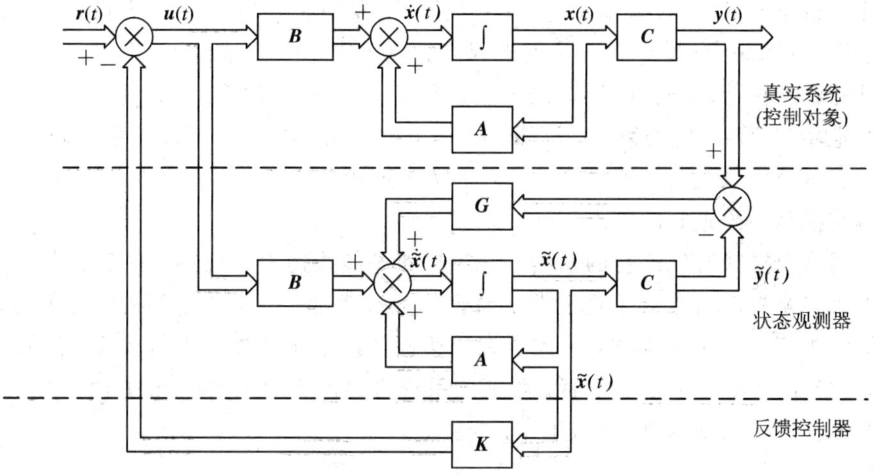

图 10－4　带状态观测器的闭环控制系统结构图

设真实系统(或控制对象)的状态空间表达式为

$$\begin{cases}\dot{\boldsymbol{x}}=\boldsymbol{A}\boldsymbol{x}+\boldsymbol{B}\boldsymbol{u}\\ \boldsymbol{y}=\boldsymbol{C}\boldsymbol{x}\end{cases}\tag{10.18}$$

若($\boldsymbol{A}$, $\boldsymbol{B}$)矩阵对是可控的，($\boldsymbol{A}$, $\boldsymbol{C}$)矩阵对是可观的，则可以通过选择状态反馈矩阵 $\boldsymbol{K}$，使得闭环系统的极点按性能指标的要求来配置。如果状态 $\boldsymbol{x}(t)$不能直接量测，那么根据($\boldsymbol{A}$, $\boldsymbol{C}$)矩阵对是可观的条件，可以构造一个观测器，以观测器的输出——重构状态 $\tilde{\boldsymbol{x}}(t)$代替对象的实际状态 $\boldsymbol{x}(t)$进行反馈。状态观测器的状态方程为

$$\dot{\tilde{\boldsymbol{x}}}=(\boldsymbol{A}-\boldsymbol{G}\boldsymbol{C})\tilde{\boldsymbol{x}}+\boldsymbol{B}\boldsymbol{u}+\boldsymbol{G}\boldsymbol{y}\tag{10.19}$$

并且系统的控制量为

$$\boldsymbol{u}=\boldsymbol{r}-\boldsymbol{K}\tilde{\boldsymbol{x}}\tag{10.20}$$

由式(10.18)～式(10.20)所描述的带有状态观测器的状态反馈系统的阶数为 $2n$，其中控制对象和状态观测器均为 n 阶系统。

进一步分析式(10.18)～式(10.20)可得此 $2n$ 阶系统的状态空间表达式为

$$\left.\begin{aligned}\begin{bmatrix}\dot{\boldsymbol{x}}\\ \dot{\tilde{\boldsymbol{x}}}\end{bmatrix}&=\begin{bmatrix}\boldsymbol{A} & -\boldsymbol{B}\boldsymbol{K}\\ \boldsymbol{G}\boldsymbol{C} & \boldsymbol{A}-\boldsymbol{G}\boldsymbol{C}-\boldsymbol{B}\boldsymbol{K}\end{bmatrix}\begin{bmatrix}\boldsymbol{x}\\ \tilde{\boldsymbol{x}}\end{bmatrix}+\begin{bmatrix}\boldsymbol{B}\\ \boldsymbol{B}\end{bmatrix}\boldsymbol{r}\\ \boldsymbol{y}&=\begin{bmatrix}\boldsymbol{C} & \boldsymbol{0}\end{bmatrix}\begin{bmatrix}\boldsymbol{x}\\ \tilde{\boldsymbol{x}}\end{bmatrix}\end{aligned}\right\}\tag{10.21}$$

为了便于讨论用 $\boldsymbol{x}=\boldsymbol{x}-\tilde{\boldsymbol{x}}$ 代替观测器的状态向量 $\tilde{\boldsymbol{x}}$，可将状态空间表达式(10.21)化为

$$\left.\begin{aligned}\begin{bmatrix}\dot{\boldsymbol{x}}\\ \dot{\hat{\boldsymbol{x}}}\end{bmatrix}&=\begin{bmatrix}\boldsymbol{A}-\boldsymbol{B}\boldsymbol{K} & \boldsymbol{B}\boldsymbol{K}\\ \boldsymbol{0} & \boldsymbol{A}-\boldsymbol{G}\boldsymbol{C}\end{bmatrix}\begin{bmatrix}\boldsymbol{x}\\ \tilde{\boldsymbol{x}}\end{bmatrix}+\begin{bmatrix}\boldsymbol{B}\\ \boldsymbol{0}\end{bmatrix}\boldsymbol{r}\\ \boldsymbol{y}&=\begin{bmatrix}\boldsymbol{C} & \boldsymbol{0}\end{bmatrix}\begin{bmatrix}\boldsymbol{x}\\ \tilde{\boldsymbol{x}}\end{bmatrix}\end{aligned}\right\}\tag{10.22}$$

因此，闭环系统的特征方程式为

$$|s\boldsymbol{I}-(\boldsymbol{A}-\boldsymbol{B}\boldsymbol{K})||s\boldsymbol{I}-(\boldsymbol{A}-\boldsymbol{G}\boldsymbol{C})|=0\tag{10.23}$$

可见闭环系统的特征根由两部分组成，一部分与($\boldsymbol{A}-\boldsymbol{BK}$)有关，它们决定了系统状态 $\boldsymbol{x}$ 的性能；另一部分与($\boldsymbol{A}-\boldsymbol{GC}$)有关，它们决定了观测器的状态估计 $\tilde{\boldsymbol{x}}$ 的性能。这两部分特征值可以分别通过对矩阵 $\boldsymbol{K}$ 和矩阵 $\boldsymbol{G}$ 的选择来任意确定，相互之间没有联系。这就使得状态反馈设计和状态估计(重构)设计可以独立进行，这就是现代控制理论中著名的分离定律。根据这个定律，只要给定的系统[$\boldsymbol{A}$, $\boldsymbol{B}$, $\boldsymbol{C}$]是可控且可观的，就可以按照极点配置的需要选择 $\boldsymbol{K}$ 矩阵，决定系统的动态性能；然后再按照观测器的性能要求选择 $\boldsymbol{G}$ 阵，而 $\boldsymbol{G}$ 阵的选择不影响系统已经配置好的极点。

由于通常要求状态观测器的输出——重构状态能快速地逼近系统的实际状态，在状态观测器的极点配置时常常要求观测器的特征值远离虚轴，但是考虑到抗干扰能力，又不能使观测器的极点过于远离虚轴，因此要在快速性和抗干扰性之间进行权衡。按照一般的工程经验，状态观测器的极点距虚轴的距离为系统希望极点距虚轴距离的 5 倍以上。

【例 10-3】 控制对象的状态空间表达式为

$$\dot{\boldsymbol{x}} = \begin{bmatrix} 0 & 1 \\ 0 & -5 \end{bmatrix} \boldsymbol{x} + \begin{bmatrix} 0 \\ 1 \end{bmatrix} u$$

$$y = \begin{bmatrix} 1 & 0 \end{bmatrix} \boldsymbol{x}$$

试设计带状态观测器的状态反馈系统，使反馈系统的极点配置在 $\lambda_{1,2}=-1\pm \mathrm{j}$ 处。

解 设计带状态观测器的状态反馈系统可以按照以下步骤进行：

① 检查控制对象的可控性和可观性。

由于系统可控矩阵和可观矩阵的秩分别为

$$\mathrm{rank}[\boldsymbol{B} \quad \boldsymbol{AB}] = \mathrm{rank}\begin{bmatrix} 0 & 1 \\ 1 & -5 \end{bmatrix} = 2 = n$$

$$\mathrm{rank}\begin{bmatrix} \boldsymbol{C} \\ \boldsymbol{CA} \end{bmatrix} = \mathrm{rank}\begin{bmatrix} 1 & 0 \\ 0 & 1 \end{bmatrix} = 2 = n$$

所以系统是状态完全可控、可观的，从而存在矩阵 $\boldsymbol{K}$、$\boldsymbol{G}$ 使得系统及观测器的极点可以任意配置。

② 设计状态反馈矩阵 $\boldsymbol{K}$。

设 $\boldsymbol{K}=[k_2 \quad k_1]$，引入状态反馈后系统的特征多项式为

$$|s\boldsymbol{I}-(\boldsymbol{A}-\boldsymbol{BK})| = s^2+(5+k_1)s+k_2$$

由系统希望配置的极点确定的特征多项式为

$$(s+1-\mathrm{j})(s+1+\mathrm{j}) = s^2+2s+2$$

令上述两个特征多项式的对应系数相等，可得

$$k_1=-3, \ k_2=2$$

即状态反馈矩阵为

$$\boldsymbol{K}=[k_2 \quad k_1]=[2 \quad -3]$$

③ 设计状态观测器的反馈矩阵 $\boldsymbol{G}$。

取状态观测器的极点为 $s_1=s_2=-5$，则希望的状态观测器具有的特征多项式为

$$(s+5)^2 = s^2+10s+25$$

设反馈矩阵 $\boldsymbol{G}$ 为

$$\boldsymbol{G}=[g_2 \quad g_1]^{\mathrm{T}}$$

则状态观测器子系统的特征多项式为

$$|sI-(A-GC)|=s^2+(5+g_2)s+5g_2+g_1$$

令两个多项式相等，解得

$$g_1=0，g_2=5$$

即

$$G=[g_2 \quad g_1]^T=[5 \quad 0]^T$$

10.4　MATLAB 在线性反馈系统时间域综合中的应用

运用 MATLAB 可以方便地任意配置系统的极点和观测器的极点，并且还可以进行最优状态调节器的设计。

1. 极点配置

设 $\boldsymbol{A}$、$\boldsymbol{B}$ 分别为系统矩阵和输入矩阵，p 是指定的一组极点，状态反馈控制 $\boldsymbol{u}=-\boldsymbol{Kx}$。MATLAB 函数 $\boldsymbol{K}$=place($\boldsymbol{A}$，$\boldsymbol{B}$，p)或 $\boldsymbol{K}$=acker($\boldsymbol{A}$，$\boldsymbol{B}$，p)可求得反馈矩阵 $\boldsymbol{K}$，实现极点配置。其中 place( )可求解多变量系统，但不适用于多重极点的情况；acker( )可求解多重极点，但不能求解多变量系统。

【例 10－4】　已知系统的状态方程为

$$\dot{\boldsymbol{x}}=\begin{bmatrix}0 & 1 & 0\\0 & 0 & 1\\0 & -2 & -3\end{bmatrix}\boldsymbol{x}+\begin{bmatrix}0\\0\\1\end{bmatrix}u$$

试用 MATLAB 确定状态反馈矩阵 $\boldsymbol{K}$，使得系统闭环极点配置在(－5，－2±2 j)。

解　求解此例的 MATLAB 程序如下：

```
%ex_10－5
A=[0 1 0；0 0 1；0 －2 －3]；
B=[0；0；1]；
p=[－5；－2+2i；－2－2i]；
K=place(A，B，p)
```

运行结果为

```
K = 40.0000 26.0000 6.0000
```

2. 状态观测器的极点配置

状态观测器的极点配置可以通过对偶原理，利用系统极点配置的方法实现。

【例 10－5】　系统的状态空间表达式为

$$\dot{\boldsymbol{x}}=\begin{bmatrix}0 & 1\\-2 & -3\end{bmatrix}\boldsymbol{x}+\begin{bmatrix}0\\1\end{bmatrix}u$$

$$y=[2 \quad 0]\boldsymbol{x}$$

试用 MATLAB 设计一个状态观测器，其极点为 $p_1=p_2=-3$。

解　设计此给定系统状态观测器的 MATLAB 程序如下：

```
%ex_10－6
```

```
A=[0 1; -2  -3];
B=[0; 1];
C=[2  0];
A1=A'; B1=C'; C1=B';
p=[-3  -3];
K=acker(A1, B1, p);
G=K'
```

程序运行结果为

```
G =
      1.5000
     -1.0000
```

3. 带观测器的极点配置

【例 10-6】 系统的状态空间表达式为

$$\dot{\boldsymbol{x}} = \begin{bmatrix} 0 & 1 \\ 0 & -5 \end{bmatrix} \boldsymbol{x} + \begin{bmatrix} 0 \\ 1 \end{bmatrix} u$$

$$y = \begin{bmatrix} 1 & 0 \end{bmatrix} \boldsymbol{x}$$

试设计带状态观测器的反馈控制系统，并使得系统极点配置在(−1±j)，状态观测器的极点为(−5，−5)。

解 求解此问题的MATLAB程序如下：

```
%ex_10-7
A=[0 1; 0 -5];
B=[0; 1];
C=[1 0];
A1=A'; B1=C'; C1=B';
ps=[-1+i  -1-i];
po=[-5  -5];
K=acker(A, B, ps)
G1=acker(A1, B1, po);
G=G1'
```

运行结果为

```
K =
    2    -3
G =
    5
    0
```

4. 最优状态调节器设计

MATLAB还提供了求解最优状态调节器的函数lqr( )。

【例 10-7】 已知系统的状态空间表达式为

$$\dot{x}=\begin{bmatrix}0 & 1 & 0\\0 & 0 & 1\\0 & -2 & -3\end{bmatrix}x+\begin{bmatrix}0\\0\\1\end{bmatrix}u$$

$$y=[1\quad 0\quad 0]\,x$$

性能指标为

$$J_1=\int_0^{\infty}(100x_1^2+x_2^2+x_3^2+0.01u^2)\,dt$$

及

$$J_2=\int_0^{\infty}(x_1^2+x_2^2+x_3^2+0.01u^2)\,dt$$

试分别确定最优控制 $u_1=-\boldsymbol{K}_1\boldsymbol{x}$ 和 $u_2=-\boldsymbol{K}_2\boldsymbol{x}$，使得性能指标 J_1 和 J_2 最小。

解　求最优控制反馈矩阵 $\boldsymbol{K}_1$，$\boldsymbol{K}_2$ 的 MATLAB 程序为

```
%ex_10-8
A=[0 1 0; 0 0 1; 0 -2 -3]; B=[0; 0; 1]; C=[1 0 0];
Q1=[100 0 0; 0 1 0; 0 0 1]; R1=[0.01];
Q2=[1 0 0; 0 1 0; 0 0 1]; R2=[0.01];
K1=lqr(A, B, Q1, R1)
K2=lqr(A, B, Q2, R2)
```

程序运行结果为

```
K1 =
    100.0000   53.1200   11.6711
K2 =
    10.0000   16.5022   8.9166
```

小　　结

本章从状态空间的角度研究了线性反馈控制系统的时间域综合问题。所讨论的主要内容有以下几个方面：

(1) 反馈的两种基本形式。系统的反馈量可以是系统输出，也可以是系统的内部状态，相应的反馈形式分别称为输出反馈和状态反馈。以传递函数为基础的数学模型，由于只研究系统的输入输出特性，因此采用的反馈形式是输出反馈。而以状态空间表达式描述的系统，可以反映系统的内部特性，在满足一定的条件时，可以将系统的状态变量作为反馈量，构成状态反馈。状态反馈提供的信息远多于输出反馈提供的信息，因此通常情况下，采用状态反馈控制方式可以取得比较好的控制效果。

(2) 线性定常系统的极点配置问题。系统的极点在一定程度上反映了系统的性能要求，如果通过某种控制策略能使闭环系统的极点与希望的极点重合，那么就可以保证闭环系统具有期望的性能。线性定常系统的极点配置就是在状态反馈控制策略下，使得系统闭环极点与期望极点重合。线性定常系统极点任意配置的条件是系统状态完全可控。

(3) 状态重构和状态观测器设计问题。状态反馈可以获得比较好的闭环系统特性，但是如果系统的内部状态不可直接测量，就需要根据一定的等价指标重构系统的状态。实现

状态重构的装置称为状态观测器。由于要求重构状态能快速地反映系统的真实状态，所以对状态观测器提出了一定的设计要求，这一要求通常也可以通过一组希望的观测器极点来体现。状态观测器极点任意配置的条件是控制对象状态完全可观。

(4) 二次型性能指标的最优控制问题。最优控制是现代控制理论中很重要的一个内容。一个最优控制系统可以使被控系统按照一定的要求运行，并且实现某个性能指标最优。系统状态和控制量的二次型积分函数是一种典型的性能指标。在这种性能指标的要求下，系统的最优性可以通过求解一个代数黎卡提方程的解，利用一定的状态反馈方式实现，这也是常见的最优状态调节器问题。

(5) MATLAB 在线性反馈控制系统时间域综合中的应用。线性系统极点配置、状态观测器设计以及最优状态调节器问题都可以通过 MATLAB 提供的函数实现。本章通过几个例子说明了 MATLAB 在线性反馈控制系统时间域综合中的应用。

习　题

10－1　线性定常系统的传递函数和希望配置的极点如下，试分别确定反馈矩阵 $\boldsymbol{K}$。

(1) $\dfrac{Y(s)}{U(s)}=\dfrac{10}{s(s+2)(s+5)}$，希望的极点位置为$(-4,\ -1\pm \mathrm{j})$；

(2) $\dfrac{Y(s)}{U(s)}=\dfrac{20}{s(s+1)(s+2)}$，希望的极点位置为$(-3,\ -1\pm 2\,\mathrm{j})$。

10－2　线性定常系统的传递函数为

$$\frac{Y(s)}{U(s)}=\frac{1}{s(s+6)}$$

试用状态反馈构成闭环系统，并计算当状态反馈系统具有阻尼比 $\zeta=1/\sqrt{2}$ 及无阻尼振荡频率 $\omega_n=3\sqrt{2}$ 时的反馈矩阵 $\boldsymbol{K}$。

10－3　已知受控对象的系数矩阵为

$$\boldsymbol{A}=\begin{bmatrix}0 & 1\\ -3 & -4\end{bmatrix},\ \boldsymbol{B}=\begin{bmatrix}0\\ 1\end{bmatrix},\ \boldsymbol{C}=\begin{bmatrix}3 & 2\end{bmatrix}$$

设计状态反馈矩阵 $\boldsymbol{K}$，使闭环极点为$(-4,\ -5)$。

10－4　设系统的状态方程为

$$\dot{\boldsymbol{x}}=\begin{bmatrix}0 & 1 & 0\\ 0 & -1 & 1\\ 0 & -1 & -10\end{bmatrix}\boldsymbol{x}+\begin{bmatrix}0\\ 0\\ 10\end{bmatrix}u$$

能否通过状态反馈任意配置极点？如果可以，设指定闭环极点为$(-10,\ -1\pm \mathrm{j}\sqrt{3})$，求状态反馈矩阵 $\boldsymbol{K}$，并画出反馈系统的结构图。

10－5　对于如下系统，请分别设计全维状态观测器，使其极点处在指定位置：

(1) $\dot{\boldsymbol{x}}=\begin{bmatrix}1 & 0\\ 0 & 0\end{bmatrix}\boldsymbol{x}+\begin{bmatrix}1\\ 1\end{bmatrix}u$，$y=\begin{bmatrix}2 & -1\end{bmatrix}\boldsymbol{x}$，观测器极点为$(-1,-1)$；

(2) $\dot{\boldsymbol{x}}=\begin{bmatrix}0 & 1\\ -2 & -3\end{bmatrix}\boldsymbol{x}+\begin{bmatrix}0\\ 1\end{bmatrix}u$，$y=\begin{bmatrix}1 & 0\end{bmatrix}\boldsymbol{x}$，观测器极点为$(-5,\ -5)$；

(3) $\dot{\boldsymbol{x}}=\begin{bmatrix}1 & 0 & -1\\1 & 0 & 0\\0 & 1 & 0\end{bmatrix}\boldsymbol{x}+\begin{bmatrix}0\\0\\1\end{bmatrix}u$，$y=[0\quad 1\quad 0]\boldsymbol{x}$，观测器极点为(−3，−3，−4)；

(4) $\dot{\boldsymbol{x}}=\begin{bmatrix}1 & 1 & 1\\1 & 2 & -1\\0 & 1 & 0\end{bmatrix}\boldsymbol{x}+\begin{bmatrix}0\\1\\0\end{bmatrix}u$，$y=[1\quad 0\quad 0]\boldsymbol{x}$，观测器极点为(−1，−1，−2)；

(5) $\dot{\boldsymbol{x}}=\begin{bmatrix}1 & 0 & 0\\3 & -1 & 1\\0 & 2 & 0\end{bmatrix}\boldsymbol{x}+\begin{bmatrix}2\\1\\1\end{bmatrix}u$，$y=[0\quad 0\quad 1]\boldsymbol{x}$，观测器极点为(−3，−4，−5)。

10-6 已知系统的传递函数为

$$G_{\mathrm{p}}(s)=\frac{2}{s(s+1)}$$

(1) 若状态不能直接量测到，试采用全维观测器实现状态反馈控制，使闭环系统的传递函数为

$$G(s)=\frac{2}{s^2+2s+2}$$

取观测器的极点为(−5，−5)。

(2) 画出闭环系统的结构图。

10-7 控制对象的状态方程与输出方程为

$$\dot{\boldsymbol{x}}=\begin{bmatrix}0 & 1\\0 & -5\end{bmatrix}\boldsymbol{x}+\begin{bmatrix}0\\100\end{bmatrix}u$$

$$y=[1\quad 0]\boldsymbol{x}$$

试设计全维状态观测器，并用重构状态进行状态反馈，使系统的闭环极点为(−5±j4)，观测器的极点为(−20，−25)。

10-8 设系统的状态方程为

$$\dot{x}=ax+u$$

系统的性能指标为

$$J=\int_0^{\infty}[qx^2+ru^2]\,\mathrm{d}t$$

其中 $q>0$，$r>0$。求最优控制 $u(t)$ 使得 J 最小。

10-9 设系统的状态方程为

$$\dot{x}_1=x_2$$

$$\dot{x}_2=u$$

性能指标为

$$J=\int_0^{\infty}(x_1^2+4x_2^2+u^2)\,\mathrm{d}t$$

求最优控制 $u(t)$ 使得 J 最小。

10-10 试用 MATLAB 求解习题 10-1。

10-11 试用 MATLAB 求解习题 10-5。

10-12 试用 MATLAB 求解习题 10-7。

10-13 试用 MATLAB 求解习题 10-9。

第十一章 李亚普诺夫稳定性分析

稳定性是对控制系统最基本和最重要的要求。经典控制理论和现代控制理论对于稳定性有不同的理解和定义，也存在较多的稳定性判据。经典控制理论中的劳斯判据和奈奎斯特稳定判据等，只适用于线性定常系统。本章介绍的李亚普诺夫(Lyapunov)稳定性的概念和稳定性判定定理，不仅适用于线性定常系统，而且适用于线性时变系统和非线性系统，并且还是一些先进的控制系统设计方法的基础。

本章首先给出李亚普诺夫稳定性的定义，并在此基础上讨论了李亚普诺夫第一方法和第二方法在判定系统稳定性方面的有关结论，最后讨论了线性定常系统的李亚普诺夫稳定性分析。

11.1 李亚普诺夫关于稳定性的定义

设系统的状态方程为

$$\dot{\boldsymbol{x}} = \boldsymbol{f}(\boldsymbol{x},\ t) \tag{11.1}$$

式中，$\boldsymbol{x}$ 是系统的 n 维状态向量；$\boldsymbol{f}(\boldsymbol{x},\ t)$是以状态 $x_i(i=1,\ 2,\ \cdots,\ n)$和时间 t 为变量的 n 维函数向量。

假设在给定的初始条件下，式(11.1)有唯一解 $\boldsymbol{x}=\boldsymbol{x}(t,\ \boldsymbol{x}_0,\ t_0)$，且 $\boldsymbol{x}_0=\boldsymbol{x}(t_0,\ \boldsymbol{x}_0,\ t_0)$，其中 t_0，$\boldsymbol{x}_0$ 分别为初始时刻和初始状态向量。

在式(11.1)所描述的系统中，对所有 t，如果总存在

$$\dot{\boldsymbol{x}} = \boldsymbol{f}(\boldsymbol{x}_e,\ t) = \boldsymbol{0} \tag{11.2}$$

则称 $\boldsymbol{x}_e$ 为系统的平衡状态。可见若已知状态方程，令 $\dot{\boldsymbol{x}}=\boldsymbol{0}$ 所求出的解就是系统的平衡状态。对于线性定常系统，$\boldsymbol{f}(\boldsymbol{x},t)=\boldsymbol{A}\boldsymbol{x}$，当 $\boldsymbol{A}$ 为非奇异矩阵时，系统只有一个平衡状态，即原点；当 $\boldsymbol{A}$ 为奇异矩阵时，系统有无穷多个平衡状态。对于非线性系统，可以有一个或多个平衡状态。研究系统的稳定性就是研究平衡状态的稳定性。由于任意一个平衡状态 $\boldsymbol{x}_e$ 都可以通过坐标变换转移到原点，因此为了研究方便，研究系统的稳定性一律认为平衡状态为系统原点。

以平衡状态 $\boldsymbol{x}_e$ 为中心，半径为 k 的球域可用下式表示

$$\| \boldsymbol{x} - \boldsymbol{x}_e \| \leqslant k \tag{11.3}$$

式中 $\| \boldsymbol{x}-\boldsymbol{x}_e \|$ 称为欧几里得范数，其表达式为

$$\| \boldsymbol{x} - \boldsymbol{x}_e \| = [(x_1 - x_{1e})^2 + (x_2 - x_{2e})^2 + \cdots + (x_n - x_{ne})^2]^{1/2}$$

设 $S(\delta)$是由满足 $\| \boldsymbol{x}_0 - \boldsymbol{x}_e \| \leqslant \delta$ 的所有点构成的一个球域；而 $S(\varepsilon)$是由所有满足 $\| \boldsymbol{x}-\boldsymbol{x}_e \| \leqslant \varepsilon(t \geqslant t_0)$的点构成的一个球域，其中 δ，ε 是给定的常数。t_0，$\boldsymbol{x}_0$ 分别为初始时刻和初始状态向量。

定义 10-1　如果系统 $\dot{\boldsymbol{x}}=\boldsymbol{f}(\boldsymbol{x}, t)$对于任意选定的 $\varepsilon>0$，存在一个 $\delta(\varepsilon, t_0)$，使得当 $\|\boldsymbol{x}_0-\boldsymbol{x}_e\|\leqslant\delta(t=t_0)$ 时，恒有 $\|\boldsymbol{x}-\boldsymbol{x}_e\|\leqslant\varepsilon(t_0\leqslant t\leqslant\infty)$，则称系统的平衡状态 $\boldsymbol{x}_e$ 是稳定的。

此定义说明，对于每一个球域 $S(\varepsilon)$，若存在一个球域 $S(\delta)$，在 $t\to\infty$的过程中，从球域 $S(\delta)$出发的轨迹不离开球域 $S(\varepsilon)$，则称此系统的平衡状态在李亚普诺夫意义下是稳定的(如图 11-1(a)所示)。

定义 10-2　如果平衡状态 $\boldsymbol{x}_e$ 在李亚普诺夫意义下是稳定的，即从 $S(\delta)$球域出发的每一条运动轨迹 $\boldsymbol{x}(t, x_0, t_0)$，当 $t\to\infty$时，都不离开 $S(\varepsilon)$球域，且最后都能收敛于 $\boldsymbol{x}_e$ 附近，即

$$\lim_{t\to\infty}|\boldsymbol{x}(t, x_0, t_0)-\boldsymbol{x}_e|\leqslant\mu$$

其中 μ 为任意选定的小量。则称系统的平衡状态 $\boldsymbol{x}_e$ 是渐近稳定的。

渐近稳定性是个局部稳定的概念，图 11-1(b)中的球域 $S(\delta)$是渐近稳定的范围。

定义 10-3　对所有的状态(状态空间的所有点)，如果由这些状态出发的轨迹都具有渐近稳定性，则称平衡状态 $\boldsymbol{x}_e$ 是大范围渐近稳定的。即如果状态方程(11.1)在任意初始条件下的解，当 $t\to\infty$时都收敛于 $\boldsymbol{x}_e$，则系统的平衡状态 $\boldsymbol{x}_e$ 称为大范围渐近稳定(见图 11-1(c)中的轨迹曲线(1))。

大范围稳定是全局性的稳定，其必要条件是在整个状态空间中只有一个平衡状态。对于线性系统如果平衡状态是渐近稳定的，则必为大范围渐近稳定的。对于非线性系统，一般能使平衡状态为渐近稳定的球域 $S(\delta)$是不大的，称为小范围渐近稳定。

定义 10-4　如果从球域 $S(\delta)$出发的轨迹，无论球域 $S(\delta)$取得多么小，只要其中有一条轨迹脱离 $S(\varepsilon)$球域，则称平衡状态 $\boldsymbol{x}_e$ 为不稳定的(见图 11-1(c)中的轨迹曲线(2))。

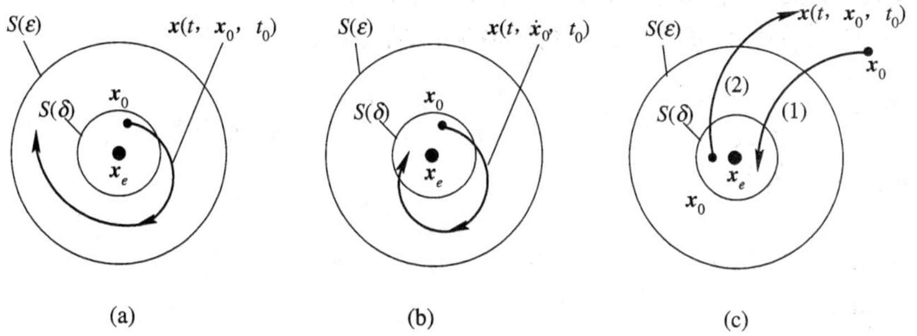

图 11-1　系统的稳定性

11.2　李亚普诺夫第一方法

李亚普诺夫第一方法又称为间接法。它适用于线性定常系统和非线性不很严重的实际系统。对于非线性系统，首先要进行线性化，得到一个线性化模型，然后按线性系统稳定的条件分析稳定性。李亚普诺夫第一方法的主要结论如下：

(1) 线性定常系统渐近稳定的充分必要条件是，系统矩阵 **A** 的所有特征值均具有负实部。

(2) 若线性化系统的系统矩阵 **A** 的所有特征值均具有负实部，则实际系统就是渐近稳

定的。线性化过程中忽略的高阶导数项对系统的稳定性没有影响。

(3) 在系统矩阵 $\boldsymbol{A}$ 的特征值中，只要有一个实部为正的特征值，则实际系统就是不稳定的，并且与被忽略的高阶导数项无关。

(4) 在系统矩阵 $\boldsymbol{A}$ 的特征值中，即使只有一个实部为零，其余的都具有负实部，那么实际系统的稳定性就不能由线性化模型的稳定性判定。这时系统的稳定性将与线性化过程中被忽略的高阶导数项有关。为了判定原系统的稳定性，必须分析原始的非线性模型。

可见，李亚普诺夫第一方法是通过判定系统矩阵的特征值实部的符号来判定系统的稳定性的，因此又称为特征值判据。

11.3 李亚普诺夫第二方法

李亚普诺夫第二方法是基于若系统的内部能量随时间推移而衰减，则系统最终将达到静止状态这个思想而建立起来的稳定判据。即如果系统有一个渐近稳定的平衡状态，则当系统向平衡状态附近运动时，系统储存的能量随时间的推移应逐渐衰减，到达系统平衡状态处时，能量衰减到最小值。因此，如能找到系统的能量函数，只要能量函数对时间的导数是负的，则系统的平衡状态就是渐近稳定的。由于系统的形式是多种多样的，难以找到一种定义“能量函数”的统一形式和简单方法。为克服这一困难，李亚普诺夫引入一个虚构的能量函数，称为李雅普诺夫函数，简称李氏函数。此函数量纲不一定是能量量纲，但反映能量关系。李氏函数是标量函数，用 $V(x)$ 表示，必须是正定的，通常选用状态变量的二次型函数作为李亚普诺夫函数。

1. 标量函数的正定性和负定性

李亚普诺夫稳定性定理是以标量函数的正定和负定为基础的。设 $V(\boldsymbol{x})$ 是向量 $\boldsymbol{x}$ 的标量函数，Ω 是状态空间中包含原点的封闭有限区域($\boldsymbol{x}\in\Omega$)。

1) 正定性

如果对于所有 Ω 域中非零的 $\boldsymbol{x}$，有 $V(\boldsymbol{x})>0$，且在 $\boldsymbol{x}=\boldsymbol{0}$ 处有 $V(\boldsymbol{x})=0$，则称标量函数 $V(\boldsymbol{x})$ 在 Ω 域内是正定的。

例如，$V(\boldsymbol{x})=x_1^2+x_2^2$，$\boldsymbol{x}=[x_1 \quad x_2]^{\mathrm{T}}$。只有 $x_1=x_2=0$ 时，$V(\boldsymbol{x})=0$；其他情况 $V(\boldsymbol{x})>0$，所以 $V(\boldsymbol{x})$ 是正定的。

2) 半正定性

如果在 Ω 域内，标量函数 $V(\boldsymbol{x})$ 除在状态空间原点和某些状态处 $V(\boldsymbol{x})=0$ 外，对于其他所有状态均有 $V(\boldsymbol{x})>0$，则称 $V(\boldsymbol{x})$ 是半正定的。

例如，$V(\boldsymbol{x})=(x_1+x_2)^2$，$\boldsymbol{x}=[x_1 \quad x_2]^{\mathrm{T}}$，当 $x_1=x_2=0$ 或 $x_1+x_2=0$ 时，$V(\boldsymbol{x})=0$，其余情况都有 $V(\boldsymbol{x})>0$，因此 $V(\boldsymbol{x})$ 是半正定的。

3) 负定性

如果 $V(\boldsymbol{x})$ 是正定的，则称 $-V(\boldsymbol{x})$ 为负定的。

4) 半负定性

如果 $V(\boldsymbol{x})$ 是半正定的，则称 $-V(\boldsymbol{x})$ 为半负定的。

5) 不定性

如果无论 Ω 域取多么小，标量函数 $V(\boldsymbol{x})$ 可正可负，则称这类标量函数为不定的。例如，$V(\boldsymbol{x})=x_1x_2+x_2^2$ 为不定的。因为对于 $\boldsymbol{x}=[a\quad -b]^{\mathrm{T}}$ 一类状态，在 $a>b>0$ 和 $b>a>0$ 时，$V(\boldsymbol{x})$分别为负数和正数。

设 $V(\boldsymbol{x})$为一个二次型函数，则其可表示为

$$V(\boldsymbol{x})=\boldsymbol{x}^{\mathrm{T}}\boldsymbol{P}\boldsymbol{x}=[x_1\quad x_2\quad \cdots\quad x_n]\begin{bmatrix}p_{11} & p_{12} & \cdots & p_{1n}\\ p_{21} & p_{22} & \cdots & p_{2n}\\ \vdots & \vdots & & \vdots\\ p_{n1} & p_{n2} & \cdots & p_{nn}\end{bmatrix}\begin{bmatrix}x_1\\ x_2\\ \vdots\\ x_n\end{bmatrix}$$

式中，$\boldsymbol{P}$ 为实对称矩阵，即 $p_{ij}=p_{ji}$。根据线性代数知识，当 $\boldsymbol{P}$ 的顺序主子式全大于零，即

$$p_{11}>0,\ \begin{vmatrix}p_{11} & p_{12}\\ p_{21} & p_{22}\end{vmatrix}>0,\ \cdots,\ \begin{vmatrix}p_{11} & p_{12} & \cdots & p_{1n}\\ p_{21} & p_{22} & \cdots & p_{2n}\\ \vdots & \vdots & & \vdots\\ p_{n1} & p_{n2} & \cdots & p_{nn}\end{vmatrix}>0$$

成立时，称矩阵 $\boldsymbol{P}$ 是正定矩阵，并可以证明 $V(\boldsymbol{x})$是正定的。当 $\boldsymbol{P}$ 的所有主子行列式为非负时，则 $V(\boldsymbol{x})$是半正定的。

2. 李亚普诺夫稳定性定理

李亚普诺夫第二方法的基本思想是用能量变化的观点分析系统的稳定性。若系统储存的能量在运动过程中随时间的推移逐渐减少，则系统稳定；反之，若系统在运动过程中，不断从外界吸收能量，使其储能越来越大，则系统就不能稳定。用一个大于零的标量函数 $V(\boldsymbol{x})$表示系统的“能量”，称 $V(\boldsymbol{x})$为李亚普诺夫函数。用 $\dot{V}(\boldsymbol{x})$就可表示系统能量的变化率，并且当 $\dot{V}(\boldsymbol{x})<0$ 时，表明系统的能量在运动中随时间的推移而减少；当 $\dot{V}(\boldsymbol{x})>0$ 时表明能量在运动过程中随时间的推移而增加。

李亚普诺夫函数最简单的形式为二次型，但也不一定都是二次型。任何一个标量函数，只要满足李亚普诺夫稳定性判据所假设的条件，都可以作为李亚普诺夫函数。对于给定的系统，$V(\boldsymbol{x})$不是唯一的。所以，正确地确定李亚普诺夫函数是利用李亚普诺夫直接法的主要问题。

李亚普诺夫直接法分析系统稳定性的判据可以叙述如下：

定理 11－1(李亚普诺夫稳定性定理)　设系统状态方程为

$$\dot{\boldsymbol{x}}=\boldsymbol{f}(\boldsymbol{x},\ t)，且\ \boldsymbol{f}(\boldsymbol{0},\ t)=\boldsymbol{0}\quad (t\geqslant t_0)$$

当选定 $\boldsymbol{x}\neq 0$(相当于系统受到扰动后的初始状态)，$V(\boldsymbol{x})>0$ 后

(1) 若 $\dot{V}(\boldsymbol{x})<0$，则系统是渐近稳定的(如果随着 $\|\boldsymbol{x}\|\to\infty$，有 $V(\boldsymbol{x})\to\infty$，则系统是大范围渐近稳定的)；

(2) 若 $\dot{V}(\boldsymbol{x})>0$，则系统是不稳定的；

(3) 若 $\dot{V}(\boldsymbol{x})\leqslant 0$，但 $\dot{V}(\boldsymbol{x})$不恒等于零(除了 $\dot{V}(\boldsymbol{0})=0$ 以外)，则系统是渐近稳定的；但是若 $\dot{V}(\boldsymbol{x})$恒等于零，按照李亚普诺夫关于稳定性的定义，系统是稳定的，但不是渐近稳定的。系统将保持在一个稳定的等幅振荡状态。

【例 11－1】　设系统的状态方程为

$$\dot{x}_1=x_2-x_1(x_1^2+x_2^2)$$

$$\dot{x}_2 = -x_1 - x_2(x_1^2 + x_2^2)$$

试确定该系统的稳定性。

解 先构造一个正定的能量函数，例如：

$$V(\boldsymbol{x}) = x_1^2 + x_2^2$$

则有

$$\begin{aligned}\dot{V}(\boldsymbol{x}) &= 2x_1\dot{x}_1 + 2x_2\dot{x}_2 \\ &= 2x_1[x_2 - x_1(x_1^2 + x_2^2)] + 2x_2[-x_1 - x_2(x_1^2 + x_2^2)] \\ &= -2(x_1^2 + x_2^2)^2\end{aligned}$$

显然，$\dot{V}(\boldsymbol{x})<0$，所以系统是渐近稳定的。而且选择的 $V(\boldsymbol{x})$ 确实是一个李亚普诺夫函数。

需要指出的是，关于李亚普诺夫第二方法的稳定判据只是充分条件，而不是必要条件。关于这一点可以解释如下：构造一个能量函数，令 $V(\boldsymbol{x})>0$，若 $\dot{V}(\boldsymbol{x})<0$，系统就是渐近稳定的；若 $\dot{V}(\boldsymbol{x})>0$，系统就是不稳定的，这个能量函数可以作为李亚普诺夫函数。如果构造的能量函数不满足上述定理的假设条件(例如 $\dot{V}(\boldsymbol{x})$ 是不定的)，那么就不能确定系统的稳定性，因为很可能是还没有构成李亚普诺夫函数。此时，一方面可以继续寻求合适的李亚普诺夫函数，另一方面应考虑采用其他的方法确定系统的稳定性。

【例 11－2】 设系统的状态方程为

$$\dot{\boldsymbol{x}} = \begin{bmatrix} 0 & 1 \\ -1 & -1 \end{bmatrix}\boldsymbol{x}$$

试判断其稳定性。

解 假设选择能量函数为

$$V(\boldsymbol{x}) = 2x_1^2 + x_2^2$$

它是正定的，但是

$$\dot{V}(\boldsymbol{x}) = 2x_1x_2 - 2x_2^2 = 2x_2(x_1 - x_2)$$

是不定的，因此不能立刻判断系统的稳定性。继续寻找李亚普诺夫函数，假设选

$$V(\boldsymbol{x}) = x_1^2 + x_2^2$$

它是正定的，而

$$\dot{V}(\boldsymbol{x}) = -2x_2^2$$

是一个半负定的标量函数，即 $\dot{V}(\boldsymbol{x})\leqslant 0$，但是 $\dot{V}(\boldsymbol{x})$ 不恒等于零，因为对于

$$\dot{V}(\boldsymbol{x}) = -2x_2^2 = 0$$

的 x_1，x_2 有

$$\begin{bmatrix} x_1 \\ x_2 \end{bmatrix} = \begin{bmatrix} 0 \\ 0 \end{bmatrix} \quad 和 \quad \begin{bmatrix} x_1 \\ x_2 \end{bmatrix} = \begin{bmatrix} 任意值 \\ 0 \end{bmatrix}$$

由状态方程有

$$\dot{x}_2 = -x_1 - x_2$$

可知，只要 $x_1\neq 0$，即使 $x_2=0$，$\dot{x}_2$ 也不会等于零。即在 $x_1\neq 0$ 时，x_2 不会恒等于零，则 $\dot{V}(\boldsymbol{x})$ 不恒等于零。根据定理 11－1 的条件(3)可确定系统是渐近稳定的。假设选取正定标量函数

$$V(\boldsymbol{x}) = \frac{1}{2}(3x_1^2 + 2x_1x_2 + 2x_2^2)$$

则有

$$\dot{V}(\boldsymbol{x}) = -(x_1^2 + x_2^2) < 0$$

因此系统是渐近稳定的。

另外，根据系统矩阵的特征值 $\lambda_{1,2} = -1/2 \pm \mathrm{j}\sqrt{3}/2$，由李亚普诺夫第一方法可知系统是渐近稳定的。上述例子表明，应用李亚普诺夫第二方法确定系统的稳定性，关键在于如何找到李亚普诺夫函数。但是李亚普诺夫稳定性理论并没有提供构造李亚普诺夫函数的方法。上面的例子还说明，对于给定系统，如果存在李亚普诺夫函数，它不是唯一的。

11.4　线性定常系统的李亚普诺夫稳定性分析

李亚普诺夫第二方法是分析线性系统稳定性的有效方法，它对线性定常系统、线性时变系统及离散系统均能给出相应的稳定判据。本节将分别介绍线性定常连续系统和线性定常离散系统的李亚普诺夫稳定性分析。

11.4.1　线性定常连续系统的李亚普诺夫稳定性分析

设线性定常系统的状态方程为

$$\dot{\boldsymbol{x}} = \boldsymbol{A}\boldsymbol{x} \tag{11.4}$$

设所选取的李亚普诺夫函数为二次型函数，即

$$V(\boldsymbol{x}) = \boldsymbol{x}^{\mathrm{T}}\boldsymbol{P}\boldsymbol{x}$$

其中，$\boldsymbol{P}$ 为 $n \times n$ 实对称矩阵，$\boldsymbol{x}$ 为 $n \times 1$ 列向量。则有

$$\begin{aligned}\dot{V}(\boldsymbol{x}) &= \dot{\boldsymbol{x}}^{\mathrm{T}}\boldsymbol{P}\boldsymbol{x} + \boldsymbol{x}^{\mathrm{T}}\boldsymbol{P}\dot{\boldsymbol{x}} = (\boldsymbol{A}\boldsymbol{x})^{\mathrm{T}}\boldsymbol{P}\boldsymbol{x} + \boldsymbol{x}^{\mathrm{T}}\boldsymbol{P}\boldsymbol{A}\boldsymbol{x} \\ &= \boldsymbol{x}^{\mathrm{T}}\boldsymbol{A}^{\mathrm{T}}\boldsymbol{P}\boldsymbol{x} + \boldsymbol{x}^{\mathrm{T}}\boldsymbol{P}\boldsymbol{A}\boldsymbol{x} = \boldsymbol{x}^{\mathrm{T}}(\boldsymbol{A}^{\mathrm{T}}\boldsymbol{P} + \boldsymbol{P}\boldsymbol{A})\boldsymbol{x} \\ &= -\boldsymbol{x}^{\mathrm{T}}\boldsymbol{Q}\boldsymbol{x}\end{aligned}$$

其中，

$$\boldsymbol{Q} = -(\boldsymbol{A}^{\mathrm{T}}\boldsymbol{P} + \boldsymbol{P}\boldsymbol{A})$$

则有

$$\boldsymbol{A}^{\mathrm{T}}\boldsymbol{P} + \boldsymbol{P}\boldsymbol{A} + \boldsymbol{Q} = \boldsymbol{0} \tag{11.5}$$

如果能够找到满足式(11.5)的正定矩阵 $\boldsymbol{P}$ 和 $\boldsymbol{Q}$，那么有 $V(\boldsymbol{x})>0$，$\dot{V}(\boldsymbol{x})<0$，系统就是渐近稳定的。式(11.5)是一个矩阵代数方程，称为李亚普诺夫方程。

根据上面的推导可知，判断线性定常连续系统稳定性的步骤应该是先假定一个正定的实对称矩阵 $\boldsymbol{P}$，然后利用式(11.5)计算 $\boldsymbol{Q}$，如果 $\boldsymbol{Q}$ 是正定的，则表明系统是渐近稳定的。但是上述的计算步骤在实际使用中是比较麻烦的，所以在实际应用时，通常是取一个正定的实对称矩阵 $\boldsymbol{Q}$，而且为了简便，常取 $\boldsymbol{Q}=\boldsymbol{I}$，然后根据式(11.5)求出矩阵 $\boldsymbol{P}$(求解时可设 $\boldsymbol{P}$ 为对称矩阵)，然后判断 $\boldsymbol{P}$ 是否为正定来确定系统的稳定性。因此有如下定理：

定理 11-2　线性定常连续系统(11.4)渐近稳定的充分必要条件是：给定一个正定对称矩阵 $\boldsymbol{Q}$，存在一个正定对称矩阵 $\boldsymbol{P}$，使其满足李亚普诺夫方程(即式(11.5))：

$$\boldsymbol{A}^{\mathrm{T}}\boldsymbol{P} + \boldsymbol{P}\boldsymbol{A} + \boldsymbol{Q} = \boldsymbol{0} \tag{11.6}$$

且标量函数 $V(\boldsymbol{x})=\boldsymbol{x}^{\mathrm{T}}\boldsymbol{P}\boldsymbol{x}$ 是系统的一个李亚普诺夫函数。

【例 11－3】 判断系统

$$\dot{x}=\begin{bmatrix}-4 & 4\\ 2 & -6\end{bmatrix}x$$

的稳定性。

解 选 $Q=I$，设 P 为对称矩阵。根据式(11.5)有

$$A^{T}P+PA=\begin{bmatrix}-4 & 2\\ 4 & -6\end{bmatrix}\begin{bmatrix}p_{11} & p_{12}\\ p_{12} & p_{22}\end{bmatrix}+\begin{bmatrix}p_{11} & p_{12}\\ p_{12} & p_{22}\end{bmatrix}\begin{bmatrix}-4 & 4\\ 2 & -6\end{bmatrix}$$

$$=-Q=\begin{bmatrix}-1 & 0\\ 0 & -1\end{bmatrix}$$

展开求解上述矩阵方程可得

$$P=\begin{bmatrix}p_{11} & p_{12}\\ p_{12} & p_{22}\end{bmatrix}=\frac{1}{40}\begin{bmatrix}7 & 4\\ 4 & 6\end{bmatrix}$$

因为矩阵 P 的各阶主子行列式均大于零，所以 P 是正定的，从而给定的系统是渐近稳定的。

【例 11－4】 判断系统

$$\dot{x}=\begin{bmatrix}0 & 1\\ -1 & 2\end{bmatrix}x$$

的稳定性。

解 选 $Q=I$，设 P 为对称矩阵。根据式(11.5)可求得

$$P=\begin{bmatrix}p_{11} & p_{12}\\ p_{12} & p_{22}\end{bmatrix}=\frac{1}{2}\begin{bmatrix}-3 & 1\\ 1 & -1\end{bmatrix}$$

因为矩阵 P 为非正定的，所以系统不稳定(P 的一阶主子行列式小于零，而二阶主子行列式大于零，因此 P 是负定的)。

上面的例子也可以用系数矩阵 A 的特征值来判断系统的稳定性。

11.4.2 线性定常离散系统的李亚普诺夫稳定性分析

对于线性定常离散系统也可以用李亚普诺夫第二方法分析其稳定性。设线性定常离散系统的状态方程为

$$x(k+1)=Ax(k)$$

取正定二次型函数

$$V[x(k)]=x(k)^{T}Px(k)$$

设

$$\Delta V[x(k)]=V[x(k+1)]-V[x(k)]$$

对于离散系统，用 $\Delta V[x(k)]$代替连续系统中的 $\dot{V}(x)$，只要 $\Delta V[x(k)]$是负定的，系统就是渐近稳定的。

$$\begin{aligned}\Delta V[x(k)]&=x^{T}(k+1)Px(k+1)-x^{T}(k)Px(k)\\&=[Ax(k)]^{T}PAx(k)-x(k)^{T}Px(k)\\&=x^{T}(k)(A^{T}PA-P)x(k)\end{aligned}$$

令

$$\boldsymbol{A}^{\mathrm{T}}\boldsymbol{P}\boldsymbol{A}-\boldsymbol{P}=-\boldsymbol{Q} \tag{11.7}$$

则有

$$\Delta V[\boldsymbol{x}(k)]=-\boldsymbol{x}^{\mathrm{T}}(k)\boldsymbol{Q}\boldsymbol{x}(k)$$

$\boldsymbol{Q}$ 矩阵正定意味着 $\Delta V[\boldsymbol{x}(k)]$ 负定，即系统是渐近稳定的。并称 $V[\boldsymbol{x}(k)]$ 为系统的一个李亚普诺夫函数，式(11.7)称为离散的李亚普诺夫方程。

定理 11-3　线性定常离散系统(11.6)渐近稳定的充分必要条件是：给定一个正定对称矩阵 $\boldsymbol{Q}$，存在一个正定对称矩阵 $\boldsymbol{P}$，使其满足离散的李亚普诺夫方程，即式(11.7)。

【例 11-5】　线性定常离散系统的状态方程为

$$\boldsymbol{x}(k+1)=\begin{bmatrix}0 & 1\\ 1/2 & 0\end{bmatrix}\boldsymbol{x}(k)$$

试分析系统的稳定性。

解　选 $\boldsymbol{Q}=\boldsymbol{I}$，设 $\boldsymbol{P}$ 为对称矩阵。根据式(11.7)可求得

$$\boldsymbol{P}=\begin{bmatrix}5/3 & 0\\ 0 & 8/3\end{bmatrix}$$

显见，矩阵 $\boldsymbol{P}$ 是正定的，从而系统是渐近稳定的。

11.4.3　用 MATLAB 分析线性定常系统的稳定性

MATLAB 提供了分析线性定常系统李亚普诺夫稳定性的函数 lyap( )和 dlyap( )，其中 lyap( )可用于求解线性定常连续系统的李亚普诺夫方程(11.5)，而 dlyap( )可用于求解线性定常离散系统的李亚普诺夫方程(11.7)。

【例 11-6】　试用 MATLAB 分析例 11-3 系统的稳定性。

解　取 $\boldsymbol{Q}=\boldsymbol{I}$，求取对称矩阵 $\boldsymbol{P}$ 的程序为

```
%ex_11-6
A=[-4 4; 2 -6]; A=A';
Q=[1 0; 0 1];
P=lyap(A, Q)
```

运行结果为

```
P =
      0.1750      0.1000
      0.1000      0.1500
```

由于 $\boldsymbol{P}$ 是正定的，所以系统渐近稳定。

程序中将系统矩阵 $\boldsymbol{A}$ 进行转置的原因是，MATLAB 中定义的李亚普诺夫方程与式(11.5)稍有不同，具体参见 MATLAB 帮助。

【例 11-7】　试用 MATLAB 分析例 11-5 系统的稳定性。

解　取 $\boldsymbol{Q}=\boldsymbol{I}$，求取对称矩阵 $\boldsymbol{P}$ 的程序为

```
%ex_11-7
A=[0 1; 0.5 0]; A=A';
Q=[1 0; 0 1];
```

```
P=dlyap(A, Q)
```

运行结果为

```
P =
    1.6667    0.0000
    0.0000    2.6667
```

由于 $\boldsymbol{P}$ 是正定的，所以系统是渐近稳定的。

小　　结

本章进一步讨论了系统的稳定性问题，采用李亚普诺夫方法分析了系统的稳定性。李亚普诺夫将判断系统稳定性的方法分为两类：第一方法(间接法)和第二方法(直接法)。本章就系统的稳定性问题研究了以下主要内容：

(1) 李亚普诺夫意义下稳定和渐近稳定的含义。研究系统的稳定性，实质上是研究系统平衡状态的稳定性。在李亚普诺夫意义下，系统稳定和渐近稳定指的是系统在平衡点受到一定程度的扰动以后，恢复到平衡点的能力大小。工程上的稳定都指的是渐近稳定。

(2) 李亚普诺夫稳定性判据。李亚普诺夫第一方法是通过系统的特征根实部的符号来判断系统的稳定性的，所以又称为特征值判据，而李亚普诺夫第二方法从系统状态运动过程中能量变化的角度分析系统的稳定性。在第二方法中选取合适的李亚普诺夫函数是很重要的，但该函数的选取没有通用的方法，并且李亚普诺夫稳定性定理只给出了系统稳定的充分条件。

(3) 线性定常系统李亚普诺夫稳定性分析。线性定常连续和离散系统的李亚普诺夫稳定性分析，可以通过求解李亚普诺夫方程的矩阵解来实现。如果求出的矩阵满足正定的条件，则系统是渐近稳定的，并且这是一个线性定常系统稳定的充要条件。

习　　题

11-1　确定下列二次型函数或矩阵是否正定。

(1) $V(\boldsymbol{x})=x_1^2+3x_2^2+11x_3^2-2x_1x_2+4x_2x_3+2x_1x_3$

(2) $V(\boldsymbol{x})=x_1^2+4x_2^2+x_3^2+2x_1x_2-6x_2x_3-2x_1x_3$

(3) $V(\boldsymbol{x})=3x_1^2+x_2^2+4x_1x_2$

(4) $\boldsymbol{Q}_1=\begin{bmatrix}2 & 2 & 1\\ 2 & 5 & 2\\ 1 & 2 & 3\end{bmatrix}$，$\boldsymbol{Q}_2=\begin{bmatrix}1 & 2 & 1\\ 2 & 5 & 2\\ 1 & 2 & 1\end{bmatrix}$，$\boldsymbol{Q}_3=\begin{bmatrix}4 & 1 & 8\\ 1 & 2 & 5\\ 8 & 5 & 3\end{bmatrix}$

11-2　已知线性定常系统的状态方程为

$$\dot{\boldsymbol{x}}=\begin{bmatrix}-1 & -2\\ 1 & -4\end{bmatrix}\boldsymbol{x}$$

试用李亚普诺夫第二方法判断系统平衡状态的稳定性。

11-3　线性定常系统的状态方程为

$$\dot{\boldsymbol{x}}=\begin{bmatrix}-1 & 1\\ 2 & 3\end{bmatrix}\boldsymbol{x}$$

试用李亚普诺夫第二方法判断系统平衡状态的稳定性。

11－4　已知控制系统的状态方程为

$$\dot{x}_1=-x_1+2x_2$$

$$\dot{x}_2=-2x_1+x_2(x_2-1)$$

试用李亚普诺夫第二方法分析原点的稳定性。

11－5　给定系统

$$\dot{x}_1=-x_1+x_2+ax_1(x_1^2+x_2^2)$$

$$\dot{x}_2=-x_1-x_2+ax_2(x_1^2+x_2^2)$$

其中 $a>0$。试确定系统原点的稳定性。

11－6　已知线性定常离散系统的状态方程为

$$x_1(k+1)=x_1(k)+3x_2(k)$$

$$x_2(k+1)=-3x_1(k)-2x_2(k)-3x_3(k)$$

$$x_3(k+1)=x_1(k)$$

试分析系统平衡状态的稳定性。

11－7　已知线性定常离散系统的状态方程为

$$\boldsymbol{x}(k+1)=\boldsymbol{A}\boldsymbol{x}(k)=\begin{bmatrix}0 & 1 & 0\\ 0 & 0 & 1\\ K/2 & 0 & 0\end{bmatrix}\boldsymbol{x}(k),\quad K>0$$

试确定平衡状态 $\boldsymbol{x}_e=\boldsymbol{0}$ 渐近稳定时，K 的取值范围。

11－8　试用 MATLAB 分析习题 11－3 系统的李亚普诺夫稳定性。

11－9　试用 MATLAB 分析习题 11－6 系统的李亚普诺夫稳定性。

第十二章 控制系统设计实例分析

控制系统设计的基本任务是根据被控对象和控制要求，选择适当的控制器和控制规律，设计一个满足给定性能指标的控制系统。具体而言，控制系统设计就是在已知被控对象的特性和性能指标的条件下，设计系统的控制部分(控制器)。

目前工业领域广泛采用PID控制器，本章通过对两个调节系统(火炮稳定器和船舶自动驾驶仪)控制器的设计，说明了PID控制器设计的基本问题；根轨迹法也是设计控制系统的常用方法，本章通过磁盘读写头控制器的设计问题，说明了根轨迹法在离散系统控制器设计中的应用；最后以倒立摆控制系统的设计为例，讨论了现代控制理论中的一种重要的控制系统设计方法：极点配置方法。

12.1 火炮稳定器的设计

调节系统的任务是将被控量保持在设定值上，因此调节系统设计中主要考虑的是抑制噪声。坦克在行驶时，车身不停地振动，使火炮瞄准困难，并且不能保证设计精度。为了提高坦克行进时射击的效果和精度，最根本的办法是采用稳定装置。火炮稳定器可以使坦克火炮在垂直平面内保持一定的仰角 φ 不变(如图12-1所示)。

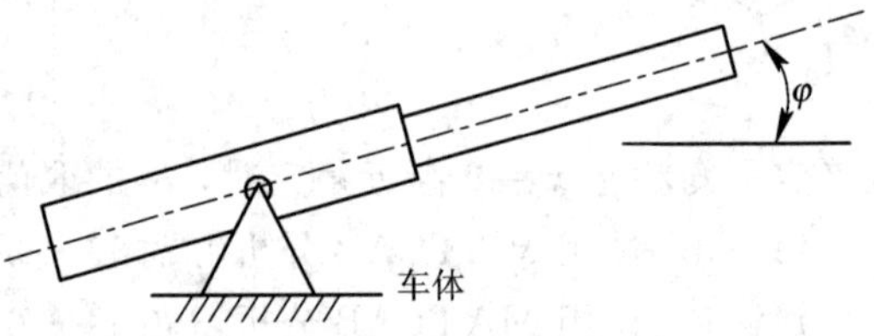

图12-1 火炮起落部分示意图

稳定器采用陀螺仪作为传感器。陀螺仪组固定在火炮的起落部分上。该陀螺仪组包括一个角度陀螺仪和一个速率陀螺仪。角度陀螺仪用来在垂直平面内建立一个稳定的指向 r(即角度的设定值)。当火炮的仰角 φ 变化时，角度陀螺仪的外框随之转动，因而形成失调角(即角度偏差)e，即

$$e = r - \varphi$$

失调角的信号由陀螺传感器送出。速率陀螺仪是一个单自由度陀螺仪，其输出与炮身运动的角速度成比例。角度陀螺和速率陀螺的信号相加，通过执行机构(液压油缸或电机)转动火炮，从而达到稳定的目的。

图12-2是火炮稳定系统的框图，其中 K_p 和 K_d 分别表示由角度和角速度变化所给出的稳定力矩。火炮的动力学特性用转动惯量 J 来表示，其反映了作用于火炮起落部分的力矩和角速度的关系。显然这个系统采用的是PD控制规律。从图12-2可以看到，若无速率反馈，则这个二阶系统的运动方程中将缺少中间的阻尼项。也就是说，这个控制规律中的微分项是用来给系统提供阻尼的。

图中 M_d 为外力矩。由于火炮的耳轴与轴承之间存在摩擦，当车体振动时，此摩擦力矩便传给火炮，使其偏离给定位置。另外，火炮起落部分的重心也不会正好在耳轴轴线上，因此车体的各种振动会造成惯性力矩。所有这些力矩构成了作用于火炮的外力矩。因为这个外力矩是由车体振动引起的，故接近于正弦变化规律，即

$$M_d = M_{max}\sin\omega_k t$$

式中 ω_k 是坦克车体纵向角振动的频率。

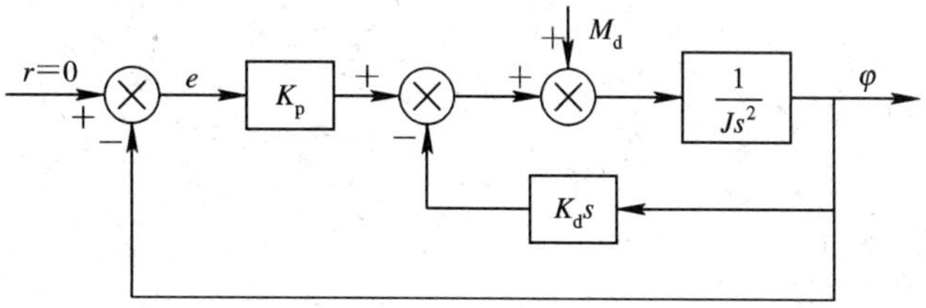

图 12-2 火炮稳定系统结构图

所以坦克在行驶时相当于对火炮施加了一强迫振荡力矩，控制系统的作用就是要抑制 M_d 对 φ 的影响。根据图 12-2 可以写出从 M_d 到 φ 的传递函数为

$$\frac{\varphi(s)}{M_d(s)} = \frac{1}{Js^2 + K_d s + K_p} \tag{12.1}$$

上式表明，这个火炮稳定系统相当于一个二阶系统，并且不希望系统的频率特性出现谐振峰值，所以此系统的阻尼系数宜取为 $\zeta=1$。

规定了阻尼系数 $\zeta=1$，实际上就是对微分项 K_d 作了限制。这样，系统中就只剩下一个系数 K_p 了。这个前向控制环节的增益也称伺服刚度。根据外力矩 M_d 和允许的精度 φ_{max}，通过简单的运算就可以确定 K_p。下面通过一具体例子来说明。

设火炮起落部分对耳轴轴线的转动惯量为 $J=350\ \text{kg}\cdot\text{m}\cdot\text{s}^2$，车体振动幅度 $\theta_{max}=6°$，振动周期为 $T=1.5$ s，即 $\omega_k=4.2$ rad/s。设在这个振动参数下，车体传给起落部分的力矩和惯性力矩所合成的外力矩的幅值为 $M_{max}=38\ \text{kg}\cdot\text{m}$，允许的炮身强迫振荡的幅值为 $\varphi_{max}=0.001$ rad。根据 $\zeta=1$ 的要求和上述具体参数值，由式(12.1)得

$$\frac{\varphi_{max}}{M_{max}} = \frac{1}{J\omega_k^2 + K_p}$$

所以，K_p 的值大致为 $K_p=32\ 000\ \text{kg}\cdot\text{m/rad}$。

从上面的分析可以看到，本例采用反馈控制是要在车体运动与火炮之间起到隔离作用。即这里的火炮稳定器相当于一个隔离器。本例中的隔离度大约为 $\theta_{max}/\varphi_{max}=100$，或者说隔离度等于 40 dB。

上面结合火炮稳定器主要是要说明这类稳定系统的共同设计特点。至于说到火炮稳定器，当然还有它本身的特殊问题。注意到图 12-2 的系统是一个Ⅱ型系统，传动部分的间隙不可避免地会在系统中造成自振荡。因此设计和调试中应控制其自身振荡的幅值。

12.2 船舶自动驾驶仪的设计

船舶自动驾驶仪主要有两重任务：航向保持和变向航行。航向保持是指在风、浪和洋

流等环境扰动下将船保持在给定的航向。变向是指从一个航向向另一个航向过渡时的航向控制。前者是一个调节问题，后者是一个跟踪问题。本例主要说明航向保持时自动驾驶仪的一些设计考虑。

在所讨论的问题中，船舶的数学模型可视为

$$\tau\ddot{\psi}+\dot{\psi}=K\delta$$

式中 ψ 为航向角，δ 为舵偏角。对应的船的传递函数为

$$G(s)=\frac{K}{s(\tau s+1)} \tag{12.2}$$

若采用 PD 控制

$$D(s)=K_{\mathrm{p}}+K_{\mathrm{d}}s \tag{12.3}$$

则可得系统的特征方程式($1+D(s)G(s)=0$)为

$$\tau s^2+(1+KK_{\mathrm{d}})s+KK_{\mathrm{p}}=0 \tag{12.4}$$

系统的固有频率为

$$\omega_n=\sqrt{\frac{KK_{\mathrm{p}}}{\tau}} \tag{12.5}$$

式(12.5)表明，控制规律中的比例项 K_{p} 决定了系统的固有频率，即响应速度。而系统的阻尼特性，即式(12.4)中的第二项，则决定于微分项 K_{d}。微分项起到了增加阻尼的作用，提高了系统的相对稳定性。

船舶在航行中还受到风浪等环境的影响。这些扰动都是随机的，其频谱的频率段比较高，因此在分析中是作为高频噪声来处理的。但是这些随机扰动的平均值并不一定都等于零。例如风对于航向的影响，除了随机分量以外，往往还有一个平均力矩作用在船体上。因此自动驾驶仪中还应该有一项积分项来补偿这缓慢变化的风力矩的平均值。

由此可见，控制规律中 PID 三项都是需要的。即 PID 控制器可以满足航向保持的控制要求。明确了控制规律的组成以后，接下来就是确定 PID 的各项参数。参数设计常包含某种优化的概念。对于船舶航行来说，不同的航行条件，有不同的要求。对于在大海上航行的商船来说，要求节省燃料。这对自动驾驶仪来说，就是要尽量减小由于操舵而引起的额外阻力。当然航向误差也要小，因为有了航向误差，会加大船实际的航行距离。这两项要求可归纳为下列的性能指标：

$$J=\frac{1}{T}\int_0^T(\varepsilon^2+\lambda\delta^2)\,\mathrm{d}t \tag{12.6}$$

式中 ε 是航向误差，δ 是舵偏角，λ 是加权系数，并且 $0.1<\lambda<1.0$，大船的 λ 可以取得小些，小船可以取得大些。

注意到式(12.6)所表示的实际上是一种动态性能指标。由对 PID 三种控制作用的分析可知，影响这一性能指标的主要是 K_{p} 和 K_{d}，因为积分项主要是用来补偿缓慢变化的扰动力矩的。所以应该是根据性能指标首先确定 K_{p} 和 K_{d}，然后根据系统的带宽或固有频率 ω_n，使 $K_{\mathrm{i}}\ll\omega_n$ 来确定积分项 K_{i}/s 的系数。因为性能主要是由 PD 决定的，根据式(12.2)和式(12.3)，利用线性最优控制理论，便可求得使式(12.6)为最小的最优控制器参数为

$$K_{\mathrm{p}}=\frac{1}{\sqrt{\lambda}} \tag{12.7}$$

$$K_d = \frac{1}{K}\left(\sqrt{1 + 2\frac{K\tau}{\sqrt{\lambda}}} - 1\right) \tag{12.8}$$

作为数字例子，设船的时间常数 $\tau=16$ s，$K=0.07\ \mathrm{s}^{-1}$。取加权系数 $\lambda=1$，代入上式得最优控制器的增益为

$$K_p = 1,\ K_d = 11.43$$

在这组参数下，系统的固有频率为 $\omega_n=0.066$ rad/s，或 0.01 Hz。显然，在这样的 ω_n 下，驾驶仪功放级的时间常数以及舵机的时间常数可忽略不计。这一特点对调节系统来说具有普遍性。大多数调节系统中执行机构和功放级的动特性以及测量元件的动特性在系统的工作频带内均可忽略不计。即在系统的工作频带内，PID 就已经概括了包括执行机构在内的整个控制器的特性。

上面主要是用船舶的航向控制作为例子来说明这一种类型调节系统的设计问题的。就船舶的自动驾驶仪来说，它涉及的问题还远不止此。因为控制对象(船)的特性随着环境因素和装载情况而经常发生变化，故由此出现了很多自适应控制方案。这一直是一个很活跃的研究领域。本例所讨论的实际上是航向控制的最基本问题，是进一步研究航向控制的基础。

12.3 磁盘读写头的控制

本节将以计算机磁盘读写头的位置控制器的设计来说明离散系统控制器的设计方法。图 12-3 是磁盘读写头的工作原理图。

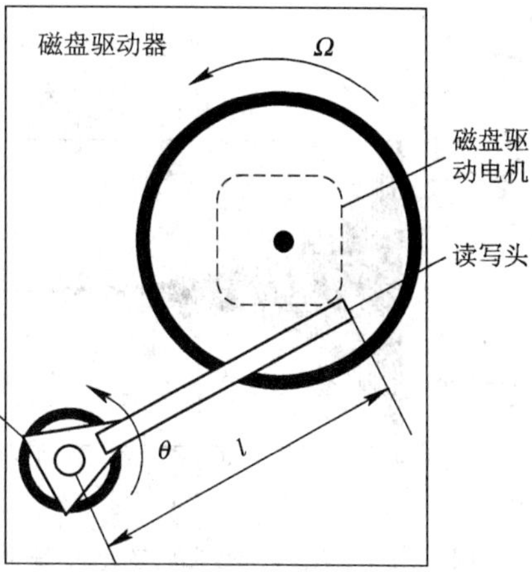

图 12-3 磁盘读写头工作原理图

运用 Newton 定律，可以得出磁盘读写头的动力学模型为

$$J\frac{d^2\theta}{dt^2} + c\frac{d\theta}{dt} + K\theta = K_i i$$

其中，J 是读写头的转动惯量，c 是轴承的粘滞阻尼系数，K 是弹簧的刚度系数，K_i 是电机力矩常数，θ 表示读写头的角位移，i 是输入电流。上式取拉氏变换可得系统从 i 到 θ 的传递函数为

$$H(s) = \frac{K_i}{Js^2 + cs + K}$$

给定系统的具体参数如下：

$J = 0.01\ \mathrm{kgms^2}$，$c = 0.004$ Nm/(rad/s)，$K = 10$ Nm/rad，$K_i = 0.05$ Nm/rad

使用 MATLAB 可以马上建立系统的传递函数模型，相应的程序和结果如下：

```
J = .01; C = 0.004; K = 10; Ki = .05;
num = Ki; den = [J C K];
H = tf(num, den)
```

运行结果为

```
Transfer function:
          0.05
```

```
  ----------------------
  0.01 s^2 + 0.004 s + 10
```

令采样周期 $T=0.005$ s，并且保持器采用零阶保持器，则可以得到系统的离散化模型，程序如下：

```
Ts = 0.005;          % sampling period = 0.005 second
Hd = c2d(H, Ts, 'zoh')
Transfer function:
6.233e-05 z + 6.229e-05
------------------------
 z^2 - 1.973 z + 0.998
```

图 12-4 是磁盘读写头离散化模型的阶跃响应曲线。从图中可以看出系统存在较小的阻尼，说明离散系统存在靠近单位圆的极点(可以通过求取离散模型的特征根进一步验证)。

为了提高系统的阻尼，需要设计一个补偿器。用下面语句绘制离散系统的根轨迹：

```
rlocus(Hd);
```

其结果如图 12-5 所示。由图可见，未加补偿器的系统根轨迹将很快离开单位圆，趋向无穷远处。所以应该引入超前补偿器，或含有零点的补偿器。尝试采用如下的超前补偿器：

$$D(z)=\frac{z+a}{z+b}$$

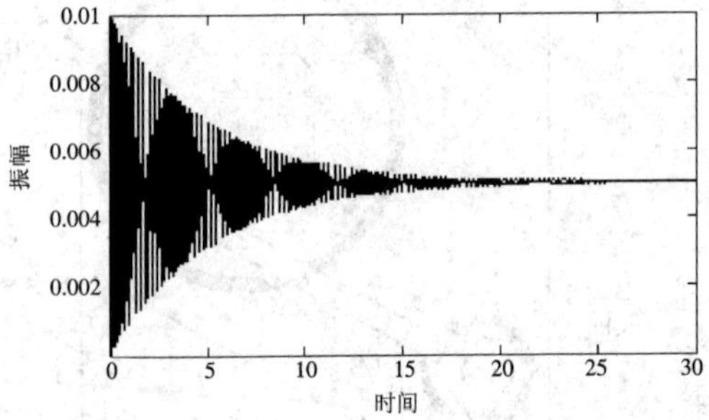

图 12-4　磁盘读写头离散化模型的阶跃响应

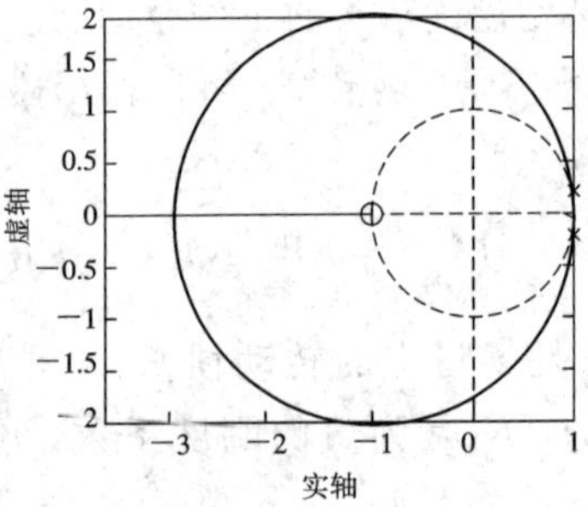

图 12-5　未加补偿器时系统的根轨迹图(离散情况)

其中，$a=-0.85$，$b=0$。因此，相应的开环系统模型为 $D(z)H_d(z)$，程序如下：

```
D = zpk(0.85, 0, 1, Ts);
oloop = Hd * D
```

则可以绘制引入补偿器以后系统的根轨迹图如图 12-6 所示，对应的 MATLAB 语句为

```
rlocus(oloop);
```

在 MATLAB 中可以从根轨迹图上直接读出闭环极点处于某一位置时，系统的阻尼比和相应的增益 k。例如取闭环极点为 $0.584\pm0.229\,j$，则相应的阻尼比和开环增益为

$$\zeta=0.781,\ k=4090$$

闭环系统的结构图如图 12-7 所示。

并且可以用下面的 MATLAB 语句得到闭环系统的阶跃响应曲线(见图 12-8)：

```
k = 4.11e+03; oloop = feedback(oloop, k); step(oloop)
```

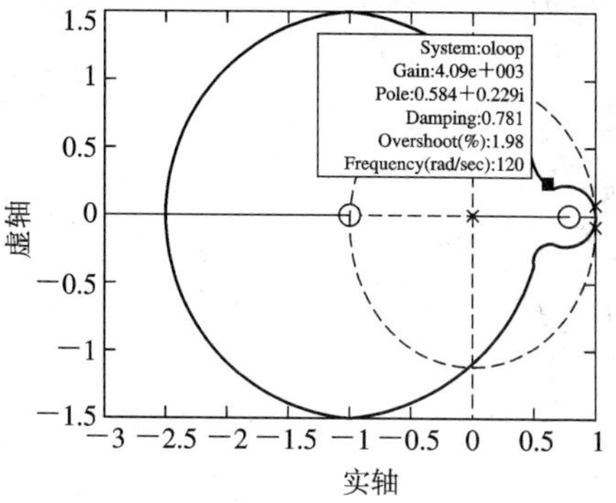

图 12－6　引入补偿器后系统的根轨迹图(离散情况)

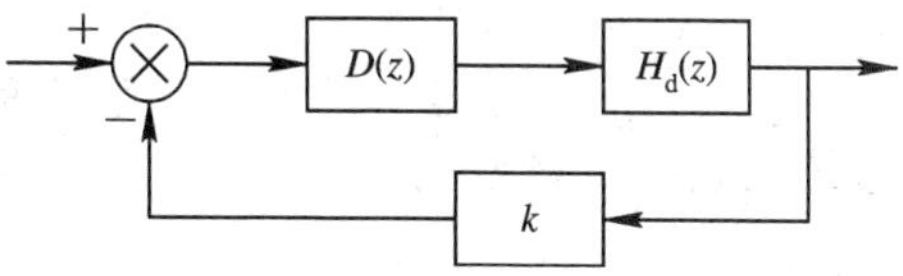

图 12－7　磁盘读写头闭环控制系统结构图

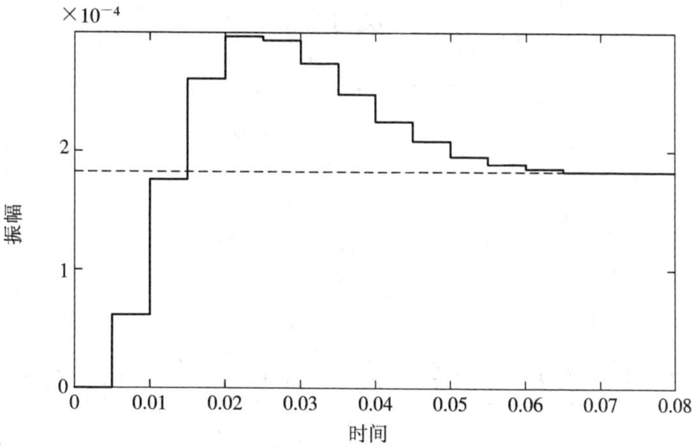

图 12－8　磁盘读写头闭环控制系统的阶跃响应

12.4　倒立摆控制系统的设计

本节将通过倒立摆控制系统的设计问题来说明Ⅰ型伺服系统设计的极点配置法。考虑图 12－9 所示的倒立摆控制系统。在这个例子中，只考虑摆和小车在页面内的运动。

倒立摆系统希望尽可能把摆保持在垂直的位置上，为此，还将对小车的位置进行控制，例如使小车作步进式的运动。为了控制小车的位置，需要建立Ⅰ型伺服系统。倒立摆系统安装在小车上，它没有积分器。因此，把位置信号 x(它表示小车的位置)反馈到输入端，并且把积分器插入到前向通道中，如图 12－10 所示。假设倒立摆的角度 θ 和角速度 $\dot{\theta}$ 都很小，则有 $\sin\theta\approx\theta$，$\cos\theta\approx 1$ 和 $\theta\dot{\theta}\approx 0$。另外假设 M、m 和 l 的数值给定为

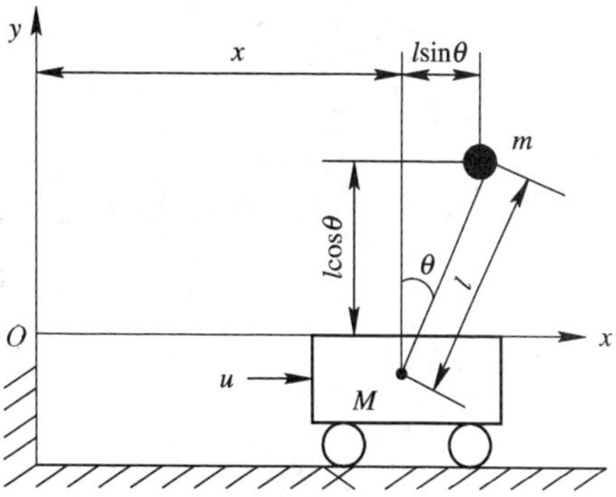

图 12－9　倒立摆控制系统

$$M = 2\ \text{kg},\ m = 0.1\ \text{kg},\ l = 0.5\ \text{m}$$

倒立摆控制系统的动力学模型为

$$Ml\ddot{\theta} = (M+m)g\theta - u \tag{12.9}$$

$$M\ddot{x} = u - mg\theta \tag{12.10}$$

将上述参数值代入方程(12.9)和(12.10)得

$$\ddot{\theta} = 20.601\theta - u$$

$$\ddot{x} = 0.5u - 0.4905\theta$$

定义系统的状态变量为

$$x_1 = \theta,\ x_2 = \dot{\theta},\ x_3 = x,\ x_4 = \dot{x}$$

把小车的位置 x 看作系统的输出，并考虑图 12-10 可得系统的状态空间描述为

$$\dot{\boldsymbol{x}} = \boldsymbol{A}\boldsymbol{x} + \boldsymbol{B}u \tag{12.11}$$

$$y = \boldsymbol{C}\boldsymbol{x} \tag{12.12}$$

$$u = -\boldsymbol{K}\boldsymbol{x} + k_{\mathrm{I}}\xi \tag{12.13}$$

$$\dot{\xi} = r - y = r - \boldsymbol{C}\boldsymbol{x} \tag{12.14}$$

其中，

$$\boldsymbol{A} = \begin{bmatrix} 0 & 1 & 0 & 0 \\ 20.601 & 0 & 0 & 0 \\ 0 & 0 & 0 & 1 \\ -0.4905 & 0 & 0 & 0 \end{bmatrix},\quad \boldsymbol{B} = \begin{bmatrix} 0 \\ -1 \\ 0 \\ 0.5 \end{bmatrix},\quad \boldsymbol{C} = \begin{bmatrix} 0 & 0 & 1 & 0 \end{bmatrix}$$

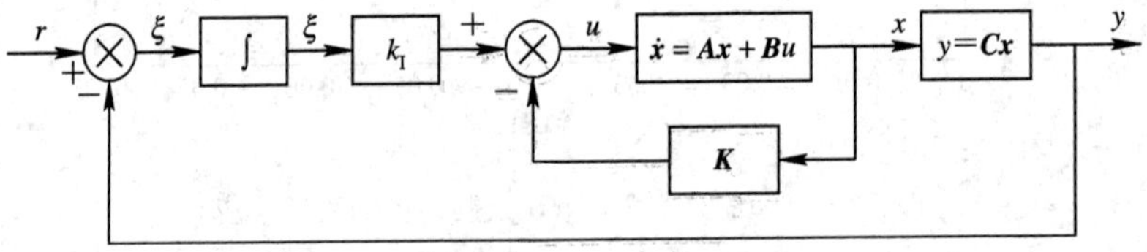

图 12-10 倒立摆控制系统(控制对象无积分器的 I 型伺服系统)

为了分析方便，可以将式(12.11)～式(12.14)改写成如下状态误差方程的形式：

$$\dot{\boldsymbol{e}} = \hat{\boldsymbol{A}}\boldsymbol{e} + \hat{\boldsymbol{B}}u_e \tag{12.15}$$

其中：

$$\boldsymbol{e} = \begin{bmatrix} x_1 \\ x_2 \\ x_3 \\ x_4 \\ \xi \end{bmatrix},\quad \hat{\boldsymbol{A}} = \begin{bmatrix} \boldsymbol{A} & \boldsymbol{0} \\ -\boldsymbol{C} & \boldsymbol{0} \end{bmatrix} = \begin{bmatrix} 0 & 1 & 0 & 0 & 0 \\ 20.601 & 0 & 0 & 0 & 0 \\ 0 & 0 & 0 & 1 & 0 \\ -0.4905 & 0 & 0 & 0 & 0 \\ 0 & 0 & -1 & 0 & 0 \end{bmatrix}$$

$$\hat{\boldsymbol{B}} = \begin{bmatrix} \boldsymbol{B} \\ \boldsymbol{0} \end{bmatrix} = \begin{bmatrix} 0 \\ -1 \\ 0 \\ 0.5 \\ 0 \end{bmatrix}$$

而控制信号 u_e 为

$$u_e = -\hat{\boldsymbol{K}}\boldsymbol{e}$$

式中：

$$\hat{\boldsymbol{K}} = [\boldsymbol{K} \quad -k_\text{I}] = [k_1 \quad k_2 \quad k_3 \quad k_4 \quad -k_\text{I}]$$

为了使设计出的系统具有合理的响应速度和阻尼(例如希望小车在阶跃响应中的调整时间约为 4～5 s，最大超调量为 15％～16％)，选择希望的闭环极点为 $s=\lambda_i(i=1, 2, 3, 4, 5)$，其中，

$$\lambda_{1,2} = -1 \pm \sqrt{3}\text{j}, \lambda_3 = \lambda_4 = \lambda_5 = -5$$

可以验证，式(12.15)表示的系统是完全可控的，因此可以任意配置系统的极点。并且利用下面的 MATLAB 程序可以求出状态反馈增益矩阵 $\hat{\boldsymbol{K}}$：

```
A=[0 1 0 0; 20.601 0 0 0; 0 0 0 1; -0.4905 0 0 0];
B=[0; -1; 0; 0.5]; C=[0 0 1 0];
Ahat=[A zeros(4, 1); -C 0]; Bhat=[B; 0];
J=[-1+j*sqrt(3) -1-j*sqrt(3) -5 -5 -5];
Khat=acker(Ahat, Bhat, J)
Khat =
 -157.6336   -35.3733   -56.0652   -36.7466    50.9684
```

所以有

$$\boldsymbol{K} = [k_1 \quad k_2 \quad k_3 \quad k_4] = [-157.6336 \quad -35.3733 \quad -56.0652 \quad -36.7466]$$

和

$$k_\text{I} = -50.9684$$

确定了反馈增益矩阵 $\boldsymbol{K}$ 和积分增益常数 k_I 以后，小车位置的阶跃响应就可以通过求解下列方程得到：

$$\begin{bmatrix} \dot{\boldsymbol{x}} \\ \dot{\xi} \end{bmatrix} = \begin{bmatrix} \boldsymbol{A}-\boldsymbol{BK} & \boldsymbol{B}k_\text{I} \\ -\boldsymbol{C} & \boldsymbol{0} \end{bmatrix} \begin{bmatrix} \boldsymbol{x} \\ \xi \end{bmatrix} + \begin{bmatrix} \boldsymbol{0} \\ 1 \end{bmatrix} r \tag{12.16}$$

系统的输出为 $y=x_3$，即

$$y = [0 \quad 0 \quad 1 \quad 0 \quad 0] \begin{bmatrix} \boldsymbol{x} \\ \xi \end{bmatrix} + [0]\, r \tag{12.17}$$

根据方程(12.16)和方程(12.17)，可以在前面程序的基础上，通过以下 MATLAB 程序求出系统的单位阶跃响应：

```
K=Khat(1: 4); KI=-Khat(5);
AA=[A-B*K B*KI; -C 0]; BB=[0; 0; 0; 0; 1]; CC=[C 0]; DD=[0];
t=0: 0.02: 6;
[y, x, t]=step(AA, BB, CC, DD, 1, t); x=x';
x1=x(1, : ); x2=x(2, : ); x3=x(3, : ); x4=x(4, : ); x5=x(5, : );
figure; plot(t, x1); grid; figure; plot(t, x2); grid;
figure; plot(t, x3); grid; figure; plot(t, x4); grid;
figure; plot(t, x5); grid;
```

运行结果如图 12－11 所示。

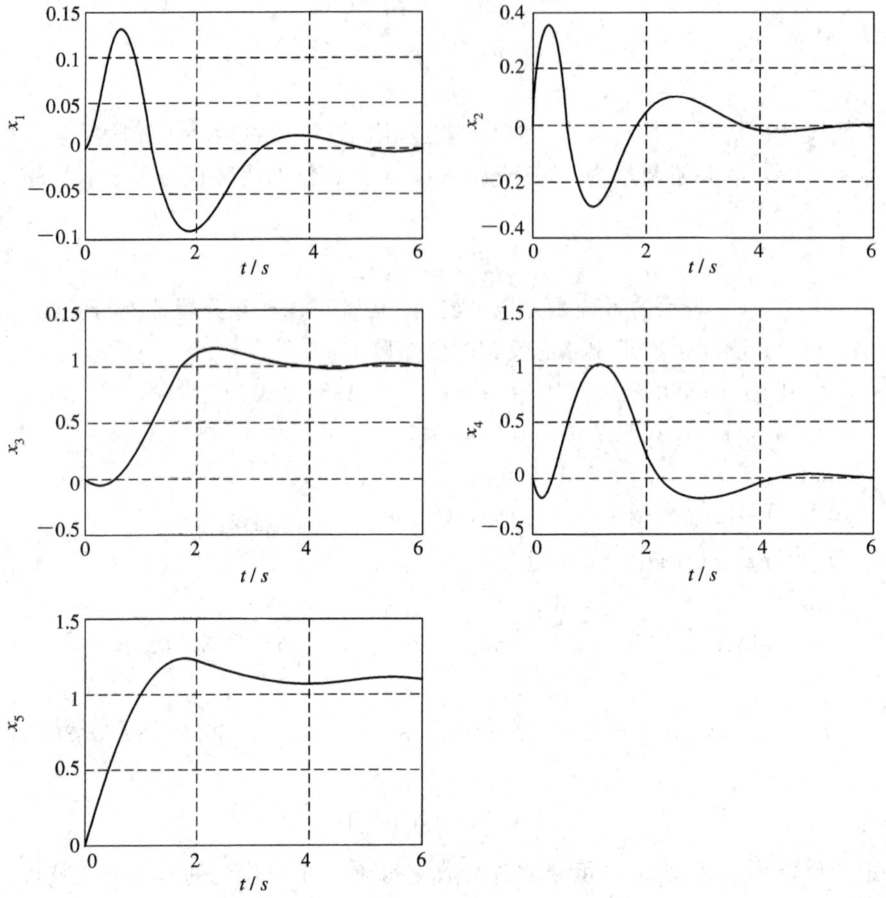

图 12－11 单位阶跃信号作用下的状态响应

可见状态 x_3(即小车的位移 x)对应的单位阶跃响应具有大约 4s 的调整时间，15％左右的最大超调量。应当指出，在任何一种设计中，如果响应速度和阻尼不能达到设计要求，就必须改变希望的极点，并确定一个新的状态反馈矩阵。这样反复进行，直到获得满意结果为止。

小 结

本章给出了多个控制系统设计的实例，涉及的系统包括调节系统和伺服系统，采用的设计方法包括经典控制理论的根轨迹法、PID 控制以及现代控制理论的极点配置方法。

在给出的四个设计实例中，火炮稳定器和船舶自动驾驶仪的设计属于调节系统的设计问题，采用的控制器是 PID 控制器；磁盘读写头的控制是一个用根轨迹方法设计离散系统补偿器的例子；最后倒立摆控制系统的设计问题采用的控制方法是极点配置法。对于磁盘读写头控制器设计和倒立摆控制器设计，本章还给出了相应的 MATLAB 程序和仿真结果。

附录 常用函数的拉氏变换和 Z 变换对照表

$f(t)$	$F(s)$	$F(z)$
$\delta(t)$	1	1
$\delta(t-kT)$	e^{-kTs}	z^{-k}
$1(t)$	$\frac{1}{s}$	$\frac{z}{z-1}$
t	$\frac{1}{s^2}$	$\frac{zT}{(z-1)^2}$
$\frac{1}{2}t^2$	$\frac{1}{s^3}$	$\frac{z(z+1)T^2}{2(z-1)^3}$
e^{-at}	$\frac{1}{s+a}$	$\frac{z}{z-e^{-aT}}$
te^{-at}	$\frac{1}{(s+a)^2}$	$\frac{zTe^{-aT}}{(z-e^{-aT})^2}$
$a^{t/T}$	$\frac{1}{s-(1/T)\ln a}$	$\frac{z}{z-a}\quad(a>0)$
$1-e^{-at}$	$\frac{a}{s(s+a)}$	$\frac{z(1-e^{-aT})}{(z-1)(z-e^{-aT})}$
$e^{-at}-e^{-bt}$	$\frac{b-a}{(s+a)(s+b)}$	$\frac{z(e^{-aT}-e^{-bT})}{(z-e^{-aT})(z-e^{-bT})}$
$\sin\omega t$	$\frac{\omega}{s^2+\omega^2}$	$\frac{z\sin\omega T}{z^2-2z\cos\omega T+1}$
$\cos\omega t$	$\frac{s}{s^2+\omega^2}$	$\frac{z^2-z\cos\omega T}{z^2-2z\cos\omega T+1}$
$e^{-at}\sin\omega t$	$\frac{\omega}{(s+a)^2+\omega^2}$	$\frac{ze^{-aT}\sin\omega T}{z^2-2ze^{-aT}\cos\omega T+e^{-2aT}}$
$e^{-at}\cos\omega t$	$\frac{s+a}{(s+a)^2+\omega^2}$	$\frac{z(z-e^{-aT}\cos\omega T)}{z^2-2ze^{-aT}\cos\omega T+e^{-2aT}}$

主要参考文献

[1] (美) KATSUHIKO O. 现代控制工程. 卢伯英，于海勋，译. 3 版. 北京：电子工业出版社，2000.
[2] 李友善. 自动控制原理：上、下册. 北京：国防工业出版社，1989.
[3] 胡寿松. 自动控制原理. 4 版. 北京：科学出版社，2002.
[4] 梅晓榕. 自动控制原理. 北京：科学出版社，2002.
[5] 鄢景华. 自动控制原理. 哈尔滨：哈尔滨工业大学出版社，1996.
[6] 戴忠达. 自动控制理论基础. 北京：清华大学出版社，1991.
[7] 于长官. 现代控制理论. 哈尔滨：哈尔滨工业大学出版社，1988.
[8] 蒋大明，戴胜华. 自动控制原理. 北京：清华大学出版社，北方交通大学出版社，2003.
[9] 郑大钟. 线性系统理论. 北京：清华大学出版社，1990.
[10] 夏德钤. 自动控制理论. 北京：机械工业出版社，1999.
[11] 吴麒. 自动控制原理：上、下册. 北京：清华大学出版社，1990.
[12] 颜文俊，陈素琴，林峰. 控制理论 CAI 教程. 北京：科学出版社，2002.
[13] 董景新，赵长德. 控制工程基础. 北京：清华大学出版社，1992.
[14] 王万良. 自动控制原理. 北京：科学出版社，2001.
[15] 施仁，刘文江. 自动化仪表与过程控制. 北京：电子工业出版社，1991.
[16] 王广雄. 控制系统设计. 北京：宇航出版社，1992.
[17] GOODWIN G C，GRAEBE S F，SALGADO M E. 控制系统设计. 影印版. 北京：清华大学出版社，2002.
[18] [日]正田英介，春木弘. 自动控制. 卢伯英，译. 北京：科学出版社，2001.
[19] [日]细江繁幸. 系统与控制. 白玉林，王毓仁，译. 李平，校. 北京：科学出版社，2001.
[20] 王诗宓，杜继宏，窦曰轩. 自动控制理论习题集. 北京：清华大学出版社，2002.
[21] 何衍庆，姜捷，江艳君等. 控制系统分析、设计和应用：Matlab 语言的应用. 北京：化学工业出版社，2003.
[22] 薛定宇. 控制系统计算机辅助设计：Matlab 语言及应用. 北京：清华大学出版社，1996.
[23] 薛定宇，陈阳泉. 基于 MATLAB/Simulink 的系统仿真技术与应用. 北京：清华大学出版社，2002.
[24] 萝栅智慧型科技工作室编著. 柳承茂改编. MATLAB 5. x 入门与应用. 北京：科学出版社，1999.